Das

# Erbauungs-Buch

## der Christen,

oder

## die heiligen Schriften

## des Neuen Bundes

mit

Erklärungen und Betrachtungen

herausgegeben

von

Johannes Goßner.

Vierter Theil.

## Johannes.

Berlin, 1828.

Gedruckt und verlegt

bei G. Reimer.

# Das

# Evangelium

unsers Herrn und Heilandes

# Jesu Christi

von

## Johannes

beschrieben.

---

Mit Erklärungen und Betrachtungen

herausgegeben

von

## Johannes Goßner.

---

Berlin, 1828.

Gedruckt und verlegt

bei G. Reimer.

# Vorrede zum Evangelium Johannis.

Johannes, der Apostel, den der Herr vorzüglich lieb hatte, war von Bethsaida in Galiläa, ein Sohn des Fischers Zebedäus und der Salome, ein Bruder des Apostels Jakobus. Diese beiden Brüder waren Fischer, wie ihr Vater, und ungelehrte Leute. Johannes war vor andern im Stande, eine genaue und zuverlässige Geschichte Jesu zu schreiben, weil er nicht nur über drei Jahre beständig bei Jesu war, sondern auch, nebst seinem Bruder Jakobus und dem Apostel Petrus, bei einigen Begebenheiten dabei war, denen die übrigen Apostel nicht beiwohnten. Auch dadurch, daß er nach dem Tode Jesu die Mutter des Herrn zu sich nahm, konnte er vieles, das Jesum betraf, genau und umständlich erfahren; denn Maria hat alle Worte und Begebenheiten sorgfältig aufgefaßt und bewahrt.

Johannes verbreitete das Evangelium vorzüglich in Kleinasien. Am meisten hielt er sich in der berühmten Stadt Ephesus auf, und stiftete in dieser Gegend mehrere Christengemeinen. Er mußte vieles leiden um des Namens Jesu willen. Bald nach der Himmelfahrt ward er mit Petrus zweimal ins Gefängniß geworfen. Unter dem römischen Kaiser Domitian soll er nach Rom gebracht und daselbst in einen Kessel voll siedenden Oel geworfen worden, aber unversehrt geblieben seyn. Gewisser ist es, daß er in seinem hohen Alter von Domitian auf die Insel Pathmos verwiesen worden ist, wo er die Offenbarung vom Heilande empfieng. Nach Domitians Tod soll er nach Ephesus zurückgekehrt und daselbst im Jahre Christi 102, seines Alters 99, gestorben seyn.

Die meisten Schriftgelehrten glauben, Johannes habe sein Evangelium in den letzten Jahren seines Lebens geschrieben, und zwar, nach dem einstimmigen Zeugnisse der alten Kirchenväter, zu einer Zeit, als Matthäus, Markus und Lukas in der Kirche schon lange bekannt waren; er habe diese gelesen, gut geheißen, und dann sein Evangelium geschrieben, um verschiedene wichtige Begebenheiten und Reden Jesu, welche von den andern Evangelisten ausgelassen worden, der Nachwelt zu überliefern. Dieß ist offenbar; denn er übergeht geflissentlich das meiste, was die drei andern Evangelisten erzählt haben. Durch das Evangelium Johannis wird also die Geschichte Jesu erst vollständig, und wir würden vieles entbehren, wenn wir dieses Evangelium nicht hätten. Kein Evangelist läßt uns so tief in das liebevolle Herz Jesu blicken, keiner redet so bestimmt von der Gottheit Christi, von seiner Vereinigung und Gemeinschaft mit uns, von der

Wiedergeburt, den Wirkungen des heiligen Geistes; keiner hat so viel von seinen Predigten und göttlichen Aussprüchen 2c. 2c. geschrieben, wie Johannes. Außer diesem hatte Johannes, nach dem Zeugnisse der Alten, noch diese Absicht: Er wollte einige Irrlehrer widerlegen, z. B. die Gnostiker, besonders einen gewissen Cerinthus, die die einfache Wahrheit des Evangeliums verdunkelte, durch allerlei künstliche Erfindungen vom Wesen Gottes, wodurch er der Gottheit Christi zu nahe getreten ist. Und dann die sogenannten Jünger Johannis (dergleichen es heutzutage in der Gegend von Ephesus noch giebt) erhoben Johannes den Täufer über Christum, nannten den Johannes das Licht der Welt, und hatten geringschätzige Begriffe von Christus; diese sucht der Evangelist offenbar schon in seinem ersten Kapitel zu widerlegen.

Die Schreibart des Johannes, die sehr einfach und faßlich ist, und eine besondere Herzlichkeit hat, thut jedem Leser wohl. Man sieht es dem Johannes überall an, wie sehr es ihm anlag, Jesum, den er so sehr liebte, auch andern lieb und werth zu machen, und sie zu überzeugen, daß Jesus sey Christus (der verheißene Messias, Erretter und König der Menschen) der Sohn Gottes, und daß wir durch den Glauben an Ihn das ewige Leben haben. Joh. 20, 31.

## Das I. Kapitel.

(Christus, das Wort, Licht und Leben, Mensch geworden. Johannes zeugt von Ihm; Jesus beruft Jünger.)

1. **Im Anfang war das Wort, und das Wort war bei Gott, und das Wort war Gott.**

Wer ist Jesus Christus? Der Logos, die sprechende und schaffende Weisheit Gottes. Gott ohne Anfang und Ende; Gott über alles, gelobt in Ewigkeit. Röm. 9, 5. Ist er wirklich Gott? Johannes sagt: **Er war im Anfang** aller Dinge, also **ohne Anfang**, vor aller Kreatur, ehe alles geschaffen wurde, und ward also nicht erst, sondern ist **schon gewesen**, nicht geworden oder entstanden. Er war noch nicht Fleisch, Mensch, aber Er **war** doch schon. Er sagt ferner: Er wäre bei Gott und selbst **Gott** gewesen. Können wir das gleich nicht begreifen, wie das Wort als Gott bei Gott seyn könne, so wird Gott Geduld mit uns haben.

Er nennt Ihn **das Wort.** Das heißt hier nicht blos Wort und Rede, sondern das allschaffende Wort: (Es werde!) durch welches alle Dinge entstanden sind, das allen Dingen Daseyn, Leben und Odem gegeben hat, also eigentlich die **Ursache aller Dinge**, wie Er hernach (Hebr. 5, 9.) die **Ursache der Seligkeit** genannt wird. Johannes erklärt es selbst im 3. Verse.

2. **Dasselbe war im Anfang bei Gott.**

Das göttliche Wort ist Frucht, production, Erzeugniß des göttlichen Verstandes, aber ein ewiges Erzeugniß, ein ewiger Sohn des ewigen Vaters. Wie der Gedanke durchs Wort offenbar wird, so Gott durch Christus. Wie durch den Odem das Leben wahrgenommen wird, so Gott durch Christus. Wie der Strahl zur Sonne gehört und von ihr unzertrennbar ist, „so ist Christus unzertrennbar von Gott." Gott wäre uns ohne das **Wort**, nicht als Gott gedenkbar, nicht Vater ohne den Sohn.

Er gehört nicht in die Reihe der Welt-Dinge, Er war eher als das, was wir Welt, Schöpfung nennen. Er gehört durchaus nicht zu allem dem, was gemacht, geschaffen, geworden ist, sondern Er **war**, und durch Ihn ist vielmehr alles Geschaffene geschaffen und alles Gewordene geworden.

3. **Alles ist durch dasselbe gemacht; und ohne dasselbe ist nichts gemacht, was da gemacht ist,** nicht blos als durch ein Werkzeug Gottes, sondern durch seine selbstständige Kraft, durch die Er mit dem Vater gleicherweise wirket. Kap. 5, 17, 19. Darum ist Er der Gott über alles, weil die ganze Schöpfung, alle Welten, alle Geister, alle Kreaturen durch Ihn entstanden sind. Er ist die Ursache sowohl, daß ein Blatt auf dem Baume, als daß ein Mensch ist. Er ist die Ursache, daß ein Stern am Himmel, und ein Tropfen im Meere ist. Es ist alles von Ihm und durch Ihn geschaffen. Von dem kleinsten Würmlein bis zu dem höchsten Erzengel ist alles um seinetwillen, und durch Ihn an.

Darum hat der **arme Mensch Jesus** solche, alles übersteigende und unendlich weit gehende Namen, weil Er der Schöpfer von allen Zeiten und Wesen ist. Darum heißt das kleine Kind in Windeln in der Krippe, der **Vater der Ewigkeit**! Und da der Mensch, sein liebes Eigenthum, so kläglich gefallen, in eine Verstrikkung mit dem Satan gerathen ist, das Ebenbild Gottes an sich zerstört und sich das Gericht zugezogen hat, so ist die Ursache aller Dinge von Neuem aufgestanden, hat sich hingegeben, das Gericht und die Verdammniß auf sich zu nehmen, die Verstrickung mit dem Satan aufzuheben, und dem verdorbenen Menschen wieder aufzuhelfen.

So ist der, der die Ursache aller Dinge war, auch die Ursache der Rettung, der Seligkeit geworden. Durch den alle Dinge gemacht sind, sind auch alle Dinge wiedergebracht, wieder erneuert, neu geschaffen worden; und ohne welchen nichts gemacht ist, was da gemacht ist, ohne den ist auch nichts errettet und selig gemacht, was da errettet und selig gemacht ist.

4. **In Ihm war das Leben, und das Leben war das Licht der Menschen.**

Das Leben ist das Licht der Menschen. Man hat also keine Klarheit des Gemüthes, keine Wahrheit im Herzen, keine gründliche Erkenntniß, ehe man das Leben hat. Wir wissen, daß alle Menschen von Natur todt sind in Sünden, und der Mensch hat keine Augen und kein Licht, ehe er lebt. Darum sagt der Heiland: **Mit sehenden Augen sehen sie nicht** 2c. Warum denn? Das Herz ist steintodt; es kann nichts hineinkommen; das steinerne Herz muß also zuvor weggenommen werden; dann wird es licht; die Finsterniß der Sinne vergeht, und man sieht dann alles in seiner rechten Gestalt.

5. **Und das Licht leuchtet** (unaufhörlich) **in der Finsterniß; aber die Finsterniß hat es nicht begriffen.**

Wenn Menschen, die da Weisheit und Licht suchen, und in ihrer Finsterniß gerne Licht haben möchten, und ihres Sitzens in der Finsterniß müde sind, so läßt der Heiland einen Strahl in die Finsterniß hineinscheinen von seinem Leben; Er läßt einmal das Evangelium predigen, daß helle wird, was dunkel war. Da sitzen hernach die bösen Kinder, wenns Licht kommt, und mögen es nicht, sondern machen die Augen zu, und wenden sich weg; das Licht blendet sie, und ist ihnen beschwerlich. Diese Feindschaft gegen das Licht entsteht aus den Tücken des Herzens, das nicht gerne entdeckt, nicht gestört, nicht gesehen seyn will, wo es liegt; sondern man will seine Finsterniß entschuldigen, auf seine Art erleichtern; man mag das wesentliche Licht nicht, das aus dem Leben des Schöpfers kommt. Darum ist ein gerades, aufrichtiges, einfältiges Herz, das das Licht gern einläßt und aufnimmt, und gerne gesehen und beleuchtet seyn will, eine edle Gabe Gottes.

Des Menschen Aug und Ohr ist so sehr von äusserlichen, irdischen Dingen eingenommen und gefangen, daß er das Licht des Lebens nicht mehr achtet und wahrnimmt. Die Finsterniß in ihm denkt, sie sey Wirth im Hause, und könne das Licht nach eigenem Gefallen erhaschen und alles fassen; aber es geht nicht an. Zu allen Zeiten hat sich die Unzulänglichkeit der menschlichen Vernunft geoffenbaret. Sie hat sich immer in göttliche Dinge gemischt, und sie begreifen wollen; aber sie kommt nicht fort, und offenbart nur ihre Blöße. Die aber ihr Unvermögen erkennen, ergreifen das Licht.

6. **Es war ein Mensch, von Gott gesandt, der hieß Johannes** (der Täufer). 7. **Dieser kam zum Zeugnisse, um Zeugniß zu geben von dem Lichte, damit alle durch dasselbe** (Mittler-Licht, Christus) **glauben möchten.**

Der Zweck des ganzen Evangeliums, nicht nur der Sendung des Johannes, war, die Person zu offenbaren, welche das menschliche Geschlecht erlösen sollte, und auf das Licht hinzuweisen, welches die Verirrten wieder aus der Finsterniß herausführen sollte. Aber die Finsterniß ist immer hinter diesem Lichte her gewesen, und hat es verdunkeln wollen.

Auf Christum müssen alle Zeugen und Diener des Evangeliums weisen; sie können den Glauben nicht geben, so wie ihn auch Johannes nicht geben konnte. Durch das Licht, von dem er zeugte, mußte der Glaube erweckt werden. Christus ist der Anfänger und Vollender und der Gegenstand des Glaubens.

8. **Er selbst war nicht das Licht: sondern nur Zeugniß sollte er geben vom Lichte.**

Man muß nicht an den Zeugen und Dienern des Evangeliums hängen bleiben; sondern durch dieselben sich zu Christo leiten lassen. Denn sie sind nur Diener des Wortes, Luk. 1, 2. nicht das Wort, nur Zeugen des Lichts, nicht das Licht selbst. Wer beim Zeugen vom Lichte stehen bleibt, der kommt nicht zum Lichte selbst, und der Zeuge steht ihm auf diese Weise im Lichte, und wird ihm zum Hindernisse, daß er das Licht nicht sehen kann.

9. **Es** (das Wort) **war,** ehe es kam, es war kommend **das wahrhaftige Licht, welches alle Menschen erleuchtet, die in diese Welt kommen,** oder vielmehr: **Es war das wahrhaftige Licht, welches alle Menschen erleuchtet, in die Welt gekommen.** Es ist kein Licht außer Christus, und das nicht von Ihm kommt.

Dieses Licht, Christus, scheint den Bösen und den Guten, wie die Sonne. Es ist kein Mensch davon ausgenommen, der in diese Welt kommt. Er erleuchtet alle Menschen, ohne Unterschied, auch ohne ihr Wissen, schon durch die natürliche Vernunft, um so mehr, wenn Ihn der Glauben ergreift. Nun kommt der Afrikaner, Amerikaner, Asiat und Insulaner so gut als der Europäer in diese Welt.

Darum ist dieses Licht ein so vielfältiger Prediger, als es Herzen der Menschen giebt.

Die Welt ist finster; dafür ist dieses Licht gekommen. Wenn dieses Licht nicht in die Welt gekommen wäre, möchte jeder Mensch schaudern, der in diese Welt kommt.

10. **Er,** (oder es, das Licht,) **war in der Welt,** von jeher, (incognito) nicht nur durch seine göttliche Allgegenwart, da alle Dinge in Ihm bestehen und sind,

sondern auch durch alle Offenbarungen, bis zu seiner sichtbaren Erscheinung in der Welt. Er oder Es blieb aber den meisten Menschen unbekannt. **Und die Welt ist durch Ihn gemacht**, eben in der Absicht, daß man Ihn, den Schöpfer, dadurch erkennen sollte; **aber die Welt erkannte Ihn nicht**, ihren Eigenthums- und Haus-Herrn. Da Er in Bethlehem geboren werden sollte, war kein Platz für Ihn übrig. Er, der Baumeister der Welt, mußte mit einem Stalle vorlieb nehmen, weil Er doch irgendwo geboren werden mußte. Als Er in Jerusalem einzog, fragte die Welt: Wer ist der? Sie kannte den nicht, der ihr Leben, Daseyn und Odem gegeben hat.

11. **Er kam in sein Eigenthum**, in seine Heimath, oder zu seinem Volke, dem Volke Gottes, den Juden, **und die Seinen nahmen Ihn nicht auf.**

Wenn Ihn Fremde von sich stießen, so möchte es noch einigermaßen entschuldiget werden. Aber so thun es die Seinen, die sich übrigens doch auf Ihn berufen, und nach seinem Namen genannt sind; die auf Ihn getauft sind, sich für seine Kirche, für seinen Leib ausgeben. Die stoßen Ihn fast alle von sich. In Schatten und Bildern dulden sie Ihn, aber den Lebendigen wollen sie nicht nahe kommen lassen; im Herzen dulden sie Ihn schon gar nicht; da wäre Er zu nahe; das halten viele für Ketzerei oder Schwärmerei.

Um die Menschen recht anschaulich zu überweisen, daß sie Ihn und die Seligkeit nicht annehmen wollten, so mußte der Heiland ein Eingeborner seyn, unter dem Volke, das Ihn kreuzigte, und das Ihn, so viel an ihnen war, vom Erdboden vertilgte. Er mußte nicht nur in seine Heimath kommen; Er mußte noch aus königlichem Geschlechte, aus der Erbfamilie eines Landes seyn, wo man alles in ein solches Recht setzte, wo man keinen Fremden duldete, wo man am allerwenigsten Jemanden unterthan seyn wollte, der nicht vom

Hause und Geschlechte Davids war. Er mußte daher e n geborner Bürger in dem Lande seyn, wo alle Propheten gelehrt hatten, die von der zukünftigen Gnade geweissagt, die auf das Leiden Christi gedeutet hatten. Bei Ihm war also alle Ausflucht benommen: Wir wissen nicht, wo Er her ist. Da die Weisen aus Morgenland fragten: Wo ist der neugeborne König? da sagten die Landsleute des Heilandes: Zu Bethlehem; denn so stehts geschrieben. Aber ihre Feindschaft gegen den Heiland, ihre Freundschaft mit Belial hat sie hernach gegen ihren Landsmann so aufgebracht, daß es hieß: Wir wissen nicht, wo Der her ist, wir wollen Ihn nicht; weg mit Dem! **Sie nahmen Ihn nicht auf.**

12. **Allen aber, die Ihn aufnahmen, hat Er Macht gegeben, Kinder Gottes zu werden, denen nämlich, die an seinen Namen glauben.**

Die Hauptpflicht, die jeder sich selbst schuldig ist, seine Hauptsorge, womit er Tag Nacht umgehen, womit er zu Bette gehen und aufstehen soll, ist: **Ich muß den Heiland aufnehmen.**

Zum Seligwerden kann und darf ein Mensch auch nicht eines Körnchens Werth aus eigenem Verstande, aus eigener Geschicklichkeit, aus eigener Kraft bringen; sonst hätte er immer eine Entschuldigung; sondern die Bedingung, die gefordert wird, ist nur, daß wir Ihn aufnehmen, daß wir uns von allem Widerstande enthalten, uns gerne und willig darein geben, uns Gutes thun zu lassen. Glauben, Ihn im Glauben auffassen, sein Leben, Leiden und Sterben für eine göttliche Wahrheit **annehmen**, ehren und unser Vertrauen darauf setzen, daß Er so wahrhaftig der Versöhner unserer Sünde sey, als wenn wir Ihn vor unsern Augen hätten kreuzigen sehen, und wir bei der Gelegenheit unser leibliches Leben gerettet hätten; darauf kommts an. **Die an seinen Namen glauben**, die Ihn also im Glauben aufnehmen, denen gibt Er Macht, Kinder Gottes zu werden: die setzt Er in Besitz einer schon vorhandenen, schon erworbenen, einer ihnen schon gehörigen Sache; Er weiset sie nur ein, und giebt ihnen das Zeugniß, das Attestat, daß sie Kinder Gottes sind. Röm. 8, 16.

Die Macht, ein Kind Gottes zu werden, hat nur Er, kann nur Er geben; kein Mensch hat oder kann sie sich selbst geben; sondern **Er giebt, und wir nehmen.** Wenn Er aber gegeben hat, und wir angenommen haben — die Macht, ein Kind Gottes zu werden, dann wird auch von uns gefordert, daß wir das gegebene Pfund nicht wie der faule Knecht vergraben, sondern damit wuchern, und wirklich als Kinder Gottes zu wandeln uns bestreben.

13. **Die nicht aus Blut, nicht aus dem Willen des Fleisches, nicht aus dem Willen des Mannes, sondern aus Gott geboren sind.**

Eitel ist der Ruhm: Ich bin von christlichen Aeltern geboren und erzogen, wie der Juden Ruhm: Wir sind Abrahams Kinder. Die Wahrheit erbet nicht fort. Es kann einer vom schlechtesten Geschlechte herstammen; das schadet ihm nicht, wenn er durch den Glauben aus Gott geboren ist. Es kann einer von heiligen Aeltern herkommen; dieß nützt ihm nichts, wenn er nicht aus Gott wiedergeboren ist. Alte Geburt ist alte Geburt; sie mag Mäntel umhängen, welche sie will.

Die Kinder der wahren Christen und der Kinder Gottes sind darum nicht Kinder Gottes, und haben darum nicht die wahre Religion, weil sie Kinder wahrer Christen, von ihnen erzeuget und geboren sind; sondern nur, weil und wenn sie eben denselben theuren Glauben und dieselbe Gnade, denselben Geist, dasselbe innere Leben aus Gott wie ihre Aeltern haben. Wenn sie aufwachsen, und haben Christum nicht im Herzen, haben die Sache nicht, die die wahre Kirche Gottes hat, so gehören sie auch nicht dazu. Aber das ist das Verderben aller Namen-Christen, daß sie glauben, wie man des Vaters Gut erbt, so erbe man auch des Va=

ters Glauben und Kirche; das geht nicht. Man ist darum noch kein Christ, weil man leiblich von Christen abstammt; man muß aus Gott, nicht aus einem christlichen Vater gezeuget und geboren seyn. Ein Leben von oben, aus Gott, muß erweckt werden in den Kindern und in jedem Menschen; die natürliche Geburt thuts nicht, christliche Erziehung und Unterricht allein auch nicht; — die Wiedergeburt thuts allein. Joh. 3, 3.

**14. Und das Wort ist Fleisch *) geworden.**

O welch eine Tiefe der Gnade Gottes ist das gegen uns arme Sünder, die nichtswürdigere, verächtlichere und verwerflichere Kreaturen sind, als kein Blatt am Baume ist! Wir wissen nichts zu sagen, als erstaunt zu fragen: Ists möglich? Und sobald die Möglichkeit in unserm Herzen klar wird, sobald der Glaube sich darein setzen kann, sobald wir eine so köstliche, herrliche und selige Sache für unser Geschlecht glauben können, und dadurch Macht erhalten, Kinder Gottes

---

*) „Hier kriegt das Wort einen andern Namen. Was der Evangelist zuvor Gott geheißen hat, und ein Licht, das in die Welt gekommen ist, und die Welt geschaffen hat, das wird Fleisch, läßt sich so tief herunter, daß er mein Fleisch und Blut, meinen Leib und Seele annimmt. Das ist ein großer, überschwänglicher Schatz und Gnade. Darum haben die Alten diese Worte: „Das Wort ist Fleisch geworden" mit langsamern und besondern Noten gesungen; jedermann hat dabei die Knie gebeugt und sein Hütlein abgezogen."

„Die lieben Väter in der Kirche haben über diese Worte auch eine besondere Freude gehabt und haben sich verwundert, daß die göttliche Majestät den armen Madensack menschlicher Natur angenommen hat. — Es wäre auch nicht Wunder, daß wir noch vor Freude weinten. Ja wenn ich auch nimmer selig werden sollte, (da der liebe Gott für sey!) soll michs doch fröhlich machen, daß Christus meines Fleisches, Gebeins und Seelen, im Himmel zur Rechten Gottes sitzt. Zu der Ehre ist mein Gebein und Fleisch und Blut gekommen. St. Bernard redet davon sehr tröstlich und sagt: Nun kann ich merken, daß Gott mein Herr mir nicht gram ist, denn er ist mein Fleisch und Blut, und sitzet zur Rechten des himmlischen Vaters, ein Herr über alle Kreaturen. Wenn er mir gram wäre, so hätte er mein Fleisch und Blut nicht an sich genommen. Hierin stehet all unser Trost und Freude wider Sünde, Tod, Teufel, Hölle und Verzweiflung und sonst nirgends." So schrieb jene alte kernhafte Feder von dieser nun nicht geachteten aber dennoch großen Wahrheit.

zu werden, so wissen wir vor Scham und Freude nicht, was wir machen sollen. Das wirkt die gänzliche Veränderung der neuen Geburt, wodurch alles in uns umgeschmolzen und der Geist unsers Gemüths erneuert wird; und das durch den stupenden Gedanken: das Wort — Gott ward Fleisch! der Sohn aus des Vaters Schooß, durch den die Gottheit zuletzt hat reden wollen, nachdem sie vorher vielmal und auf mancherlei Weise durch die Propheten geredet hat, der ward ein Mensch, nicht wie Er schon oft die Gestalt eines Engels angenommen und wieder abgelegt hatte, sondern so, wie die Kinder Fleisch und Blut haben, zu bleiben.

Es ist eine ganz unbeschreibliche Seligkeit, daß Er unsers Gleichen ist, daß Er in der Gestalt desselben sündigen Fleisches, darin wir herumgehen, sich auch befunden hat 2c. Dabei ist der sehnlichste Wunsch eines frommen Herzens, daß wir Ihn einmal sehen mögen, wie Er ist.

Eine von den scheinbarsten Einwendungen, die ein Mensch machen kann, warum er nicht so ist, wie er seyn sollte, ist die, daß er sagt: Ich bin Fleisch. Darin liegt etwas, wir sind Fleisch. Da Gott die Sündfluth kommen ließ, sagte Er: Was will ich mit den Menschen machen? **Sie sind Fleisch.** Und nach derselben führte Er zur Ursache an, warum Er die Menschen nicht mehr so heimsuchen wolle: **Sie sind Fleisch.**

Wenn aber jetzt ein Christ, der nicht lauter, rechtschaffen und so gesinnt ist, wie Jesus Christus war, sich damit entschuldigt: Ich bin Fleisch; so wird ihm der heilige Geist das nicht gelten lassen. Denn das Wort ward Fleisch; das hebt die ganze Entschuldigung auf. Die selbstständige Heiligkeit, wogegen alle Heiligkeit der Seraphim und aller Glanz der Cherubim nur Dunkelheit ist, hat sich ins Fleisch eingekleidet, und eine menschliche Seele angenommen. Wenn Er mit seiner göttlichen Majestät und Natur allein in der Hütte erschienen wäre, wenn Er sich einen Leib erbauet und ihn mit Gottes Herrlichkeit erfüllt hätte, so wäre das wohl ein Gegenstand der Anbetung gewesen, aber wir hätten keinen Schluß auf uns machen und sagen können: Wie Er war, so sind auch wir in dieser Welt.

Da Er aber ein wahrer Mensch geworden ist, das beweißt, daß man in diesem Fleische, das an sich eine gebrechliche, schwache und arme Maschine ist, ein heiliges, göttliches und gnadenvolles, obgleich von allen Ecken und Enden gepreßtes, und versuchtes Leben führen kann. Wir bleiben wohl immer zurück, und wenn wir nicht Ein Geist mit Ihm werden, so werden wir nicht viel davon haben. Sobald wir aber den Geist aus Gott wieder haben, sobald Er uns aus den Todten auferweckt, den Fluch: Du sollst des Todes sterben! aufgehoben hat, so werden wir Ein Geist mit Ihm; das heißt: Wir lernen denken und handeln, wie Er gedacht und gehandelt hat; wir bekommen unsern Theil von seiner menschlichen Denkungs- und Handlungsweise; es ist uns dann so, wie Ihm gewesen ist.

— **Und hat unter uns gewohnt**, auch **in uns** (—) **voll Gnade und Wahrheit.** Dazu ist Ihm eben der Leib zubereitet worden, daß Er seine Residenz in uns, und unter uns haben könnte, ohne Verletzung seiner göttlichen Heiligkeit, welches durch die Stiftshütte und die in einer Wolke wohnenden Herrlichkeit Gottes vorgebildet worden war 2. Mos. 24, 16. 25, 8. Hebr. 9, 2. 3. Seine Menschheit ist für uns eigentlich die Werkstätte der Gnade und Salbung; denn die Gottheit kann mit uns nicht unmittelbar handeln; sondern mittelst seiner Menschheit fließt uns alle Gnade und Wahrheit wie durch einen Kanal zu.

— (**Wir sahen seine Herrlichkeit, eine Herrlichkeit, wie sie der Eingeborne des Vaters hat.**) (Die im Texte hier folgenden Worte: „voll Gnade und

und Wahrheit" gehören zu den vorhergehenden „und hat unter uns gewohnt." Doch können sie sich auch auf Herrlichkeit des Eingebornen beziehen, und man kann beides sagen: Er wohnte unter uns voll Gnade und Wahrheit: oder: wir sahen seine Herrlichkeit voll Gnade und Wahrheit. Die Apostel sahen sie mit eben so ungezweifelter Gewißheit, ja vielmehr, als man sie in der Stiftshütte sah. Matth. 3, 17, und 17, 1. 2. Petr. 1, 16.

Das ist einer von den unumstößlichen Beweisen, daß der Heiland dem Wesen nach Gott ist; denn es ist sonst kein von dem Vater erkannter Sohn. Es werden wohl auch Menschen Kinder Gottes genannt. Aber der Unterschied zwischen dem Heiland und uns bleibt von höchster Wichtigkeit. Ich glaube, daß die Natur nicht in die Gottheit hinaufsteige; Gott ist aber zu uns herabgestiegen. Wir haben die Gnade, daß wir Gott unser Wesen mitgetheilt haben, und Er theilt uns die Natur eines ganzen Christen mit; Er giebt uns von seinem Geiste, lehrt uns denken, wie Er, lehrt uns handeln, wie Er, und stärkt unsern Arm, in Seinem Namen zu handeln; jedoch bleiben wir allemal Kreaturen. Der Mittler aber, der sich uns genahet hat, durch den wir die Kindschaft empfiengen, ist weder geschaffen, noch gemacht; sondern Er ist der Schöpfer, nicht nur der Macht und Ehre nach, sondern dem Wesen nach mit dem Vater. Er hat sich dadurch, daß Er der Abdruck geworden, an dem man etwas sehen kann, der Kreatur genähert, sowohl den Engeln, als den Menschen, und zwar den letztern leiblich; aber das ist weder sein Anfang, noch Bestehen, sondern Alles angenommen. Bei uns heißts: angethan werden mit Ihm, sich Ihm einleiben; denn wir sind Sünder und sind nur Kinder Gottes durch Gelegenheit, daß Er ein armer Mensch ward, wie wir.

15. **Johannes zeugte von Ihm, rief und sprach: dieser war es, von dem ich gesagt habe:**

**Nach mir wird kommen, der vor mir gewesen ist; denn Er war eher, als ich.** Auch dieser Johannes giebt Ihm das Zeugniß, daß Er schon vor ihm war, obwohl Johannes älter ist als Jesus der Menschheit nach. Das redliche Zeugniß Johannis gilt, indem er das ewige Daseyn Jesu frei herauspredigt, ohne zu sorgen, daß, indem er die Erhabenheit Jesu preiset, ihm an seiner eigenen Ehre etwas abgehe.

16. **Aus seiner Fülle haben wir alle empfangen Gnade um Gnade.**

Aus der Fülle der Menschheit Christi, in dem die ganze Fülle der Gottheit wohnet, schöpfen und empfangen alle Gläubigen, von Adam bis auf den Letzten, eine Gnade nach der andern; also muß diese Gnaden-Fülle unendlich und unerschöpflich seyn.

Johannes redet im Namen aller, die vor ihm waren, „aus seiner Fülle haben **wir alle** empfangen;" also muß Er, der Geber aller Gnade, auch schon vorher gewesen und vor allen gewesen seyn, weil alle von Ihm empfangen haben, die je Gnade empfingen. Muß aber der, von dem alle nehmen und empfangen, nicht **allgenugsam** seyn? Kann der ein anderer als Gott selbst seyn, der allen giebt, alle erhält, alle segnet, ohne selbst zu verlieren oder arm zu werden? der immer noch die Fülle hat und die Fülle bleibt, wenn auch alle von Ihm genommen haben, alle von Ihm erfüllt worden sind? Also, welch ein Wort! „aus seiner Fülle haben wir alle empfangen" und was denn? Gnade um Gnade, Gnade über Gnade! Wer ist die Gnaden-Fülle, der Gnaden-Spender anders als der allmächtige unendliche Gott! Kann uns ein Mensch Gnade geben? Ist nicht jeder selbst Gnade-bedürftig?

Kommet also, ihr alle, denen um Gnade bange ist, hieher zur Gnadenfülle, zu Christus, da könnet ihr Gnade um Gnade haben, da könnet ihr nehmen Gnade um Gnade. Die Fülle steht euch immer offen. Je mehr ihr nehmet, desto reichlicher fließt sie über. Sie kann nicht abnehmen, nicht stille stehen, nicht an sich halten. Sie neigt sich zum Nehmenden, zum Verlangenden, zum Durstigen, von selbst hin. Es drängt heraus, sie will, sie sehnt sich, daß ihr abgenommen werde, daß sie sich mittheilen, daß sie einströmen könne. Kann eine Mutter an sich halten, wenn das Kind um Milch weint, oder nur Miene macht zu trinken? Giebt sie nicht den letzten Tropfen hin? Giebt sie sich selbst nicht ganz hin? Und könnte sie sich zurückhalten, — diese göttliche Gnadenfülle kann es nicht.

17. **Denn das Gesetz**, das nur Zorn anrichtet, nur Erkenntniß der Sünde giebt, aber nicht von der Sünde erlößt, Röm. 7. **ist durch Moses gegeben**, und ist blos der vor Christus hergehende Zuchtmeister Gal. 3, 24., wie Johannes der Wegbereiter gewesen; es hat die Menschen nur zu Sündern gemacht, hat das Bedürfniß nach einem Erlöser erweckt, hat die Nothwendigkeit eines Solchen gezeigt. —

**— Gnade und Wahrheit ist uns durch Christum geworden.**

Wer also Wahrheit und Gnade finden will, der muß Christum suchen, welcher der Weg, die Wahrheit und das Leben ist, und muß Ihn suchen in seiner Versöhnungsgestalt, in welcher eine allmächtige Kraft liegt, die Herzen an sich zu ziehen; wovon Er selbst sagt: Wenn ich erhöht bin, will ich sie alle an mich ziehen. In seinem Tode liegt Gnade und Wahrheit für uns; wir werden dadurch zu Nichts, und Gott Alles, allein heilig und allein gerecht, und darin liegt alle Gnade und Wahrheit.

Wer auf diese Weise Jesum gefunden hat, der wird nicht denken: „Ich will weiter gehen und noch mehr suchen;" es ist ihm Alles geworden.

An der Wahrheit, die uns durch Christum geworden, ist sehr viel gelegen. Wenn die Menschen anfangen, nach der seligmachenden Wahrheit zu fragen, nach dem Einen Nothwendigen, worauf in Zeit und Ewigkeit alles ankommt, und finden das, da vergessen sie alles andere; da ists, als wenn Schuppen von ihren Augen fielen; sie sehen ganz anders, als vorher.

Es ist aber in der sogenannten Christenheit zur Gewohnheit geworden, der einen Wahrheit, ohne die man nicht selig werden kann, theils zu widersprechen, theils sie zu schwächen, oder wie es der Apostel ausdrückt, zu **verfälschen**. Der Heiland, sein Kreuz, wird unter den Händen weggeschafft, die ganze Ordnung des Heils umgekehrt, und ein anderer Grund gelegt, als Christus; der Heiland soll nicht mehr Alles in Allem seyn. Es giebt ein altes Sprichwort, worüber die Christenheit Eins war: Si Christum nescis, nihil est, si caetera discis. Wenn du Christum nicht kennst, so hilft doch all dein Wissen nichts. Si Christum discis, satis est, si caetera nescis, wenn du aber Christum kennst, und gleich sonst nichts weißt, so weißt du genug.

18. **Gott hat niemand je gesehen,** — mit den Augen des Verstandes oder der Vernunft. Auch die Weisesten und Verständigsten können sich keine Vorstellung und keinen richtigen Begriff von der unsichtbaren Gottheit machen. Dahin reicht das Natur-Licht nicht; denn Gott wohnt in einem der Vernunft des Menschen unzugänglichen Lichte. Gott hat die falschen Gnostiker immer zu Schanden gemacht, damit man Christum, als den einzigen Offenbarer der unsichtbaren Gottheit mit Dank annehme, und es als Gnade betrachte. **Der eingeborne Sohn, der in des Vaters Schooß ist, der hat es uns erzählt**; der hat sich aus des Vaters Schooß herausbegeben, um sich den Menschen zu erkennen zu geben, und die wahre Erkenntniß seines Vaters mitzutheilen, welches um so leichter durch Ihn geschah, weil jeder, der Ihn sieht, auch den Vater sieht, dessen wahres Ebenbild Er ist. Joh. 14, 9. Christus hat die unsichtbare Gottheit sichtbar in seiner Person dargestellt. In Ihm sah man die Gottheit

wandeln. Er konnte uns auch allein von Gottes Vater-Herzen erzählen, weil nur Er, sonst niemand, wußte und wissen konnte, was in demselben für oder gegen uns verborgen sey; weil niemand in dem Herzen des Vaters gelesen hatte, oder lesen konnte, als Er, der dort zu Hause ist. Im Gleichnisse vom verlornen Sohne, und in andern z. B. Matth. 6, 26 — 52. rc. sieht man, was Er uns vom Vater-Herzen Gottes erzählte, wie es in demselben aussieht, welche Gesinnungen dort für uns verborgen sind, was wir vom Vater zu erwarten haben, wie wir aufgenommen werden, wenn wir zurückkehren, und sein Angesicht suchen.

19. **Dieß ist aber das Zeugniß Johannis, als die Juden von Jerusalem Priester und Leviten an ihn sandten, daß sie ihn fragen sollten, wer bist du?**

Diese Frage mag jeder Mensch an sich selbst stellen, und sie sich nach der Wahrheit beantworten; so wird wohl wenig oder gar nichts herauskommen. Es wird jeder bekennen müssen: Ich bin Nichts, Gott Alles. Ich bin ein armer Sünder, der nur aus Gnaden selig zu werden hofft. Oder was bist du, das du nicht durch Gott bist? Was hast du, das du nicht empfangen hast? 1. Kor. 4, 7. Was kannst du, das du nicht durch Gottes Gnade vermagst? Ist es nicht Gott, der in uns alles wirket, das Wollen und das Vollbringen? Phil. 2, 13. Ist nicht Christus der Anfänger, Urheber und Vollender des Glaubens, der höchsten und besten Gabe? Hebr. 12, 2.

20. **Und Johannes bekannte und läugnete nicht, und er bekannte: Ich bin nicht Christus,** obwohl er merkte, die Juden würden ihn lieber für den Messias annehmen, als Jesum. Mit solchem Nachdrucke hat er die Sache von sich gewiesen, daß es der Evangelist dreimal wiederholt: 1. Er bekannte, 2. er verläugnete nicht, 3. und er bekannte. Er wollte durchaus nicht scheinen, was er nicht war. Sie legten es

ihm auf die Zunge: Bist du Christus? Er hätte nur ja sagen dürfen: Ich bin Christus. — Nun da er dieses so rund weg verneinte, so wollten sie doch einen Propheten aus ihm machen, denn 21. **Sie fragten ihn: Wer bist du denn? bist du Elias? Er sagte: ich bin es nicht. Bist du der Prophet** (5. Mos. 18, 15.)? **Und er antwortete: Nein.**

Die Demuth ist sehr kurz in Worten, sie redet wenig, um die Demuth, d. i. die Wahrheit nicht zu beleidigen. Johannes hatte den Geist und die Kraft des Elias, war Prophet und wohl mehr als ein Prophet, wie Jesus selbst von ihm bezeugte. Luk. 7, 28. Er selbst aber weiß das kaum, oder offenbart es nicht, so lang er es ohne Nachtheil der Wahrheit verbergen kann.

22. **Sie sprachen zu ihm: Wer bist Du?** Etwas mußt du ja doch seyn. Er hätte wiederum nur ja sagen dürfen; Ich bin Elias, bin ein Prophet, oder doch Etwas; aber er wollte Nichts seyn, hielt nichts von sich selbst. Er dachte so klein und gering wie möglich von sich selbst. Sie fuhren fort: **Wir müssen ja doch Antwort geben denen, die uns geschickt haben. Was sagst du von dir selbst?**

Von sich selbst zu reden, fällt der Demuth schwer, sie kömmt hart daran. Sie läßt aber auch dieses nicht merken, damit sie nicht auch selbst dadurch Ehre suche. Denn mit der Demuth wird von eitlen Menschen viel Hoffart getrieben, indem sie sich den Schein zu geben wissen, als widerstehen sie dem Lobe, und als sey es ihnen sehr unangenehm; da sie es doch eben dadurch nur vermehren wollen.

23. **Er sprach: Ich bin eine Stimme des Rufenden in der Wüste,** (Gott ruft durch mich, als seine Stimme:) **bereitet den Weg des Herrn; wie Isaias der Prophet spricht.**

Treffender hätte Johannes den Heuchlern nicht antworten können. Denn das war er, Bußprediger und Wegbereiter des Messias, das brauchten sie auch, und dazu hatte ihn Gott gesandt. Sie fragten nur nach Würden, nach Titel, wie alle Welt nur darauf si ht und darnach fragt. Aber ihm und dem, der ihn sandte, war es gar nicht darum zu thun, sondern der Weg in die Herzen sollte geebnet werden dem kommenden Erlöser. Aber das wollten sie nicht.

24. **Die Abgesandten aber gehörten zu den Pharisäern.** Das bemerkt der Evangelist nicht umsonst, und er hat damit genug gesagt, ohne etwas dazusetzen zu müssen. Ihnen konnte Johannes nicht gefallen, weil er nicht aus ihrem Orden, kein Heuchler war.

25. Und auf die Frage: **Warum taufest du denn, wenn du weder Christus, noch Elias, noch ein Prophet bist? 26. antwortete ihnen Johannes und sprach: Ich taufe nur mit Wasser.** — Meine Sache ist nur wie kaltes Wasser gegen den, der nach mir kommt, auf den ich euch hinweise, der mit Feuer und Geist taufen wird. **Aber Er steht mitten unter euch, den ihr nicht kennet.** Mitten in der Christenheit, wo man immer den Namen Christus im Munde hat, wo alles voll Zeichen von Ihm ist, wo man seine Zeichen überall aufstellt, sich selbst millionenmal damit bezeichnet, wo sein Bild allenthalben zu sehen ist, mitten in der Christenheit steht Er in Zeichen und Figuren und Namen; aber sie kennen Ihn doch nicht; Er ist ein unbekannter Christus bis auf den heutigen Tag. Der große Haufe nennt Ihn und kennt Ihn nicht; kennt Ihn nicht, als den **Versöhner**, als das **Lamm**, das die Sünde wegnimmt, als den **Heiland**, der die Sünder annimmt, als den **Bräutigam**, der im Herzen wohnt, und die Seinen zur innigsten Gemeinschaft mit Gott führt, als den **Weinstock**, der in uns bleibt, und in dem wir bleiben sollen 2c. 2c. Man kennt Ihn nicht als das **Brod des Lebens**, der sich mit uns vereiniget, wie Brod mit

dem Leibe, der das Leben unserer Seele, all unsere Kraft und unser Licht und alles ist.

27. **Er ist es, der nach mir kommen wird, obwohl Er vor mir gewesen ist; und ich bin nicht werth Ihm seine Schuhriemen aufzulösen.**

Sieh doch, wie demüthig die größten Heiligen vor Christus sind! wie hoch sie Ihn über sich, wie tief sie sich unter Ihn setzen. Wie beleidigend daher für Christus und selbst für die Heiligen muß es seyn, wenn wir sie über Ihn erheben, sie Ihm vorziehen, auf sie mehr Vertrauen setzen als auf Ihn. — Sie selbst müssen sich dagegen wehren, und uns zurufen: „Ach, ihr Menschen, was thut ihr, daß ihr uns mehr als Ihn verehret, uns, die wir nicht werth sind, Ihm die Schuhriemen aufzulösen? uns, die wir alle nur durch Ihn sind, was wir sind, alle aus seiner Fülle nehmen? Wir können es ja nicht ertragen, ihr peiniget uns; wir schämen uns, wenn ihr Ihn verlasset, entehret, hintansetzet, und uns Ihm vorziehet. Gehet zu Ihm! Er ist vor uns gewesen, ist über uns, und wir sind nur durch Ihn und von Ihm und um Seinetwillen."

28. **Dieß geschah zu Bethania** oder **Bethabara, jenseit des Jordans, wo Johannes taufte.** Der Ort war nicht von ohngefähr, sondern wohlbedacht gewählt, denn das war eben die Stelle, wo die Kinder Israel aus Egypten über den Jordan gingen und in Kanaan einzogen. Dann war es die Ueberfahrt, wenn das Volk auf das Osterfest ging, wo stets eine zahlreiche Versammlung der hinüber- und herüberfahrenden Leute war, wo also jeder etwas von der Bußpredigt Johannis mitnehmen konnte.

29. **Des andern Tages sah Johannes Jesum zu sich kommen und sprach:**

**Sieh! das ist das Lamm Gottes, welches die Sünde der Welt hinwegnimmt!**

In diesen Worten liegt der klare Gedanke: Ihr habt euch müde geopfert an Lämmern ohne Fehl. Da kommt eins von einer andern Art; das trägt die Sünden der ganzen Welt auf einmal weg. Gott hat es selbst gesandt. Es nimmt auf einmal alle Sünden aller Art, aller Länder und Leute auf sich, und tilgt sie, als wenn sie nie geschehen wären. Das sagt auch Johannes. 1. Br. 2, 2.

Sieh, das ist der große Erfinder des Heils. Es ist alles versöhnt durch Ihn und mit Ihm selbst. Das sollte in aller Herzen mit funkelnder und flammender Schrift gegraben, und mit dem Finger Gottes eingeschrieben werden. Das muß man Heiden, Juden und allen Kreaturen bezeugen. Das ist der Grund, auf dem seine Kirche steht, daß sie auch die Pforten der Hölle nicht überwältigen können.

Wer des Vaters Liebe daher leitet, daß Christus für uns gestorben ist, da wir noch Sünder waren, der hat sie gründlich bewiesen. Er selbst beweißt seine Liebe gegen uns damit, daß der Heiland für uns gestorben ist. Darum heißt Er auch **Gottes Lamm**, weil der Vater das einzige Lamm, das einzige Schäfchen auf seinem Schooße, den Sohn, an dem Er seine Freude gehabt, hergegeben **zum Menschen**.

„Was ist tröstlicher, als daß der Sohn Gottes sich so tief herunter läßt, und nimmt meine Sünden auf seinen Rücken, ja nicht nur meine, sondern aller Welt Sünde, die von Adam bis auf den allerletzten Menschen gethan werden; die will er alle gethan haben und dafür leiden und sterben, damit ich ohne Sünde sey und ewig lebe. Ihr Sünder, die ihr erschrecket vor euren Sünden, wisset ihr nicht, daß Gott eure Sünden von euch genommen, und sie einem andern auferlegt hat? Wollt ihr nicht wissen, wo die Sünden der Welt hingelegt, getödtet und weggenommen worden sind? Wo denn? Sieh, auf das Kreuz, und auf den Rücken dieses Lammes hat der Herr alle unsere Sünden gelegt. Das Lamm hat Er geordnet dazu, daß es aller Welt Sünde tragen sollte. Aber die Welt will das nicht glauben, und dem lieben Lamme die Ehre nicht gönnen, daß wir durch dasselbe allein selig werden sollen, weil es unsere Sünde trug. Sie will selbst etwas seyn, und je mehr sie thun und Sünde büßen will, desto ärger macht sie es. Denn außer diesem Lamme ist kein Sündenbüßer. Gott will sonst von keinem wissen. Dahin und dahin allein weiset Er uns durch seine Boten."

30. **Dieser ist es, von dem ich sagte: Nach mir kommt ein Mann, der vor mir gewesen ist, denn Er war eher als ich.**

Johannes kann nicht unterlassen, nicht müde werden, sich vor Christus zu erniedrigen, und auf Christi ewige Gottheit und Erhabenheit über alle Sterbliche hinzuweisen. Ach wie war es doch allen, die Ihn kannten, so sehr darum zu thun, daß man über Ihm sie und alle Andere vergessen und übersehen und nur auf Ihn sehen möchte! Aber die Menschen bleiben immer lieber bei Andern stehen, sie wollen sich nicht weisen lassen, sondern bleiben gleich am Wegweiser hängen. Er, Er ist das Ziel — zu Ihm hin! alle Andere sind nur Wegzeiger. Welcher Wanderer, der nicht verrückt ist, und zum Ziel kommen will, kann beim Wegweiser stehen bleiben? —

31. **Ich kannte Ihn selbst nicht**, wenigstens in dieser Eigenschaft nicht; es wäre mir fast eben so gegangen, wie euch; ich mußte mich auch zuvor durch eine Nacht durcharbeiten, ehe ich zu diesem Lichte gekommen bin; **damit Er aber Israel offenbar würde**, mußte jemand vorausgesandt werden, der Ihn kund machte, und **deßwegen kam ich und taufe mit Wasser**; die nun meine Verkündigung im Gehorsam des Glaubens annehmen, denen wird Er offenbar.

32. **Und Johannes bezeugte und sprach: Ich sah den Geist wie eine Taube vom Himmel herabfahren, und Er blieb auf Ihm.**

Christus wird uns unter dem Bilde des **Lammes**, der heilige Geist unter dem Bilde einer **Taube** vorgestellt. Warum anders, als weil sie beide voll Unschuld und Einfalt, Sanftmuth und Liebe, Reinheit und Fruchtbarkeit an guten Werken sind, und dies alles auch in uns seyn und wirken wollen.

Möge der heilige Geist auf uns nicht nur herabfahren, sondern auch in uns bleiben, und wir in Ihm!!!

33. **Ich kannte Ihn nicht** so genau, wie Er mir hernach zu erkennen gegeben wurde; **aber der mich gesandt hat**, gab mir ein gewisses Zeichen und **sprach zu mir: Auf welchen du sehen wirst den Geist herabsteigen**, sich sichtbar niederlassen, **und auf Ihm bleiben, derselbe ists**, auf den man zu sehen hat, **der mit dem heiligen Geiste taufet.** Also mußte das Wort, das im Fleisch geoffenbart worden, im Geiste legitimirt, gerechtfertigt werden. 1. Tim. 3, 16.

Johannes sagt hier zweimal Vers 31 und 33.: Ich kannte Ihn selbst nicht." Hat er Ihn doch schon in Mutterleibe gekannt und vor Freude gehüpft. Das mag wohl ohne sein — wenigstens nachheriges — Bewußtseyn geschehen seyn. Er wird sich kaum erinnert haben, was er im Mutterleibe fühlte. Auch ist er nachher nie mit Jesus zusammen gekommen. Er ging früh in die Wüste, und Jesus floh gleich als Kind nach Egypten, und ward nach seiner Zurückkunft in Nazareth erzogen. Wenigstens konnte also Johannes Jesum seiner Person und Gestalt nach nicht kennen, wodurch auch aller Verdacht wegfiel, daß sie ein Plan mit einander verabredet hätten. Aber auch seine göttliche Natur und Eigenschaften, seine Messiaswürde kann dem Johannes bis dahin, bis ihn Gott selbst öffentlich überzeugte, verborgen gewesen seyn. Wenn man ihm auch von Jesu Empfängniß und Geburt alles erzählt hat, so war es ihm doch gewiß nicht so klar und gewiß, und er mußte sich doch gewiß auch, wie alle Gläubige, durch viele Zweifel durcharbeiten, oder es mußte ihm, seinem außerordentlichen Berufe gemäß, auch außerordentlich und göttlich geoffenbart werden. Darum konnte er sagen: Ich kannte Ihn nicht als die erhabene Person, wie ihn mir die Stimme vom Himmel zu erkennen gab und bewieß.

34. **Das habe ich nun gesehen, und bezeuget, daß dieser der Sohn Gottes ist.** Das hat mir die Stimme vom Himmel gesagt. Matth. 3, 17. **Der** Sohn Gottes ist Er. Wir **werden** Söhne, Kinder Gottes Er ist es von Ewigkeit, wir aus Gnade, Er von Natur und ewiger Geburt.

35. **Des andern Tages stand Johannes wieder da und zween seiner Jünger bei ihm.** 36. **Als er nun Jesum wandeln sah, sprach er: Sieh, das Lamm Gottes!**

Johannes wies seine Jünger zu Jesus. Sehet, sagte er, wie er Jesum kommen sah, das ist Gottes Lamm, der Mann, von dem ich euch gesagt habe, der Bräutigam, dem die Braut gehört.

Alle Menschen sind dahin zu weisen. Wenn man Jemanden einen guten Rath geben will, der nicht nur auf das jetzige Leben, sondern auch für die Ewigkeit helfen soll, so muß man ihm sagen, er soll sich nach dem Lamme Gottes umsehen. Und wenn ein Mensch den Rath befolgt, und an Ihn glaubt, so hat er das ewige Leben und Ueberfluß! Weil Er das Lamm, unser Opfer, weil Er der ist, in dem alle Fülle wohnt, durch welchen alles versöhnt ist mit Ihm selbst.

Johannes war der erste, der uns das Evangelium gepredigt und auf das Lamm Gottes mit Fingern gewiesen hat. Darum war er der größte unter allen Propheten, nicht wegen seines strengen Lebens, nicht wegen seiner wunderbaren Geburt, sondern um seines lieben Fingers und um seines Wortes willen: Sehet das ist Gottes Lamm! Denn diese Predigt ist vorher in der Welt nie gehört worden. Solche Finger hat nie ein Mensch gehabt noch gesehen, wie Johannis Finger, die auf Gottes Lamm weisen. Darum wenn dich die Sünde drückt, und Tod und Teufel schreckt, so blicke nur dem Johannes auf den Mund und Finger; der wird dir den rechten Weg zeigen, daß du zur Trostquelle kommest.

37. **Und als die zween Johannes-Jünger,** (Andreas und Johannes,) **ihn dieß sagen hörten, folgten sie Jesu nach.**

Johannes war ein großer Mann; er hatte viele Leute, auch Priester, bekehrt und haufenweise getauft. Das war nichts Kleines; aber Jesu nachfolgen war doch noch etwas Besseres. Der liebe Heiland gestand es auch; Er sagte: Von Weibern ist kein Größerer geboren, als Johannes; aber wer jetzt im Reiche Gottes ist, wer am Reiche Jesu Christi jetzt wahrhaftig Theil hat, und ist der Geringste im neuen Bunde, der ist größer als Johannes. Das trifft mit dem überein, was im Propheten steht: Der Kleinste unter ihnen soll seyn, wie David. Wie kam das? Sie hatten da das ewige Leben. Wir habens mit unsern Augen gesehen, heißt es, Joh. 1, 1., wir habens mit unsern Händen betastet das ewige Leben. Und wie es von Moses heißt: Sein Angesicht glänzte, und er wußte es nicht; so ist es den Jüngern des Heilandes gegangen, sie haben einen Glanz davon bekommen, daß sie mit dem ewigen Leben umgegangen sind. Paulus sagt: Es spiegelt sich in uns allen des Herrn Klarheit mit aufgedecktem Angesichte, und wir werden verklärt in dasselbe Bild rc.

Es ist freilich nichts Geringes, mit Jesu gewandelt haben, und wenn wir nicht mit Ihm wandeln könnten, wären wir sehr unglückliche Leute. Aber Er hat seinen Jüngern gesagt: Ich bin bei euch, (nicht nur so lange der Apostel Johannes lebt) sondern alle Tage bis ans Ende der Welt.

Da sehen wir, es ist das allerbeste, was uns zu rathen ist, wir gehen alle zum Heilande, wir suchen alle, wie wir den Heiland finden, und wenn wir Ihn gefunden haben, so gehen wir mit Ihm durch die Welt. Was wir lieb haben, das haben wir in Ihm lieb. Was wir reden mit den Menschen, das reden wir vor Ihm und um seinetwillen. Was wir thun, das thun wir in seinem Namen ꝛc.

38. Jesus aber, der so bereitwillig war, sich zu ihnen zu wenden, als sie geneigt waren, Ihm zu folgen, **wandte sich um, und da Er sah, daß sie Ihm folgten, sprach Er zu ihnen: Was suchet ihr?** Seine Absicht war blos, sie mit Ihm in ein Gespräch zu bringen. **Sie sprachen zu Ihm: Rabbi! d. h. Lehrer! wo wohnst du?** Sie wissen entweder noch nicht recht, was sie sagen sollen, oder was sie wollen; oder sie meinten, daß sie so viel mit Ihm zu sprechen hätten, daß es hier auf dem Wege nicht sogleich abgethan werden könnte.

39. **Er sprach zu ihnen: Kommet und sehet es!** ich habe zwar nichts Eigenes; es wird aber wohl so viel Platz geben, daß ihr mir euer Herz offenbaren könnet. **Sie kamen also und sahen, wo Er sich aufhielt, und blieben diesen Tag bei Ihm,** um einen recht festen Grund zu legen. Wenn wir nur einmal einen Tag bei Jesu aushalten, so ists schon gewonnen. Wenn wir nur einmal nach Ihm fragen, wo Er anzutreffen und zu finden ist, so sind wir Ihm schon willkommen.

40. **Andreas, der Bruder des Simon, war einer von denen, die dieß von Johannes gehört** und sich von Johannes zu Christus gewendet haben, **und Ihm nachgefolgt sind,** sich auf Johannes Zeugniß verlassend, bis sie selbst gekostet haben, daß Er Worte des ewigen Lebens hatte.

41. **Dieser fand zuerst seinen Bruder Simon und sprach zu ihm: Wir haben den Messias, (Christum, den Gesalbten) gefunden.**

Wer einmal sagen kann: „Ich habe den Heiland, ich habe Jesum gefunden," dessen Seligkeit ist nicht zu beschreiben; den kann kein Leid traurig, kein Uebel unglücklich machen; denn er denkt sogleich: Ich kann ja nicht traurig seyn; es lebt Christus; warum soll ich mich betrüben? Ich habe ja meinen Heiland; ich kann mir das Leben nicht sauer machen, weil Er mein Herz erfreut. Es könnte dir aber doch noch zu viel werden; du könntest so krank werden, daß dir dein Leib verschmachtete; es könnten dich die Gedanken verlassen! O, sagt David, und wenn mir gleich Leib und Seele verschmachteten, wenn mir die Gedanken vergehen, o was habe ich für einen Heiland? wenn ich nur den habe, so frage ich nichts nach Himmel und Erde. Darum ist dieß eine so selige Sache, Jesum gefunden zu haben. „In Ihm kann ich mich freuen, und habe guten Muth; darf kein Gerichte scheuen, wie sonst ein Sünder thut." Es kommt kein Mensch ins Gericht, der dem Lamme nachfolgt. Wenn man einmal aus der Zeit geht, so kann man sagen: „Ich komme zu dir; ich bin dein: ich habe an dich geglaubt in der Zeit; ich bin immer mit dir umgegangen; ich habe gelebt, aber nicht ich, sondern du in mir; ich hatte dich nicht gesehen, aber ich hatte dich dennoch lieb. Ich habe mich deiner gefreut, da ich abwesend war, wie soll ich mich nun deiner freuen, da ich zu dir komme!" So geht eine Seele heim, die Jesum gefunden hat.

Die Leute, die Ihn in der Zeit nicht haben, haben ein elendes Leben. Es ist kein Friede im Herzen ohne Ihn; es ist keine Ruhe weder im Thun, noch im Auswendiglernen, noch in allerlei guten Vorsätzen; es ist keine Ruhe außer in Ihm und in seinen Wunden; da ist sie ganz allein wider den Tod, wider die Sünde und den Satan. Der beste und kürzeste Weg, ein seliger Mensch und heilig zu werden, sich weder vor Tod noch Hölle zu fürchten, ist, dem Lamme nachfolgen, es machen, wie es die Johannes-Jünger machten; sie ließen sich zum Lamme weisen, und folgten Ihm; das war ihre Freude, Ihn gefunden zu haben.

Kommet also, liebe Seelen, zum Lamme, werfet alle eure Sünden, all euer Elend, euern ganzen verderbten Zustand von eurer Geburt an bis auf diese Stunde zu seinen Füßen, auf den Rücken des Lammes Gottes, und laßt's Ihn wegtragen, und geht nicht wieder von Ihm weg, sondern bleibet bei Ihm. Denket immer an Ihn; menget Ihn ins Essen und Trinken, ins Schlafen und Wachen, ja in alles hinein daß, wohin ihr euch wendet, ihr mit dem Lamme, mit seinem Blut und Tode zu thun habt, was Er für euch ausgestanden, und was ihr ewig zu erwarten habt. Welcher Satan wird euch hernach zur Sünde verleiten, und euch in Furcht und Schrecken bringen können? Die Pforten der Hölle können eine solche Seele nicht überwältigen.

42. **Und er führte Ihn zu Jesus** selbst, und dieß ist die rechte Art. Nicht daß man selbst den Meister spielt, und die Leute selbst bekehren will, wenn man etwas Gutes von Gott empfangen hat. Diese Bekehrung taugt gewöhnlich nichts.

Sobald eine Seele Jesum gefunden und seine süße Gegenwart geschmeckt hat, so möchte sie gerne der ganzen Welt davon mittheilen, und es allen Menschen verkündigen, und besonders alle Bekannte zu diesem großen Schatze einladen. Gott bedient sich auch bisweilen solcher in der ersten Liebe brennender Seelen, um andere zu gewinnen; nur muß es nicht in eine Bekehrsucht ausarten.

— **Da Jesus den Simon sah, sprach Er: Du bist Simon, Jonas-Sohn, du sollst Kephas, das ist Petrus (Fels) heißen.** Hat Jesus nicht vorhergesehen, daß Petrus fallen werde? Ja, aber Er hat noch weiter hinausgesehen, daß Petrus wieder aufstehen und fester werden würde, als er vor dem Falle war.

43. **Des folgenden Tages,** ging der Hausvater wieder aus, um Arbeiter in seinen Weinberg zu bestellen, und indem Er **nach Galiläa gehen wollte, fand Er den Philippus und sprach zu ihm: Folge mir nach!**

Nun fängt Christus an, Kirchlein zu sammeln, wozu Johannes der Täufer seine Zuhörer gerne hergegeben hat.

44. **Philippus war von Bethsaida, der Vaterstadt des Andreas und Petrus,** also ihr Landsmann, daher war es ihm schon leichter Jesu zu folgen, weil er schon eine alte Bekanntschaft antraf.

45. **Philippus findet den Nathanael und spricht zu ihm: Wir haben den gefunden, von welchem Moses im Gesetze und die Propheten geschrieben haben, Jesum, den Sohn Josephs von Nazareth.**

Man sieht also, wie sie dem Messias nachgeforscht, und in den Propheten und heiligen Schriften gelesen und gesucht haben. Sie halten Ihn aber erst nur für den Sohn Josephs. Da aber ihr Wille gut war, übersah Gott noch diesen Irrthum des Verstandes. Die Welt hat es hierin ganz anders, als Gott; sie übersieht alle Laster und Schandthaten; aber die Irrthümer des Verstandes, wofür sie oft die heiligsten Wahrheiten hält, verfolgt sie mit Feuer und Schwert, wenn gleich die brennendste Liebe zu Christus in solchen Verfolgten zu spüren ist, und sie es selbst nicht läugnen kann.

Philippus fühlt sich so glücklich in den ersten Stunden der Nachfolge Jesu und seines Umganges mit Ihm. Sein Leben ist ihm so neu, als wenn er noch nie gelebt hätte. Er glaubte nun schon alles gefunden zu haben, da er Jesum gefunden, obwohl er noch lange nicht wußte, wie Vieles er mit Ihm gefunden. Aber das sah er doch, daß er den Inhalt und Inbegriff des ganzen Gesetzes und der Propheten gefunden. Darum ruft er mit Entzückung: wir haben den gefunden, von dem Moses und die Propheten geschrieben, nach dem alle Heilige, alle Hoffer von jeher sich gesehnt haben.

Welch ein Wort: „Wir haben Jesum gefunden!" Wer das mit Wahrheit aussprechen kann, wer Ihn wirklich gefunden hat, als seinen, ja **seinen** Heiland und Seligmacher, wie glücklich, wie reich, wie unaussprechlich selig und herrlich fühlt der sich! Wenn wir bis ans Ende der Erde auf den Knien gehen oder kriechen müßten, um Ihn zu finden, so wäre es nicht zu viel, nur um das unvergleichlich beseligende Wort: Ich habe Ihn und will Ihn nicht lassen! aussprechen zu können. Aber nun können wir Ihn sehr nahe finden. Nun bietet Er sich uns selbst dar, ist nahe im Munde und Herzen. Röm. 10.

Wer alle Schätze der Erde, alle Geheimnisse und Tiefen der Weisheit, und was immer für eine Kunst und Wissenschaft gefunden hat, aber Jesum nicht, der hat noch gar nichts gefunden im Vergleiche mit dem, der Jesum gefunden hat.

O ihr glücklichen Alle, die ihr Ihn gefunden, die ihr mit Wahrheit sagen könnet, wir **haben den**, von dem die Schrift A. u. N. T. schreibt. Haltet, was ihr habet, und lasset lieber alle Welt fahren, nur Ihn nicht! Ja, darf ich es sagen — lasset lieber den Himmel fahren — nur Ihn nicht, d. h. wenn ihr um Seinetwillen in eine Hölle müßtet, — gehet, nur weichet von Ihm nicht; und wenn ihr ohne Ihn in den Himmel kommen könntet, so gehet nicht, bleibet lieber bei Ihm; Denn Er ist mehr, als aller Himmel Himmel.

46. **Nathanael sprach: Von Nazareth kann etwas Gutes kommen?** Aus diesem finstern, mit Heiden vermischten Lande? Das ist ja höchst unwahrscheinlich, daß der Messias von einem so schlechten und verachteten Städtchen herkommen soll. Da er aber dieß nicht aus Bosheit oder Widerspruchs-Geist sagte, sondern aus Einfalt und Redlichkeit, so machte ihm Chri-

stus hernach darüber auch keinen Vorwurf, sondern über zeugt ihn gleich wunderbarer Weise.

Das Beste sollte vom Schlechtesten herkommen? dachte Nathanael. Nazareth verdeckte ihm den Messias. Das Vorurtheil raubt ihm den Genuß und die schnelle Theilnahme an dem glücklichen Funde seines Freundes. Nebenumstände stellen ihm die Hauptsache ganz in Schatten, daß er nichts davon sieht. Geht es nicht fast täglich auch den redlichsten Menschen so? Die Schaale macht ihnen den Kern verdächtig, daß sie ihn verwerfen, ehe sie ihn gesehen oder geprüft haben. Tausend Dinge würden gerne angenommen, oder verworfen werden, wenn sie nicht von diesem oder jenem Orte, von diesem oder jenem Manne sich herschrieben. Man fragt gleich: **Woher** kommt das? **Wer** sagt das? Wenn es **der** sagt, wenn es **daher** kommt, so glaub ichs nicht, so nehm ichs nicht an. Oder: Wenn es von diesem kommt, so glaub ichs, und wenn es noch so unglaublich scheint."

Wenn Nathanael an seinem Vorurtheile hartnäckig hängen geblieben wäre, wenn er unwiederruflich behauptet hätte: „Nazareth kann unmöglich der Ort des Messias seyn; wer mir Nazareth nennt, von dem will ich nichts hören; da hab ich schon genug; das mag glauben, wer will, ich nicht," wenn er, sage ich, dabei geblieben, nicht hingegangen und selbst gesehen hätte, was hätte er weggeworfen? Wessen Bekanntschaft hätte er ausgeschlagen? Den Kennenswürdigsten hätte er verkannt, den Suchenswürdigsten nicht gefunden, den Liebenswürdigsten nicht lieben gelernt, an den Glaubwürdigsten nicht geglaubt, den Unentbehrlichsten hätte er nie gesehen noch erkannt. Sein einziges und ewiges Heil hätte er mit Füßen getreten, und dieß alles bloß deswegen, weil Er aus dem verachteten Städtchen Nazareth herstammte. Sieh, in solche verachtete, ärgerliche Orte, Personen und Dinge legt Gott sein Bestes,

Herrlichstes, und daran stoßen sich die Menschen, und kommen nicht dazu.

Wie wird es den Nathanael nachher gereut haben, so gedacht und gesprochen zu haben, als er fand, daß wirklich aus Nazareth nicht nur etwas Gutes, sondern alles Gute, das Allerbeste, was der Himmel und die Erde hat und geben kann, gekommen ist und kommt.

— **Philippus** aber disputirt nicht lange mit ihm, sondern weiset ihn gleich zu Christo, daß er sich selbst überzeugen möchte, und **spricht: Komm und sieh!**

Das ist das beste Mittel und der nächste Weg, von Vorurtheilen geheilt zu werden. Lerne Christum und das Evangelium zuerst kennen, such Ihn selbst, lies sein Wort selbst, und dann sprich, wie du es findest. Man verwirft, spricht ab, urtheilt, ehe man gesehen, geprüft, und erfahren hat, und vergreift und irrt sich so in den heiligsten Sachen.

47. **Jesus sieht den Nathanael zu sich kommen und spricht von ihm: Sieh, ein wahrer Israelit** (ein wahrer Nachkomme Jakobs) **in welchem kein Falsch ist.**

Selig, wem Jesus, der Wahrhaftige, das Zeugniß giebt, daß in seinem Geiste kein Falsch ist. Ein solcher ist, der mit seinem Gott und dem Nächsten allezeit redlich umgeht, ohne Verstellung und Heuchelei, die da verbirgt, was doch ist, oder etwas vorgiebt, was nicht so ist.

48. **Nathanael spricht zu Ihn: Woher kennst du mich?**

Es befremdete den ehrlichen Nathanael, daß ihn der Heiland lobte, da Er ihn doch nicht kenne, Er meint, weil er Jesum nicht kenne, so müsse es bei Jesu auch so seyn. Du kennst mich nicht, sagt er, wie kannst du so reden? O, antwortete der Heiland, **ehe denn dich Philippus rief, sah ich dich unter dem Fei-**

genbaume; weißt du, was du redetest, und sagtest? Ich habe dich wohl gesehen.

Ein Mensch, der mit Jesus keine Bekanntschaft hatte, dem geht Er nach, und wie Nathanael sich stille unter einen Baum setzte, und für sich nachdachte, so war Jesus auch da, und hörte, was er sagte und dachte. Wenn also jemand von Herzen Ihn begehrt, nach seiner Nähe Tag und Nacht verlangt, sich dabei gern ergiebt, daß er Ihn nicht sieht, wenn er nur seine Gegenwart durch Offenbarung im Herzen erfahren kann, sollte sich der Heiland nicht dazu erbitten, und das Wünschen und Verlangen der Seele vergebens seyn lassen? Er geht Leuten nach, die Ihn noch gar nicht kennen; Er weiß ihre Aus- und Eingänge, und wenn er ein redliches Herz sieht, so langt Er nach ihm, und weiß schon, was Er aus ihm bereiten soll. Wer Ihn also gerne hätte, wer sich nach Ihm sehnet, der hat Ihn, und auf die Frage: Bist du da? kann man antworten: Ja, ich fühle es.

49. **Nathanael erwiedert und spricht zu Ihm** nun aus einem ganz andern Tone und ohne Verurtheil: **Rabbi! Du bist der Sohn Gottes; Du bist der König Israels.**

Wie ganz anders ist und spricht der Mensch, sobald nur Ein Strahl des Lichtes von Oben in sein Herz fällt, wenn Christus nur Ein Wort zu der Seele spricht, sie Ihn selber schaut, hört und erfährt — oder, was Eines ist, wenn Er sein Licht und seine Liebe in das Herz ausgießt. Wunderbar ist dieser Glaube, diese Veränderung des Nathanaels! ein Beweiß, was der Herr auch an uns wirken will und kann, wenn wir nur redlich und ohne Falsch sind, wie Nathanael. O ihr Nathanaele! wo seyd ihr?

50. **Jesus antwortete und spricht zu ihm: Weil ich dir gesagt habe, daß ich dich unter dem Feigenbaume gesehen, so glaubst du schon? Du wirst noch Größeres als das sehen.**

Jesus hat den Glauben gar zu lieb. Er kann nicht anders, Er muß ihn loben, ihm seine Freude bezeugen, ihn aufmuntern, durch größere Verheißungen.

Wenn das Herz einmal dem Glauben geöffnet ist, so wird er mit jeden Augenblicke durch neue Erfahrungen der Güte und Treue Gottes gestärkt. Gott erweckt zuerst den Glauben durch geringscheinende Dinge, um zu zeigen, daß er eine Gabe Gottes ist. Dann aber stärkt Er und erhebt Er ihn durch die Anschauung seiner Wunder, die nur helle Glaubens-Augen schauen können, und die Welt mit ihren sinnlichen Augen nicht sieht.

51. **Von nun an werdet ihr den Himmel offen, und die Engel Gottes auf- und absteigen sehen über dem Menschen-Sohne.** Ihr werdet durch Wunder und Engelerscheinungen die Verbindung zwischen Himmel und Erde, des Sichtbaren und Unsichtbaren durch mich hergestellt sehen.

Die heiligen Engel sind immer um Ihn gewesen; sie sind hinauf- und herabgefahren in seinen Geschäften, und es ist eine beständige Ordonnanz um Ihn her gewesen.

Wenn aber vom Sehen geredet wird, so bedeutet es nicht ein leibliches Gesicht, sondern es muß ein geistliches gemeinet seyn, wie denn in der heiligen Schrift das Sehen auch unter die Gnaden des neuen Testamentes gezählt wird, und das muß doch einen Sinn haben. Oder wer kann behaupten, daß die Jünger die Engel in Person alle Tage herabkommen sahen auf Jesum? Drei von ihnen sahen Ihn wohl mit Moses und Elias reden; daß Er sie aber in eine Verbindung und Umgang mit den Engeln mitgenommen habe, ist darum nicht wahrscheinlich, weil Er sie so oft von sich geschafft, und nicht nur die Siebenzig und Zwölf nicht bei sich gelassen, sondern auch die drei Vertrautesten, Johannes, Jakobus und Petrus nicht mit sich genommen hat, und ganz allein für sich gegangen ist. Das ist oft geschehen, und da kann in der Stille viel vorgegangen seyn, das aus dem gewöhnlichen Gange geht. Er hat auch seine Bekanntschaft und Umgang mit den heiligen Engeln geheim gehalten. Er hat keine ganze Beschreibung von ihrem Wesen, Beschaffenheit und Aemtern gemacht.

Nachdem nun der Heiland fürs **Nichtsehen** mit leiblichen Augen sich erklärt hat, so kann man nicht nur sagen: „Gönne mir schon in der Zeit deine Nähe, als ob ich dich sähe," sondern auch: „Was den leiblichen Augen gebricht, das fehlt den Geistes-Augen nicht."

Es ist nicht der geringste Zweifel, so gut wir mit einem Ohre des inwendigen Menschen hören können, so gut geredet und gefühlt werden kann in unserm Herzen, so kann auf diese Weise auch gesehen werden.

**Das Sehen** wünsche ich mir und allen Gläubigen, besonders bei sakramentlichen Handlungen, daß der Geist unsers Gemüthes zu der Stunde alle die Eindrücke und Empfindungen haben möge, die der Festfeier gemäß sind. In der Zwischenzeit sind wir gerne wieder in dem ordentlichen Gange einer armen Menschen-Seele, in einem simplen Umgange des Herzens mit Ihm, in einem beständigen Hinblick auf seinen Tod und sein Kreuz.

## Das II. Kapitel.

(Hochzeit zu Kana; Jesus treibt die Tempelschänder aus, und spricht von seiner Auferstehung.)

**1. Am dritten Tage war eine Hochzeit in Kana** (nahe bei Kapernaum und Nazareth) **in Galiläa, und die Mutter Jesu war dabei. 2. Auch Jesus und seine Jünger waren zur Hochzeit geladen.**

Kaum hatte Jesus seine Jünger zu seiner Nachfolge berufen, so führte Er sie auf eine Hochzeit. Das sollte wohl ein Vorbild seyn, wie Er alle, die Er an sich zieht, zuerst lauter Freude und Wonne in ihrem Innern genießen läßt, und sie gleichsam mit dem Weine der süßen Empfindung seiner Liebe und Nähe tränket. Er fing damals, und fängt noch bei jedem mit einer Hochzeit, mit Wein rc., d. i. mit Freude und dem Gefühl seiner freundlichen Nähe an. Man lockt die Kinder mit Zucker und zuckersüßen Worten in die Schule. Die Jünger hatten erst vor ein paar Tagen Häuser, Weiber, Kinder, Netze und Schiffe verlassen, und sind Ihm nachgefolgt; ihr Glaube war also noch jung und zart; der Anfang ihrer Liebe noch schwach; darum wollte Er sie nicht streng und rauh behandeln, sonst wären sie wieder zurückgelaufen zur Welt, zu ihren Häusern, Weibern, Kindern, Schiffen und Netzen.

Aber eben dieselben Jünger, die Er hier zur Hochzeit führte, nahm Er auch hernach zu seinem Leiden und Sterben, an den Oelberg mit. Sie tranken zuerst aus dem Freudenbecher, mußten aber am Ende auch aus dem Leidens-Kelch trinken. Man kann sagen: Die zu Kana bei der Hochzeit waren, waren hernach auch zu Jerusalem bei dem Kreuze z. B. Maria und die Jünger. Der Christ hat zweierlei Zeiten: Hochzeittage, und Trauertage, eine Freudenzeit und eine Trauerzeit; eine Zeit, wo kein Mangel an Freuden-Wein ist, wo der Herr voll einschenkt, und alles in Freude verwandelt, und eine Zeit, wo der Wein ausgeht, wo Schwerter durch die Seele dringen, wo der Stern verschwindet rc.

3. **Da es nun an Wein mangelte, sprach die Mutter Jesu zu Ihm: Sie haben keinen Wein.**

Die Zeit des Mangels hat Jesus benützt den Anfang seiner Wunder zu machen, die Er nie aus Prahlerei gethan hat, sondern nur in Nothfällen. Er will in der Noth erkannt seyn.

Maria giebt ihrem Sohne einen Wink, aus zartfühlender Liebe für die Brautleute, denen sie aus der Verlegenheit helfen wollte, damit sie nicht beschämt würden, wenn der Mangel des Weines sichtbar würde. Dieß zeigt ihr feines Gefühl und ihre zarte Liebe an; nicht weniger beweißt es, welch ein Vertrauen sie zu Ihm hatte; sie wußte, daß sie es nur sagen dürfe.

4. **Jesus erwiederte ihr: Weib! was hab ich mit dir** (oder: was hast du mit mir) **zu schaffen?** oder was geht das mich und dich an? **meine Stunde ist noch nicht gekommen;** Diese Worte scheinen etwas hart, als ob Er sie abweisen wollte. Maria hat es aber doch verstanden. 5. **Denn sie sprach zu den Dienern: Was Er euch sagt, das thut.**

So rief einst der Vater vom Himmel: Das ist mein Sohn, **den höret.** Dem Sohne müssen wir daher folgen und gehorsamen; denn der Vater sagts und die Mutter sagts.

Selbst in der scheinbaren Abschlagsantwort Jesu liegt eine Verheißung. Er schien ihr alles abzuschlagen mit den Worten, aber sie sah auf seinen Blick, und der verhieß, was der Mund noch für einen Augenblick abschlug. Das verstand Maria, denn sie kannte die Miene ihres Sohnes.

6. **Es standen nun allda sechs steinerne Wasserkrüge zu den bei den Juden üblichen Reinigungen wovon jeder zwei bis drei Eimer hielt.**

Es waren große Urnen oder Tröge, von dener wie einige meinen, jeder zwei bis drei große Maa[illegible] Eimer, Metreta, faßten, weil die Juden viel Wass[illegible] nöthig hatten, indem sie ihre Hände, Arme und a[illegible] Gefäße wuschen, wie sie denn der äußerlichen Rei[illegible]gungen und Waschungen gar viele hatten, und glau[illegible]ten, dadurch die innerliche Reinigung zu ersetzen.

Bei Hochzeiten und bei dem Ehestande ist freil[illegible] sehr oft einige Reinigung nöthig, aber nicht mit W[illegible]-

ser, sondern mit dem Blute Christi und durch den Geist unsers Gottes.

7. **Da sprach Jesus: füllet die Krüge mit Wasser. Und sie füllten sie bis oben an.**

Sie hatten Mangel an Wein und Jesus läßt Wasser schöpfen. Wasser ist ja kein Wein. Aber Er ist der Schöpfer des Wassers und des Weines, der alle Jahre viel Millionen Fäßer voll Wasser in Wein verwandelt in den Weinreben, am Weinstocke.

Man muß nur glauben und thun, was Er sagt, so geschieht alles, was man will. Er scheint erst nur Wasser zu geben, wenn du aber glaubst und folgst, so wird der Wein der wahren Hülfe gewiß zum Vorschein kommen. Die Diener gehorchten blind, obwohl sie nicht wußten, wozu. Der Gehorsam des Glaubens wird gekrönt.

Sie füllten sie bis oben an; das ist besonders merkwürdig, daß dies Johannes erzählt und nicht vergessen hat. Hätten sie sie nur halbvoll gegossen, so wäre auch nur halb so viel Wein geworden. Da heißt es immer, dir geschehe nach deinen Glauben und Glaubensgehorsam. Wer viel nimmt, der hat viel. Wenn uns Jesus einmal etwas von Ihm zu bitten, zu nehmen, erlaubt, so müssen wir nicht blöde seyn, und das Wasserkrüglein nur halb voll machen, sondern bis oben anfüllen, so wird Ers auch bis oben an segnen und mit aller Fülle seiner Gnade uns erfüllen. Jesus füllte all unsre Krüglein gern bis oben an, wenn sie nur von allem andern leer wären.

8. **Und Jesus sprach zu ihnen: Schöpfet nun, und bringet es dem Speisemeister. Und sie brachten's.** Man schöpfte den Wein mit einem Schöpflöffel aus den Gefäßen oder großen Krügen in die Becher, und der Mahlvorsteher, oder Aufseher des Gastmahls, der aus der Gesellschaft zu seyn pflegte und oben an saß, mußte zuerst davon trinken. Dieser Tischoberste oder Speisemeister, sollte nun den Wein

untersuchen und den Ausspruch thun, ob es ächter und guter Wein wäre. Darauf ließ es Jesus ankommen. So hat Jesus durch sein Leben, Leiden und Sterben den Brunnen des Heils eröffnet und spricht: schöpfet nun! Wenn wir glauben und folgen, wie hier die Diener, die da schöpften und es den Speisemeister brachten, so werden wir trunken von den reichen Gütern seines Hauses.

9. **Da nun der Speisemeister das (vermeintliche) Wasser kostete, das nun schon zu Wein geworden war, und nicht wußte, woher es komme, (die Aufwärter, die das Wasser geschöpft hatten, wußten es wohl) so rief er den Bräutigam.**

Nun war das Wunder fertig auf Ein Wort, der Tafelmeister war aber voll Verwunderung, woher der köstliche Wein komme.

Daß die Diener hier mehr wußten, als der Herr Speisemeister, ist auch merkwürdig. Der über den Wein gesetzt ist, weiß oft viel weniger, wo der ächte gute Wein herkommt, als die Wasserträger.

10. **Nun sprach er zu ihm: Jedermann setzt zuerst den guten Wein auf, und den schlechten erst, wann sie genug getrunken haben; du aber hast den guten Wein bis jetzt zurückbehalten.**

Wenn uns der Heiland immer treulich, herzlich und zuverlässig geleitet und geführt hat, so heißts noch: Am Ende kommt das Beste; nachdem man sich lange genug in seinen Wegen vergnügt und lauter Segen gefunden hat. Wir gehen also auf lauter Seligkeiten zu. Daran sind Kinder Gottes von andern Menschen unterschieden, die, wenn sie gute Tage haben, denken: Wenns immer so wäre! Wer aber Ihn kennt, deß Wohlstand nimmt kein Ende. Es geht auf lauter Himmel zu, wovon einer immer schöner ist, als der andere, und keiner der letzte.

Gott hat zuerst den alten Wein des Gesetzes ohne Kraft, Geschmack und Stärke gegeben, am Ende der

Zeiten aber hat Er den neuen Wein seiner mächtigen herzstärkenden Gnade gegeben, welche des Gesetzes Erfüllung wirket, die Herzen heilig trunken macht. Laßt uns diesen Wein, ohne den wir nicht selig werden können, herzlich verlangen, erflehen und so viel wie möglich davon trinken! Es ist der Wein der Hochzeit des Lammes.

11. **Mit diesem Wunderzeichen machte Jesus den Anfang, um seine Herrlichkeit zu offenbaren. Und seine Jünger glaubten an Ihn.**

Er wollte zeigen, das Er gekommen sey, das Wasser der menschlichen Natur in den Wein der göttlichen zu verwandeln, wie wir denn nach dem Zeugnisse des Apostels Petrus durch seine Erkenntniß der göttlichen Natur theilhaftig werden sollen. 2. Petr. 1, 7. Kaltes oder gar laues Wasser ist unser Thun außer Christo; Wein, Feuer und Geist wird es durch Christum. Diese Herrlichkeit offenbart Er an jedem seiner Gläubigen; dieses Wunder will und muß Er an jedem wirken, wenn etwas aus ihm werden, und er an die Tafel des Reiches Gottes taugen oder zur Hochzeit des Lammes kommen soll.

Die Feinde der Bibel und der Wunder können oder wollen dieses Wunder Jesu wie überhaupt alle Wunder nicht fassen und darum nicht gelten lassen; obwohl sie selbst so wunderbare Menschen sind, daß sie die entgegengesetzten Wunder wirken, indem sie den Wein in Wasser, d. i. das lautere lebendige Wort Gottes, in ein laue, wässerige Moral und Aesthetik verwandeln, und dabei größere Wunder zu thun glauben, als Jesus gethan hat.

12. **Darnach ging Er nach Kapernaum hinab, Er, seine Mutter, seine Brüder und seine Jünger.** — Seines Vaters Josephs wird nicht mehr gedacht, weil er entweder schon gestorben oder zu Nazareth in seiner Werkstätte geblieben war. — Seine Mutter, Brüder und Jünger sind übrigens Alle, die Ihm fol-

gen, wo Er sie hinführt. Matth. 12, 50. Da haben sie nun wahrscheinlich ihren Aufenthalt gewählt, weil Kapernaum Seine Stadt genannt wird; aber für dies Mal haben sie nur das Quartier bestellt, sie **blieben** noch nicht länger als **nur einige Tage daselbst.** Der Herr wollte sie lehren, daß sie bereit seyn sollen, immer von einem Orte zum andern zu gehen, sich nirgends ein bleibendes Nest zu machen, sondern sobald man anderswo nöthig ist, alles zu verlassen, wenn es einem auch noch so wohl gefällt.

13. **Es war das Osterfest der Juden nahe,** (nach der Ordnung der Feste und besonders des Osterfestes richtet Johannes seine Erzählung ein) **und Jesus ging nach Jerusalem hinauf.** So lange Er unter dem Gesetze war, entzog Er sich nicht, wie so viele aus Freigeisterei, oder aus falsch verstandener christlicher Freiheit, der Beobachtung des Gesetzes. Die Feste hatten ja alle auf Ihn Bezug; Er war das Fest aller Feste, das Ende und Ziel des Gesetzes und aller gesetzlichen Feste. Was auf Ihn Bezug hat, auf Ihn hinweißt, dem entzieht sich der Christ nicht.

14. **Daselbst fand Er, daß einige im Tempel Ochsen, Schafe und Tauben verkauften, und daß** sogar **Wechsler da saßen.** Was sich doch alles im Tempel, in den Kirchen findet! Ochsen! Wechsler! wie kommen diese dahin? Schafe und Tauben sollten sich allein da einfinden. Die Ochsen würden noch weniger schaden in der Kirche; aber die Wechsler suchen, im Namen des Teufels, an heiliger Stätte, ihre Lügen als Heiligthümer für theures Geld zu verkaufen. Was sagt der Herr dazu? Er treibt sie alle aus, nicht durchs **Wort**, wie die unreinen Geister, sondern mit der Geißel.

15. **Er machte eine Geißel aus Stricken, und trieb sie zum Tempel hinaus sammt den Schafen und Ochsen; Er verschüttete das Geld der Wechsler und die Tische stieß Er um.** 16. **Zu den Tauben-**

**händlern sprach Er: Fort hiermit von dieser Stätte! Machet das Haus meines Vaters nicht zu einem Kaufhause.**

Der Herr will also, daß in der Kirche nichts verkauft werde, für kein Ding Geld genommen oder gegeben werde, nicht einmal für körperliche, geschweige für geistliche Dinge, für das Heilige. Gebet es umsonst, umsonst habt ihrs empfangen. Wenn das im Vorbildlichen Tempel des a. T. so streng genommen wurde, um wie viel mehr im N. Testamente.

Besonders zu merken ist, daß Jesus im höchsten Eifer die Schonung nicht vergaß; den Reichen stieß Er ihre Tische mit Geld um; den armen Taubenhändlern befahl Er nur, ihre Waare wegzutragen. Mit welcher Geißel würde Er jetzt diejenigen aus seiner Kirche treiben, die auch nur sich selbst, nur ihren Nutzen und Ehre in geistlichen Dingen suchen.

17. **Seine Jünger waren dabei keine müßige Zuschauer, sondern sie dachten an die Schriftstelle: Der Eifer für dein Haus verzehrt mich.** Ps. 88, 10.

Das Feuer des Eifers soll die Sanftmuth nicht verzehren, und die Sanftmuth soll den Eifer nicht durch Kaltsinn auslöschen. Der Eifer für Gottes Haus — und das ist eine jede Seele, eine jede Gemeine,— ist eine eigene Tugend der Hirten. Man ist Christ für sich, aber ein Hirt und Geistlicher für andere, allein ohne Eifer ist man keinem etwas nütze. Wie kann ein Hirt kalt und ohne Eifer seyn, wenn er sieht, daß das Haus Gottes, die Seelen, die Schafe seiner Heerde in Gefahr sind, oder Unordnungen einreißen? Soll da nicht sein Eifer glühen? Denn es ist nicht genug Eifer haben, man muß einen brennenden, verzehrender Eifer haben; nur muß er von Weisheit und Liebe geleitet werden.

18. **Hierauf erwiederten die Juden: mit was für einem Zeichen beweisest du, daß du dieses thun darfst?**

Kein Hirte oder Lehrer bleibt unangefochten und ohne Widerspruch, wenn er Unordnungen in Ordnung bringen, Mißbräuche abstellen will. Man soll gleich mit Wunderwerken seine Macht beweisen, und sich legitimiren. Und wenn sie auch Wunder sehen, so glauben und bessern sie sich doch nicht, denn sie haben die Kunst gelernt, sie alle wunderlich zu erklären, damit sie nicht glauben und sich nicht bessern dürfen. Die Jünger sehen den Eifer Jesu mit ganz andern Augen an, als die Juden. Sie hatten doch schon mehr Licht.

19. **Jesus antwortete und sagte zu ihnen: Brechet diesen Tempel ab, und in drei Tagen will ich ihn wieder aufbauen.**

Welche Antwort! Welch ein Zeichen! Aber wie weit waren seine Zuhörer entfernt, dieses zu glauben, obwohl sie nachher bewiesen, daß sie es verstanden haben. Matt. 27, 63. Er weissagte ihnen ein Zeichen. Er sah, daß sie ihn tödten würden, und daß sie nur mit Mordgedanken umgingen. „Ihr werdet mich doch umbringen, und diesen Tempel — auf seinen Leib zeigend — abbrechen, und ich will ihn in drei Tagen wieder aufbauen, will wieder auferstehen; wenn ihr daraus nicht erkennet, daß ich der Messias, der Herr des Tempels bin, so wird euch nichts mehr die Augen öffnen.“ Christus hat also seine Auferstehung selbst zum Beweise für seine Messias-Würde und die Göttlichkeit seiner Person und Lehre angeführt. Sie wird es auch ewig bleiben.

20. **Die Juden sprachen: sechs und vierzig Jahre ist an diesem Tempel gebaut worden, und du willst ihn in drei Tagen aufbauen.** 21. **Er redete aber von dem Tempel seines Leibes,** wovon der äußere Tempel nur ein Vorbild war.

So verkehren boshafte oder dumme Menschen die Worte Gottes und frommer Menschen. So gehen die Materialisten und Naturalisten auch heut zu Tage mit allen geistigen Aussprüchen um. Die Härte ihres Herzens macht sie blind und dumm, daß sie nicht vernehmen, was des Geistes ist. Wenn von Tempel, Kirchen, die Rede ist, so können sie sich nichts anders als steinerne Tempel, äußere Kirchen denken. Alles andere ist ihnen Ketzerei, Thorheit, Aergerniß. Und wie hat der Herr Wort gehalten! Welch einen herrlichen Tempel hat er in den drei Tagen seines Leidens und Todes und seiner Auferstehung erbaut, der nun die ganze Welt, den Himmel und die Ewigkeit umfaßt, in dem Engel und Menschen ewig anbetend das Antlitz des herrlichen Gottes schauen!

Die Reinigung des Tempels, die Jesu als dem Messias zukam, im Anfange seines Lehramtes, hat viel prophetischen Sinn. Er konnte es nicht ohne Unwillen ansehen, daß man seines Vaters Haus zu einer Bude, zu einem Marktplatze erniedrigt und entweiht hat. Nennt er den Tempel **seines Vaters Haus**, so ist Er **Sohn Gottes**. Der, dem der Tempel gehörte, ist sein Vater. Er eifert für seinen Vater, indem Er den Tempel Gottes reiniget. Der Sohn hat das Recht, Fremde, die sich widerrechtlich eingedrängt haben, aus seines Vaters Hause zu vertreiben. So wird Er einst aus dem Hause Gottes, welches ist die Gemeine, die Kirche des lebendigen Gottes, hinaustreiben und auf ewig verbannen, die nicht hineingehören, die in der Kirche nur Brod, Ehre, Herrschaft, Glanz, Gewalt und Gemächlichkeit suchten und Handel daselbst getrieben haben.

Und da sie von Ihm Beweise seiner Vollmacht dazu forderten, so gestanden sie selbst ein, daß sie Unrecht thaten, und Tempelschänder seyen, nur wollten sie es ungestraft seyn, und glaubten, niemand habe das Recht, sie zu tadeln oder zu richten. Sie wollten das

Recht haben, Gottes Haus zu entheiligen und entheiligen zu lassen, und Er sollte das Recht nicht haben, es zu reinigen.

22. **Da Er nun von den Todten auferstanden war, dachten seine Jünger daran, daß Er dies gesagt, und glaubten der Schrift und der Rede, die Jesus gesagt hatte.**

Die Wahrheit bringt ihre Frucht zu ihrer Zeit. Die Erfüllung der Aussprüche der Verheißungen Gottes erhellet das Gemüth zum Verständniß der Schrift und stärket den Glauben. Im Samen sieht man den Baum und die Frucht noch nicht, außer mit Glaubens Augen; aber wenn die Zeit da ist, geht der Same auf, und bringt Frucht. Jetzt ist die Zeit zu glauben; einst werden wir alles reif und vollkommen erfüllt sehen, was wir jetzt nicht sehen, sondern nur glauben müssen.

23. **Als Er aber am Osterfeste zu Jerusalem war, glaubten viele an seinen Namen.** Das war aber nur so etwas Aufwallendes, das sich bald wieder legt; es kam nämlich daher, **weil sie seine Wunder sahen, die Er wirkte,** daraus sie mehr Lobens und Rühmens gemacht haben, als die Jünger selbst; sie waren aber doch nicht wie die Jünger.

24. **Jesus selbst aber vertraute sich ihnen nicht an, weil Er sie alle kannte,** als der Herzenskündiger, der Augen hat, wie Feuerflammen, vor dem alles bloß und entdeckt ist. Auch bei der Bekehrung und Erweckung schleichen sich Leute mit ein, denen nicht zu trauen ist, die man prüfen muß, und die die geringste Prüfung nicht aushalten, sondern gleich, als unreife Früchte, abfallen.

25. **Er hatte nicht nöthig, daß Ihm jemand Zeugniß gab von einem Menschen,** (aber wir bedürfen es,) **denn Er wußte selbst, was im Menschen war.**

Er weiß, was von einem jeden Menschen zu erwarten ist; Er muthet einem Menschen nicht mehr zu, als ihm zuzumuthen ist. Er kann einen Menschen entschuldigen, wo keine Entschuldigung für ihn zu finden wäre; denn Er ist selbst ein Mensch. Er weiß, ob die Herzen rechtschaffen sind, ob man sich einem Menschen vertrauen kann, dem Menschen, als dem Menschen. Ein jeder Mensch hat seine eigene böse Art, seine besondere Beschaffenheit; ein jeder hat eine andere Hütte, ein anderes Gemüth, eine andere Erziehung, eine andere Verfassung; hierin sind die Menschen unter sich verschieden, und nach dieser Verschiedenheit müssen sie beurtheilt werden. Er aber weiß, was in jedem Menschen ist, was Er von jeder Seele halten soll.

## Das III. Kapitel.

(Jesus und Nicodemus; Johannes zeugt von Christus.)

1. **Es war ein Mensch unter den Pharisäern,** der also zu denen gehörte, die viele Vorurtheile hatten, im Gleißen der Gerechtigkeit andere übertrafen, und mit eigenen Kräften und Werken genug thun wollte, **Nikodemus mit Namen, einer der Vornehmsten,** oder ein Oberster, Vorsteher der Juden, ein Mitglied des hohen Rathes, ein Mann von großem Ansehen.
2. **Dieser kam des Nachts zu Jesu,** weil man am Tage alles bemerkt, und er sich scheute, öffentlich mit Jesu umzugehen, und als ein Anhänger Jesu angesehen zu werden. Man durfte also bei hellem Tage nicht mit Jesu umgehen, wenn man nicht verdächtig, und als ein Schwärmer oder Ketzer ausgeschrien werden wollte. Wer das nicht leiden und tragen konnte, mußte wegbleiben.

Es ist eine schreckliche Sache um das Ansehen; wenn ein Mensch in großer Achtung steht, und aller Augen auf ihn gerichtet sind, so hat er es viel schwerer, klein zu werden. Die armen Fischer folgten Jesu bei hellem Tage; der reiche, vornehme, angesehene Nikodemus muß Ihn bei **Nacht** d. i. versteckter Weise suchen, weil er sich noch schämte, unter die Zahl derer gezählt zu werden, die Jesu nachfolgten und Ihn suchten. Wie schwer ist es also, daß Reiche, Vornehme in das Reich Jesu eingehen!

Meinst du, es sey jetzt besser? Um kein Haar; man wird heute noch zum Narren oder Ketzer vor der sadduzäischen und pharisäischen Welt, wenn man sich ernstlich zu Jesu hält, und mit solchen umgeht, die an Jesum glauben. Die Welt darf öffentlich und am hellem Tage tanzen, springen, spielen, fluchen, huren und ehebrechen, schwelgen, betrügen, lästern und alle Laster treiben, und sie heißen doch gute Christen, sind von der Welt wohl geduldet. Aber in Christo fromm leben, es sey öffentlich oder heimlich, ist ein Verbrechen in den Augen der Welt; und es ist keine größere Sünde vor ihren Augen, als dieses. —

**— Er sprach zu Ihm: Rabbi! wir wissen, daß du ein Lehrer bist, der von Gott kommt; denn niemand kann die Zeichen thun, die du thust, es sey denn Gott mit ihm.**

Er ist der große Lehrer von Gott kommen, der alle andere zu Knechten Gottes und zu wahren Propheten macht. Er legt das Wort der Wahrheit in ihren Mund. Er ist Amen, der treue Zeuge, der Erstgeborne der Zeugen und die Wahrheit selbst. Er hat damals mit solchem Nachdruck geredet, daß die Herzen in Brand geriethen, und muß noch täglich seinen Geist ausgießen und mitwirken beim Wort. Er zwingt keinen zu seinem Evangelio, sondern die Lieblichkeit der Gnade treibt die Seelen an, und ihr eigen Elend zwingt sie, daß sie zu Ihm kommen müssen. Er ist ein

Prediger der Armen. Einfältige, schlechte Leute und Layen sind Ihm immer die liebsten und gewöhnlichsten Werkzeuge gewesen, und die Ihn hören, müssen ihre Weisheit dahinten lassen, und Kinder werden.

Wer einmal das glaubt, daß Jesus **von Gott** gekommen ist, der wird sich wohl auch von Ihm zu **Gott** hinweisen lassen, wenn es ihm anders um Gott zu thun ist.

Nikodemus stand also schon im Vorhof der wahren Bekehrung. Christus legt ihm aber nun den Prüfstein vor, der ihm sehr fremd vorkommt.

3. **Jesus antwortete und sprach zu ihm: Wahrlich, wahrlich, ich sage dir: Wenn jemand nicht von neuem** (von oben herab) **geboren wird, so kann er das Reich Gottes nicht sehen.**

Jesus antwortete ihm nicht auf seinen Eingang, und fängt gleich von der Hauptsache an. Er sieht, wo es dem guten Menschen fehlt, und sagt ihm ohne Umschweif: Es ist nicht genug, daß man mich für einen göttlichen Lehrer anerkennt, und sagen kann: Mein Lehrer ist von Gott; sondern der Zuhörer muß auch **von Gott** seyn und aus Gott, von oben, von Neuem geboren seyn; muß ein ganz anderer Mensch werden.

Es ist noch immer so, daß man gewöhnlich anfängt, einen Mann zu loben; es wäre aber besser, man dränge gleich selbst in die Sache hinein, und ginge nicht nur so von außen herum. Wenn die Leute Christum loben, und sich selbst darüber vergessen, so thun sie eine sehr unverdungene Arbeit.

4. **Nikodemus**, dem das wunderlich vorkam, weil ers natürlich nahm, **erwiederte Ihm: Wie kann ein Mensch geboren werden, wenn er alt ist?** (Er läßt das „von oben her" aus, und bleibt nur beim geboren werden stehen).

Nikodemus dachte: ein Israelit, ein Nachkomme Abrahams seyn und nicht schon durch das Recht der Geburt zum Reiche Gottes gehören, das wäre unmöglich. Daß sich ein solcher noch einmal gleichsam umtaufen, aufs neue einweihen lassen müsse, das war ihm sehr befremdend, und das war doch das Höchste, was er sich etwa bei dem Worte Jesu von der Wiedergeburt gedacht hat.

Von einer solchen Umtaufung (wie man sich jetzt bei der Annahme von Proselyten auszudrücken pflegt) wird wohl, wollte er sagen, die Rede nicht seyn können? Und buchstäblich, leiblich wirst du doch die Sache nicht verstanden wissen wollen? — Denn wie könnte ein bejahrter Mensch noch einmal geboren werden. Das wäre ja lächerlich.

**Kann er wohl noch einmal in seiner Mutter Leib zurückkehren, und wieder geboren werden?** Ja, ja, wir müssen in den Leib unserer Mutter eingehen, die droben ist, und von dieser von Neuem geboren werden, wenn wir auch schon 50, 60, 80 Jahre alt wären.

Man sieht auch aus seiner Antwort, wie sinnliche Menschen so gern auf das Sinnliche, Materielle fallen; weil sie noch keinen Geist haben, so können sie nichts Geistiges begreifen.

5. **Jesus antwortete: Wahrlich, wahrlich, ich sage dir: Wenn jemand nicht wiedergeboren wird aus dem Wasser und heiligen Geiste, so kann er in das Reich Gottes nicht kommen.**

Jesus wiederholt seine Rede noch einmal, und versichert ihn, daß es dabei bleibe; nur sagt Er jetzt statt „von oben her," daß man **aus Wasser und Geist** geboren werden müsse, und richtet sich da nach den damaligen Umständen. Johannes hatte nämlich kurz vorher getauft, und Er selbst ließ sich nachher taufen mit Wasser; und bei dieser Taufe wurden die Leute auf den Geist gewiesen, wie Johannes getreu that: „Ich taufe mit Wasser, Er aber mit Geist und Feuer." Matth. 3, 11. Durch dieses Taufen wurden die Gewissen rege, und ohne Zweifel auch Nikodemus erweckt, daß er zu Christus kam. Wenn aber einer sich nur auf seine Wasser-Taufe verläßt, und die Wiedergeburt und Erneuerung des heiligen Geistes versäumt, der wird in das Reich Christi nicht eingehen.

Es halten einige die Wiedergeburt für einen hohen Grad im Christenthum; und sie ist doch nach der Schrift nur der Eingang in dasselbe. Es kann kein Mensch in das Reich Gottes eingehen, wenn er nicht erst von neuem gezeugt ist, wenn er nicht erst ein neues Leben erhalten hat, wenn er nicht das zuerst wieder empfangen hat, was er in Adam verloren hat; eher kann er das Reich Gottes nicht sehen, nicht eingehen in dasselbe.

Die Wiedergeburt ist der allererste Anfang des geistlichen Lebens; wie die Geburt der Anfang und Eingang in das irdische Leben. Kein Mensch kann eine wahre Reue und Bangigkeit über seine Sünden, vielweniger Vergebung der Sünden haben, wenn er nicht von Neuem gezeugt ist.

Die Seele bekommt in der Wiedergeburt ein neues Lebensprincip, d. i. einen Grundanfang oder Urstand des göttlichen, geistigen Lebens, alle Gottes Kraft, was uns zum göttlichen Leben und Wandel nöthig ist (2. Ptr. 1, 3.) Macht, ein Gottes-Kind zu seyn. Joh. 1, 12. Die Ueberzeugung durch den Samen des lebendigen Wortes Gottes ist gleichsam die Empfängniß, oder Erzeugung zur Wiedergeburt. (1. Petr. 1, 23. Jak. 1, 18.) Die wahre Buße oder Zerknirschung und das Ringen nach Vergebung, Gnade, sind die Geburts Schmerzen; und der Ausgang aus sich selbst und Uebergang in Jesum durch den wahren Glauben, oder das Anziehen Jesu Christi ist die Wiedergeburt selbst. Denn wenn Jesus im Herzen geboren wird, dann ist der neue Mensch oder die Wiedergeburt da. Die täglichen Fortschritte, oder die fortgesetzte Reinigung und Heiligung in der Furcht Gottes ist das Wachsthum des neugebornen Kindes bis zum völligen Mannesalter Jesu Christi.

Der unwiedergeborne, natürliche Mensch ist todt im Geiste, und hat also weder das Leben noch den Sinn des Geistes, ist taub, blind und gefühllos, wie ein Leichnam. Der Wiedergeborne aber bekommt eben durch die Geburt von oben auch diese geistigen Sinne, Augen zu sehen, Ohren zu hören, ein Gefühl zu fühlen das Göttliche, Geistliche, Himmlische, Hände und Füße zu wandeln, zu wirken im Geiste und im Herrn, Sinn für Gott und Gottes Willen; ja dieser wird seine Speise, sein täglich Brod. Und wie eine neugeborner Mensch gleich Nahrung haben muß, und sie immer haben muß, wenn er lebend bleiben soll, so auch der Wiedergeborne. Er will gleich seine Speise, seinen Lebensunterhalt, das Brod vom Himmel, das Manna, Christum, und will Ihn täglich, denn er kann ohne Ihn nicht mehr leben.

6. **Was aus Fleisch geboren ist, das ist Fleisch: was aber aus dem Geiste geboren ist, das ist Geist.**

Die Geburt von deiner Mutter her giebt dir keinen Anspruch auf das Himmelreich. Von Fleisch und Blut kann nichts kommen, als Fleisch und Blut, und Fleisch und Blut kann das Reich Gottes nicht erben; und da ist des Königs, des Edelmanns und des Bettlers Fleisch und Blut ganz gleich; es kann eins so wenig als das andere in das Himmelreich eingehen. Darum ist es ja Thorheit, sich seiner natürlichen Geburt, und seines Geblütes rühmen, und andere verachten. Fleisch ist Fleisch.

Wer aber aus dem unvergänglichen Samen Gottes und seines Geistes geboren ist, wer durch wahre Bekehrung und Erneuerung seines Sinnes, durch Ergreifung der göttlichen Natur in Christo, ein neuer Mensch, ein Kind Gottes geworden ist, der ist Geist, der hat den Adel, ohne welchen niemand vor Gott bestehen kann.

Das macht allein die rechten **Geistlichen**, derer so viele sind, als es wahre Christen giebt.

Das Kleid und die äußere Weihe macht keinen Geistlichen, sondern der Geist. Wo der nicht ist, da ist lauter Fleisch und Fleisches-Mensch.

7. **Verwundere dich nicht, daß ich sage: Ihr müsset von Neuem geboren werden.**

Das ist eine schwerverständliche Sache gewesen im alten Testamente. Sie hatten zwar eine Verheißung, daß der liebe Gott selbst die Leute von Neuem zeugen wolle: „Ich will einen neuen Geist in euch geben, ich will die Leute schon aus euch machen, die ihr seyn sollt. Es soll von meinem Angesichte ein Geist wehen." Sie hätten es also wissen können; aber es war ihnen doch fremd; denn da der Heiland hier mit dem Nikodemus, einem ehrlichen, rechtschaffenen Lehrer unter ihnen, von der neuen Zeugung redet, so war ihm die Sache ganz neu, und wenn er gleich in den Propheten und Psalmen gelesen hatte, so sieht man doch, er hatte gar keinen Begriff davon.

Aber in neuen Testamente müssen diejenigen, die Lehrer seyn wollen, das nothwendige wissen, ja es soll es eine jede Christen-Seele wissen, wenn sie gleich nicht weiß, wie es zugeht. Christus hat uns die Neugeburt des Herzens durch seine Menschwerdung und seinen Tod erworben. Nun kann man von der neuen Zeugung reden; denn man hat an Ihm ein menschliches Exempel, ein Beispiel von einem Menschen, der nach Leib und Seele aus Gott gezeugt ist, und ist so geblieben. Darum können auch wir von Neuem gezeugt werden, und so bleiben.

8. **Der Wind weht, wo er will; du hörest sein Sausen; du weißt aber nicht, woher er kommt, oder wohin er geht. So ist es auch mit jedem, der aus Gott geboren ist.**

Die Arbeit der neuen Zeugung nimmt Gott so vor, daß es der Mensch wohl fühlt, aber das **Wie**, die Art und Weise, ist ihm doch verborgen. Es kommt ein lebendiger Odem, ein Geistes-Wind in die Seele bei einem Worte Gottes, oder bei einem andern Anlaß; der Seele wird bange, was sie anfangen soll, und es wird ihr nicht eher wohl, als bis sie Gnade hat. Denn das bloße Bewegtseyn macht die Sache nicht aus. Es kann einer bewegt seyn, bei einer Predigt, beim Lesen den Wortes Gottes rc.; wenn es nun anhält, wenn es besteht, so ists ein Zeichen, daß der rechte Wind des heiligen Geistes wehe, daß es die Zeugung aus Gott sey. Der Kummer: Was fang ich an? steht mit ihm auf, und geht mit ihm schlafen; er geht mit ihm unter die Leute: er schreibt, arbeitet, und die Angst ist dabei; er geht in seine vorigen Sünden wieder hinein, er will saufen, spielen rc. rc., und die Angst mischt sich immer darein; er geht zu seinem Gewerbe und denkt: Du kannst doch auch nicht immer lesen, weinen rc. Da geht die Angst wieder an; die Augen gehen ihm in der Nacht wieder auf rc.

Wenn man an einem Menschen das sieht, so fängt das Leben aus Gott an bei ihm. Alle diese Unruhe macht die Gnaden-Arbeit des Geistes Gottes in ihm. Der Wind weht, und er weiß nicht, woher oder wohin. —

9. **Nikodemus erwiederte: Wie kann das geschehen?** Er besteht darauf, er möchte das **Wie** wissen; er möchte es alles begreifen; aber sein Gefäß ist zu klein; er kanns nicht fassen; und darum hält er es für unmöglich, wie alle Ungläubige.

10. **Jesus antwortete und sprach zu ihm: Du bist ein Lehrer in Israel, und weißt das nicht?** Willst in Israel ein Wegweiser und Führer seyn, und weißt den Weg nicht?

Wie viele solcher Lehrer im christlichen Israel giebt es nicht, die Christum und das Evangelium, den Weg, die Wahrheit und das Leben viel weniger kennen, als Nikodemus die Wiedergeburt; die immer nur Gesetz und Moral predigen, und meinen, die könnte und müßte den Leuten ins ewige Leben helfen?

Es ist sonderbar, daß trotz dem, daß es Christus hier so sehr tadelt, dennoch bis heute die Wiedergeburt ein so fremde unbekannte, und verhaßte Sache ist unter den Christen und Christenlehrer, daß man nur das Wort nennen darf, um sich verdächtig und verhaßt zu machen, oder verlacht und verspottet, wo nicht gar inquirirt und als ein Ketzer, Schwärmer und Erznarr verdammt zu werden.

11. **Wahrlich, wahrlich! ich sage dir: Wir reden, was wir wissen, und bezeugen, was wir gesehen haben; aber ihr nehmet unser Zeugniß nicht an.**

Vater, Sohn und heiliger Geist können es am allerbesten wissen, wie es im Himmel aussieht. Alle Propheten und alle Engel können nicht anders, als unvollkommen davon reden; ihr Wissen ist Stückwerk und ihr Weissagen ist Stückwerk. Niemand weiß, was in Gott ist, als Gott. Der eingeborne Sohn, der in des Vaters Schooß ist, der hat es uns ausgelegt, und der Geist erforschet alle Dinge, auch die Tiefen der Gottheit. Es kann niemand zu mir kommen, wenn ihn der Vater nicht zieht. Was kein Auge gesehen rc. das hat uns Gott geoffenbart durch seinen Geist rc. Das sind lauter klare Beweise, daß sich die ganze heilige Dreieinigkeit mit uns einläßt, uns zu unterrichten, und niemand sonst kann uns Zeugniß geben mit Gewißheit.

Wenn der Heiland sagt: **Wir**, so meinet Er sich und **seinen Vater** und den **heiligen Geist.** Wir können uns daher gewiß darauf verlassen, was wir in den Worten des Heilands und durch die Einsprechung des heiligen Geistes aus seinem eigenen Munde hören (denn der heilige Geist redet, was er von Jesu hört,) das sind lauter Worte aus dem Herzen der heiligen Dreieinigkeit, gewisse Worte, lauter Amen.

Er sagt selbst: Mein Vater zeuget von mir; wenn ihr mir nicht glauben wollet, so glaubet dem Zeugnisse meines Vaters; der hat vom Himmel herab geredet: Das ist mein lieber Sohn ꝛc. Von dem heiligen Geiste sagt Er: Was Er hören wird, das wird Er reden; Er wird euch an meine Worte erinnern.

So zeugen also alle drei, der Vater, der Sohn und der heilige Geist. 1. Joh. 5, 7.

12. **Glaubet ihr nicht, wenn ich euch von irdischen Dingen rede, wie werdet ihr mir glauben, wenn ich euch himmlische Dinge sage?** Ich habe dir die Sache mit Gleichnissen von natürlichen Dingen, die dir ganz bekannt sind, erklärt, und du fassest es doch nicht; wie würdest du es verstehen, wenn ich von Dingen im Himmel ohne irdische Gleichnisse redete. Wir sind irdisch, und Er will uns himmlische Dinge beibringen; da fürchten wir freilich unsere Untüchtigkeit. Es ist eine Wohlthat, daß wir nicht viel mit himmlischen Dingen unterhalten werden, und daß wir, wenn wir zum Heiland kommen, nicht gefragt werden, ob wir viel in himmlischen Dingen belehrt sind, sondern daß nach unsern Herzen gesehen und geforscht werden wird, wie es da steht, ob wir nichts anderes als Jesum den Gekreuzigten gewußt haben.

13. **Niemand ist noch in den Himmel hinaufgestiegen, als der vom Himmel herabstieg, der Menschen-Sohn, der im Himmel (zu Hause) ist.**

Da sind alle Menschen zu kurz gewesen; da hat keiner hingereicht; sondern es hat einer vom Himmel herabkommen und wieder gen Himmel fahren müssen, damit er uns mitnähme.

Wer sich an Christus hängt, der kommt hinauf; sonst keiner.

Von Gott, vom Himmel mußte der kommen, der zu Gott, zum Himmel führen sollte. Das ist eine Handhabe, daran sich die Seele halten kann.

14. **Wie Moses in der Wüste die Schlange erhöhte, so muß auch der Menschen-Sohn erhöht werden; 15. damit jeder, der an Ihn glaubt, nicht verloren gehe, sondern das ewige Leben habe.**

Das dünkt sie gar widerlich, ärgerlich oder thöricht, daß man sein Heil und Leben bei einem **Gekreuzigten**, und durch den **Glauben** an den Gekreuzigten holen und finden soll. Allein so hätten die Israeliten auch denken können: Was sollen wir lange die Schlange, das fürchterliche, häßliche Thier anschauen? da würden wir ja kränker. Pfui! ich sehe nicht hin. Aber wer von giftigen Schlangen gebissen war, und gesund werden wollte, der mußte hinschauen auf die von Moses aufgerichtete, eherne Schlange, und wenn er hinschaute, so ward er gesund. Kein anderes Mittel war, gesund und vom Tode errettet zu werden. Sie mochten andere Heilmittel und Arzneien brauchen, so viel sie wollten, es half nichts als dieses einfältige Aufblicken auf die todte Schlange am Kreuze. Da werden die Sophisten freilich gespottet haben; aber es half doch; denn Gott wollte es so.

Also ist auch für dich kein anderes Mittel. Willst du an der Seele gesund und selig werden, so blick auf Christum am Kreuze und glaube an Ihn. Daran hängt und haftet dein ewiges Leben. So wills Gott; so befiehlt es Christus selbst; die Pharisäer und Sophisten mögen nun dazu sagen, was sie wollen; sie mögen lachen oder spotten, oder mit den Zähnen knirschen.

16. **Denn also hat Gott die Welt geliebt, daß Er seinen eingebornen Sohn dahin gab, damit alle, die an Ihn glauben, nicht verloren gehen, sondern das ewige Leben haben.**

Um in das Geheimniß und in die Tiefen des Leidens Jesu und seiner großen Liebe zu uns, recht hineinzusehen, gehört schlechterdings, daß man wisse, daß der Herr Jesus von Ewigkeit in dem Schooße des Vaters war, und also mit Ihm und dem heiligen Geiste in einer unaussprechlichen Seligkeit gelebt habe. Der Sohn Gottes war vor allem, und hat die Welt gemacht, damit so viele arme Kreaturen selig würden. Und da es hernach auf ihre Erlösung und Loskaufung vom Teufel und von der Sünde ankam, so hat Er sich selbst dazu hergegeben. Er hatte das menschliche Geschlecht so lieb, das Elend der armen Menschen ging Ihm so nahe, daß Er ihnen mit einem Eide versprach, sie zu erlösen aus der Hand der Feinde, und zu diesem Ende sein Leben für sie hinzugeben.

Das hat nun der Vater nicht nur so geschehen lassen, wie es Jakobus mit den Benjamin gemacht hat, sondern Er hat Ihn willig hergegeben. Da Er die Menschen in dem elenden Zustande sah, und sein Sohn zu Ihm sprach: „Ich will hinab, will Mensch werden, will für sie büßen, was sie ewig hätten büßen müssen, will auf mich nehmen, was sie verschuldet haben, und sie erlösen;“ so hat Er sich erbarmet; es hat Ihm wohlgefallen: Er hat seinen Sohn hergegeben; hat seines Eingebornen nicht verschonet.

Ach, ihr Lieben! es ist nicht genug, daß man den lieben Gott aus den Büchern kennt; wir müssen glauben, und müssen Ihn erfahren lernen in dieser Sache. Wenn ich Gnade gefunden habe, wenn mir die Sünden vergeben sind, wenn ich Friede mit Gott habe, wenn meine Seele aus dem Kerker und aus der Gewalt des Satans erlöset, aus den Stricken des Todes, von der Angst der Hölle befreiet ist, und ich denke: Wie ist das zugegangen? wie komme ich dazu? Ja, der Sohn Gottes hat sich meiner angenommen, das hat der Sohn gethan. Da lernt man Ihn kennen.

Aber was hat denn der Vater dabei gethan? Ist Er gleichgültig dabei gewesen? O nein, Er hat die Welt, Er hat mich so geliebt, daß Er seinen Sohn hergegeben hat. Ja, wer das glauben kann, der muß in seinem Herzen, wo er geht und steht, vor dem Vater hinsinken; er muß Ihn über alles lieben, was man menschlicher Weise lieben kann. Denn Er hat seinen Sohn für uns verschuldete, verworfene Leute hergegeben, Buße thun lassen am Kreuze, am Schandpfahl; Er hat seinen Eingebornen, seinen lieben, seinen seligen Sohn, sein ganzes Herz und Seele hergegeben, nicht auf eine Minute nur, sondern auf drei und dreißig Jahre, in alle Schmach, Verachtung, Armuth, in Noth und Tod, zum Lösegeld für uns und alle Welt. Da kann man sagen: das heißt die Welt lieben.

Warum Er sie so liebt, wie das zugeht, das ist eine Tiefe, die wir nicht ergründen können.

Wer da wissen will, was der himmlische Vater für ein treuer, liebevoller Vater ist, der kann es nicht anders erfahren, als bis er an die Menschwerdung, die Geburt, den Tod und das Kreuz Jesu hat glauben lernen.

Wenn man das recht zu Herzen nimmt, so heißt es: Seht, welche Liebe uns der Vater erwiesen hat, der seines eingebornen Sohnes nicht verschonet, sondern Ihn für uns hingegeben, und uns mit Ihm alles geschenkt hat! O was wäre das für eine selige Sache, wenn wir das so gründlich zu Herzen nehmen könnten, daß uns die tiefe Betrachtung der Seligkeit, die uns dadurch widerfahren ist, in das Herz des Vaters hineinführte!

Lieber Vater! du Vater unsers Herrn Jesu Christi! wir legen dir unser dankbares Herz zu deinen Füßen. Du ewige Liebe! du hast uns unsinnige, muthwillige Sünder nicht verderben lassen wollen, hast deinen Gottes-Sohn zum Lamme und Schlachtopfer für uns gemacht! Du hast dein eingebornes Kind wahrhaftig für uns schlachten lassen. O großes, o majestätisches Wesen! Diese Liebe können wir dir nicht genug danken mit all unserm Glauben, mit all unserer Liebe, Treue und Gottseligkeit. Ach, es hätte kein Bruder den andern erlösen, noch Gott jemand versöhnen können. Hättest du deinen Sohn nicht in die Welt gesandt, und für unsere Sünden sterben lassen, so hätten wir ewiglich verdammt und verloren bleiben müssen. Diese große Gnade und väterliche Liebe hast Du aus lauter Barmherzigkeit uns erzeiget, in Christo deinem Sohne, den du übergeben, hergeschenkt, überlassen hast in den Kreuzestod zu unserer Seligkeit. Mit Worten dir dafür zu danken, das ist nicht möglich. Alle Zungen sind zu schwach, das auszusprechen. Alle Engel im Himmel können nur Amen sagen. Halleluja, Lob, Preis und Dank von Ewigkeit zu Ewigkeit. Nimm unser Herz, wie es ist, nimm es an, o Vater! verachte es nicht; wir gebens, so gut wirs geben können. Das ist das einzige Opfer, das wir deinem Namen bringen können. Du treuer Gott, segne unsre Seelen, heilige sie durch und durch, und mache dir daraus angenehme, wohlgefällige, und für die bittern Schmerzen Jesu Christi zur Bezahlung seiner Mühe bereitete Herzen. Habe du die Ehre und Freude, daß vor deinem Sohne alles die Kniee beuge und alle Zungen bekennen: Im Herrn habe ich Gerechtigkeit und Stärke. Amen.

17. **Denn Gott hat seinen Sohn nicht in die Welt gesandt,** (bei seiner ersten Ankunft) **daß Er die Welt richte, sondern daß die Welt durch Ihn selig werde.**

Wenn wir den lieben Heiland nicht so gut kennten, daß wir Ihm alles glauben, so dächte man, es wäre nicht wahr, daß der liebe Gott es so gut mit der Welt gemeint hat; denn wenn man sich die unendliche Gerechtigkeit, Heiligkeit und Allgenugsamkeit Gottes vorstellt, und muß sich überzeugen lassen, daß Gott der liederlichen Welt, die so schlecht, so verdammungs=

würdig, wie möglich war, seinen Sohn nicht gesandt hat, daß Er sie strafe und verdamme, sondern für sie sterbe, büße und zahle, so stehen einem die Gedanken stille.

Es sind in den Worten des Heilands sehr viele Wunder, aber dieses ist doch das allergrößte Wunder: Also hat Gott die Welt geliebt, die böse, ehebrecherische, sündige, schlechte, verdorbene, undankbare, gottlose Welt geliebt, daß Er ihr seinen Sohn schenkte, nicht zum Richter, sondern zum Freunde, Heiland und Erlöser, daß Er gut machen mußte, was sie verdorben, daß Er dulden mußte, was sie verschuldet, daß Er die Rebellen in der Welt nicht strafen, sondern versöhnen, nicht tödten, sondern lebendig machen, nicht zur Strafe ziehen, sondern zur Gnade einladen, nicht hassen, sondern lieben, nicht in die Hölle werfen, wohin sie von Rechtswegen gehörten, sondern mit sich in den Himmel führen sollte. Was ist die Liebe, wenn das keine ist?

18. **Wer an Ihn glaubt wird nicht gerichtet; wer aber nicht glaubt, der ist schon gerichtet, weil er an den Namen des eingebornen Sohnes Gottes nicht glaubt.**

Damit hat uns der Heiland versprochen: Wer an Ihm hängt mit Leib und Seele, wer Ein Geist mit Ihm ist, der geht selig aus seiner Hütte, und ist, wenn er heraus ist, so rein, unbefleckt, so weiß, so unschuldig, daß es zu keiner Klage kommt, daß er in kein Gericht kommt. Das ist das Erbe der Kinder Gottes und ihre Gerechtigkeit.

Wenn aber ein Mensch nicht an den Heiland glaubt, verläßt sich nicht auf seine Barmherzigkeit, ist nicht demüthig dabei und denkt nicht: „Gott sey mir Sünder gnädig!" der kann dem Gerichte der Verdammniß und Hölle unmöglich entrinnen.

Gewisse Leute sind zwar nicht so grob, daß sie sagen: Wir wollen erst alles Böse, was uns beliebt, und dann zuletzt einen Seufzer thun; aber sie bemühen sich, das Verdienst des Heilands groß zu machen, dadurch, daß es für ihr böses Leben die Vergütung seyn soll. Sie glauben es so leichtsinnig hin, daß Christus für sie gestorben sey, und für ihre Sünden genug gethan habe, rechnen sich die Verdienste Jesu so zu, und verlassen sich darauf, bis in den letzten Moment ihres Lebens. Das ist aber kein Glaube, sondern ein falscher Wahn. Die neue Kreatur, die der wahre Glaube an Jesum schafft, kann den alten Sinn, die alte Denkweise und Neigungen nicht behalten; die bösen Begierden, das Wollen und Verlangen, die unsinnigen Lüste und Leichtsinnigkeiten, womit man des Todes Bitterkeit vertreiben will, können nicht mehr da seyn, wenn man ein Kind Gottes ist; da denkt man nicht mehr an das elende Leben, und alle die Zerstreuungen; falsche Hülfen und Palliativ-Curen hat man nicht mehr nöthig, weil man in lauter Seligkeit ein- und ausgeht. Alles, was einem vorher Freude war, ist einem jetzt lauter Herzeleid; „man spricht zur Lust, zum Stolz und Geiz: dafür hing unser Herr am Kreuz." Sobald sich nur die Sünde meldet von Weitem, so klagt mans Ihm, dem Herrn am Kreuze, und da wird man ihrer gleich wieder los. Wer die Sache so faßt, der kann unmöglich denken, daß man unter Bedeckung der Gnade seinen vorigen leichtsinnigen, sündlichen Schlendrian fortleben könnte, und nicht zur Rede, nicht vors Gericht gestellt werden sollte, weil man eben doch ein gutes Vertrauen zum Heiland gehabt hätte. Es sind vielmehr hundert Sachen, auf die man in seinem ungläubigen Zustande nicht geachtet hat, und die einem erst jetzt zur Sünde werden, seitdem man an Jesum glaubt. Z. B. was nicht aus dem Glauben kommt, ist Sünde; wenn man zweifelt, und thuts doch, das ist Sünde; ferner, wer etwas Gutes zu thun weiß, und thuts nicht, dem ists Sünde. Wer nicht vorsichtig die Gelegenheit zur Sünde meidet, wenn er gleich nicht ganz hineingeräth, dem ists Sünde. Wenn man

als

als ein Gläubiger die Sachen ansieht, so bekommt man hundert Rubriken zur Demüthigung und zum Kleinlaut werden, daran man vorher nicht gedacht hat. Da lernt man sich selbst kennen, und wundert sich über seinen schlechten Zustand, den man sich nie so schlecht vorgestellt hat. Da denkt man: Lieber Heiland! wenn du mit mir ins Gericht gehen willst, so kann ich dir auf tausend nicht Eins antworten; wenn du Unterlassungs-Sünden anrechnest, wo will ich bleiben? — Ach, sagt der Heiland, macht euch nicht solche Vorstellungen, wir machen die Sache alle Tage mit einander ab, und kommt etwas Großes vor, und der Verkläger bringts an, so bekommt ihr ein großes Notabene, zeitig oder unzeitig; aber es wird nichts aufgesparrt; denn der Satan weiß, wenn ihr einmal aus der Hütte seyd, da ist an keine Justiz mehr wider euch zu denken.

Es soll es also ja niemand auf eine so grobe Art verstehen, da man in den Tag hineinsündiget, und kein Gericht fürchtet, weil man sich einen Gedanken macht, der spricht: Ich glaube an Jesum. Nein, ein wahres Kind Gottes, das an Jesum glaubt, und Ihn lieb hat, obwohl es Ihn nicht sieht, das hält sich, und wird so genau und pünktlich in Ordnung gehalten, und zurechtgewiesen, daß wenn es einmal zum Scheiden, oder zum allgemeinen Gerichte kommt, keine Klage gegen eine solche Seele mehr vorkommen kann, sondern alles schon abgethan ist; denn sollte auch etwas Schweres in der Zeit vorkommen, so wird lieber gleich dem Verkläger Genugthuung gegeben; damit dort durchaus kein Gericht mehr nöthig ist.

19. **Eben daher kommt das Gericht, daß die Menschen, da das Licht in die Welt kam, die Finsterniß mehr liebten, als das Licht; denn ihre Werke waren böse.**

Es ist ganz offenbar, daß der Heiland zum Seligmachen der ganzen Welt gekommen ist, und daß Er der Heiland aller Menschen und besonders der Gläubigen ist. Und das könnte Er nicht seyn und heißen, wenn Er nicht helfen könnte oder nicht wollte. Wenn Er nur zweien oder dreien unter einer Million Menschen nicht helfen könnte oder wollte, so wäre Er nicht mehr der Heiland aller Menschen. Und wenn Er erst Millionen nicht helfen könnte, so wäre es vollends wider allen Sinn. Aber der Heiland erklärt sich darüber am besten selbst. Ich will euch, sagt Er, die Ursache vom ganzen Gerichte sagen, woher es komme, daß doch einige Menschen gerichtet und verdammt werden, wenn ich gleich gekommen bin, sie alle selig zu machen, und nicht, sie zu richten: Es giebt eine Art Menschen, die mögen das Licht nicht; die wollen mich nicht; die sind beinahe lieber nicht selig, und solche Leute werden alsdann gerichtet. Freilich, ich will nicht sagen, daß dergleichen Leute alle verloren gehen; denn ich will noch alles an ihnen thun, was ich nur thun kann; wie ich ihnen nur immer beikommen kann, so will ich suchen, ihnen nachzuhelfen, um meine Feinde selig zu machen. Aber ein Prozeß, ein Gericht wird daraus; denn ihr eigenes Herz sagt es ihnen, daß sie mich nicht gewollt, daß sie mir feind waren; daß sie meinen Geist nicht lieb gehabt; daß sie meines Vaters Züge nicht leiden konnten; daß, wenn sie noch so weit mitgelaufen sind, in allerlei guten Werken, sobald es auf mein Verdienst, auf mein Blut und meine Wunden gekommen ist, daß sie sich keines andern Dinges, als des Gekreuzigten hätten rühmen sollen, sobald ist es ihnen widerlich und unausstehlich geworden. Das wird dann die Ursache zu einem Gerichte.

Wenn aber eine Seele gewiß weiß, daß sie ihren Heiland lieb hat, und sagen kann: Du weißt alle Dinge; du weißt, daß Herz und Sinne an dir kleben, so fährt sie gen Himmel, und weiß von keinem Gerichte.

20. **Denn jeder, der Arges thut, hasset das Licht, und kommet nicht an das Licht, damit seine Werke nicht gestraft werden.**

Wer nicht aus den bösen Dingen, an denen er hängt, heraus will, der ist ein Feind der innern und äußern Bestrafung; er flieht jede Gelegenheit, wo ihm ein Licht aufgehen und sein böser Grund, sein Verderben aufgedeckt, und er zum Erlöser geführt werden könnte.

21. **Wer aber nach der Wahrheit handelt, der kommt an das Licht, damit seine Werke offenbar werden; denn sie sind in Gott gethan.**

Das Wort des Heilandes, wenn es nicht recht genau genommen wird, klingt, als wenn man deßwegen ans Licht käme, damit einen die Leute desto besser sähen. Nun ist es wohl klar, daß die andern Leute, die die Finsterniß mehr lieben, darum vom Lichte wegbleiben, daß sie nicht mit ihren Sachen zum Vorschein kommen. Aber darum ist es von den Kindern des Lichtes doch nicht so gemeint, daß sie nur deßwegen ans Licht kämen, damit ihre Sachen zum Vorschein kommen; sondern sie kommen ans Licht, und lassens darauf ankommen, daß ihre Handlungen von jedermann gesehen und beleuchtet werden. Sie können es darauf ankommen lassen, weil sie wissen; daß sie alles in Gott gethan haben. Aber wenn es nicht seyn muß, ist es ihnen doch lieber, wenn sie in der Stille, in Armuth und Vergessenheit bleiben können, damit das unselige Großwerden abgewendet wird, d. h. daß wir nicht in eine Achtung kommen, da uns unser eigenes Herz das Gegentheil sagt, daß wir auch nicht mit der Wahrheit unglücklich werden, oder man Dinge bei uns sucht, die nichts als lauter Gnade und Barmherzigkeit sind; und giebt uns eine Ehre, die uns nicht gehört. Da wollen wir nicht gerne heraus; aber wenns nicht anders seyn kann, ehe wir die Lehrer und Obrigkeiten an uns ganz irre werden, und lauter ungereimte Gedanken haben lassen über Dinge, die nicht sind, so sagen wir: Laßt uns ans Licht kommen; laßt es offenbar werden; wir wohnen ja da; wir wandeln ja am Tage; wir sind ja an der Landstraße, an den Zäunen; seht uns, hört uns, gebt Achtung, nehmt euch Zeit dazu; es mag alles offenbar werden; denn es ist in Gott gethan.

Das ist so der praktische Sinn von den Worten des Heilandes; wer die Wahrheit thut, setzt sich in die Möglichkeit, in die Lage, daß seine Werke natürlicher Weise offenbar werden müssen; er kanns ja thun, er weiß ja, wie er mit dem Heilande daran ist.

22. **Darnach kam Jesus mit seinen Jüngern in das Land Juda, hielt sich daselbst mit ihnen auf und taufte,** durch seine Jünger nämlich. Denn Er selbst taufte nicht. Joh. 4, 2. Was aber andere in seinem Namen thun, das ist so viel als hätte Er's selbst gethan. Wenn wir taufen, Abendmal halten, in seinem Namen, im lebendigen Glauben an Ihn; so dürfen wir sagen, wenn wir mit der Schrift reden wollen: Jesus hat getauft, und Abendmahl mit uns gehalten; Denn Er ist dabei, **Er** thut es.

23. **Johannes aber taufte auch noch zu Aenon, nahe bei Salim, weil dort viel Wasser war, und die Leute kamen dorthin und ließen sich taufen,**
24. **Denn Johannes war noch nicht ins Gefängniß geworfen.**

Er setzte also seine Arbeit fort, bis er nicht mehr konnte. Das Wort Gottes muß man fortsetzen, so lang man kann, bis einem die Hände gebunden werden. Seine Arbeit, so wie die Arbeit eines jeden wahren Evangelisten endigte sich nur mit seinem Gefängniß, und mit seinem Tode. Aber wie wenig Arbeiter würde es in den christlichen Kirchen geben, wenn sie nichts anders zu erwarten hätten, als was Johannes am Ende erfuhr, Gefängniß und Enthauptung. Was wird mir endlich dafür? Antwort, das ewige Leben wird dir endlich, wenn du dein Leben und deinen Kopf hergiebst für die Wahrheit; wenn du aber nichts daran setzest, so wird dir auch nichts werden.

25. **Nun entstand ein Streit zwischen den Jüngern Johannis und den Juden über die Reinigung**; das ist wegen der Taufe. Denn Jesus taufte, oder ließ seine Jünger taufen, und Johannes taufte auch noch. Die Jünger Johannis sahen nun das gar nicht gerne, daß noch ein anderer neben ihrem Meister aufkam. 26. **Sie kamen daher zu Johannes,** gestanden ihm ihr Mißverständniß und Mißfallen **und sagten zu ihm: Rabbi! der bei dir jenseit des Jordans war,** sich auch von dir taufen ließ, **und dem du Zeugniß gegeben hast,** der dir also sein Aufkommen zu verdanken hat, **sieh, der taufet jetzt selbst, und alles läuft Ihm zu;** so wirst du bald die Leute verlieren.

27. **Johannes antwortete: Ein Mensch kann sich nichts nehmen, wenn es ihm nicht vom Himmel gegeben wird.**

Johannes hilft ihnen aus dem Traume; er giebt ihnen etwas zu, daß sich kein Mensch so etwas anmaßen kann, wenn er Gott ehrt; aber Christum sollten sie ja für keinen solchen ansehen, der sich dies selbst herausgenommen habe, welches sonst wohl zu geschehen pflegt; und man kann es wohl leiden, daß sich manche etwas anmaßen; 2. Kor. 11, 20. aber an wahren Knechten Gottes leiden die Menschen nichts; sondern fallen über jeden Strohhalm, und ärgern sich am Geringsten.

Die guten Jünger meinten, sie müßten für die Ehre ihres Meisters streiten; da zeigt er ihnen denn, wie sie dieß von ihm nicht gelernt; sondern daß er ihnen ein ganz anderes Zeugniß von Christo gegeben habe, indem er fortfährt:

28. **Ihr selbst bezeuget mir,** und habt es stets von mir gehört, **daß ich gesagt habe, ich bin nicht Christus, sondern ich bin nur vor Ihm hergesandt.** Ich habe mich nie für etwas anderes ausgegeben, als für einen Vorläufer und Wegbereiter; ihr wisset es

wohl, aber ihr seyd durch diese Versuchung aus dem Geleise gekommen.

29. **Wer die Braut hat, der ist der Bräutigam.**

Schon in den alten Propheten findet man Anzeigen von dem Bräutigam. Jesaias ist voll davon. Es wird auch die Seele, die dem Heilande nicht treu ist, deßwegen in den Propheten als eine Ehebrecherin behandelt. Die Juden hätten das also wohl wissen sollen; sie waren aber fremd in der Sache; denn die Propheten verstanden sie nicht, und wenn Johannes vom Bräutigam sprach, so machte es nur der Respekt gegen ihn, daß sie stillschweigend weggingen.

Diesem Bräutigam ist seine Braut untreu und genommen worden, und Er hat sie mit seinem Blute in menschlicher Gestalt wieder erkauft, von ihren Räubern losgemacht, und ihr das Recht mit seinem Tode zuwegegebracht, daß sie wieder in seine Arme laufen kann, wenn sie will, und daß sie die Räuber nicht halten können.

Der heilige Geist ist der Brautwerber; seine ganze Arbeit und Predigt gehet dahin, daß Er den Seelen ruft und winkt, daß Er ihnen zu verstehen giebt, wozu sie erkauft sind mit dem Blute Jesu. Du bist theuer erkauft, darum preise Gott an deinem Geiste, und preise Ihn auch an deinem Leibe. Laßt nicht nur eure Herzen so beschaffen seyn, sondern auch eure ganze äußere Person, euer Haus, eure Gemeine so eingerichtet seyn, wie sichs schicket für den künftigen Bräutigam. Das ist des heiligen Geistes öffentliche und besondere Lehre.

So lange die Leute denken, sie verstehen es, und haben doch noch nichts im Herzen, so ist es ein trauriges Zeichen, daß sie noch steintodt sind. Denn sobald die geringste Regung im Herzen entsteht, so ist das erste, daß man es sich nicht vorstellen kann, wie es möglich ist; man kann sich nicht darein finden; Er hat das Leben gelassen; ist darum gestorben, hat unzählige Wunden darüber gelitten, daß Er mich einmal nehmen kann, wie ich bin, und mit Recht sagen kann: Ich bin dein Bräutigam; mir gehört die Braut; mir gehört jede Seele, jeder Mensch überhaupt, er mag aussehen, wie er will; er mag in der äußersten Verachtung liegen; er mag Koth auf der Gasse seyn; er gehört mir so gut, als eine Königin auf dem Throne.

— **Der Freund des Bräutigams aber steht da, und hört Ihn, und freut sich hoch über die Stimme des Bräutigams. Und diese meine Freude ist nun erfüllt.**

So redet Johannes, der Täufer, dessen Amt schon etwas von der Morgenröthe der neuen Sonne hatte, von der neuen Klarheit des Amtes, das die Versöhnung prediget, und darum war er der Größte unter allen von Weibern Gebornen. In der neuen Zeit soll der Kleinste seyn, wie David. Und darum, obgleich Johannes wegen des kleinen Scheins, den er vom Evangelio hatte, größer als alle seine Vorfahren war, so blieb er doch allezeit kleiner als der Kleinste im Reiche Gottes.

Seine Freude war erfüllt. Was für eine? Da stand der Mann, der vor Johannes, vor Abraham war, der vor allen Zeiten gewesen ist. Siehe, das ist Gottes Lamm, sagte er, der Körper aller bisherigen Schatten und Vorbilder; da ist es, es wird die Sünde der Welt wegtragen. Besinnet euch nun, was für eine Freude allemal ist, wenn der Bräutigam kommt, was sich da seine Freunde, und besonders sein Hauptfreund für ein Vergnügen daraus macht, der so sein Leben mit ihm zugebracht hat, und der nun sieht, daß sein Freund hat, was er begehrt. Er freut sich, sagt er; aber deßwegen ist er doch nur ein Gast auf der Hochzeit, wie ein anderer; die Braut ist nicht sein; der Bräutigam hat die Braut. Aber es ist dem Freunde genug, wenn er sieht, wie froh der Bräutigam ist; wenn er nur seinen Freund sieht, da ist ihm schon wohl. Nun, sagt Johannes, das Glück habe ich nun, diese Freude ist mir geworden, und ist nun so weit; ich kann nichts mehr fordern, meine Freude ist nun erfüllt. Nun habe ichs ganz, hab nichts mehr zu wünschen.

Diese Freude ist etwas Besonderes; es haben sie alle, die eines Theils zugleich Glieder der Braut, und andern Theils auch Brautwerber sind.

30. **Er muß wachsen, ich aber muß abnehmen** und Ihm Platz machen. Das alte Testament muß dem neuen weichen. Der alte Mensch in dir muß Christo dem neuen Menschen Platz machen.

Das Geringwerden drückte seine Jünger; sie dachten, es möchte sie auch treffen. Solche Höhen stecken den Menschen im Kopfe. Darum durfte Johannes auch kein Wunder thun, damit er nicht für Christus angesehen würde.

Die Gesinnung des Johannes, daß nicht er, sondern Christus in den Seelen zunehme und wachse, ist jedem Lehrer nothwendig, wenn es Bestand haben soll, was er in denselben wirket.

31. **Wer von oben kommt, der ist über alle,** über Engel und Menschen als ihr Haupt und Schöpfer unendlich erhaben, und der soll auch allein als Meister erklärt werden; dem allein müssen alle Seelen anhangen. **Wer aber von der Erde ist,** und nicht vom Himmel, sondern ein natürliches Adams-Kind, **der ist von der Erde und redet von der Erde;** der kann aus sich selbst und aus eigenen Kräften nichts als Irdisches reden und thun; der hat das Gute, das er hat und redet, nicht von sich selbst, sondern nur von Gott. **Wer aus dem Himmel ist, der ist** Prinzipal. So tief setzt sich der Vorläufer Christi mit seinen Jüngern herunter, weil sie sich gerne hinaufgesetzt hätten, und Christum nicht aufkommen lassen wollten.

32. **Er bezeugt, was Er gesehen und gehört hat** in seines Vaters Schooße, **und sein Zeugniß nimmt niemand an.**

Er hat in seines Vaters Schooße alles mit angesehen und angehört, was in der ewigen Gottheit vorgegangen ist; Er war bei allen Rathschlüssen, die da gefaßt wurden; denn Er ist einer von den drei Zeugen im Himmel. 1. Joh. 5, 7. Aber sein Zeugniß nehmen so wenig an, daß sie wie nichts sind gegen den großen Haufen derer, die es nicht achten, nicht hören.

Nachdem Gott vor Zeiten durch die Propheten geredet, hat Er endlich mit uns geredet durch den Allerliebsten, Vertrautesten, der das Ohr und das Herz der Dreieinigkeit hatte, der da wußte, was in Gott war, der uns mit Gewißheit sagen konnte: **Wir reden, was wir wissen** V. 11. Darum ist es unbegreiflich, daß es Christen giebt, die sein Zeugniß nicht annehmen, ja, wie sich der liebe Heiland selbst erklärt, die lieber das Zeugniß eines Menschen, als sein Zeugniß annehmen, wie wir bis diese Stunde sehen. Denn die Leichtgläubigkeit gegen einen Menschen, der über die Offenbarung Johannis oder über andere Dinge schreibt, die er nicht versteht, ist größer, als das Vertrauen zum Heilande; und es lassen sich eher tausend Menschen mit einer falschen Auslegung der Offenbarung betrügen, als daß sich zehn Menschen zu dem Worte vom Kreuze des Heilands bekehren.

33. **Wer aber sein Zeugniß annimmt, der versiegelt,** bestätigt es, **daß Gott wahrhaftig ist.** Er giebt so viele Atteste, als verlangt werden, daß es gut gehe denen, die Ihn kennen und lieben. Wer das Attestat seines Vaters annimmt, und wer Ihm auf sein Wort glauben kann durch Antrieb des Geistes, wers Ihm ansehen kann, daß Er ein wahrhaftiger und treuer Zeuge ist, der hat Gott. Wer das nicht kann der sieht Gott nicht, der kennt Ihn nicht, der weiß nichts von Ihm, der bleibt ein Atheist. Und wenn er auch einmal etliche Stunden so einen Blick thut, wo es ihm so vorkommt, — welches doch noch meistens im Gemüthe vorgeht, und nicht im Kopfe, — so kom-

men doch hernach so viele Einwendungen und Vernunftschlüsse darein, die alles wieder niederreißen. Wenn wir aber die Hände in Seine Seite legen, so sprechen wir nicht: Wer weiß, wo ein Gott ist, sondern: Ich weiß, Er ist; ich rühre Ihn an im Geiste; ich bezeuge, daß **Ers** ist. Mein Heiland, der sein Leben für meine Seele gelassen hat, **der** ist Gott, der hat mich gemacht, und nicht ich selber.

Ihr Zeugen! fraget die Menschen nur, sie seyen Wilde im Busche oder gebildete Heiden-Christen, ob sie einen Heiland für ihre Seele nöthig haben, und mahlt ihnen dann Jesum ab, wie Er unsere Schulden bezahlt hat, und bringt ihnen Jesum am Kreuze, so habt ihr sie auf einmal näher, als ihr sie mit allen Vernunftschlüssen und Beweisen vom Daseyn Gottes bringen könnet.

Das ist der einzig wahre Beweis: „Meine Seele braucht Ihn; mein Herz fühlt seine Nothwendigkeit; da habe ich Ihn erfahren; Er hat mich gesegnet und geheilt; Er hat sich meiner Seele herzlich angenommen; sonst wäre sie verdorben."

Wer sich durch diesen Beweis nicht gewinnen läßt, wer dieses Zeugniß nicht annimmt, der läßt sich durch alle andere Beweise nicht anders gewinnen, als **vergeblich**, d. i. nur zum Scheine. Und wenn er zwanzig Jahre lang Glaubens-Bekenntnisse auswendig lernt, und eines immer länger, als das andere, eines verwickelter als das andere, so glaubt er von einem so viel, als vom andern. Und glaubte er auch eine Zeit lang, zur Zeit der Prüfung und Versuchung würde er doch abfallen.

34. **Denn welchen Gott gesandt hat**, die Menschen zu erlösen und zu versöhnen, **der redet Gottes Worte**, der hat als **das Wort** Vollmacht zu reden; **denn Gott giebt den Geist nicht nach dem Maaße**, das ihr von Ihm machet, und Ihm vorschreiben wollet. Es sind diesem unermeßliche Eigenschaften gegeben.

35. **Der Vater hat den Sohn lieb**, wie ihr aus seiner Stimme am Jordan vernommen habt, **und hat alles seiner Hand übergeben.** Er kann alles heben und heilen; darum muß ich Ihm billig und willig weichen.

36. **Wer an den Sohn glaubt, der hat das ewige Leben; wer aber dem Sohne nicht glaubt, der wird das Leben nicht sehen; sondern der Zorn Gottes bleibt über ihm.**

Das ewige Leben ist dem Glaubenden von Stund an gegeben; er darf es nicht erst künftig erwarten; er hat es schon hier. Wer Ihm aber nicht glaubt, der bleibt lebendig todt, und der Zorn Gottes, der von Natur schon über ihm ist, bleibt über ihm; er braucht keines neuen Gerichtes; das alte ist genug.

Wir sind von Natur alle Kinder des Zorns, verdammungswürdig, wie Paulus sagt Ephes. 2, 3. Wird dieser uns angeborne Zorn nicht von uns genommen, durch den Glauben an Christus, so bleibt er ewig über uns, und wir können nicht bestehen vor Gott. Durch den Glauben aber wohnet Christus in unsern Herzen, und dadurch das Wohlgefallen Gottes, ja das Leben, das ewige Leben. Es ist kein Heil, außer Ihm, man sey und heiße, was man wolle. Sind wir nicht in Ihm, und Er in uns, durch den Glauben, so wird das Urtheil des Todes und der Verdammniß, welches schon in Adam über alle Menschen ausgesprochen wurde, ohnfehlbar vollzogen. Es ist keine Barmherzigkeit, außer durch Christum. Gott sieht Keinen gnädig an, als der in Christo ist, weil Er alles in seine Hände gelegt, Ihm alles übergeben hat, wie es im vorhergehenden Verse heißt. Wer Christum verschmäht, den wird Gott auch verschmähen. Wer Christum vorbeigeht, für überflüßig hält, der mag noch so gerecht, gut, heilig, Gottgefällig und rein scheinen, er ist es doch nicht und kann es nicht seyn, sondern ist und bleibt ein Kind des Zorns, d. h. verdammungswürdig. Vor Gottes Augen kann nichts taugen, als was im Blute des Lammes gewaschen ist, und wer seine Kleider von Ihm hat weiß machen lassen. Hier im dunklen Lande scheint vieles weiß, rein und gewaschen, was dort im Lande des Lichtes schwarz, unrein und häßlich ist.

## Das IV. Kapitel.

(Jesus und die Samariterin. Er heilt den Sohn eines Königl. Beamten.

1. **Als nun Jesus vernahm**, daß sein Thun und Amt schon Aufsehen machte, und es den **Pharisäern zu Ohren gekommen, daß Jesus mehr Jünger mache und taufe, als Johannes**, welches in ihnen Neid erweckte; denn sie hatten noch mehr Neigung zu Johannes, als zu Jesus.

Sobald man Jesum, das Innere, gekostet hat, verläßt man gerne den Johannes, das Aeußere, und dieß will den Pharisäern nicht gefallen.

2. (**Obwohl Jesus nicht selbst taufte, sondern seine Jünger.**) Dieß hätte sie besänftigen sollen; allein die böse Neigung und der Neid waren bei ihnen herrschend geworden. Als nun Jesus das sah, 3. **so verließ Er Judäa und ging nach Galiläa**, um den blutdürstigen Anschlägen der Pharisäer aus dem Wege zu gehen; denn seine Stunde war noch nicht gekommen. Indeß ließ Er den ausgestreuten Saamen wirken.

4. **Er mußte aber durch Samaria reisen.** 5. **Da kam Er zu einer Stadt in Samaria, mit Namen Sichar**, eigentlich Sichem, **nahe bei dem Landgute, das Jakob** von den Kindern Hemor gekauft, und kurz vor seinem Tode **seinem Sohne Joseph gegeben hat**, wo auch Josephs Gebeine begraben worden nach dem Auszuge aus Aegypten. 6. Da-

**selbst war der Jakobsbrunnen,** nahe bei der Stadt. **Da nun Jesus müde von der Reise war,** (weil Er alle Schwachheiten unserer Natur mitgetragen hat, und uns in allem gleich geworden, die Sünde ausgenommen, **so setzte Er sich an dem Brunnen nieder. Es war um die sechste Stunde,** d. i. bei uns zur Mittagszeit, wo es sehr heiß war.

Ihr müde Wanderer! denket an des Heilands Müdigkeit, und an sein Ausruhen am Jakobsbrunnen, und erquicket euch daran!

O ihr Sünder! gehet zu Christo, eurem Heilande; Er hat sich müde an euch gesucht; je mühsamer Er euch suchte, desto mehr Freude werdet ihr Ihm machen, wenn ihr euch finden lasset.

7. **Da kam ein Weib aus Samaria,** ein verirrtes Schaf, dem der Hirt sich schon in den Weg gestellt hat, daß Er es finden möchte; sie kam, **um Wasser zu schöpfen;** Er aber war da, um ihr den Brunnen zu zeigen, der lebendiges Wasser giebt; deswegen **sprach Er zu ihr: Gieb mir zu trinken,** weil Ihn wirklich gedürstet hat, nicht nur nach Wasser, sondern auch nach ihrer Seele, um sie selig zu machen. Er wollte daher sagen: O Seele! mich dürstet, dich mit himmlischer Seligkeit zu erfüllen; gönne mir das Vergnügen, dich dieses Glückes theilhaftig zu machen; gieb mir zu trinken, und laß mich an der Beseligung deiner Seele meinen Durst stillen.

8. **Seine Jünger waren indeß in die Stadt gegangen, um Speise zu kaufen;** damit Er allein mit dem Weibe reden, und ihr das Verborgene ihres Herzens aufdecken konnte.

Es war also darauf angetragen, daß wenn die Jünger mit Speise aus der Stadt kämen, der Heiland mit ihnen beim Brunnen offene Tafel halten wollte. Er nahm so vorlieb, was Er eben bekam, und wo es eben seyn konnte.

9. **Das samaritische Weib erwiederte Ihm: Wie kannst du als ein Jude von mir zu trinken begehren, da ich ein samaritisches Weib bin? Denn die Juden haben keine Gemeinschaft mit den Samaritern.** Das Weib kommt da gleich mit einem Vorurtheile der Nation angezogen: Die Juden haben ja sonst Abscheu vor uns. So ist eine Scheidewand in der Welt; die mußte Christus niederreißen, und darüber sterben.

10. **Jesus antwortete und sprach zu ihr: Wenn du die Gabe Gottes känntest, und wer der ist, der zu dir spricht· Gieb mir zu trinken, so hättest du Ihn gebeten, und Er hätte dir lebendiges Wasser gegeben.**

Jesus disputirt nicht lange mit dem Weibe von den Streitigkeiten beider Nationen, sondern macht einen Uebergang vom Irdischen zum Himmlischen. Die Gabe, wovon Er redet, ist Er selbst, welcher den Menschen zur Erlösung und Heiligung gegeben worden. Selig sind, die darnach hungern, und um diese Gabe bitten.

Es wird vorausgesetzt, daß man dringendes Bedürfniß haben muß, wenn man bitten soll. Es ist nicht genug, daß man weiß, daß Jesus helfen kann und will, sondern man muß auch die Noth und das Bedürfniß nach seiner Hülfe fühlen. Die Ursache, daß das Weib nicht bat, war, sie kannte den Mann nicht. Viele aber, die wohl vorgeben, daß sie Ihn und seine Kraft erkennen, erhalten doch nichts, und dieß darum, weil sie denken, sie hätten Seiner nicht nöthig.

11. **Darauf sprach das Weib zu Ihm: Herr! du hast nichts zum Schöpfen, und der Brunnen ist tief; woher wolltest du denn lebendiges Wasser nehmen?**

O Weib! dieses Wasser ist Er selbst, und der Brunnen, der noch unergründlicher ist, als du meinst, ist Er auch. Er ist der Brunnen und die Quelle des lebendigen Wassers.

12. **Bist du mehr, als unser Vater Jakob, der uns diesen Brunnen gegeben, woraus er und seine Kinder und sein Vieh getrunken?** Jakob war allerdings groß, so daß das ganze Volk Gottes nach seinem Namen genannt wurde, und sich Gott selbst den Gott Jakobs nannte; aber er war doch klein in seinen Augen. 1. Mos. 32, 10. Andere aber machten sich groß mit ihm.

Christus mußte also in den Augen der Menschen jünger, geringer und kleiner erscheinen, als die, welche durch Ihn geworden, und vor denen Er lange gewesen war.

13. **Jesus** läßt sich in keinen Rangstreit ein, sondern bleibt bei der Sache, und sucht sie recht zu nöthigen, daß sie weiter und höher hinangehen und ein geistiges Wasser erkennen sollte. **Er sprach zu ihr: Wer von diesem Wasser trinkt, den dürstet wieder. Wer aber von dem Wasser trinkt, das ich ihm gebe, den wird nicht mehr dürsten in Ewigkeit.**

Das ist bekannt, daß man sich an irdischen Dingen, es sey Ehre, Güter oder Lüste, nicht satt sehen, hören, essen und genießen kann. Sie befriedigen, sie füllen das Herz des Menschen nicht aus; weil sie zu klein, zu gering und vergänglich sind, und das Herz des Menschen für ein höheres, bleibenderes, und größeres Gut geschaffen ist.

Wer aber den Heiland genießt, der ist gesättigt und befriedigt, der weiß nichts, was er außer Ihm noch haben möchte oder könnte. Es hungert ihn zwar auch noch, doch nur nach Ihm. Er hört zwar nicht auf zu dürsten, dürstet aber nur nach Ihm. **Meine Seele dürstet täglich nach dir,** nach Gott, nach dem lebendigen Gott. Ps. 42 3. und 63, 2. Auch ist es ein Zeichen eines gesunden Menschen, daß er täglich hungrig und durstig ist, aber freilich nach der Welt nicht, selbst nach dem Himmel nicht, sondern nach der Nähe des Heilands und nach dem Umgange mit Ihm. Will Er in die Welt zu uns kommen, in das elendeste Hüttchen, so werden wir nicht daheraus verlangen. Das ist eine Sache, die erstaunlich wichtig ist, daß man den Heiland selbst, und nicht ein Stück von seinem Rocke, von dem Gewande, womit Er umgeben war, verlangen darf; nein **Er** ists, **Er. Wenn ich nur dich habe!**

Wer von ganzem Herzen so denken muß, weil es ihm so ums Herz ist, weil es ihm sein Herz so sagt, dem kann kein Teufel seinen Glauben nehmen, den kann die Stunde der stärksten Versuchung nicht irre machen in seinem Glauben; denn Er hat seinen Glauben in die Person des Heilands gesetzt, und in seine Selbstständigkeit hineingeankert! und da ist er weit, weit über alles hinaus mit seiner Hoffnung und mit seiner Seligkeit. Und wo Er ist, da ist der Himmel; wo Er geht und steht, da ist die Seligkeit.

Wenn einer nicht so gesinnt ist, was will er sonst machen? Wer Ihn einmal geschmeckt hat, der kann Ihn keinen Tag mehr missen. Oder was will so ein Apostel, so ein Petrus, so ein Johannes machen und anfangen, wenn sein Heiland vor seinen Augen ans Kreuz geschlagen, und vor seinen Augen ins Grab gelegt und ein großer Stein darüber gewälzt wird? Wo bleibt da der seligmachende Glaube, ohne den man keine Stunde seyn kann? Das Herz bleibt Ihm doch immer dasselbe; und sobald der Heiland wieder kommt, so findet Er es wieder in derselben Stimmung. „Brannte nicht unser Herz, da Er mit uns redete?"

Das ist die Wirkung von dem wahren Geschmacke, wenn man einmal gekostet hat, wie freundlich Er ist, wenn man Seinen Leib und Blut gegessen und getrunken hat. So lange es nur so im Gedächtnisse und im Kopfe herum geht, da ists noch schlecht bestellt; aber wenn das Herz die Empfindung, den Geschmack, die Erfahrung wahrhaftig gehabt hat, daß man zu seinen

Freunden sagen kann: Ich habe den Honigseim gekostet; sieh nur meine Augen an, wie heiter sie geworden! dann ist es einem lieb, daß man es im Buche auch so findet.

**14. Sondern das Wasser, das ich ihm geben werde, wird in ihm zur Quelle eines Wassers werden, das ins ewige Leben quillt.**

Von Natur hat man dieses Wasser nicht; sondern der Brunnen muß erst in uns gegraben, und die Quelle geöffnet werden. Wenn sie aber in uns aufgethan ist, diese Quelle, so bleibt das Wasser nicht nur in uns, sondern ergießt sich auch auf andere. Welche Seligkeit! daß wir den Brunnen in uns haben können, und nicht erst weit laufen dürfen, um zu schöpfen! Welche Seligkeit, daß wir eine so reiche Quelle in uns haben können, die nie versiegt, die immer Ueberfluß hat, die fortquillt bis ins ewige Leben, bis wir im Meere des lebendigen Wassers Gottes schwimmen, und uns ganz in der Urquelle verloren haben werden!

Wir können aber diese Quelle auch verstopfen, daß das lebendige Wasser aufhört zu fließen; dann setzt es eine Zuchttrockenheit ab, und diese ist nie empfindlicher, schmählicher und härter, als wenn sie durch unvorsichtigen und unwürdigen Genuß des Leibes und Blutes Jesu im Sakramente verursacht wird. Das ist die Ursache, warum man sich vorher wohl prüfen und über sich selbst denken soll. Denn wenn wir einmal ein Eigenthum Jesu durch sein Blut geworden sind, so will Er alles sehr genau und püntklich haben. Der Heiland fordert nicht viel, aber Er will und fordert doch, daß Wahrheit in uns seyn soll; und wenn sich eine Seele von seinem Leibe nährt, so will Er auch Treue bewiesen haben im Kleinen und Großen.

Wer gerne Rechnung mit sich selbst hält, wird erfahren, wieviel man schuldig bleibt. Wir können darin nicht pünktlich genug seyn; denn wir sind nicht zum Tändeln, sondern zur Heiligung berufen, uns in allen Stücken untadelich und treu zu beweisen, gegen den, der uns kennt, und an uns seine Lust und seinen Schmerz sieht.

Wenn Er Schule hält, und man Ihm nicht aufsagen kann, so macht Er sich nicht viel daraus; sondern setzt sich darüber weg; so straft Er einen mit Zuchttrockenheit; läßt das Herz ohne Genuß seiner Nähe, und es einem bei der heiligen Handlung so seyn, wie bei einer gewöhnlichen. Da ist die Quelle des lebendigen Wassers verstopft.

15. **Das Weib sprach zu ihm: Herr! gieb mir solches Wasser, damit ich nicht mehr dürste und hieher zum Schöpfen kommen dürfe.** Wenn du von den mühseligen Umständen dieses Lebens mich losmachen wolltest, daß ich nicht mehr so arbeiten und mich schleppen muß, so wärest du mir recht willkommen. Das arme Weib giebt sich recht blos, warum es ihr zu thun ist, und was für einen Heiland sie gerne möchte. Weil sie aber so tändelte, so mußte sie der Herr schärfer und von einer andern Seite angreifen.

16. **Jesus spricht zu ihr: Geh hin, ruf deinen Mann, und komm wieder her.**

Damit suchte Er sie recht zu treffen, und ihr ihre Verdorbenheit aufzudecken. Er legt den Finger an die Wunde, aber mit solcher Güte und Sanftmuth, als fürchtete Er, ihr wehe zu thun. O, welche Güte, Sünder zu gewinnen!

17. **Das Weib**, das ihr Gewissen schlägt, bekennt zwar, aber nur halb, indem sie sagte: **Ich habe keinen Mann**; denn sie war doch nicht ohne Mann, ob sie gleich nicht in rechtmäßiger Ehe mit ihm lebte. **Jesus spricht: Du hast recht gesagt! ich habe keinen Mann.** Es steht aber doch nicht recht mit dir, und weil du nicht heraus willst mit der Sprache, so muß ich dir noch mehr sagen: 18. **Fünf Männer hast du gehabt, und der, den du jetzt hast, der ist nicht dein Mann.** Da hast du also die Wahr-

heit gesagt; aber dich selbst damit geschlagen und bekannt, daß du den, den du jetzt hast, nicht auf rechtmäßige Art hast, weil keine Ehe zwischen euch geschlossen ist.

19. **Das Weib** mußte auf andere Gedanken kommen, weil Er ihr in das Gewissen gegriffen hat; darum spricht sie zu Ihm: **Herr! ich sehe, daß du ein Prophet bist;** weil du verborgene Dinge weißt. Sie benützt aber sein Prophetenamt nicht auf die rechte Weise, indem sie einen andern Diskurs anfängt, damit ihr nicht noch mehr von Ihm aufgedeckt werden möchte.

20. **Unsere Väter,** sprach sie, **haben auf diesem Berge,** (Garizim) **angebetet, und ihr** (Juden) **saget: Zu Jerusalem sey der Ort, wo man anbeten müsse.** Wer hat nun recht? Das soll ein Religionsgespräch heißen. So gerne halten die Menschen auf etwas Aeußerliches, das noch einen Schein hat; wenns ihnen nur nicht ans Leben geht.

Manasses hatte auf diesem Berge einen Tempel bauen lassen, dem zu Jerusalem zum Trotze, und die abtrünnigen Juden, zu denen sich die Samariter schlugen, wollten behaupten, dieser wäre der rechte Tempel. Daher entstand die große Erbitterung und der Streit zwischen Juden und Samaritern. Der Tempel auf dem Berge wurde zwar 200 Jahre nach seiner Erbauung zerstört; aber der Haß und Streit dauerte dennoch fort.

21. **Jesus sprach zu ihr: Weib! glaube mir, es kommt die Zeit, wo ihr weder auf diesem Berge, noch zu Jerusalem, den Vater anbeten werdet.**

Jesus haut mit seinem zweischneidigen Schwerte des Geistes und des Wortes darein, und schneidet es Beiden ab. Ihr habt Beide nicht recht; ihr sollt weder am Tempel noch am Berge hangen. Es liegt weder an diesem noch an jenem Orte; die Anbetung Gottes soll an keinen Ort gebunden seyn; sondern sie soll in uns seyn, aller Orten; unser Herz muß der Tempel seyn, in dem wir in immerwährender Anbetung und Verehrung Gottes stehen sollen, die zu aller Zeit und überall geschehen kann.

22. **Ihr** (Samariter) **wisset nicht, was ihr anbetet**; ihr seyd freilich noch schlechter daran; **wir** (Juden) **aber wissen, was wir anbeten**, (so viele von uns wahre Kinder Abrahams sind,) weil Gott sich uns geoffenbaret hat; **denn das Heil kommt von den Juden**; der Messias muß von den Juden abstammen und herkommen; Er ist auch wirklich schon erschienen.

Der Heiland vergiebt zwar den Juden nichts; Er ist aber auch kein Partheigänger und sagt nicht: Weib, wenn du selig werden willst, so mußt du eine Jüdin werden. Ihm ist mit dem äußerlichen Juden nicht gedient. Er erklärt aber deutlich genug, was Er will.

Das Weib dachte; es fände so einen hübschen Mann an Ihm und sagte: „Ich sehe lieber Herr, ihr seyd ein ganz anderer Mann, als die gewöhnlichen Juden sind, die mögen nicht einmal aus einem Kruge mit unser einem trinken und denken, sie werden dadurch gleich infam; aber ihr laßt euch doch Wasser von mir geben; und die Leute haben doch unrecht, denn unsere Väter haben **auf dem Berge** angebetet."

Nein, nein, sagt der Heiland, ihr habt unrecht, meine Religion hat recht. Aber freilich kommt eine Zeit, wo ihr euch weder über den Berg, noch über den Tempel mehr zanken werdet, sondern wer ein neues Herz mit sich herum trägt, der wird auch einen Tempel haben, und alles, was er zum Gottesdienste braucht. Der Heiland defendirte also seine Religion, so lang sie bestand, obwohl Er nach den Umständen nicht sonderlich viel davon halten konnte, und wohl wußte, daß Ihn seine Religionsverwandte kreuzigen würden.

23. **Aber es kommt die Zeit, und sie ist schon da, wo die wahren Anbeter den Vater im Geiste und in der Wahrheit anbeten werden; denn der**

Vater sucht solche, die Ihn also anbeten. Der Geist ist der wahre Ort, und die Wahrheit ist die rechte Weise, Gott anzubeten, die mit den Eigenschaften Gottes übereinstimmt; und solche Anbeter, die selbst der Tempel Gottes sind, und durch innerliches Herzens-Gebet und wahres Gefühl der Liebe anbeten, will Gott; und ich bin dazu gekommen, dem Vater solche Anbeter zu bereiten.

**24. Gott ist ein Geist, und die Ihn anbeten, müssen Ihn im Geiste und in der Wahrheit anbeten.**

Gott ist ein Geist, und obwohl Er sich beim ganzen Gottesdienste, von Zeit zu Zeit, nicht sowohl nach der Würdigkeit seines Wesens, als nach der Armuth, Ungeschicklichkeit und Ungenugsamkeit der Menschen gerichtet hat, so ließ Er doch seine Propheten beständig anzeigen, wie unzureichend und ungenugsam der äußrre Gottesdienst sey. Zur Zeit, da jedes Opferlamm ohne Fehl seyn mußte, da gewisse Leute gesetzt waren, die Opferthiere zu untersuchen, daß ja nichts daran auszusetzen wäre, haben die Propheten das Herz gehabt, in den Tempel hineinzuschreien: „Ihr Leute, wenn ihr kein Herz habt, und nicht im Geiste und in der Wahrheit wandelt, so ist mir das beste Lamm oder Schaf ohne Fehl, das ihr mir bringet, gerade so viel, als wenn ihr einem Hunde den Hals brechet.“ Jes. 66, 3. Diese Worte haben einen großen Sinn gehabt und waren eine Vorbereitung auf die Lehre: „Gott ist ein Geist.“ „Meinet ihr, daß es mir um so ein Haus zu thun sey, daß ich in einem Tempel wohnen kann? Der Himmel und aller Himmel Himmel mögen mich nicht beherbergen.“ Der Heiland hat dieß da ganz klar gesagt: Weder Jerusalem noch ein anderer Ort in der Welt ist es, wo Gott ausschließend angebetet werden soll; die wahren Anbeter müssen Gott **im Geiste einen Tempel bauen; Gott ist ein Geist** rc.

Aber wenn man die Theologie noch hundertmal mehr spiritualisirt, wenn man noch so eingeschärft hätte, daß man sich von Gott kein Bild oder Gleichniß machen solle, wenn man einen Gottesdienst erdacht hätte, der noch so geistig gewesen wäre, so wäre aus der menschlichen Kreatur doch kein Geist herauszubringen gewesen, und sie wäre beim geistigsten Gottesdienste doch Fleisch und etwas der Sache Entgegengesetztes geblieben.

Das einzige Mittel dazu war: **Jehova Elohim, der ewige Gott ward Fleisch**; das hatte auf das menschliche Gemüth den stärksten Einfluß, und hat die Menschen zum Zwecke gebracht; Er ward Fleisch, dadurch wird seine menschliche Kreatur Geist. Wer sich an den Menschgewordenen Gott anschließt, **wer dem Herrn anhängt, wird ein Geist mit Ihm.** Und ein solcher kann dann Gott im Geiste und in der Wahrheit anbeten, weil er Geist und Wahrheit geworden ist.

25. **Da sagte das Weib zu Ihm: Ich weiß, daß der Messias kommt (der da Christus heißt). Wenn dieser kommt, der wird uns alles verkündigen.**

Sie hatte noch einen Hinterhalt, in den sie es hinausschieben wollte. Sie machte aus dem Gegenwärtigen einen Zukünftigen. Er stand vor ihr, und sie erwartet Ihn als einen Entfernten. „Es ist noch einer verheißen; wenn der kommt, der wird uns über alles recht aufklären, auch in Hinsicht der Anbetung. Bis dahin will ichs sparen.“ Doch verräth sie dadurch ein lenksames Gemüth, daß sie es vom Messias gerne annehmen wolle, wenn Er nur käme. Und weil sie es darauf ankommen läßt, so braucht das Christus, und giebt sich zu erkennen, damit sie keine Entschuldigung und keinen Ausweg mehr hätte.

26. **Jesus spricht zu ihr: Ich bin es, der ich mit dir rede.**

So weit war es unter den Juden noch nicht gekommen, daß Christus das öffentlich sagen konnte und durfte: Ich bin euer Christus.

Was Er dem sogenannten Volke Gottes, den Hohenpriestern, Pharisäern, Weisen und Gelehrten der Nation, der Er eigentlich verheißen war, für die Er vorzüglich gekommen war, verborgen, nicht entdeckt hat, das sagt Er einer Samariterin, einer Ausländerin, einer Ketzerin, einer Sünderin, einem Weibe, und einem schlechten Weibe. (Sollte das die andern nicht verdrießen? Wie viele Schriftgelehrte, wie viele Priester, die Tag und Nacht im Tempel räucherten und Gott dienten, wie viele Pharisäer, die von der strengsten Sekte waren, die so viel Almosen gaben, so viel fasteten und beteten an den Ecken der Gassen; wie viel reiche und weise, große und angesehene Leute waren in Jerusalem und in ganz Judäa, und zu keinem von ihnen sagte Er, wer Er ist, und sie solltens doch, wie sie meinten, zuerst wissen, und allein verstehen. Aber Gott geht seinen Gang, und läßt die Menschen pochen und trotzen auf ihr Wissen, auf ihre Tugend und Ehre, auf ihre Größe und was sie sonst haben und sich einbilden; das alles läßt Er ihnen; aber sich selbst giebt Er ihnen nicht, weil sie Ihn nicht wollen, um Ihn anzubeten und zu lieben, sondern zu kreuzigen, und, wie Herodes, wegzuräumen und sich selbst zum Gott und Messias zu machen.

Im Tempel zu Jerusalem, in der heiligen Stadt wäre ja doch der geeignete Ort gewesen, wo Er sich als Messias hätte ausrufen lassen sollen, und sieh, dort heilt Er am Sabbat, daß sie sich ärgern, und thut nach andere Dinge, daß sie für gewiß behaupten: Der ist nicht von Gott, der hat den Teufel. Hier aber hinter den Zäunen, außerhalb einem Provinzial-Städtchen, bei einem Brunnen bekennt und offenbart Er sich. Warum das? Weil Er da eine Seele fand, die nach Ihn verlangte, die Ihn wollte, von der Er vorhersah:

Die freut sich, die nimmt es an, und glaubts nicht nur für sich selbst, sondern macht noch andern zum Glauben Lust.

27. **Während dem Jesus so mit der Samariterin redete, kamen seine Jünger und verwunderten sich, daß Er mit einem Weibe redete**; ohne Zweifel hätten sie gerne den Inhalt davon wissen mögen. **Doch sprach keiner: Was fragst du, oder was redest du mit ihr?** denn es war unter ihrem Verwundern etwas Pharisäisches oder ein kleines Aergerniß verborgen. Jesus wollte sie durch sein Betragen von ihrer verborgenen Krankheit heilen. Das sollte ein Vorspiel seyn von dem Berufe der Fremden, der Ausländer, weil die Landeskinder es sich nicht zu Nutzen machten.

Wer nicht viel erfahren hat, ärgert sich über die geringsten Dinge. Wenn man aber Ehrfurcht gegen den hat, der dergleichen Dinge thut, so urtheilt man zwar nicht, aber man verwundert sich doch darüber.

28. **Das Weib aber ließ ihren Krug stehen, lief in die Stadt und sagte zu den Leuten:** 29. **Kommet und sehet einen Mann, der mir alles gesagt hat, was ich gethan habe, ob Er nicht etwa gar Christus ist.**

Das Weib wird sogleich eine Gesandtin, eine Evangelistin. Sobald man Jesum einmal kennt und Ihn hat reden hören, und das Herz gerührt worden ist, so möchte man Ihn gleich der ganzen Welt bekannt machen. Man sollte denken, sie hätte jetzt vor allem den Messias wegen der Anbetung fragen sollen; da geht sie davon, und will Ihn schon andern predigen. Sie hat kaum selbst recht an Ihn geglaubt, ob Er es etwa sey, und will schon andere zum Glauben an Ihn bekehren.

Jetzt erst, hintennach äußert sich die Rührung ihres Gewissens, sie hat nicht nur so eine allgemeine Erkenntniß der Sünden, wie die Leute sprechen: Wir sind alle arme Sünder! die sie aber wieder wegschleudern mit dem Spruche: Wer kann wissen, wie oft er fehlt. Nein, sie erkennt ihre Sünden: „Alles, was ich gethan habe, hat Er mir gesagt." Und weil Er ihr die Sünden aufdeckte, macht sie den Schluß, daß Er Christus ist. Andere meinen, Christus sey gekommen, ihre Sünden zuzudecken, sie machen ein Feigenblatt aus Ihm, womit sie sich bedecken wollen, daß sie sich nicht schämen dürfen. Aber wo der wahre Christus hinkommt, deckt Er zuerst Schimpf und Schande auf, und dann nimmt Er sie weg.

30. Sie (die Samariter, oder Sichariter,) **gingen also aus der Stadt hinaus und kamen zu Ihm.** Auf das Wort eines einzigen Weibes kommen sie Schaarenweise gelaufen zu Christus. Solche Früchte hatte das Eine Beispiel, weil eine solche Person so heraus bekannte. Gott machte ein sündhaftes Weibsbild eben in dem Augenblicke ihrer Bekehrung zu einem Apostel, dessen Zeugniß gleich eine Menge anderer erweckt, und zu Christo führt.

Klüglinge würden gesagt haben: Ein Weib, und zwar ein böses, schlechtes Weib ists, die uns solche Dinge sagt; wer soll da glauben?

31. **Inzwischen baten Ihn die Jünger und sprachen: Rabbi, iß!** Aber Er hat nicht auf ihre Speisen gewartet, die sie aus der Stadt beim Bäcker oder Koch geholt haben; es war Ihm indeß selbst eine Speise zugelaufen, und die, so schlecht sie aussah, war Ihm doch eben die rechte.

32. **Er sprach zu ihnen: Ich habe eine Speise zu essen, die ihr nicht kennet.**

Diese Speise war das Heil der Menschen. Seine Speise sind die Seelen. O Liebe! wir sind deine Speise, wie du die unsrige bist.

33. **Da sprachen die Jünger untereinander: Hat Ihm denn jemand zu essen gebracht?**

Die Jünger waren noch eben so gesinnt, wie das Weib Anfangs. Wie sie sein Wort vom natürlichen Wasser verstand, so denken sie auch hier nur auf natürliche Speise.

34. **Da sagte Jesus zu ihnen: Meine Speise ist, daß ich den Willen dessen thue, der mich gesandt hat, und daß ich sein Werk vollende.**

Der liebe Heiland hat eine Probe davon gemacht, und das vierzig Tage lang. Matth. 4. Wir können wohl auch einen oder ein paar Tage lang Essen, Trinken, Schlafen und dergleichen vergessen, um des Dienstes Jesu willen. Aber Er hat vierzig Tage ausgehalten, und da hernach, als Ihn hungerte, der Satan kam und sprach: Schaffe dir Brod, wenn du Gottes Sohn bist, sonst mußt du vor Hunger sterben; sagt der liebe Heiland: Nein, der Mensch lebt davon nicht allein; es ist nicht das Brod das eigentliche Mittel, wovon der Mensch lebt, sondern von einem jeden Worte Gottes; daß er Seinen Sinn ausrichtet, daß allezeit, was der Herr will, geschieht, davon lebt man. Wir können es freilich nicht so weit treiben, wie Er; aber wir sollens nur machen, wie wir können. Das sollen unsere liebsten Sachen in der Welt seyn, das sollen wir allen andern Vergnügungen vorziehen, das soll unsere Nahrung seyn, allezeit in dem Willen unsers Herrn, nach Seinem Worte, nach Seinem Sinne zu handeln. Das soll unser Leben seyn.

Das will der Heiland zu seinen Jüngern sagen: Ihr kennet meine Speise nicht. Den Willen meines Vaters thun, das ist meine Speise. Und so hat Er auch gesagt: **Bleibet in meiner Liebe; wenn ihr meine Gebote haltet, so bleibet ihr in meiner Liebe, wie ich meines Vaters Gebote halte, und in seiner Liebe bleibe.** Hab mich so lieb, wie ich meinen Vater liebe, so wird euch alles, was ich euch gesagt habe, so zur Speise, zur Nahrung und zum Leben werden, wie mirs zu meinem Unterhalte, zu meiner

Nahrung und Natur geworden ist, daß ich thue, was mein Vater gerne hat.

Die Werkheiligkeit hat nirgends Platz. Wenn wir alles gethan haben, so haben wir eben so wenig Lohn zu begehren; unser wenig oder viel Thun ist nicht Ursache, daß wir Lohn bekommen, sondern wir haben die Ursache schon voraus weg; der Tod des Lammes hat voraus bezahlt; wir habens schon empfangen, unsere Seligkeit ist der Lohn, den wir schon voraus bezahlt bekommen haben vom Heiland bei der Vergebung unserer Sünden, ehe wir das erste gute Werk thaten, das da gilt.

Darum verdienen wir keinen Lohn: und das ist nicht anders, als billig; weils keine Kunst ist, weils einem nicht sauer wird; weil man die Leute nicht fürs Essen und Trinken bezahlt, sondern fürs Arbeiten. Wenn nun unsere Arbeit unser Leben, unsere Nahrung und Speise ist, was wollen wir dafür nehmen? Wir handeln nach unserer Natur, nach dem Triebe unserer geistigen Natur.

35. **Saget ihr nicht selbst: Es sind noch vier Monate; dann kommt die Aerndte? Siehe, ich sage euch: erhebet eure Augen und sehet diese Felder; denn sie sind schon weiß (reif) zur Aerndte.**

Man muß auf die Hoffnung arbeiten und gewiß glauben, die Arbeit werde nicht vergeblich seyn. Man muß den Segen nicht gleich sehen wollen, sondern nur das Seine treulich thun.

Das Ende der Welt bringt dann die reiche Aerndte mit, wenn die ganze Erde voll Erkenntniß des Herrn und der Herr König seyn wird über alle Lande.

36. **Wer da ärndtet, empfängt seinen Lohn und sammelt Früchte fürs ewige Leben, so daß sich der Säemann und der Schnitter miteinander freuen.**

Ein Arbeiter in der geistlichen Aerndte ärndtet auch für sich und sammelt Frucht fürs ewige Leben, daß ers ewig zu genießen haben wird. Je mehr man gesäet, je reicher wird dann die Aerndte seyn.

37. **Denn hier ist das Sprichwort wahr: Ein anderer säet, ein anderer ärndtet.**

Der Säemann kann sich nicht darin finden, daß ein anderer ärndten soll, und denkt immer, er ärndtet für sich, da er doch weiß, daß er nicht für sich gesäet hat. Wenn man sich aber besinnt, daß weder der Säemann in sein eigenes Land gesäet hat, noch der Schnitter sein eigenes Land ärndtet, sondern der Acker ist des Heilands Feld; dann ist der Streit gehoben.

Ich will ein Gleichniß setzen, woraus die lieben Säeleute sehen können, daß sie sich irren. Wo ist der Mann, der, wenn er einen Wald pflanzt, sagen kann, daß er ihn auch genießen kann? Wenn man nichts machen wollte, als was man selbst genießen kann, so bliebe alles wüst und öde; denn zu geschweigen, daß niemand weiß, wann er in eine andere Heimath berufen wird, so sind gewisse Dinge in der Natur, die kein Mensch abwarten kann, sondern man thuts für die Nachkommen. So sind auch manche Werke des Heilandes von der Art, daß sie viele Zeit brauchen.

38. **Ich habe euch gesandt zu ärndten, was ihr nicht bearbeitet habt; andere** (die Propheten) **haben gearbeitet und ihr seyd in ihre Arbeit eingetreten.**

Es tritt immer einer in des andern Arbeit und Fußstapfen, und einer muß dem andern die Bahn brechen, wobei sich aber keiner zu erheben hat.

39. **Aus jener Stadt aber glaubten viele Samariter an Ihn, wegen der Rede des Weibes, die da bezeugte: Er hat mir alles gesagt, was ich gethan habe.**

Die Rede des Weibes hat großen Eingang gefunden, besonders das Geständniß, daß sie von sich selbst ablegte, indem sie alles heraussagte, was ihr im Herzen war: wie sie vorher gelebt, in was für einem elenden Zustande sie gesteckt, wie sie zu Christo gekommen, und Er ihre geheimsten Sünden gewußt und aufgedeckt habe. So ist diese bekehrte Sünderin durch ihre einfältige, redliche Erzählung ein Apostel geworden, hat Christum verkündiget und Ihm alle diese Seelen zugeführt.

Gott bekehrt oft eine Seele, damit Er durch dieselbe viele andere bekehre. Er zeigt auch, indem er sich hier eines armen, unwissenden Weibes zur Bekehrung vieler anderer, von der Wahrheit so weit entfernter Menschen bedient, wie die Samariter waren, daß Ihm jedes Werkzeug gleich und einerlei sey, weil Ihm ja eigentlich gar kein Werkzeug nöthig wäre, und Er ohne Werkzeug mit den Herzen der Menschen machen kann, was Er will. Man muß sich nicht schämen, und nicht zu stolz seyn, auch von einem Weibe, oder selbst von einem Kinde, ja von jedem, Belehrung und Zurechtweisung anzunehmen, wenn ihn Gott schickt, und wenn er zum Herrn weist. Gott will bisweilen Gelehrte und Lehrer demüthigen, dadurch, daß Er durch Weiber oder andere Menschen, die der Ordnung gemäß nicht dazu bestimmt sind, sie ihrer Pflichten erinnert, indem Er den Geringen mehr Licht, Treue, Liebe und Eifer giebt, als denen, die von andern dazu gesetzt sind. Aber solche Weiber müssen sich dann auch sehr hüten vor Stolz und Anmaßung, welches gewöhnlich sich einschleicht, und dann haben sie einen schlechten Gewinn davon, und werden, wenn sie als Werkzeuge gebraucht sind zu Demüthigung anderer, dann selbst auch gedemüthiget, und etwa doch weggeworfen.

40. **Als nun die Samariter selbst zu Ihm kamen, baten sie Ihn, daß Er bey ihnen bleibe. Und Er blieb zwey Tage daselbst,** weil Er es nöthig fand, um sie weiter zu führen.

Jesus fand unter den verachteten Samaritern mehr Willigkeit und Gelehrigkeit als unter den Juden, und dennoch hat Er seinen Jüngern verboten, in die Städte der Samariter zu gehen, und sie nur zu den verlornen Schafen des Hauses Israels gesandt. Die Juden stießen Ihn hinaus, oder steinigten ihn fort, oder verbaten sichs wie die Gerasener länger bei ihnen zu bleiben, Er möchte gehen über ihre Grenzen. Diese Samariter aber bitten Ihn länger bei ihnen zu bleiben. Und Er blieb. — O Er bleibt so gern, wo man Ihn gerne hat, und man hat Ihn, wo man um Ihn weint. Liebe Seele! bitt Ihn nur, daß Er bei dir bleibe, bitt Ihn recht oft auf ein paar Tage; Er kann dirs nicht abschlagen, wie Ers diesen Samaritern nicht abschlug. Die Frucht seines Bleibens war: 41. **Nun glaubten noch viel mehrere Samariter an Ihn, um seines Wortes willen.** Fremder Glaube hilft uns nicht; ein jeder muß aus seinem eigenen Glauben leben.

42. **Sie sagten zum Weibe: Nun glauben wir nicht mehr blos um deiner Rede willen** (welches Anfangs gut war, und zu Christo führte; aber es muß weiter gehen; die Gesandten sind nicht der Herr selbst;) **denn wir haben Ihn selbst gehört und wissen nun, daß Er wahrhaftig Christus, der Heiland der Welt, ist,** nicht nur der Juden, welche alle andere gerne ausschließen wollten.

In diesem Erkenntnisse und in diesem Bekenntnisse liegt der ganze Grund unsers Glaubens und unserer Seligkeit. Wer recht an Christum glaubt, der muß eine völlige Gewißheit und Ueberzeugung in seinem Herzen haben, daß Er auch sein Heiland sey. Er muß dieß selbst erfahren haben und so gewiß wissen, daß er im Leben und im Tode darauf bauen kann. Wer es nur glaubt, weil es ihm andere Menschen sagen und bezeugen, der ist ein elender Mensch; denn Menschen können ihn ja betrügen. Auch das äußere Wort der Schrift allein hilft dir nicht, wenn du dich nicht durch dasselbe zu Christus selbst weisen lässest. Bleib also weder bey den Zeugen, noch bey dem Zeugnisse der Menschen oder der Schrift stehen, sondern eile zu Christus, und lerne Ihn aus eigener Erfahrung kennen; höre Ihn selbst, wie Er Friede redet in deinem Herzen; sonst bleibst du bey allem Wissen, Hören und Lernen von Christo blind und todt.

Es mag uns von Christo, vom Evangelio, von der Gnade und Vergebung der Sünden gesagt und geprediget werden, was da will, so ist es doch nichts gegen die Erfahrung seiner Nähe, seiner Gnade, Huld und seines Lebens im Herzen.

Du mußt demnach, wie die Samariter, in Wahrheit sagen können: Ich glaube, daß Christus mein Heiland ist, nicht nur, weil es dieser oder jener geprediget und mir bezeuget hat, oder weil ich es in der Schrift, in diesem oder jenem Buche gelesen habe, oder weil es dieser und jener auch glaubt; sondern ich habe es selbst erfahren; Er hat mirs selbst gesagt; Er hat mich selbst überzeugt in meinem Herzen; Er hat mir seinen Frieden, seine Gnade, Huld und Liebe zu genießen gegeben. Der Geist Jesu giebt Zeugniß meinem Geiste, daß ich ein Kind Gottes und Erbe Jesu Christi bin. Wenn du dieses sagen kannst, und von Jesu selbst gehört hast in deinem Innern: Sey getrost! deine Sünden sind dir vergeben! dann wirst du bekennen, daß alles, was man dir davon gesagt hat, nichts sey gegen dem, was du selbst erfahren hast.

43. **Nach zween Tagen zog Er wieder von da weg,** wo Er so viel Segen stiftete, so viel Glauben fand, so viel Ehre und Lob einärndtete, **und begab sich nach Galiläa,** wo Er nicht so viel Glauben fand.

So muß ein Knecht Gottes, wenn ihn Gott ruft, oft einen Ort verlassen, wo er lauter Liebe und Gehorsam fand, und viele Früchte schaffte. Aber es ist selten, daß man die verläßt, die einen ehren und loben, und hingeht zu denen, die einen schmähen und lästern.

44. **Denn Jesus selbst bezeugete, daß kein Prophet in seiner Vaterstadt etwas gelte.** Er ging

nemlich Nazareth seine Vaterstadt vorbei, und der Evangelist setzt hier die Ursache, warum Er dies that. Die Nazarener dachten: O den Zimmermanns-Sohn kennen wir ja — was wird der wissen? Und damit haben sie nicht Ihm, sondern nur sich selbst geschadet. Solche Kleinigkeiten sind es, die manchen Menschen um seine Seligkeit bringen, ihn nicht zur Erkenntniß der Wahrheit kommen lassen, weil ihm sein Landsmann dieselbe predigt oder einer, der ihm nach seinen Begriffen nicht schön genug predigt, zu dem er deswegen kein Vertrauen fassen kann.

45. **Als Er nun nach Galiläa kam, nahmen Ihn die Galiläer auf, weil sie alles gesehen hatten, was Er zu Jerusalem am Feste gethan, denn auch sie waren auf das Fest dahingekommen.** Wenn sie also die Wunder nicht gesehen hätten, würden sie Ihn auch nicht aufgenommen haben. Ohne Wunder glauben und Jesum aufnehmen ist der beste Glaube, wie ihn die Samariter hatten. Die Galiläer würden vielleicht Jesum verworfen haben, wenn sie die Wunder nicht gesehen hätten. Aber Jesus ist auch ohne Wunder glaubwürdig und aller Aufnahme werth. Nimm du Ihn nur auf, gläubige Seele! in dein Herz, ehe du Wunder siehst, so wirst du, wenn du Ihn einmal hast, Wunder genug erfahren in deinem Innern. Er wird, wenn Er bei dir eingekehrt hat, lauter Wunder der Gnade und Liebe in dir wirken, wird dich wunderbar in sein Bild vergestalten, und du wirst selbst zum Wunder werden, dir und andern.

46. **Er kam nun wieder nach Kana in Galiläa, wo Er Wasser zu Wein gemacht hatte. Da war ein königlicher Beamter,** ein Diener des Herodes, **dessen Sohn zu Kapernaum krank lag.**

Jesus kam nicht wieder nach Kana, um Lob für sein erstes Wunder einzuärndten, sondern die Früchte desselben da zu sammeln im Glauben dieses Beamten, und durch ein neues Wunder den Glauben zu stärken.

47. Als

47. **Als dieser hörte, daß Jesus von Judäa nach Galiläa komme, ging er zu Ihm und bat ihn, daß er herabkommen und seinen Sohn gesund machen möchte; denn er war dem Tode nahe.** Wenn etwas fehlt, wenn Trübsal da ist, so hört man lieber von Jesus, und läuft Ihm nach. Aber ohne Noth und Trübsal kommen die Menschen, besonders die in der Welt etwas seyn wollen, nicht zu Christus. Auch die königlichen Beamten lassen sich zu Christus treiben, durch die Noth. Nur müssen sie es Christo nicht vorschreiben wollen, wo und wie Er helfen soll. 48. **Jesus sprach zu ihm: Wenn ihr nicht Zeichen und Wunder sehet, so glaubet ihr nicht.** Damit giebt Er diesem vornehmen Manne einen ziemlich starken Verweis, weil er Ihm nicht genug Glauben äusserte, sondern so aufs Mitgehen und Hinabkommen drang, als wenn Jesus nicht auf der Stelle helfen könnte, wie der Hauptmann glaubte: Du brauchst nicht hinabzuziehen; das bin ich nicht werth; du darfst es nur mit Einem Worte sagen, so ist mein Knecht gesund rc. Wer mit Glauben zu Ihm kam, der ward immer gut aufgenommen; aber wer nicht recht viel, nicht alles im Glauben von Ihm erwartete, der kam nicht gut an; mit dem war Er nicht zufrieden.

49. **Der königliche Beamte sprach zu Ihm: Herr! geh doch hinab, ehe mein Sohn stirbt;** sonst ist es zu spät; es hat Eile; mach doch, daß du es nicht versäumst. Die Hülfe leidet keinen Verzug.

Der gute Beamte glaubte etwas, aber nicht viel; so viel traute er Jesu zu, daß Er den Kranken gesund machen könnte, wenn Er hinabginge; aber daß Er ihn in der Ferne heilen, oder auch noch, wenn Er gestorben seyn würde, wieder erwecken könnte, das war ihm zu viel zu glauben. Es giebt viele Menschen, die einen solchen Glauben an Gott haben; sie bleiben bei einem gewissen Grade stehen, und glauben nicht, daß ihnen Gott weiter helfen könne; ein gewisses Maaß von

Gnade erwarten sie von Gott; aber ein größeres Maaß vom Unermäßlichen zu hoffen und zu nehmen, das fällt ihnen gar nicht ein, oder sie halten es für Vermessenheit. Der wahre Gläubige setzt aber seinem Vertrauen keine Gränzen, so wie die Güte Gottes auch keine hat; denn sie währt ewiglich.

50. **Da sprach Jesus zu ihm: Geh hin, dein Sohn lebt.** Jesus hilft ihm; aber nicht, wie ers haben will, sondern setzt seinen Glauben auf die Probe. Der Beamte hatte gesagt; Geh doch, mein Sohn stirbt, und Jesus sagt: Geh, dein Sohn lebt. Und das sollte er glauben. **Und der Mann glaubte dem Worte, das Jesus zu ihm sagte, und ging hin,** im Gehorsam des Glaubens; er faßte Muth und wickelte sich in das Wort Christi ein, und verließ sich darauf. Da erfuhr er auch die Frucht seines Glaubens und des Wortes Christi, noch ehe er nach Hause kam.

51. **Denn als er noch auf dem Heimwege war, kamen ihm seine Knechte entgegen und verkündigten ihm: Dein Sohn lebt!** Wie es Christus gesagt hatte. Wenn Glaube und Christi Wort zusammenkommen, so giebt es Früchte, so müssen die Todten lebendig werden.

52. **Er forschte nun von ihnen die Stunde, in welcher es besser mit ihm geworden. Und sie sprachen zu ihm: Gestern um die siebente Stunde verließ ihn das Fieber.** 53. **Da merkte der Vater, daß dieß gerade die Stunde sey, in welcher Jesus zu ihm gesagt hatte: Dein Sohn lebt.** Das allmächtige Wort des Herrn hilft zur Stunde, in dem Augenblicke, wo Er es ausspricht. Das stärkte und weckte den Glauben nicht nur in ihm, sondern bei all den Seinigen; denn es heißt: **Und nun glaubte er und sein ganzes Haus;** weil sie Zeichen und Wunder sahen. Selig, wer nicht sieht und doch glaubt!

Das Wort Jesu kann nie unerfüllt bleiben. Wie Er spricht, so geschieht es. Glaube jedem Worte Jesu, daß du von Ihm liesest im N. Test., und du wirst es erfahren, wie dieser Beamte, daß alles an dir von Wort zu Wort erfüllt wird.

54. **Dies war das zweite Wunder, das Jesus wirkte, als Er von Judäa nach Galiläa kam.** Das erste zu Kana hat seine Apostel im Glauben gestärkt, und dieses, das zweite, hat Ihm eine ganze Familie erworben. Indessen gereicht es dem Lande nicht zur Ehre, daß sich die Wunder da so leicht zählen lassen. Hätten sie mehr geglaubt, würde Jesus mehr gewirkt haben.

## Das V. Kapitel.

(Der 38jährige Kranke; Streit mit den Juden.)

1. **Hierauf war ein Fest der Juden, und Jesus ging nach Jerusalem hinauf.** Er versäumte kein Fest, theils um des Gesetzes willen, dem Er sich freiwillig unterwarf, um uns vom Fluche des Gesetzes zu erlösen, theils um jede Gelegenheit zu benutzen, sich den Menschen, die auf dem Feste zusammenströmten, zu offenbaren.

2 **Es ist aber zu Jerusalem bei dem Schafthore** (oder bei der Schäferei) **ein Teich, der heißt auf hebräisch Bethesda,** Haus der Barmherzigkeit, Spital, Lazareth, **der fünf bedeckte Gänge,** Hallen, Säulengänge **hatte.**

„Fünf Brünlein sind, daraus mir rinnt Fried, Freud und Trost und Leben rc." „Die Quell du bist, Herr Jesu Christ, die Brünnlein deine Wunden rc." Dies alte schöne Lied ist gewiß bei Anlaß dieser Stelle gemacht. Denn da ist unser Bethesda beschrieben.

3. **Darin lag eine Menge Kranker, Blinder, Lahmer und Dörrsüchtiger, welche auf die Bewegung des Wassers warteten.** Die Kirche ist auch

so ein Lazareth, eine Sammlung von Kranken und Elenden. Aber so betrübt dieser Anblick war, so ging doch Christus gerne mit solchen elenden Leuten um. Und es ist heute noch seine Freude, sich zu allen Elenden, die sich fühlen, herabzulassen.

**4. Zu seiner Zeit kam ein Engel des Herrn in den Teich herab, und bewegte das Wasser. Wer nun nach der Bewegung des Wassers zuerst in den Teich hinabstieg, der wurde gesund, mit welcher Krankheit er auch behaftet war.**

Wenn Gott den Sünder zur Buße erwecken will, so rüttelt er an seinem Herzen und bewegt den Teich. Wenn nun der Sünder den ersten Regungen der Gnade an seinem Herzen folgt, so wird er unfehlbar gesund. Wenn er aber diesen Augenblick vorübergehen läßt, und seine Bekehrung aufschiebt, so wird wohl schwerlich etwas daraus werden. Der Mensch muß Begierde haben, bekehrt zu werden; er muß auf die Bewegung der Gnade warten, und sich nach Hülfe sehnen, wie die Kranken am Teiche.

**5. Nun war ein Mensch daselbst, der schon acht und dreißig Jahre krank war. 6. Da Jesus diesen liegen sah, sprach Er zu ihm: Willst du gesund werden?**

Wie mancher Sünder trägt wohl die Krankheit seiner Seele noch viel länger mit sich herum, und es kommt nie zu einem ernstlichen Willen, geheilt zu werden; bei dem es nur heißt: Ich wollte gern, aber es ist doch nur ein halbes Wollen. Das nämliche muß Jesus auch in diesem Kranken gesehen haben; denn sonst könnte man sagen: Das ist ja eine wunderliche Frage! wer wollte nicht gerne gesund werden? Ach, es giebt dieser Thoren nur gar zu viele, die ihre Krankheiten, ihre eingewurzelten, angewohnten Sünden so lieb haben, daß sie nicht verlangen, davon frei und gesund gemacht zu werden. Wer aber nicht heil werden will, den mag Christus nicht heilen.

7. **Der Kranke antwortete: Herr! ich habe keinen Menschen, der mich, wenn das Wasser bewegt wird, in den Teich hinablasse: bis aber ich komme, steigt schon ein anderer vor mir hinein.**

Bis Esau kommt, hat Jakob den Segen der Erstgeburt; bis die thörichten Jungfrauen kommen, ist die Thüre vor ihnen zugeschlossen. Er mag einer von den schwachen, trägen nachlässigen Seelen gewesen seyn, die überall zu spät kommen, und dann auch nicht so viel sind, daß sie sich durch andere helfen lassen, und doch klagen: Es hat mir niemand geholfen; denn es ist nicht wahrscheinlich, daß sich in acht und dreißig Jahren niemand über ihn erbarmt haben würde, ihm hinein zu helfen, wenn er sich ernstlich hätte wollen helfen lassen. Dieser Fehler hängt oft guten Seelen an, darüber sie oft wichtige Dinge versäumen.

8. **Jesus sprach zu ihm: Steh auf, nimm dein Bett und wandle.** Der Mangel, daß du niemand hast, der dich in den Teich hineinhebt, der soll dir hiermit ersetzt seyn. Dadurch bewies Jesus, daß Er der bewährte Teich sey, der uns ohne Umstände von jeder Krankheit heilen könne.

9. **Und sogleich war der Mann gesund,** denn Christus ist an kein Mittel oder Ort gebunden; die Leute meinen aber immer, es liege am Orte ꝛc. **Und er nahm sein Bett und wandelte. Es war aber Sabbat an demselben Tage.** 10. **Darum sprachen die Juden** als Mückensäuger und Kameelfresser **zu dem Geheilten: Es ist Sabbat;** weißt du nicht, was heute für ein Tag ist? **es ist dir nicht erlaubt, dein Bett zu tragen.** Der Haß und Neid gegen Jesus erweckte in ihnen viele Gewissensskrupel.

11. **Er** schiebt es auf Jesum, und **antwortete ihnen: Der mich gesund machte, der sprach zu mir: Nimm dein Bett und wandle;** der mags verantworten. Er hätte ja nur sagen dürfen: Das ist ja nichts Böses. Man sieht aber aus dem Folgenden, daß er

ein Gottvergessener Mensch war; denn er nahm die Gabe, und vergaß den Geber.

12. **Sie fragten ihn: Wer ist der Mensch?** der dir solche schlechte Grundsätze beibrachte, und dich so böse Dinge lehrte. Ach das ist derselbe der im Anfang sprach: Es werde, und es ward Himmel und Erde. Das hätten sie wohl merken können, ohne erst zu fragen. Aber wer nicht glauben mag, fragt gern. Man könnte sie dagegen fragen: Was sind das für Menschen, die sich ärgern und es für Ketzerei ausschreien, wenn man am Sabbat einem Elenden hilft und ihn sein Bett zum Beweiß der Hülfe und Wohlthat Gottes heim tragen heißt? Dadurch wurde ja der Sabbat nicht geschändet, sondern verherrlicht, weil sich der Herr des Sabbats offenbarte.

13. **Der Geheilte aber wußte nicht, wer er war,** schlecht genug und unverzeihliche Nachläßigkeit, daß er sich nicht mehr nach seinem Wohlthäter umsah. **Denn Jesus war ausgewichen, weil viel Volks an dem Orte war.** So hätten es ihm doch andere Leute sagen können, wer der wäre, der ihn geheilt hat.

Jesus aber will uns durch sein Ausweichen lehren, daß wir nach einer guten That nicht den Beifall und Zuruf des Volkes erwarten, sondern uns verbergen, und Gott die Ehre geben sollen. Wer lange stehen bleibt und sich anräuchern läßt, der hat das Gute nicht gut gethan, oder er verdirbt es wieder.

14. **Darnach fand ihn Jesus in dem Tempel,** und suchte ihn doch noch zurecht zu bringen: **Er sprach zu ihm: Sich, du bist gesund geworden; sündige nicht mehr, damit dir nicht etwas Aergeres widerfahre.**

Aus dieser Drohung, die ihm der Heiland machte; sieht man deutlich, daß er vor den Augen Christi nicht recht gestanden seyn muß, und daß für ihn Gefahr war, in seine vorigen Sünden, durch welche er sich seine Krankheit zur Strafe zugezogen hatte, wieder zurückzufallen.

Laßt uns daraus lernen: 1) daß Krankheiten und Plagen oft Srafen oder Züchtigungen der Sünden sind und folglich keine bessere Arzenei dagegen zu brauchen sey als Buß und Bekehrung. 2) Daß man nach der Heilung der Seele oder des Leibes sich demüthig und dankbar gege Gott und Jesus bezeugen soll. 3) Daß Rückfälle fährlicher sind und ernstlicher gestraft werden. 4) Daß man die Bekehrten und Gebesserten von Zeit zu Zeit an die empfangene Gnade und an den Zustand ernern muß, woraus sie gerissen worden, um sie vor dem Rückfall zu verwahren. 5) Daß ein Geretteter, Bekehrt seinen Retter und Erlöser und auch das Werkzeu seiner Rettung nicht aus den Augen lassen soll, und dieser jene nicht, um in der Gnade zu bleiben, und nicht wieder leichtsinnig zu werden.

15. **Da ging der Men hin, und sagte es den Juden, Jesus sey es, der ih gesund gemacht habe.** Auf eine solche Vorstellung und Warnung läuft er gleich davon, reißt sich von seinem Er er los, und anstatt Christum recht kennen zu lernen, h an Ihn zu halten und von Ihm stärken zu lasse eilte er, Jesum zu verrathen, um damit einen Dank den Pharisäern zu verdienen. Dadurch offenbarte sein elender Zustand erst recht, daß er so undankba dem handelte, der ihn aus großer Noth ganz ung n heraus gerissen hat. Aber das geschieht wol uch noch zu Zeiten.

16. **Darum verfolgten die Jude Jesum, weil** sie Ihn ohnehin haßten, aber um ihr G n zu beruhigen, gaben sie vor, **weil Er dieß Sabbat gethan hatte.** Das mußte die Ursache s veil sie nichts anders wußten.

17. **Jesus aber antwortete ihnen: Vater wirket bisher,** ohne Unterlaß, **und ich wirch.** An einem andern Orte sagt Er: **Der Menschen ist auch Herr des Sabbats:** hier setzt Er den h

den Vater dazu, und will sagen: Wir können beide am Sabbat arbeiten, wie wir wollen. Daß wir den Sabbat zum Ruhetag haben, kommt daher, daß Er am Sabbat von der Welterschaffung und vom Erlösungs-Werke geruhet hat. Aber Er ist independent (unabhängig) und an nichts gebunden; denn sein Wirken ist ein lauteres Ruhen; und wenn Er nicht immer wirkte, würdet ihr ja nicht einen Augenblick ruhen und bestehen können.

Der Vater und der Sohn sind also in beständiger Arbeit für ihre Leute, wie es auch heißt: Der Hüter Israel schläft und schlummert nicht. Darum hat Elias gegen den Baal gespottet: Er ist wohl ein Gott, der schläft, der Mittags-Ruhe halten muß. Daher werden die vier Fürsten, die einen besondern Einfluß auf alle Gottes-Geschäfte auf Erden haben, als Wesen beschrieben, die Tag und Nacht keine Ruhe haben, oder vielmehr nicht nachlassen; denn in ihrer Arbeit ist lauter Ruhe, Seligkeit, Friede, Erquickung; abwechselndes Ausruhen ist ihnen nicht nöthig; ihre Geschäfte zerstreuen sie nicht. Off. 4, 8. Wenn Menschen über eine Menge Sachen kommen, und sich nicht herausfinden können, da giebts wohl eine Menge Zerstreuungen; aber unser Freund bleibt sich immer gegenwärtig.

Das ist ein großer Trost für uns; denn da wird viel gethan, das wir nicht nöthig haben zu thun. Da finden wir oft einen gebahnten Weg, oder den Stein weggewälzt, wenn wir viele Höcker und Schwierigkeiten gefürchtet haben.

**18. Darum trachteten die Juden Ihm noch viel mehr nach dem Leben; weil Er nicht nur den Sabbat gebrochen, sondern wohl gar Gott seinen Vater genannt und sich Gott gleich gemacht habe.**

Christus kommt durch seine Vertheidigung noch tiefer hinein; das war ihnen zu viel und zu hoch; jetzt, dachten sie, haben wir eine neue Ursache und das volle Recht, Ihn als einen Gotteslästerer zu tödten. Solche

Heuchler freuen sich, wenn sie einen neuen Schein bekommen. Bei boshaften Leuten kann man also noch tiefer hineinfallen, wenn man recht antwortet.

Indeß haben die Juden doch recht gut verstanden, daß Er sich für Gottes Sohn ausgab, und sich Gott gleich machte. Viele Schriftgelehrte unserer Zeit wollen Ihn nicht mehr also verstehen, und läugnen, daß Er sich dafür ausgegeben und gehalten wissen wollte. Aber die Juden, die Ihn selbst reden hörten, müssen es doch besser wissen, was Er aus sich selbst machte.

19. **Jesus antwortete daher und sprach zu ihnen: Wahrlich, wahrlich, ich,** als die Wahrheit selbst, **sage euch** mit einer doppelten Bekräftigung: **der Sohn kann nichts von sich selbst thun;** zumal jetzt, wie Er da steht in der Knechtsgestalt der menschlichen Natur; denn wenn Er eigenmächtig handelte, würde es mit der Eigenschaft des Sohnes gar nicht bestehen, nach welcher Er in der genauesten Verbindung mit dem Vater bleiben muß, und sich von derselben nicht losreißen kann. Der Vater bleibt Vater, und der Sohn sein Sohn; jeder behält seine Ehre; sie sind aber so unzertrennlich verbunden, daß keiner ohne den andern etwas thun kann oder thut; der Sohn kann nichts thun, abgesondert vom Vater; Er richtet sein Thun nach dem Vater; Er thut nichts, **was Er nicht den Vater thun sieht;** denn Er sieht immer auf den Vater, hat den Vater immer im Auge und vor Augen und ist in seinem Schooße. Ps. 16, 8. Joh. 3, 13. **Was aber der Vater thut, das thut gleichfalls auch der Sohn;** sie wirken beide gemeinschaftlich; der Sohn thut alles in Gemeinschaft des Vaters, so daß, was einem zugeschrieben wird, auch dem andern zukommt.

20. **Der Vater hat den Sohn lieb, und zeigt Ihm** (kommunizirt Ihm) **alles, was Er thut.**

Vater, Sohn und heiliger Geist arbeiten einander in die Hände. Wo Liebe ist, da ist Gemeinschaft.

Die Liebe führt eine Gleichheit ein. Liebe aber muß seyn, wo Vater und Sohn ist. „Ihr sehet ja, daß Gott sein Wohlgefallen auf mir ruhen läßt, wie wollt ihr mich denn Gott zu Ehren zum Gotteslästerer machen? Wenn in Gott ein Vater ist, so muß auch ein Sohn da seyn, so muß auch Gemeinschaft da seyn.

Die Welt bedient sich dessen, was der Heiland von seinem Vater gesagt hat, sehr übel. Denn weil die Leute keinen Sinn für Christus haben, weil ihnen seine Menschwerdung, Leiden und Sterben ärgerlich, und ihr Herz ferne von Ihm ist, so wollen sie, wenn ja ein Gott angebetet seyn muß, lieber einen Geist anbeten, der fein weit von ihnen ist, mit dem sie natürlicher Weise in keiner Verbindung stehen.

— **Er wird Ihm noch größere Werke zeigen, als diese sind, so daß ihr euch verwundern werdet.** Das größte Werk, das uns der Vater in Christo gezeigt hat, ist wohl unstreitig, daß Er Ihn für unsere Sünden hingegeben und um unserer Gerechtigkeit willen auferweckt hat, und daß Er noch zu seiner Rechten sitzt, um uns zu vertreten. Dieses alles in unserer menschlichen Natur.

21. **Denn wie der Vater Todte auferweckt und lebendig macht, so macht auch der Sohn lebendig, welche Er will.** Leiblich und geistlich lebendig machen, ist eine göttliche Eigenschaft, und diese hat der Sohn mit dem Vater gemein. Und damit sie nicht sagen können, die Propheten haben auch Todte erweckt, so setzt Er bey — der Sohn macht lebendig, **welche Er will**; das kann kein Prophet.

22. **Auch richtet der Vater niemand, sondern hat alles Gericht dem Sohne übergeben, weil Er** der Menschen-Sohn ist. Er wird mit der größten Treue, und Haardurchschneidenden Gerechtigkeit richten, wird aber die Barmherzigkeit vorwalten lassen, so viel nur der Respekt seines Amtes und der Gerechtigkeit zuläßt.

Wenn man den Heiland als Richter alles dessen, was todt und lebendig ist, vorstellt, so zeigt Ihn das auf der Ehrfurcht erregendsten Seite. Man ehrt das Amt mit Zittern. Man stellt sichs aber nicht anders vor, als daß Ihm das Recht überlassen ist, selig zu machen, und zu verdammen, nach Gutbefinden.

Aber der Richter ist ein **Mensch**. Er weiß und versteht wohl, wie den Menschen zu Muthe ist. Er weiß Ursachen zu Dingen, wozu kein Mensch mehr eine weiß. Wenn ein menschlicher Richter noch so viel Ausflüchte für einen armen Delinquenten weiß, er wird aber am Ende von der zugestandenen Nachsicht der Gesetze verlassen, so kann er nicht helfen; denn er ist nicht Herr, sondern nur Exekutor der Gesetze. Aber der Heiland ist zugleich Richter, Gesetzgeber, souverainer Herr über Tod und Leben. Er hat die Schlüssel der Hölle und des Todes; Er macht damit, was Er will. Wenn also Er nicht mehr entschuldigt, wenn Er nichts mehr vorbringt, eine Seele zu retten, so geht sie eben nach dem Gesetze verloren.

23. **Damit sie alle den Sohn ehren, wie sie den Vater ehren. Wer den Sohn nicht ehrt, der ehrt auch den Vater nicht, der Ihn gesandt hat.**

Daß der Heiland als Gott über alles geehrt und angebetet werden muß, weil alles durch Ihn und zu Ihm geschaffen ist, daß Er vor Allem ist und alles in Ihm besteht, daß Alles durch Ihn versöhnt ist zu Ihm selbst, es sey auf Erden oder im Himmel, das muß jeder wissen, der Zeugniß von Ihm giebt. Wenn man mit den Kreaturen von Gott redet, und sie fragen, wer Er ist, so heißt es: Jesus Christus; es ist kein anderer Gott. Wenn sie diesen nicht haben wollen, so **sind sie ohne Gott in der Welt. Wer den Sohn nicht hat, der hat keinen Gott.** Eph. 2, 12. 2. Joh. 9.

24. **Wahrlich, wahrlich, ich sage euch: Wer mein Wort hört, und dem glaubt, der mich gesandt hat, der hat das ewige Leben, und kommt**

**nicht ins Gericht, sondern ist vom Tode ins Leben hindurchgedrungen.**

Da der Heiland Richter ist, und niemand richten kann, als Er, so folgt ganz natürlich daraus, daß, wer an Ihn glaubt, wer sich auf Ihn berufen kann, wer sich an Ihn anhängt, wer zu seinem Hause gehört, der kommt nicht ins Gericht.

Er ist für uns ins Gericht und in den Tod gegangen, und hat uns dadurch das Leben und die Befreiung vom Tode und Gerichte erworben.

Wir haben nichts anderes zu thun, als zu weinen, zu bitten, zu flehen, bis wir Gnade **haben**, die Ihm so sauer geworden ist zu erwerben; bis jeder für sich sagen kann: Ich bin erlöst, ich bin versöhnt, ich habe Gnade und Friede; ich bin vom Satan frei, ich bin angenommen; ich komme nicht ins Gericht, ich habe das Leben in mir.

O glaubt doch an Ihn, lasset euch Ihn recht gegenwärtig werden, an euer Herz kommen, ein Licht werden, das euren natürlichen Zustand aufdeckt, euer Verderben zeigt, die Gewalt der Sünde, die Sklaverei des Satans, und wie es Paulus heißt Röm 7, 1—8. die **Verheirathung** mit der Sünde, bis euch Christus die **Scheidung** auswirkt und ihr **Gnade findet.** Gnade finden, heißt aber nicht, nur sich so etwas einbilden, sondern es ist eine Veränderung unsers ganzen Zustandes, und eine Seligkeit, die nicht auszusprechen ist; man muß es an sich selbst erfahren haben; dann **lebt** man und ist vom Tode ins Leben durchgedrungen und kommt nicht ins Gericht.

Das Wort Jesu ist also aller Annahme werth; es ist das Wort des Heils, das vom ewigen Tode und Gerichte losmacht.

Die ganze Seligkeit hängt davon ab, daß man Jesum hört, und alles Unheil kommt daher, daß man Ihn nicht hört. Das ewige Leben möchte man haben; aber Jesum will man nicht annehmen.

Wenn man aus dem Tode ins Leben hindurchgedrungen ist durch den Glauben an Jesum, so ist ein großer Schritt geschehen.

25. **Wahrlich, wahrlich, ich sage euch: Es kommt die Stunde, und sie ist schon jetzt da, wo die Todten die Stimme des Sohnes Gottes hören werden, und die sie hören, werden leben.**

Solche Zeiten sind nun im neuen Testamente, wo die geistlich Todten lebendig werden und mit Christo auferstehen sollen, Eph. 2. wie die leiblich Todten bei Christi Auferstehung, und zwar durch die Stimme des Sohnes Gottes.

Das ist nicht die Stimme des Gesetzes, sondern die Bothschaft des Evangeliums Christi von der Gnade und Vergebung.

Wer nun diese Stimme hört, der soll das Gnaden-Leben haben.

Nun haben aber nicht alle Menschen Ohren zu hören, sondern Jesus ruft: **Hat jemand Ohren zu hören, der höre.**

Diese Verheissung macht uns so gewiß, daß wir beim elendesten Zustande der Seelen noch hoffen können, man werde sie doch einmal lebendig und mit den Einwohnern im Lande der Lebendigen wohnen sehen.

26. **Denn gleichwie der Vater das Leben in sich selbst hat, so hat Er auch dem Sohne gegeben, das Leben in sich selber zu haben.**

Gott hat Christo das Leben gegeben in der Zeit, in so fern Er der Menschen-Sohn ist; außer aller Zeit, in so fern Er Gottes Sohn ist.

Wenn nun der liebe Heiland sagt, von denen, die an Ihn glauben: Sie werden das ewige Leben haben in meinem Namen; ich bin gekommen, daß sie das Leben haben, und Johannes schließt sein Evangelium: „Auf daß sie das Leben haben in seinem Namen;" so heißt das: weil sie Bein von seinem Beine, Fleisch von seinem Fleische sind, so sind sie theilhaftig der seligen Unsterblichkeit, die Er aus seines Vaters Schooße mitgebracht, die niemand wesentlich, die niemand in sich selber hat, als Er; dieser sind sie theilhaftig geworden, wie Petrus sagt: „Daß wir theilhaftig werden der göttlichen Natur."

27. **Und Er hat Ihm auch Macht gegeben, das Gericht zu halten, weil Er der Menschen-Sohn ist.** Er weiß, wie uns zu Muthe ist. Er kann Geduld mit uns haben. Er weiß, wo sich Lauigkeit und Schwächlichkeit scheidet. Er hat unsere Noth gefühlt, denn Er ist wahrhaftiger Mensch gewesen, nach Seele und Leib, wie alle Kinder Fleisch und Blut haben.

Darum ist Ihm das Gericht überlassen; darum ist Ihm die große Funktion, der Gott, der über alles richtet, zu seyn, übergeben, weil Er ein Mensch ist, weil Er nicht nur auf Erden gewesen ist, sondern in unserem Fleische gelebt hat; darum, weil Er weiß, was im Menschen ist, wie die Menschen anzusehen sind, was man an ihnen gut oder böse nennen kann. Er hat erfahren, in dieser Hütte, was jede Seele ungefähr in diesem Leibe erfährt. Er mußte allerdings wie ein anderer Mensch seyn, umgeben mit Schwachheit, und da hat Er an sich (doch ohne Sünde) aufs allergenaueste erfahren, was beim Menschen Schwachheit oder Schalkheit ist. Er ist der Mann, der die Gedanken und Gesinnungen der Menschen abwiegt. Er kann nicht hintergangen werden. Und wo es wahr ist, daß das Menschthum oder die Menschlichkeit Schuld ist, daß wirklich das Vermögen nicht da ist, da hat Er erstaunliches Mitleiden; da kann Er mitweinen; da kann Er die Leute lieb und recht lieb haben. Aber wo ein Mensch nicht treu, nicht redlich ist; wo es am Herzen fehlt, wo das Auge ein Schalk ist, da ist mit einem solchen Menschen nicht gut theilen; denn wenns einmal zum Urtheil und Ausspruch kommt, wenn der Heiland auf sein menschliches Gewissen sagen soll, ob eine solche Seele zu seinen Schafen gehört, oder ob sie hinausgehört vor die Thüre, da richtet Er nicht nach dem Ansehen, sondern aus dem Herzen heraus. Er weiß auch ihre ganze Lebensgeschichte, was sie gedacht und gemacht haben, so lange sie in der Hütte gewesen sind; Er weiß, wie viel Theil ihr Herz an den äußern Bezeigungen, die sie Ihm gemacht haben, genommen habe. Aber das Allerwichtigste ist, daß Er die Hindernisse, die sie in der Zeit gehabt haben, sein Eigenthum zu seyn, alle nach dem Theil, den das Herz daran genommen hat, untersucht. Und da kann kein Mensch zu elend und zu schlecht seyn, keiner zu wenig Gutes gethan haben; er findet immer ein barmherziges Herz; wenn nur der Heiland, nach seiner Herzens-Kunde für ihn stehen und sagen kann: Sein Gemüth war besser als seine Figur; Er hat mich doch lieb gehabt; er hat eine Neigung zu mir gehabt; er hat nichts gegen mich gehabt; er hat nicht viel Verstand gehabt, oder es sind zu viele Hindernisse da gewesen, die er nicht übersehen, daraus er sich nicht hat finden können; es hat mehr am Kopfe, an den Umständen, als am Herzen gefehlt.

Und so können in der Welt viele tausend Seelen seyn, die ich nicht verdammen möchte. Aber wie es um eine unganze Person in einer Gemeine Gottes aussieht, und wie der Heiland da selbst bezeugen könne, daß es ihr nicht am Herzen gefehlt habe, ganz sein zu seyn, sondern an Gelegenheit, Einsicht und Anleitung, das weiß ich nicht. Da kann der Heiland nicht mit ihr zufrieden seyn; Er weiß, daß jedes Auge, das sich von dem abwendet, nicht in den hineinsieht, der ihm beständig vorgemahlt wird, ein Schalk ist; das weiß Er, weil Er ein Menschen-Kind ist.

28. **Verwundert euch nicht darüber; denn es kommt die Stunde, wo alle, die in den Gräbern sind, die Stimme des Sohnes Gottes hören werden.** 29. **Und es werden hervorgehen, die da Gutes gethan haben, zur Auferstehung des Lebens; die aber Böses gethan haben, zur Auferstehung des Gerichts.**

Unsere Auferstehung, die an sich selbst etwas Edles und Schönes ist, ist darum noch viel wichtiger, weil sie der Heiland ordnet. Daß Ers so gemacht und verordnet hat, daß aus der Hütte der unsterblichen Seele, nachdem sie wieder zur Erde geworden, woraus sie gemacht ward, zum andernmal und zwar wieder eben dieselbe Hütte und Wohnung des seligen Herzens gemacht werden, und sodann auf ewig mit Ihm unzertrennlich verbunden seyn soll: das ist schön und allerdings eins von den seligen Dingen, die sich unser Herz als eine künftige Seligkeit vorstellt, und sich jetzt schon darüber freut, weil es unserm geliebtesten Herrn so beliebt. Er hat das Gefäß gemacht; Er macht es wieder zum Erdklumpen, und der Erdklumpen soll wieder ein Gefäß werden, und immer schöner.

30. **Ich kann nichts von mir selbst thun.** Obgleich Jesus als Gott, und auch als Gott-Mensch alles aus und von sich selbst thun kann, so kann Er doch nichts ohne seinen Vater thun, indem er nicht von seinem Vater getrennt werden kann; so hat Er auch nichts, das Ihm nicht vom Vater gegeben ist, weil Er von dem Vater, und der Vater in Ihm ist. **Wie ich höre,** im steten Umgange mit meinem Vater, **so richte ich;** damit giebt Er zu verstehen, bei wem Er immer sey, und daß Er mit dem Vater aufs innigste vereiniget sey. Zwischen dem Vater und Sohne ist eine stete Gemeinschaft, ein stetes Gespräch, Hören und Sehen. Dieses inwendige göttliche Hören Christi von dem Vater ist etwas ungemein Schönes. **Und mein Gericht ist gerecht,** und kann nicht anders seyn, weil ich immer den Vater höre und bei mir habe. **Denn ich suche nicht meinen Willen, sondern den Willen dessen, der mich gesandt hat.** Sein Unterthänigseyn benimmt der Hoheit seiner Person nichts. Eben an dieser hohen Person hat Gott zeigen wollen, wie schön und selig es ist, sich zu unterwerfen, und seinen Willen daran zu geben. Als Gott hatte Er keinen andern

Willen,

Willen, als den Willen des Vaters. Des Vaters und des Sohnes Wille war nur Ein Wille. Als Mensch hatte Er zwar einen freien Willen; aber diesen freien Willen unterwarf Er so ganz dem Willen des Vaters, daß Er nicht anders konnte, als wollen, was der Vater wollte. Dieses bewies Er in Gethsemane.

31. **Wenn ich von mir selbst zeuge, so ist mein Zeugniß nicht wahr**; nämlich in dem Verstande, wie sie Vers 18 von Ihm redeten; wenn ich aus Anmassung redete, und mich für etwas ausgäbe, was ich nicht bin, wenn keine andern Beweise für mich redeten, als bloße Worte.

32. **Aber es ist ein anderer, der von mir Zeugniß giebt, und ich weiß, daß sein Zeugniß, das Er von mir giebt, wahr ist.** Dieser andere Zeuge sprach aus den Wolken: „Dieß ist mein lieber Sohn, an den ich Wohlgefallen habe; diesen höret," das ist ein herrliches Attestat. Wenn man einen solchen Zeugen hat, so braucht man keinen andern mehr.

Die Stimme haben zwar nicht alle Leute gehört; es ist aber genug, daß etliche sie gehört haben, denn es ist mit allen göttlichen Zeugnissen so. Sie haben nicht alle Eine Zeit, auch nicht Einen Plan; sie sind auch nicht für alle Leute.

Was uns heute zu wissen nöthig ist, das erfährt ein anderer erst in einem halben Jahre darauf. So haben auch die Apostel die Offenbarung des Heilandes, wie sie Ihn wieder gesehen haben, ungemein artig beschrieben, erstlich dem, dann dem, jetzt dem, endlich fünf hundert Brüdern, zuletzt mir, sagt Paulus. 1. Kor. 15, 5—8. Und anderswo heißt es: Nicht allem Volke, sondern nur den vorerwählten Zeugen. Apg. 10, 41.

Wenn auch gleich Leute dabei gewesen sind und zugehört haben, so haben doch nicht alle die Worte verstanden; einige sagten: Es hat gedonnert. So haben auch bei der Bekehrung des Paulus wohl Alle, die Worte oder den Schall gehört aber nicht verstanden.

33. **Ihr habt zu Johannes gesandt, und** ihr hättet lieber ihn für den Messias angenommen, wenn er sich dafür ausgegeben hätte; aber **er hat der Wahrheit Zeugniß gegeben,** und euch zu mir gewiesen.

34. **Ich aber nehme nicht Zeugniß von Menschen;** meinetwegen brauche ich es nicht, sondern **ich sage dieß** um euretwillen, **daß ihr selig werdet.**

Alle Worte des Heilands, wodurch Er uns nach seinem Herzen gerathen hat, sind etwas Unschätzbares, und wenn die Christen dabei blieben, so wären sie ein ausgezeichnetes und seliges Volk. Es sollte unter ihnen niemand seyn, der sich nicht vorher besonnen hätte, ob er die Worte und Vorschriften des Heilandes für ein Vergnügen, für einen Segen halte, oder ob ihm der Gehorsam und die Aufmerksamkeit, die man darauf haben muß, viel kostet; weil sichs doch nicht schickt, wenn man nicht hält, was man einmal annimmt. Denn wen es viel kostet, dem macht es das Herz schwer, und das ist keine gute Arbeit; es dünkt ihn kein Segen, kein Friede; es macht ihn vielmehr irre.

35. **Johannes** bleibt deßwegen, was er ist; ich verachte ihn keineswegs, denn er **war eine brennende und leuchtende Lampe,** ein inwendig brennendes Feuer, von welchem Licht ausging; **ihr aber wolltet euch nur an seinem Lichte eine Weile belustigen;** denn es war ja lustig anzusehen, wie ein so junger Mensch Großen und Kleinen die Wahrheit sagte, und ein strenges Leben führte. Ja, dachtet ihr, unter unserm Volke müssen solche herrliche Leute seyn. Aber auch das dauerte nicht lange; denn da ihr nicht an ihm fandet, was ihr suchtet, ließet ihr ihn fahren, und eure Freude an seinem Lichte hatte bald ein Ende.

36. **Ich habe aber ein größeres Zeugniß, als das Zeugniß des Johannes; denn die Werke, die der Vater mir zu vollbringen gegeben hat,** worun-

ter das große Werk der Erlösung des ganzen Menschengeschlechtes durch seinen Tod das Hauptwerk ist, worauf sich das Werk der neuen Schöpfung, Erleuchtung und Heiligung aller derer, die an Ihn glauben, gründet, worauf sich auch alle seine Wunderwerke beziehen, die Er hier eigentlich meint, **diese Werke, die ich thue, geben Zeugniß von mir, daß mich der Vater gesandt hat.** Gott hat den Johannes kein Wunder thun lassen, damit sie nicht sagen könnten: Johannes hat so viele Wunder gethan, als dieser; und damit sie Christum desto eher erkennen und annehmen sollten; aber sie achteten das alles nicht.

37. **Auch der Vater selbst, der mich gesandt hat, gab Zeugniß von mir;** durch Moses und die Propheten in den Psalmen und Vorbildern des ganzen alten Testamentes und vorzüglich am Jordan, da Er laut vom Himmel rief, und Ihn als seinen Sohn erklärte; **aber ihr habt weder seine Stimme jemals gehört, noch seine Gestalt gesehen;** sonst müßtet ihr mich kennen; denn ich bin sein Ebenbild.

Es ist wahr, wir können den Vater nicht sehen, nicht anders als im Angesichte Jesu Christi; dieser läßt uns aber auch allemal in den Augen lesen, wer sein Vater ist. Das bezeugen die Apostel, sie hätten an Ihm **die Majestät des eingebornen Sohnes vom Vater gesehen.** Er selbst sagt: **Wer mich sieht, der sieht den Vater.** Wie man sagt: Das ist der natürliche Vater. Wer daher Jesum am Kreuze nicht anbetet, und **den** nicht annimmt, der hat keinen Gott.

Seine Gottheit wird vom Vater und heiligen Geiste behauptet; es wird der Welt geprediget, daß in seinem Namen sich alle Kniee beugen, und alle Zungen bekennen sollen, daß Er der Herr sey, zur Ehre des Vaters, der es zum Zwecke gemacht hat, alle seine Feinde Ihm zum Schemel seiner Füße zu legen.

38. **Auch habt ihr sein Wort nicht in euch wohnend;** das Wort muß recht Land fassen und wur-

zeln, wenn es inwohnen und bleiben soll. Dazu kann es aber bei euch nicht kommen; **weil ihr dem nicht glaubet, den Er gesandt hat**, das ist, mir. Das ist der höchste Grad des Unglaubens, daß ihr den Messias verwerfet; so machet ihr das Maaß voll.

39. **Forschet in der Schrift; denn ihr meinet, in ihr das ewige Leben zu haben, und eben sie ist es, die von mir Zeugniß giebt.**

Diese Stelle heißt eigentlich so viel: Ihr forschet und forschet so viel in der Schrift, und gerade sie handelt lediglich von mir, und weiset zu mir, und doch wollt ihr zu mir nicht kommen; was hilft euch all euer Forschen? Wenn wir aber diese Stelle heutzutage recht anwenden wollen, so müssen wir einen positiven Befehl daraus machen, denn wir sind in dem Falle, wo uns das Bibellesen sehr nothwendig und nützlich ist.

So abgeneigt die Leute zur Zeit des Heilandes von Ihm waren, und so unnütz ihre verkehrte Bibelgrübelei ausfiel, so unentbehrlich und zuträglich ist sie uns, wenn wir uns nur von der Schrift zu Jesus weisen lassen, und nicht beim Buchstaben stehen bleiben.

Auch das ganze alte Testament zeuget nur von Ihm; denn Er redete da nur vom alten Testamente, weil das neue noch nicht war, und sagt: Die Bibel alten Testaments ist **es, die von mir zeuget.** Wo also immer im alten Testamente ein Wort oder eine Handlung von Gott steht, und keine andere der drei göttlichen Personen ausdrücklich genannt ist, muß allemal der Heiland verstanden werden. Es ist da niemand als Er zu suchen; denn das Buch ist ein Zeugniß von Ihm.

Was also den Juden als ein Verweis gesagt worden, das sey uns ein Befehl des Heilandes; denn an dem Worte Gottes muß uns alles gelegen seyn. Wenn die Liebe zu dem Worte bei uns abnimmt, wenn das Nachsuchen in dem Worte, unserm stündlichen Umgange mit dem Heilande nicht immer zur Grundlage dient, so sind wir ungewiß und unsicher in seiner Sache; so haben wir das Köstlichste geringgeschätzt und verloren. Die heilige Schrift ist dem ununterbrochenen Umgange mit Ihm so wenig entgegen, daß es vielmehr eine unbeschreibliche Freude bewährt, wenn man die Uebereinstimmung dessen, was Er mit unserm Herzen redet, in dem Worte geschrieben findet. Nur muß das Suchen in dem Worte, dem nahen und wahren Umgange mit Ihm nicht in den Weg treten. Daß das seyn kann, das sagt und beklagt der Heiland im folgenden Verse: ihr forschet in der Schrift — aber zu mir wollt ihr nicht kommen.

Er bleibt allemal die Hauptsache, und ohne innigen Umgang mit Ihm, ist und bleibt die Schrift todt und Buchstabe. Sie ist aber die Grundregel, nach der wir unsern Umgang mit Ihm prüfen müssen.

40. **Und dennoch wollt ihr nicht zu mir kommen, daß ihr das ewige Leben haben möget.** Da bin ich, mein Herr und mein Gott!

Das ist die große Sache, die kein Prophet, kein Apostel mit demselben Nachdrucke und derselben Deutlichkeit behandelt hat, wie der Heiland. Er behauptet, daß das Lesen, Hören, Beten, Singen, alle Andacht, aller Gottesdienst, ja selbst der beste Gebrauch des göttlichen Wortes, welches David von seiner Thora (dem Gesetze) Tag und Nacht reden heißt, wohl sehr gut, aber doch nicht die Sache ist; denn, sagt Er: Es fehlt noch das **Leben**, und das müßt ihr bei mir holen; lebendig macht nur der Sohn.

Das Leben ist eine Sache, die man nicht beschreiben und in kein System bringen kann. Der Wind bläst, wo Er will, man hört sein Sausen wohl, aber man weiß nicht, woher er kommt, oder wohin er fährt. Man kann auch nicht fordern, daß einer lebendig seyn soll, ehe ihm der Heiland das Leben gegeben hat; aber das kann man fordern, daß er nicht so darüber weg gehn, daß er eine stille, sanfte, demüthige Ahnung davon haben soll, daß ihm das Leben aus Gott noch fehlt, weil er noch das und jenes an sich gewahr wird, was damit nicht übereinstimmt, und daß ers nicht auf Rechnung der armen Hütte und der in den Gliedern liegenden Demüthigung, sondern auf seine eigene Gedanken und Bewegungen schreiben soll. Er muß überzeugt seyn von dem Worte des Heilandes: Ihr müßt das Leben haben; nicht nur die Worte lesen und hören; ihr müßt zu mir kommen; ich muß euch in meine Arme nehmen und euch den Geist, der in Adam gestorben ist, wieder geben.

Es ist ja erstaunlich, daß sich der Heiland darüber beklagt: „Ihr wollt nicht zu mir kommen, und wollt das Leben nicht von mir annehmen." Da meinen die ungeschickten Leute immer, sie dürfen nicht kommen, und Er sagt, sie wollen nicht kommen. O wenn ihr doch nur kämet, nur wolltet, nur Lust zu mir hättet; wenn ihr euch doch das Leben geben ließet; wenn ihrs doch nur annähmet! Ihr unterhaltet euch, wenns hoch geht, mit meinem äußern Worte, aber zu mir selbst, zum lebendigen und lebendigmachenden Worte wollet ihr nicht kommen. Und da mögt ihr viel in eurem Kopfe haben; aber im Herzen habt ihr nichts. Es ist kein Leben in euch.

Ihr forschet in der Schrift, aber Ihn vergesset ihr. Ihn selber setzt ihr auf die Seite, und Er ist doch so nahe, ja näher als die Schrift. Er ist in euch. Die Schrift ist ausser euch. Wie wollt ihr die Schrift verstehen ohne Ihn? Er ist der beste Commentar zu seinem Worte. Wenn man die Worte der Schrift vor Ihn bringt, und sie in seiner Nähe betrachtet, da sieht man das Licht im Lichte; da betrachtet man die Sache an der Sonne; da geht einem das rechte Licht auf; da werden die Worte lebendig; denn Er haucht ihnen Leben ein.

41. **Die Ehre der Menschen suche ich nicht,** oder ich nehme nicht Ehre von Menschen, und deswegen

sage ich dieß nicht, als ob mir darum zu thun wäre, mich in Ansehen zu setzen.

42. **Aber ich kenne euch, daß ihr keine Liebe Gottes in euch habt.** Ihr habt mir nur gar zu viele Beweise davon gegeben. Man mag wohl sagen: Ich habe Gott lieb, ich lese in seinem Worte ꝛc., da sagt Christus: Geht nur in euer Herz, seht in euer Innerstes, so wird es sich anders finden, und ihr werdet nichts von der wahren Liebe Gottes in euch entdecken. Und das ist die Ursache der beharrlichen Blindheit, die Ihm, wie einst die Juden, nun die Namen-Christen entgegensetzen, daß Er sie nicht selig machen kann.

43. **Ich bin im Namen meines Vaters gekommen,** dessen Willen zu verkündigen und euch zur Seligkeit einzuladen, **aber ihr nehmet mich nicht an; wenn ein anderer in seinem eigenen Namen kommen wird,** ein falscher Messias, oder Antichrist, der eine göttliche Sendung nur vorgiebt, oder sich für Christi Stellvertreter ausgiebt, **so werdet ihr ihn annehmen,** und ihm mehr, als mir, glauben und gehorchen.

44. **Wie könnet ihr glauben, da ihr Ehre von einander nehmet, und die Ehre, die von Gott allein kommt, nicht annehmet?** Ehrsucht macht untüchtig zum Glauben; eitle Menschen sind nicht zum Glauben zu bringen; sie glauben höchstens so lange, als das Glauben eine Ehre ist; sobald es aber Schande bringt, sobald Lästerung, Verfolgung und Verachtung folgt, ziehen sie sich zurück, verläugnen und fallen ab, oder weden gar Verfolger und die ärgsten Feinde, um ihre Ehre zu retten.

Es giebt Leute, die schreien mit vollem Halse: Got allein die Ehre; aber es ist nicht wahr. Sobald sie um Gottes willen Schmach und Verfolgung leiden sollen wird es offenbar, daß das lauter Lügen in ihrem Munde sind.

O, hätte man nur ein wenig Glauben und Erkenntniß, welche Ehre und Herrlichkeit es ist, um Christi willen Schmach zu leiden, man würde die Ehre bei Menschen als Koth achten. Aber so sucht man nur Menschen zu gefallen, und setzt sein ganzes Glück in die Gunst der Menschen, als wenn kein Gott wäre.

45. **Glaubet nicht, daß ich euch beym Vater verklagen werde; es ist schon einer, der euch verklagt; Moses, auf welchen ihr hoffet.**

Ich bin kein Kläger, sagt da der Heiland; der Buchstabe des Gesetzes verklagt. Des Heilands Amt ist nicht, **verklagen**, sondern **vertreten**, und erst, wenn Er nicht mehr vertreten kann, zu richten. Ins Verklag-Handwerk hat sich der Satan gemengt.

Was also der Heiland bis zur letzten Stunde verspart, nämlich das **Richten**, sollen ja seine Jünger nicht zum täglichen Geschäfte, zu ihrer Unterhaltung machen, ihr Urtheil über dieß und das, über diesen und jenen zu fällen.

Wenn übrigens dergleichen Erinnerungen den Menschen ans Gewissen gelegt werden, wie sie da der Heiland den Juden ans Gewissen redete, so ist der erste Vorwurf von ihnen, man wolle sie verdammen.

Er nahm ihnen auch die Hoffnung, die sie vor Moses hatten, und womit sie sich so groß dünkten.

So setzen unsere heutigen Christen ihre Hoffnung auf so manchen Heiligen oder großen Mann, der sie doch gewiß nur anklagen und richten wird, weil sie weder seinem Beispiele, noch seinen Worten folgen, womit er sie auf Christum weiset.

46. **Denn würdet ihr dem Moses glauben, so würdet ihr auch mir glauben**, so würdet ihr mich ganz anders ansehen; **denn von mir hat er geschrieben**; auf mich weist alles hin, was in seinen Schriften enthalten und vorgebildet ist. 47. **Da ihr aber seinen Schriften nicht glaubet**, noch sie verstehen wollet, wie ihr sollt, **wie werdet ihr meinen Worten glauben?** Er nimmt ihnen und spricht ihnen also auch ihren Glauben an Moses ab, den sie doch vorge-

ben, und mit dem sie sich brüsten: Wir sind Moses Jünger! So brüsten sich viele mit dem Glauben an die Kirche, an die Väter, gerade wie die Juden mit ihrem Moses, und sie glauben eben so wenig an die Kirche und an die Väter, als die Juden. Sie geben es nur vor, um sich rühmen und um sich vom lebendigen Glauben an Christus ferne halten zu können.

## Das VI. Kapitel.

(Jesus vermehrt das Brod; wandelt auf dem Meere; erklärt sich als das wahre Himmelbrod; wird von vielen Jüngern verlassen.)

1. **Hierauf fuhr Jesus über das galiläische Meer bei Tiberias.** 2. **Und es folgte Ihm eine große Menge Volks nach**; aber wie es zu geschehen pflegt, mehr aus Vorwitz und Neugierde, als aus einem wahren Glaubenshunger und aus Anhänglichkeit an Ihn, sondern nur **weil sie die Wunder sahen, die Er an Kranken that.** Der Glaube, der sich blos auf Zeichen und sinnliche Dinge gründet, ist noch nicht der wahre Glaube.

3. **Jesus aber ging auf einen Berg, und setzte sich daselbst mit seinen Jüngern.** Wir finden in der Geschichte des Heilandes, daß das so seine Weise gewesen ist; wenn Er gepredigt hat, so hat Ers aufs zweckmäßigste eingerichtet. Er ist zuweilen auf eine Höhe gegangen, damit Er das Volk übersähe; Er hat zuweilen seine Jünger zunächst um sich herumsitzen lassen, damit Er die Lehren an sie besonders richten konnte, und die andern Leute es gleichsam zufälliger Weise mit anhören möchten. Wenn Er in Gegenwart des Volkes mit seinen Jüngern gesprochen hat, daß es niemand verstand, als die es verstehen konnten, oder wenn Er

auch mit seinen Jüngern ganz besonders und ganz deutlich geredet hat, so hat jedermann hören und sich dabey fühlen mögen, daß er der Mann noch nicht dazu sey.

Wollte Er mit seinen Jüngern geheime Sachen reden, so hat Er die Zwölfe allein genommen. Bisweilen ist Er ein wenig vom Lande abgestoßen, daß zwischen Ihm und dem Volke ein Raum war. Das sind alles bedächtliche Ordnungen gewesen, die Er zur Beförderung der Sache beobachtet hat.

4. **Es war Ostern, das Fest der Juden, nahe.** Das war das zweite Osterfest während dem Lehramt Jesu.

5. **Als nun Jesus umherblickte und sah, daß eine große Menge Volkes zusammengekommen war, sprach Er zum Philippus: Wo kaufen wir Brod, daß diese zu essen haben?**

Eines Theils hat hier der Heiland den Philippus auf die Probe stellen wollen; das ist wahr; das sagt der Evangelist; (Vers 6.) aber Er hat auch uns etwas damit gelehrt; das erklären uns andere Stellen. Wenn Er zehn Aussätzige gesund macht, so sagt Er zu den neunen, die Juden waren: Gehet hin und zeiget euch den Priestern; und sie wurden erst rein, indem sie hingingen und ihrem Gesetze folgten in Demuth. Luk. 17. Wenn Er einem andern die Augen aufthut, so macht Er erstlich eine äußerliche Salbe, und bestreicht ihn damit und sagt; Geh hin zum Teiche und wasche dich. Joh. 9. Wenn Er Steuer und Gaben geben soll, so macht Er nicht statt dessen den Zöllner gesund, wie Petrus und Johannes den Lahmen, und bezeugt ihnen, daß Er Silber und Gold nicht habe; sondern Er giebt dem Zöllner sein Geld, und wenn Ers gleich durch ein Wunder bekommt, so weiß doch der Zöllner nicht, daß da ein Wunder geschehen ist, sondern er nimmt seinen Zoll, und läßt es gut seyn.

Daraus sieht man, daß der Heiland aus bloßer Liebe zur Ordnung seine Wunder in Ordnung gethan hat.

Er sagt nicht gleich zu Philippus: Laß die Leute herkommen; ich will sie schon speisen; sondern Er erkundigt sich erst, ob kein anderer Rath sey? In der Frage liegt zugleich, daß Philippus die Brode hergeben sollte, die er schon hat.

Gewisse Anstalten in der Welt sind im Vertrauen auf Gott angefangen worden, so daß alle Menschen gesehen haben: Da ist die Hand Gottes dabei. Sie sind aber doch in einer Ordnung angefangen worden. Der Herr ist hernach nicht gebunden, wie weit Er etwas heiligen, erweitern und segnen will; Er kann freilich aus zehn hundert, und aus hundert tausend machen. Aber alle Knechte Gottes, wenn sie auch im Glauben etwas anfangen, müssen es in Ordnung anfangen. Ein verständiger Arzt, dem Gott die Gabe gesund zu machen gegeben hat, ist verbunden, nach Regeln damit zu handeln. Man geht zuerst den ordentlichen Gang, und wenn man eine Thür findet, so sucht man kein Fenster. So wenig man schlechterdings sagen kann: Es muß immer den ordentlichen Gang gehen, (denn der Heiland hat sich oft über denselben weggesetzt und Wunder gethan,) so wenig kann man sagen: Es muß alles wunderbar gehen. Umgekehrt: Es muß alles sehr klein anfangen, sachte gehen 2c.

6. **Dies sagte Er aber nur, um ihn zu prüfen, denn Er wußte wohl, was Er zu thun im Sinne hatte.** Gott prüft uns, um unsern Glauben zu üben und zu befestigen. Der Teufel versucht uns immer, um unsern Glauben auszulöschen. Und Gott läßt dem Satan die Versuchung zu, damit wir zur Erkenntniß unsrer Schwäche kommen, und Er uns von der Einbildung unsrer eigenen Kräfte heile.

7. **Philippus antwortete Ihm,** so gut als ers verstand, **Zweihundert Denarien reichen nicht hin zu**

Brod für sie, wenn jeder auch nur ein wenig bekommen soll. Das ist der gewöhnliche Fehler der Menschen, daß sie immer mehr auf die Noth als auf Gott sehen, der der Noth abhelfen kann und will, der uns so gar befiehlt auf Ihn zu hoffen und Ihn in der Noth anzurufen.

O Philippe! noch viel weniger ist genug für noch viel mehrere, weil der, welcher sie alle aus nichts gemacht hat, sie alle auch ohne Brod speisen und sättigen kann.

8. **Einer von seinen Jüngern, Andreas, der Bruder des Simon Petrus, sprach zu Ihm:** 9. **Es ist ein Knabe hier, der fünf Gersten-Brode und zwei Fischlein hat; aber was ist dies für so viele?**

Mit der Rechenkunst kommt man im Reiche Gottes nicht fort. Andreas macht einen Vorschlag, den er selbst gleich wieder verwirft.

Fünf Brode sind bei dem noch viel zu viel für fünftausend Mann, der jedes Jahr die Körner im Acker hundertfältig vermehrt, und Millionen Menschen und Thiere speist. Außerordentliche Hülfe kostet Gott eben so wenig als die gewöhnliche alltägliche Hülfe. Wir sollen manchmal aus Erfahrung kennen lernen, wie weit unsre Noth und Hülflosigkeit gehe, damit wir auch seinen Segen kennen lernen und seine Hülfe desto höher schätzen.

10. **Jesus aber sprach: Lasset die Leute sich lagern.** Deckt nur den Tisch, und für das Uebrige laßt mich sorgen. Ich will indessen Brod backen, daß eure Augen sich satt sehen sollen. **Es war aber viel Gras an dem Orte. Da lagerten sich gegen fünftausend Mann.**

Der Ueberfluß des Grases, den Gott für das Vieh wachsen läßt, verweiset dem Menschen sein Mißtrauen und seinen Unglauben.

Das viele Gras ist auch ein Bild der schlechten Christen, an denen alle Christen-Felder Ueberfluß haben, die immer grünen, aber nie Früchte bringen, und am Ende nur zum Verbrennen oder zum Futter für die Flammen des unauslöschlichen Feuers taugen.

11. **Jesus aber nahm die Brode, dankte und theilte sie unter die Jünger.**

Wenn der Heiland dieß Wunder nicht mit Fleiß kleiner und auf eine verborgene Weise äusserlich hätte vorstellen wollen, so hätte Er von einem Brod und Fische schaffen können, so viel Er gewollt hätte. Aber so nahm Er die Brode und Fische, die schon da waren, und segnete sie.

Der Heiland hat sich auch ordentlich in den Religionshandlungen bewiesen. Wir sehen Ihn überall, wo Er so etwas thut, zuerst beten; wenn Er auch nicht Worte machte, so hat Er doch geseufzet oder betrachtet, wie seine Augen oft bezeugten; gewöhnlich aber lesen wir, wenn Er mit seinen Jüngern gegessen hat, so hat Er zuerst darüber gebetet, und die Speise gesegnet. Und das Gebet über den wenigen Broden oder die Danksagung hat dießmal gemacht, daß fünf tausend Mann davon gespeiset werden konnten.

Er ist also, obwohl Er Herr über den Sabbat und über alle Dinge ist, doch in seinem Umgange mit Menschen, ihnen auch hierein ein vollkommenes Muster der Ordnung geworden.

— **Die Jünger aber theilten sie unter die, so sich gelagert hatten. Desgleichen auch von den Fischen, so viel sie wollten.** „Es geht durch unsre Hände, kommt aber her von Gott." Das sollen wir bei allem geistlichen und leiblichen Segen bekennen. Nicht unsre Hände sind es, die da segnen, sondern die Hand des Schöpfers, des Erlösers.

Jesus ließ es mit Absicht durch die Hände der Jünger gehen, damit sie es mit Händen greifen möchten, sie, die in ihrem Unglauben zu wenig gesehen haben.

**12. Da sie aber satt waren, sagte Er zu seinen Jüngern: Sammelt die übriggebliebenen Stücklein, damit nichts verderbe.**

Damit beweist sich der Heiland als **häuslich**. Man hat wohl gesehen, daß Er Brod genug schaffen könne, mehr als nöthig ist, und doch sagt Er: Sammelt die übriggebliebenen Brosamen, damit ja keins zu Grunde gehe. Man möchte denken, Er hätte ja nur eben so viel schaffen können, daß es gerade aufgezehrt worden wäre. Er hat es aber anders gut gefunden, weil Er auch Ordnung und Häuslichkeit lehren wollte. Daher wenn ein Kind Gottes häuslich und ordentlich ist, geschieht es nicht aus Geitz, nicht aus Sorge der Nahrung, nicht darum, als dächte man, man würde den andern Tag nichts zu essen haben; sondern weil es der Heiland so gemacht haben will.

**13. Sie sammelten also, und füllten zwölf Körbe mit den übriggebliebenen Stücken, welche von den fünf Gerstenbroden denen übrig blieben, die gegessen hatten.**

Der Unglaube des Menschen wird zu seinem Glücke betrogen, wenn Gott das giebt, was er weder hoffte noch bat. Oft schwinden die Güter der Reichen, weil diese nicht in die Hände der Armen säen: und die Armen werden reich, weil sie in ihrer Armuth freigebiger gegen Arme sind, als die Reichen.

Ein Seelsorger soll zu jeder Stunde bereit seyn, die Seelen zu speisen und ihnen mitzutheilen, nicht was er hat, sondern was ihm zur Stunde der höchste Hirt darreichen wird. Gott schüttet seinen Seegen aus über das Vertrauen in der Noth. Wer die Hungrigen sättiget, bereichert sich und hat am Ende mehr als am Anfang.

**14. Als nun die Leute sahen, was Jesus für ein Wunder gewirkt habe, sagten sie: Dieser ist wahrhaftig der Prophet, der in die Welt kommen soll.** Der Neid hat den Gelehrten die Augen verschlossen, die Wunder haben sie dem Volke geöffnet. Sie kommen aber nicht viel weiter als zur Erkenntniß der Person, und daß sie auch damit nicht recht umzugehen wußten, beweist das Folgende.

15. **Da nun Jesus merkte, daß sie kommen und Ihn wegnehmen würden, um Ihn zum Könige zu machen,** und Er wohl wußte, daß Er mit Gründen bei ihnen nichts ausrichte, und sie keine Gegenvorstellungen annehmen würden, auch ein solcher König, wie sie ihn haben wollten, nemlich ein Brod-König, nicht werden wollte, so **zog er sich wieder auf den Berg zurück.**

Er war der König von Israel; Er wars nicht nur, weil Er der Schöpfer war, und König aller Könige, der Herr aller Herren, sondern Er wars auch deswegen, weil seine Mutter, des Nathans, Davids-Sohns, Tochter, und sein Pflegevater Salomons Sohn war. Er hatte also alles Recht, alle Freiheit, König zu seyn, mehr als Salomo, der der jüngste unter seinen Brüdern war; Jesus stammte vom ältesten Sohne Davids ab, und hatte mehr Recht. Dem äußerlichen Recht nach hätte Er den Herodes und alle Vierfürsten aus dem Lande jagen können, zumal, da sie von Esau herkamen. Er hätte die Verheißung im Propheten Obadjas Vers 17 — 21 für sich gehabt, aber es war wider die Ordnung. Und Er kam, Seelen zu retten. Er hatte ein geistliches Königreich aufzurichten, und kein leibliches. Ich bin König, sagte Er zu Pilatus, aber nicht von dieser Welt.

Und was hat den Heiland bewogen, daß Er so gehandelt? Es war Liebe zur Unterwerfung unter die Ordnung der Dinge.

Daß Er ein Lehrer war, der von einer armen Jungfrau geboren wurde, die zwar aus königlichem Geschlechte war, aber so arm und verachtet und vergessen, daß sie in einem Stalle ihr Kind haben mußte; diese geringe Erstgeburt, diese armselige Erziehung von außen, das durchgängige elende Leben, das Zimmermanns-Handwerk, das Er bis in sein dreißigstes Jahr trieb, da Er für den Orts-Zimmermann gehalten ward, das waren alles wohl überlegte Umstände, die in der Ordnung und um der Ordnung willen geschahen. Als ein solcher Mensch war Er der Obrigkeit unterthan, gehörte unter die Obrigkeit, und war schuldig, ihr Rede und Antwort zu geben.

Die ordentliche Obrigkeit, die Gott über Jerusalem verhängt hatte, waren damals die Römer, und darum unterwarf Er sich pünktlich der Landes-Obrigkeit und bezeugte bei Gelegenheit, daß Er nach Herodis List gar nichts frage.

Wenn Er sich von diesen Leuten zum Könige hätte wollen machen lassen, so hätte Ers wohl ausführen können; es hätte viel Gutes daraus kommen können; denn wer hätte sein Volk besser regieren können, als Er? Aber das sind Gedanken und scheinbare Gründe, durch die man noch heutzutage in etwas hineingezogen und von seinem Plane abgebracht werden kann. Darauf ließ Er sich schlechterdings nicht ein, weil es sein Plan nicht war, wozu Er gesandt war. Er ist gekommen, das Verlorne zu suchen und selig zu machen, und sich also lieber heute als morgen mit der Leidens-Taufe taufen zu lassen, um dadurch seinem Evangelio freien Lauf zu lassen.

Nun soll auch bei seinen Nachfolgern weltliche Herrlichkeit ihr Plan nicht seyn. Wem aber doch der Heiland ein Amt anvertraut hat, daß er regieren muß und nicht anders kann, weil er sonst seine Unterthanen an unverständige, eigennütze Leute, vielleicht gar an Tyrannen überlassen müßte, so kann er aus Menschenliebe nicht anders, und muß daher allerlei solche ihm uneigene, aber anbefohlene Geschäfte schon selbst übernehmen.

16. **Als es Abend geworden war, gingen die Jünger an das Meer hinab, 17. bestiegen ein**

**Schiff**

Schiff und fuhren über das Meer nach Kapernaum. Es war schon finster geworden, und Jesus noch immer nicht zu ihnen gekommen. 18. Das Meer aber tobte sehr, weil ein heftiger Wind wehte. Es stürmte.

Wenn wir uns ohne Jesus auf dem Meere dieses Lebens in das Schiff unserer Geschäfte begeben, so hat es allemal diese Folgen, es wird finster, und es stürmt in uns.

19. Da sie nun ohngefähr fünf und zwanzig bis dreißig Stadien fortgerudert hatten, sahen sie Jesum auf dem Meere wandeln und nahe an das Schiff kommen. Da fürchteten sie sich.

Das Wandlen ihres Meisters auf den stürmischen Meeres-Wogen hätte ihren Glauben stärken, sie beruhigen und den Sturm in ihnen stillen sollen. Sie aber fürchteten sich nur um so mehr, weil sie Ihn, in ihrer Verwirrung für ein Gespenst hielten, dem sie den Sturm zuschrieben. Wie oft wird uns das, was uns zur Stärkung dienen soll, verdächtig!

20. Er aber sprach zu ihnen: Ich bins, fürchtet euch nicht.

Welch ein Wort: **Ich bins, fürchtet euch nicht!** Wenn Er das zur Seele spricht! wie lebt sie da wieder auf! wie erholt sie sich aus dem größten Schrecken. Und wenn sie in der Hölle läge und alle Stürme der Versuchung auf sie losstürmten, ein solches Wort von Ihm versetzt sie mit einmal in den Himmel.

Was ist der Mensch in Gefahr ohne Jesus? Nichts als Finsterniß und Schwachheit, nichts als Mistrauen und Furcht vor jedem Blendwerke des Teufels. Ach wie bedarf er zu jeder Zeit, in jeder Lage, Jesu Christi, seines lebendigen Wortes, seiner lebendigen wesentlichen Gegenwart, seines tief in der Seele schallenden: „Ich bins"! seines kräftigen: Fürchtet euch nicht! Herr! mache mit mir, was du willst! führe mich wohin Du willst, laß mich nur dein: Ich bins, fürchte dich nicht! hören und lebendig erfahren. Dann flieht alle stolze Einbildung und alle eitle Furcht.

21. **Nun wollten sie Ihn in das Schiff nehmen; aber plötzlich war das Schiff am Lande, wohin sie fuhren.**

Das Wort und die Gegenwart Jesu stellen alles wieder her.

Die Jünger verlangten sehr, Ihn bei sich zu haben, nachdem sie Ihn erkannten, so sehr sie Ihn vorher gefürchtet haben. Und Er war kaum zu ihnen hineingestiegen, so waren sie an End und Ort. Sobald Jesus zu dir kommt, und du Ihn bei dir einlässest, so kommst du schnell vorwärts und zum Ziel.

Das Schiff erhält mehr Hülfe von Christo, wenn Er einsteigt, als Jesus vom Schiffe empfängt. So ist alles, was man Gottesdienst nennt, dem Diener nützlicher als dem Herrn, dem man dient. Die Arbeit der Knechte Gottes ist ihnen zuträglicher als Gott, zu dessen Ehre sie arbeiten. Herr komm in das Schiflein meiner Seele, daß sie bald da sey, wo sie seyn möchte!

22. **Des andern Tages bemerkte das Volk, welches noch jenseit des Meeres war, daß nur ein einziges Schiff da gewesen, und daß Jesus nicht mit seinen Jüngern in das Schiff getreten, sondern daß seine Jünger allein abgefahren waren.**
23. **(Es waren indessen wohl andere Schiffe von Tiberias nahe an dem Orte angekommen, wo sie das Brod gegessen, welches der Herr gesegnet hatte.)**

Wenn man Jesum aus dem Auge verloren hat, muß man Ihn eifrig wieder suchen, nicht müßig hinstehen und spekuliren, wie dies und jenes zugegangen, sondern fleißig forschen, wie wir von ihm abgekommen, und keine Gelegenheit vorbeigehen lassen, die uns Gott schickt, Ihn wieder zu finden und uns mit Ihm zu vereinigen.

24. **Da nun das Volk sah, daß weder Jesus noch seine Jünger da waren, bestiegen sie auch die Schiffe und kamen nach Kapernaum, Jesum zu suchen.** Sie hatten ein Verlangen nach Ihm: es war aber nicht ganz rein. Indeß mag der Eifer dieses Volkes, mit welchem es Jesum suchte, die heutigen Christen beschämen, die ihr ganzes Leben ohne Jesus zubringen, denen Er gar nicht abgeht, die Ihn gar nie zu suchen verlangen. Er flieht, damit man Ihm folgen soll; Er verbirgt sich, daß man Ihn suchen soll.

25. **Und da sie Ihn fanden jenseits des Mee-**
**res, fragten sie Ihn: Rabbi! wann bist du hieher**
**gekommen?** Man bekümmert sich immer nur um äu-
ßere Umstände; aber Jesus führt sie auf die Haupt-
sache. 26. **Er sprach zu ihnen: Wahrlich, wahr-**
**lich, ich sage euch, ihr suchet mich nicht darum,**
**weil ihr Wunder gesehen, sondern weil ihr von**
**den Broden gegessen habt und gesättiget wor-**
**den seyd.** Anstatt daß Er ihnen erzählen sollte, wie
Er übers Meer gekommen, liest Er ihnen das Kapi-
tel; das war ihnen nöthiger. „Brodsucht und Eßlust
treibt euch mir nach. Ihr suchet nicht mich, sondern
Brod; o möchtet ihr nicht Brod, sondern mich suchen!"
Jesus wird selten um Jesu willen gesucht. „Sie su-
chen alle das Ihre, nicht, was Jesu Christi ist."
Phil. 2, 21. Das ist nicht die rechte Triebfeder der
Nachfolge. Einen Brod-König, einen Brodgeber möch-
tet ihr gern.

Wenn die Seele vom wesentlichen Himmelbrode und dem lebendigen Worte Jesu gegessen hat und gesättiget worden ist, sucht sie Ihn auch allenthalben, und kann ohne Ihn nicht mehr seyn.

27. **Wirket (erwerbet) nicht vergängliche Speise, sondern Speise, die bis ins ewige Leben dauert, die euch der Menschen-Sohn geben wird.**

Wenn man leibliche Speise zu sich nimmt, so hungert einen immer wieder; der Heiland aber kann einem eine Speise geben, da man eigentlich nicht wieder hungert, sondern da das, daß man immer wieder darnach verlangt, nur ein Appetit, eine Annehmlichkeit ist, die man in der Speise gefunden hat.

Es ist eine Speise, die den Menschen, der sie genießt, auf ewig sättiget, die einem Nahrung giebt, wodurch man ein ganzer Mensch wird und bleibt in Ewigkeit. Es ist eine Speise, die nicht wieder gesäet, geärntet, gesammelt, gemahlen und gekocht werden darf; sondern sie ist eine Quelle, die immer fließt, wie das Oehlkrüglein und Mehl im Kad; sie nimmt immer aus sich selbst zu, und wenn man alle Tage davon zehrt, so fehlts doch niemals; sie entsteht immer wieder aus sich selbst; wie der Heiland anderswo sagt: Wer von dem Wasser trinkt rc. Joh. 4, 13. 14.

Was der Heiland hier von der Speise sagt, die sich die Leute schaffen, um die sie sich bekümmern, nach der sie ausgehen sollen, wie man nach Speise ausgeht, das hat Er Joh. 17. mit andern Worten berührt, daß das nämlich die innige Gemeinschaft zwischen Ihm und uns ist, ohne welche man kein geistliches Leben hat; wenn man sich selbst nicht einfällt, ohne daß Er einem mit einfallen sollte; wenn man in einem solchen Zusammenhange mit Ihm steht, daß alle Gegenstände, Diskurse und Vorstellungen, die nicht Ihn betreffen, einem nicht mehr wichtig seyn wollen.

Das ist die Speise der Unsterblichkeit, der Unverweslichkeit für unsern Geist, die noch dauert, wenn der Leib im Grabe ist. Wir müssen mit Ihm in einem solchen nahen Zusammenhange stehen, daß unsere Seele nicht nur verlobt und versprochen mit Ihm ist, sondern auch wahrhaftig seiner theilhaftig wird.

— **Denselben hat Gott der Vater versiegelt.**

Das Wort **Versiegeln** hat einen doppelten Sinn in der Schrift; einmal heißt es eine Sache geheim halten, zusiegeln, einschließen; ein andermal und zwar hier hat es den Sinn: eine Sache befestigen, beglaubigen, legitimiren. Der Sohn Gottes ist versiegelt; Er hat ein Siegel bekommen; Er ist dazu ausgezeichnet worden, daß alle Seligkeiten, Herrlichkeiten, alle Gnaden und Barmherzigkeiten von Ihm genommen werden sollen. Aus seiner Fülle müssen wir nehmen Gnade um Gnade: dazu ist Er versiegelt, bevollmächtigt, der Bewahrer, der Herr der Schätze Gottes.

Es kann aber auch den Sinn haben: Der Vater hat seinem Sohne ein geheimes Geschäft aufgetragen, daß keinem Menschen nichts einfallen, keine Kreatur sich nichts vorstellen, noch begehren kann, das man nicht bei Ihm finden kann; denn Er hat alle Schätze unter seinem Schlosse, und bei Ihm muß man sie suchen.

Sein Vater hat vom Himmel herab hören lassen: Dieß ist mein lieber Sohn; der heilige Geist hat sich sichtbar auf Ihn gesetzt. So haben auch die Kinder Gottes Brief und Siegel, daß sie Kinder sind, und Brüder des Herrn; sie haben vom Heilande selbst eine Macht bekommen; denn dazu gehört ein besonderes Patent, daß man dafür besteht und bekannt wird. Eph. 1, 13.

28. **Da fragten sie Ihn: Was müssen wir thun, daß wir Gottes Werke wirken?** Sie dachten, sie hätten etwas sehr Weises gethan, wenn sie Ihm antworteten: Er fordere Sachen von ihnen, davon Er selbst gestehe, daß sie Gott thun müsse. „Das ist doch eine wunderliche Prätension, daß du willst, wir sollen Werke thun, wovon du selbst gestehst, daß sie Gott einem erst geben muß; wie sollen wir denn das anfangen? Wie können wir wirken, was sich Gott vorbehalten hat?"

29. **Jesus antwortete und sprach: Dieß ist Gottes Werk, daß ihr an den glaubet, den Er gesandt hat.**

Durch den Glauben erlangen, ergreifen und besitzen wir Christum, und das heißt: Ihn essen. Glaube an Ihn, und du hast Ihn gegessen, sagt Augustin.

Der Glaube an Jesum ist das Hauptwerk, daraus alle Werke fließen. Wer an Jesum glaubt, der hat Jesum in sich, und hat also Kraft, alle gute Werke zu thun, weil Jesus die Kraft Gottes ist. Darum will Jesus sagen: Es ist alles Gottes Werk; ihr könnt nichts ohne Gott thun; ihr braucht Gott zu allen Dingen. Wenn ihr euch nur um die Hauptsache, worauf alles ankommt, bekümmern wolltet, das andere würde schon alles von selbst kommen. Glaubet nur an mich; macht euch von dieser Sünde und Untreue los; für alles andere wird Rath werden; wenn ihr nur dem lieben Gott das zu Gefallen thun wolltet, daß ihr sein Zeugniß annähmet, daß Er von mir gezeugt hat; ich wollte euch wohl auch die himmlische Speise verschaffen, daß ihr keine große Mühe damit haben solltet.

Das verstehen sie nun wohl; sie stehen gleich von der Einwendung wieder ab, und sagen zu Ihm:
30. **Was thust du für ein Zeichen, daß wirs sehen und dir glauben? Was wirkst denn du?** Bekräftige dein Wort nur mit einem Wunder, daß wirs sehen, ob du von Gott bist, dann wollen wir uns besinnen, ob wir an dich glauben, und die Speise von dir nehmen wollen.

Sie fragen noch nach Wunderwerken, und sind Ihm doch um der Wunder willen nachgelaufen. Welche Blindheit und Herzenshärtigkeit, nach so vielen Wunderwerken noch so fragen zu können! So vergißt man die größten Wunderwerke Gottes, auf denen man so zu sagen täglich umhertritt, ohne sie zu achten, oder sie dafür zu halten.

Sie wollen sehen, und dann glauben. Das ist keine Kunst. Sie sind grob und verwegen genug, Christo das Wirken vorzuhalten. Du hast gesagt:

Wir sollen wirken; das thue du selber; was wirkst denn du?

31. **Unsere Väter**, deren 600,000 waren, **haben Manna gegessen in der Wüste**, wo man sonst kein Brod haben kann, und haben es vierzig Jahre lang gegessen, nicht nur ein oder zweimal, sondern alle Tage, so lange sie in der Wüste waren, erhielten sie Himmelsbrod, **wie geschreiben steht: Du hast ihnen Brod vom Himmel gegeben.** Psalm 78.

Sie bewiesen es Ihm aus der Schrift, daß Moses größere und anhaltendere Wunder gewirkt habe, als Er. Er soll ihnen auch alle Tage Brod regnen lassen, dann wäre er ihnen willkommen. Sie wollen Ihn, so zu sagen, dadurch zwingen, daß Er dasselbe, oder etwas ähnliches wirke, damit sie müßig bleiben dürften und doch erhalten würden.

32. **Da sprach Jesus zu ihnen: Wahrlich, wahrlich ich sage euch: nicht Moses hat euch Brod vom Himmel gegeben**, denn das war nur aus dem Lufthimmel, nicht aus dem rechten Himmel; **sondern mein Vater giebt euch das wahre Brod vom Himmel**; 33. **denn das Brod Gottes ist** dieß, **das vom Himmel**, vom rechten Himmel und aus dem Himmel **herabkömmt, und der Welt das Leben giebt**; das ist das rechte Manna.

Er erklärt ihnen das Wort „Von dem Himmel", welches sie nicht verstanden, indem sie glaubten, das Manna wäre im Himmel gebacken worden, und aus dem Himmel, wo Gott wohnt, herabgefallen, und wäre also ein wahres Himmelbrod gewesen. Das war aber doch nur ein irdisches, leibliches Brod, aus dem Lufthimmel, weil in demselben Würmer über Nacht wuchsen, weil es nicht bis auf den andern Tag seinen Geschmack behielt, und also das wahre ewige Leben der Seele nicht geben und nicht nehmen konnte; es war nur Bild und Vorbedeutung des wahren Himmel-Brodes. Dagegen stellt Er nun sich selbst ihnen dar, als das Brod des Lebens, welches durch jenes vorgebildet war, welches aus dem Himmel selbst, aus Gott und von Gott unmittelbar gekommen ist, und das wahre Leben mittheilt und erhält. Aber die Menschen bleiben immer lieber am Bilde hängen, als an der Sache selbst. So vergessen und übersehen die meisten Christen heute noch bei der Religion Gott und Christus, und bleiben bei den Zeichen, Symbolen und dem Aeußern der Sakramente oder Sakramentalien stehen.

34. **Da sprachen sie zu Ihm: Herr, gieb uns doch immer solches Brod.** Da wollten sie Ihn nun gleich beim Worte nehmen, aber gewiß nicht aus Hunger, sondern aus Bosheit, und um sich den Schein zu geben, als wenn es nicht an ihnen fehlte. Denn sie kannten und verstanden das Brod nicht, das vor ihnen stand und sich ihnen anbot. Es war vor ihren Augen, aber nicht vor ihren Herzen; sie bitten darum, ohne es zu kennen. Ach wie grob sinnlich ist das menschliche Gemüth, und wie weit entfernt von der Erkenntniß der Heilswahrheiten, wenn es nicht von oben erleuchtet ist.

35. **Jesus sprach zu ihnen: Ich bin das Brod des Lebens,** eben weil ich auch das Wort des Lebens bin. Ihr verlangt nach Himmelbrod. Es steht vor euch, und ihr esset es doch nicht. **Wer zu mir kommt,** sich zu mir wendet, sich an mich hält, sein Heil und alles bei mir sucht, **den wird nicht hungern,** der wird im Ueberflusse finden, was er bei mir sucht; **wer an mich glaubt, den wird nimmermehr dürsten.** Der Mangel wird weichen, aber das Verlangen wird bleiben; es wird ihn zwar hungern, aber nur nach mir; es wird ihn dürsten, aber nur nach mir. Denn er findet so viele Güter in mir, daß er derer noch immer mehr begehrt; aber alles andere Hungern und Dürsten nach andern Dingen wird aufhören, weil er alles besser und im Ueberflusse zu seiner vollen Befriedigung und Beseligung in mir findet und genießt.

36. **Aber ich habe euch gesagt, daß ihr mich gesehen habet, und doch nicht glaubet.** „Laß uns Werke sehen, so wollen wir glauben;" haben sie kurz vorher gesagt. Nun, will Jesus sagen, ihr habt nicht nur viele Werke von mir gesehen, sondern ihr sehet ja sogar mich selbst vor euren Augen, und ihr glaubet doch nicht.

So suchen die Leute Auswege: „Wenn wir Gott sehen könnten!" Aber da sieht man es an den Juden; man kann Jesum wohl sehen, und vor sich stehen haben, und doch nicht glauben. Viele meinen jetzt, wenn sie zu derselben Zeit gelebt und Jesum so wie die Juden gesehen hätten, so würden sie anders gelebt und gethan haben. Aber sie hätten es gewiß nicht anders gemacht, als jetzt, da sie Ihn nicht sehen. Denn das äußere Sehen, Fleisch und Blut, nützt nichts.

Von Vielen, die Christum mit leiblichen Augen nicht gesehen haben, kann man sagen, sie haben Ihn gesehen, d. h. erkannt; dagegen kann man von Vielen, die ihn mit leiblichen Augen gesehen haben, sagen, sie haben Ihn nicht gesehen, weil sie Ihn nicht erkannt haben.

37. **Alles, was mir der Vater giebt,** (d. h. wer es vom Vater hört und lernt, wie es Vers 45 heißt) **das kommt zu mir; und wer zu mir kommt,** wen Er zieht und wer seinem Zuge folgt, und Gott dankt, daß er zu mir kommen darf, **den will ich nicht hinausstoßen;** mit dem nehme ich vorlieb, wenn er auch noch so schlecht wäre.

Man kann und muß also offenbar zu Ihm und in eine eigene Herzens-Verbindung mit Jesu kommen. Ist aber das kein hochhinfahrender Gedanke? läuft das nicht ins Sterngucken? Nein, man braucht deßwegen nicht hinunter in die Tiefe oder hinauf in den Himmel zu fahren, sondern was dazu nöthig ist, liegt uns nahe vor Mund und Herzen. Jesaias 50, 4. sagt: Er hat mir das Ohr geöffnet, daß ich höre wie ein Jünger. Es ist ja dort schon verheißen worden: Sie

**sollen alle von Gott gelehret werden.** Isa. 54, 13. Es soll kein Bruder zum andern sagen dürfen, willst du nicht mit dem Herrn bekannt werden, sondern sie sollen Ihn alle kennen, klein und groß. Denn ich, heißt es Jer. 31, 34. will jedem seine Sünden (besonders apart) vergeben, einem jeden seine Seligkeit besonders versichern ꝛc.

Ein jeder muß daher für sich selbst gewiß seyn, und muß es aus dem Herzen des Heilands selber haben und lernen. **Sie werden sich setzen zu seinen Füßen und lernen von seinen Worten.** 5. Mos. 33, 3. Das hat Maria an ihrer Person bewiesen. Sie setzte sich zu Jesu Füßen und hörte Ihm zu. Sie hat sich gut bedacht, sagte Er selbst. An Johannes haben wir ein anderes Beispiel, daß man sich auch sogar an seine Brust lehnen, und wenn man was fragt die Antwort kriegen kann, die sich auf die Frage gehört.

Und wer nun einmal zu Ihm, in eine Gemeinschaft und Herzens-Verbindung mit Ihm, kommt, oder zu kommen sucht, der wird nicht weggestoßen, der darfs nicht bereuen.

Sein Herz ist zu gut; Er kann niemand abweisen; Er kann sich keiner Seele, die sich zu Ihm wendet, entziehen; sein Herz neigt sich mit Gewalt hin zu allen Sündern, die zu Ihm ihre Zuflucht nehmen, die sonst nirgends hinwissen. Er verstößt keinen, o glaubet es doch! Er betheuert es euch ja selbst; ihr habt die Verheißung aus Seinem Munde: Ich will keinen, keinen Einzigen wegstoßen, der zu mir kommt; komme er, wie er wolle, wenn er nur kommt, so wird er angenommen. Das ist ja doch so einladend wie möglich! Wie kann man doch von Ihm wegbleiben? Joh. 14, 21.

38. **Denn ich bin vom Himmel herabgestiegen,** um den Himmel zu öffnen allen denen, die zu mir kommen, und bin in das menschliche Elend und Fleisch

hereingekommen, **nicht um meinen Willen zu thun,** nicht um meinetwillen, um etwas für mich zu suchen auf Erden, **sondern den Willen dessen, der mich gesandt hat.** Und was will der Vater?

39. **Dieß ist aber der Wille des Vaters, der mich gesandt hat, daß ich nichts verliere von allem dem, was Er mir gegeben hat, und daß ich es auferwecke am jüngsten Tage.**

Das soll ja allen furchtsamen, zappelnden Gemüthern allen Unglauben benehmen. Sie sind in des Heilandes Hand gelegt vom Vater, und es ist Ihm besonders aufgetragen und anempfohlen vom Vater, daß Er recht Acht gebe, daß Er ja keines verliere. Ja, in dieser Hand geht ihr gewiß nicht verloren, ihr Kleingläubigen! Die weiß schon zu bewahren das vom Vater anvertraute Gut. In unserer Hand wäre alles bald verloren, was in unserer Hand gelegt wäre; aber wir sind Christo zur sorgfältigsten Verwahrung übergeben; und das ist ein guter Trost.

40. **Dieß ist aber der Wille meines Vaters** (als Bedingung von Seiten der Menschen,) **daß jeder, der den Sohn sieht,** wem Er vorgemahlt wird, als wäre Er vor seinen Augen gekreutziget, wem Er im Evangelio vorgehalten wird, als sein Versöhner, Sündentilger und Heiland, und wer **an Ihn glaubt,** Ihn also im Glauben lebendig ergreift, daß ein solcher **das ewige Leben habe** — hier schon habe, nicht erst erwarten dürfe.

Wie können wir den Sohn sehen, wenn man ihn sehen muß, um an ihn zu glauben und selig zu werden? Müssen wir in den Himmel hinaufsteigen, oder warten, bis Er herabkomme und uns erscheine? Nein doch, sagt Paulus Röm. 10. Das ist gar nicht nöthig. Das Wort, das lebendige, kräftige, allbelebende Wort ist dir nahe im Munde und Herzen. Thue nur deinen Glaubens-Mund auf, erweitere nur dein Herz, krieche nur zu seinem Kreuze, setze dich nur im Geiste zu seinen Füßen, bete, ringe nur um lebendigen Glauben, und du wirst mehr als sehen, es wird in dir so licht, so helle, so lebendig werden, als sähest du Ihn, den Unsichtbaren, als stände Er dir vor den Augen, ja viel mehr, viel inniger, kräftiger wirst du von seinem Daseyn, von seiner Liebe, Huld und Gnade überzeugt, durchdrungen, angezogen und belebt werden, als wenn Er körperlich vor deinen äußern Augen da stände. Der Geist sieht viel heller und tiefer, als der Leib, wenn ihm die Augen aufgethan sind. Das Herz fühlt viel kräftiger als die Hand, wenn es nicht mehr steinern, sondern weich geworden ist. Wer also durch Glauben und Geist Jesum als sein Heil, und in Ihm, in seinem Tode und Verdienste sein Leben und seine Auferstehung erblickt und glaubt lebendig daran und genießt es, der ist selig, der hat Leben, ewiges Leben.

41. **Da murrten die Juden darüber, daß Er gesagt hatte: Ich bin das lebendige Brod, das vom Himmel gekommen ist.**

Die wichtigsten und erhabensten Wahrheiten, die die Frommen am meisten erquicken und trösten, verwirren die Gottlosen. Der große Haufe der Hunde und Schweine, die den Prediger und die Wahrheit zerreißen oder mit Füßen treten, soll ihn nicht abschrecken, die Lämmer und Tauben zu sättigen. Solche Leute, die da murren, die sich an der Wahrheit ärgern, wird es immer geben.

42. **Und sie sprachen: ist er denn nicht Jesus, der Sohn Josephs, dessen Vater und Mutter wir kennen? wie spricht er denn: Ich bin vom Himmel gekommen.** Das ist ja ein Widerspruch. So scheint es den Ungläubigen. Sein Menschliches läßt sie nicht an das Göttliche in Ihm glauben, so wie andere sein Göttliches nicht an sein Menschliches glauben läßt; das kann die Vernunft nicht zusammen reimen. So kann sie auch im Abendmahle nichts anderes finden als Brod und Wein, weil sie nichts anders sieht. Es muß

gegeben werden, wie es der Herr gleich selbst erklärt. Man muß es aber auch annehmen.

43. **Jesus antwortete und sprach: Murret nicht unter einander.** Wie sanft antwortete Er diesen groben Menschen, die so unfreundlich und grob wie möglich Ihm seine erhabene Würde streitig machen wollten. Man erhitze sich ja nie gegen die, welche die Wahrheit bestreiten.

44. **Niemand kann zu mir kommen, wenn nicht der Vater, der mich gesandt hat, ihn zieht. Und ich werde ihn auferwecken am jüngsten Tage.**

Ihr lieben Leute! Ich nehme es euch nicht so übel, wenn ihr nicht an mich glaubet, wenn ihr mich nicht annehmet; wem es nicht gegeben ist, von dem wird es nicht gefordert. Ich bin noch nicht gestorben und wieder auferstanden; es ist die Zeit noch nicht da, da ich alle Menschen erleuchte; jetzt ist noch eine Zeit der Auswahl; jetzt mache ich noch Jünger; jetzt sammle ich mir erst meine Leute, die ich brauchen will, um sie als Werkzeuge in alle Welt auszusenden. Es kann mir nicht jeder nachfolgen, wer nur will, es sey denn, daß ihn ziehe der Vater, mit dessen Genehmigung ich in diese Welt gekommen bin; der muß mich in den Herzen der Menschen legitimiren, und die Leute zu mir schicken.

Nun das hat sich auch so bewiesen in der That; wenn der Heiland nicht vorbereitete Herzen gefunden hätte, so hätte Er lange hin und hergehen und predigen können; es würde sich niemand zu Ihm gehalten haben; besonders da Er immer gesagt hat: Ihr Leute! ich habe keinen Ort, der mein eigen ist, wo ich mein Haupt hinlegen könnte; wer zu mir kommt, und haßt nicht seinen Vater rc., der kann mein Jünger nicht seyn. So getrost hätte der Heiland nicht reden können, wenn Er nicht gewußt hätte, daß alle die Leute, die Ihm der Vater gegeben, schon vorbereitet und gezogen wären.

Es ist heute noch so mit den Jüngern; es kann niemand sein Jünger seyn in der großen Sache des Vaters für seinen Sohn, in der Eroberung des Reiches des Sohnes; der Vater muß ihn zuvor ziehen und zubereiten.

Wer nun in seinem Herzen wahre Ueberzeugung hat, daß der Heiland seine Sünden getragen, und wenn es ihm darum zu thun ist, es auch andern zu sagen, daß Er ihre Sünden getragen, der fühlt den Zug des Vaters zum Sohne.

45. **Es steht in den Propheten geschrieben: Es werden alle von Gott gelehret werden.** Das ist die einzige Schule, in der man etwas Wahres lernen kann. Wer sich in diese Schule des göttlichen Meisters recht zu schicken weiß, der kann etwas lernen. Wenn wirs alles aus Büchern lernen, oder von Menschen hören müßten, so kämen wir nie auf den rechten Grund, und wären vielem Irrthume unterworfen; aber was **Er** unserm Herzen sagt, ist viel nachdrücklicher, deutlicher, und unserm Verstande angemessener, als was der beste Lehrer und das beste Buch uns sagen kann. Er läßt die Seile weder zu weit für den Leichtsinn, noch zieht Er sie zu enge zu für ein Gemüth, das ohnehin geneigt ist, sich einzuschränken; Er kann zum Herzen reden. Wer sich nicht zum Herzen reden läßt, der kommt nie zur Wahrheit selbst, sondern nur zu den Worten der Wahrheit.

Der Lehrer in uns, ist, in Verbindung mit dem Lehrer im heiligen Buche und im Munde der Zeugen, der vortrefflichste und unentbehrlichste Lehrer. Du brauchst aber nicht in den Himmel hinauf zu steigen oder in den Abgrund zu fahren; das Wort ist dir nahe, in deinem Munde, in deinem Herzen. Behüte dein Herz mit allem Fleiße; denn daraus geht das Leben.

— **Wer es hört vom Vater und lernt, der kommt zu mir.**

Des Vaters Hauptgeschäfte ist, daß Er den Glauben an Jesum Christum verleihe und Ihn in den Herzen verkläre durch den heiligen Geist. Darum sagt Jesus: Wer den Vater hat predigen hören, der kommt zu mir.

Man kennt freylich den nicht, der uns Jesum erkennen lehrt, der uns einen hinlänglichen Gnadenzug giebt, unser Herz zu Christo neigt, der, da Er einmal ausgerufen vom Himmel: Das ist mein lieber Sohn ꝛc., nun immer fortfährt, unvermerkt die Herzen der Menschen zu bereiten, weich zu machen, ehe sie wissen, wer etwas an ihnen thut, wer die Gnade an ihnen beweiset. Dann kommt der heilige Geist, und überzeugt die Welt von ihrem Unglauben, und zeigt ihr, daß ihr ganzes Unglück in dieser Sünde des Unglaubens bestehe, und daß der Unglaube darin bestehe, daß sie nicht an Jesum glaubt.

Wenn man einmal den Heiland hat, und ist zu Ihm gekommen, und von Ihm angenommen, dann lernt man erkennen, wer einem alles gethan hat; dann sagt einem der Heiland: Das hat mein Vater gethan; das hat euch nicht Fleisch und Blut gesagt; nun kennt ihr meinen Vater; nun habt ihr auch meinen Vater gesehen; denn ihr habt mich gesehen; ihr habt an mich geglaubt und an den Vater; denn ich und der Vater sind Eins, und nun soll mein Geist bey euch bleiben ewiglich, der soll euch durch die Welt führen.

Das sind allerdings große Seligkeiten, welche alle zu hoffen haben, die Gnade im Blute Jesu suchen, weil sie bedürftig, elend und arm sind. Nur muß sich kein Mensch darüber bedenken, wenn das am Herzen geschieht. Er muß gleich zugreifen, und Den hören, der vom Himmel redet; Dessen Zeugniß von seinem Sohne muß gehört werden. Das ist die Predigt an die Herzen; das ist des Vaters Wohlgefallen; das ist sein

Gebot, daß wir glauben an seinen Sohn, und uns unter einander lieben.

Darum halten wir nicht nur den Heiland für unser einziges Gut, für unsern Schatz im Himmel und unsern einzigen wahren Freund, der sein Leben für uns gelassen hat, sondern wir wissen auch, wer sein wesentlicher, wahrer Vater ist; wir wissen, wer von Gottes des Vaters wegen zu uns kommt, wer ausgegangen ist vom Vater in Ewigkeit, der Geist, den die Welt nicht empfangen kann. Und daher macht uns das Geheimniß der heiligen Dreyeinigkeit kein Kopfbrechen; wir wissen, was unser Vater täglich an uns thut; wie Er uns mit der ganzen Welt pflegt, wie Er unsere Haare zählt; wir wissen, was für eine treue Sorge der heilige Geist für uns hat. Wir wissen, wem das alles geschieht, dem Sohne zu Lieb, dem Gott, der in unserm Fleisch und Blut zur Rechten Gottes sitzt, der wartet, bis Ihm alle seine Feinde zum Schemel seiner Füße gelegt werden, und dem es im Innersten des Herzens lieb ist, wenn Er nur so eine Seele nach der andern zum Lohne seiner Schmerzen einsammeln kann.

46. **Nicht, als wenn jemand den Vater gesehen hätte, als der von Gott** (ausgegangen) **ist; nur der hat den Vater gesehen.**

Die Leute sagen gleich: Ich kann ja Gott nicht sehen; ich kann kein Loch in den Himmel bohren! Darum antwortet Christus: Ich verlange das nicht von euch, daß ihr auf eine sichtbare Weise mit Gott umgehet; aber ihr sollt wissen, daß der liebe Gott eine andere Brücke gebaut hat, auf welcher ihr zu Ihm kommen könnet; nämlich die Menschheit Jesu, in der Gott sichtbar geworden und zu uns herabgekommen ist.

In die Gottheit, in den Zusammenverhalt der Dreieinigkeit kann niemand hineinsehen, wir müssen unser Auge nur richten auf das, was der Vater, der Sohn und der heil. Geist uns sind; da der Vater

unser

unser wahrer Vater in Christo, der heil. Geist unser wahrer Pfleger und unsre Mutter, und Jesus, der Sohn im Hause, als Erbe über alles, unser wahrer Bräutigam ist. Wenn wir das erreichen, so brauchen wir den Beweis des Knaben nicht, der den Augustin am Ufer des Meeres zurecht- und von den Tiefen der Gottheit abwieß.

47. **Wahrlich, wahrlich, ich sage Euch: Wer an mich glaubt, der hat das ewige Leben,** (er spürt und kostet es schon in seinem Herzen, und darf es nicht erst als künftig erwarten.)

O seliger und seligmachender Glaube! wie reich ist, wer dich besitzt! Wie selig, wer dich hat! — Aber eben darum ist nichts so sehr der Lästerung unterworfen, als der Glaube, weil ihn niemand kennt, als der ihn empfängt, weil die Ungläubigen nicht wissen, welch ein Gut er ist, was er in sich enthält, mit sich bringt und giebt. Ach, sie meinen, es sey ein leerer Wahn und Gedanke, oder ein bloßer Schall auf der Zunge: Ich glaube. Weil ihr todter Maulglaube, ihr Fürwahrhalten nichts giebt, kein Leben und keine Kraft hat, so sey auch gar kein wahrer, lebendiger Glaube. Aber, o wie irren sie sich! Wenn sie es doch nur erführen, wie der Glaube, der dieses Namens werth ist, beseliget, bereichert und mit Gott vereiniget, schon hier in den Himmel versetzt, und ewiges Leben mittheilt.

Man erinnert sich aber billig mit dem Apostel: Prüfet euch selbst, ob ihr im Glauben stehet. **Ich glaube**, ist bald gesagt, aber man muß es sich selber nicht sogleich glauben.

Der Glaube an Jesum verhindert täglich, daß sich ein weiches Herz wegen des Sündenelendes nicht todtweint. Wer an die Menschwerdung Jesu glaubt, und davon einfältig in seinem Herzen überzeugt ist, der ist von der Stunde an Ihn gebunden, und kann nicht mehr los. Das ist die Folge von der unzweifelhaften Ueberzeugung, daß mein Gott zu mir herabkam auf

Erden, und mein Bruder geworden ist. Der Glaube an das Verdienst seines Lebens und seines Menschwerdens wird uns mehr heiligen und reinigen im Herzen, als tausend andere Vorstellungen.

48. **Ich bin das Brod des Lebens.** 49. **Eure Väter haben Manna gegessen in der Wüste und sind gestorben.** 50. **Hier aber ist das Brod des Lebens, das vom Himmel kommt, damit keiner, der davon ißt, sterbe.**

Alle andere Speisen, jedes andere Brod, selbst das Manna, das die Israeliten in der Wüste gegessen haben, erhalten zwar den Menschen hier, können aber nicht hindern, daß er nicht sterbe und verwese, daß die Hütte nicht auseinander gehe; denn endlich will alle Speise nicht mehr gedeihen; endlich hilft alles Essen nicht mehr. Wer aber das Brod genießt, das der Heiland giebt, der wird erhalten; das hilft. Wer davon sich nährt, wer diese Speise der Unsterblichkeit gegessen und diesen Trank der Ewigkeit getrunken hat, der stirbt nicht.

51. **Ich bin das lebendige Brod das vom Himmel gekommen ist.** —

Der Heiland widerholt hier so oft: Ich bin vom Himmel gekommen, um uns aufmerksam zu machen, daß wir dabei stehen bleiben und bedenken sollen den weiten Weg, den Er zu uns herab zu machen hatte. Er ist nicht von der Erde, nicht von unten her, wie schon sein Vorläufer sagte, sondern von oben, aus des Vaters Schooße gekommen. Der erste Adam wollte Gott gleich werden, er wollte hinauf fahren ins Wesen Gottes. Das fand der Schöpfer nicht für gut und thunlich. Er fuhr herab zu uns auf Erden und wollte unser Bruder werden. Er ersparte uns den Weg, worauf wir nimmermehr bei Ihm angelangt wären — Er kam zu uns. Er dachte: Nahe will ich euch genug werden; das wird aber eure Entschuldigung noch mehr wegnehmen, euch noch mehr binden und beschämen vor Gott und Engeln, wenn ihr auch dadurch nicht andre Leute werdet, an das Evangelium, an den Gottes- und Menschensohn nicht glauben wollt, der in der Gestalt des sündlichen Fleisches die Sünde und den Satan überwunden und den Tod aufgehoben hat. Joh. 15, 22.

— **Wer von diesem Brode ißt, der wird leben in Ewigkeit. Und das Brod, das ich geben werde, ist mein Fleisch, das ich für das Leben der Welt hingeben werde.**

Wenn man den Heiland ißt und hat, so hat man seine Ruhe, seine Seligkeit; man lebt mit Ihm in unzertheilten Gütern; man hat sein Herz, und wenn man das hat, so fragt man nicht, ob noch ein Himmel und eine Erde ist; man hat Ihn.

Weil nun der Heiland nicht haben will, daß wir in unserm ganzen Leben vergessen sollen, daß wir zu seiner Braut gehören, daß wir vom Satan und der Sünde befreit sind, daß wir Bürger und Hausgenossen sind mit den Heiligen, so hat Er das theure Abendmahl eingesetzt, daß wir es recht deutlich merken sollen, daß Er sich uns zu essen giebt, daß wir ins Heilige gehen und uns an unsere Bestimmung erinnern sollen, die da ist, in seinen Arm und Schooß hineinzukommen.

Wer nun also im Abendmahle sein Fleisch und Blut genießt, und glaubt, und kann sich hineinsetzen, und kann sich die Freude machen, daß er denkt: Nun werde ich mit Jesu, meinem Bräutigam vereiniget; nun kommt Er mir ins Herz; nun kommt der Weinstock in die Reben; der hats, und hats umsonst.

52. **Da zankten die Juden unter einander und sagten: Wie kann dieser uns sein Fleisch zu essen geben?** Sollten wir denn Menschenfleisch essen? Sie verstanden alles fleischlich. So wurden auch die ersten Christen von den Heiden Menschenfresser genannt; denn wenn die todten Leute von christlichen Geheimnissen hören, so verstehen sie alles kapernaitisch, grobsinnlich und fleischlich, weil sie Fleisch sind und keinen Geist haben.

53. **Jesus aber sprach zu ihnen: Wahrlich, wahrlich, ich sage euch: Wenn ihr nicht esset das Fleisch des Menschen-Sohnes, und nicht trinket sein Blut, so habt ihr kein Leben in euch.**

So wie einer zur Leibes-Nahrung täglich sein Brod ißt, und alle Tage trinkt, so muß auch das Herz eine Nahrung haben, und muß sie täglich haben. Man setzt vielleicht einen Tag aus oder zwei, wenn man krank ist, aber dann muß man doch wieder zu essen und zu trinken haben, es sey so wenig, als es wolle, sonst würde man verschmachten und sterben.

So wenig die menschliche Natur ohne ihre geeignete Nahrung im Leiblichen bestehen kann, so wenig kann man die Nahrung des geistlichen Lebens entbehren, und eben so wahrhaftig muß unser Herz alle Tage Jesu Fleisch essen und Jesu Blut trinken. Im Sakramente? Nein, aber doch im Geiste und Glauben.

Wenn es einer einen Tag unterläßt, so ist er krank; und wenn er es etliche Tage unterlassen wollte, so würde er von geistlichen Kräften ganz abkommen. Er kann nicht bestehen; er kommt aus seinem Elemente heraus; er kann das Leben nicht erhalten ohne diese Speise. Wenn er es dann zuletzt gar unterläßt, seinen Geist mit dieser Speise zu nähren, so stirbt er. Der Geist weicht wieder von ihm, und er wird ein zweimal erstorbener Baum.

Diese wichtige Sache kann ein vernünftiger, aber vom Heilande entfremdeter Mensch, der den Heiland in seinem Herzen nicht immer mit sich führt, unmöglich verstehen lernen; er kann es weder haben, noch behalten. Hat er aber die Gnade, daß er die neutestamentische Theologie zu schmecken bekommt, so muß er sie in Wahrheit essen.

Wenn ich sage: Unser täglich Brod gieb uns heute! und ich denke nur so natürlich als ein vernünftiger Mensch, der, wenn er Brod fordert, wirklich Brod meint, so ists unmöglich, daß ich im geistlichen Verstande zum Heilande sagen kann: „gieb mir mein tägliches Brod!“ wenn ich nicht in der täglichen Gewohnheit bin, sein Fleisch zu essen und sein Blut zu trinken. Sonst bin ich ein unverständiger boshafter Mensch, wenn ich immer um Brod bitte, und zugleich bekennen muß, ich verstehe nicht, was das heißt.

In diesem Falle befinden sich alle natürliche Leute. Und da scheiden sich die natürliche Leute und die Kinder Gottes. Wenn sie zwei, drei Stunden vergnügt mit einander gesprochen haben; sobald sie auf wesentliche Sachen für den Geist, auf Geheimnisse kommen, die das Herz nicht nur denken, sondern **haben** muß, sobald scheiden sie sich. Denn so wahr der äußere Mensch Odem, Blut und Regung, Augen, Gefühl, Geschmack, und Fähigkeit zu hören und zu riechen hat, eben so muß der innere Mensch sehen, hören, schmecken, riechen und fühlen, und also auch etwas zu sehen, zu hören, zu schmecken und zu fühlen haben; er muß Nahrung haben für den innern Sinn, für den Geist, der nun da ist, und der durch den Tod Jesu wiedergebracht und erworben ist. Und da wird allen seinen Lebendigen stündlich ausgetheilt, was ihre neue Schöpfung für neue Erhaltungsmittel erfordert.

54. **Wer mein Fleisch ißt und mein Blut trinkt, der hat das ewige Leben, und ich werde ihn am jüngsten Tage auferwecken.**

So lange der Geist in seiner Gruft begraben liegt (welches die Schrift das **steinerne Herz** nennt), so lange braucht er keine Nahrung, sondern er ist wie die übrigen Todten in der Welt. Sobald aber die Gruft aufgebrochen ist, daß der Geist Luft bekommt, so muß er gleich zu essen und zu trinken haben, so schreit er nach seiner Nahrung, weint nach seinem Bedürfnisse, wie ein kleines Kind, das erst jetzt zur Welt geboren ist.

Und das ist das Fleisch und Blut des Menschen-Sohnes; das ist die lautere Milch, die Nahrung des innern Menschen, die natürlicher Weise dem neuen Geschöpfe gemäß ist, und sich für dasselbe schickt.

Da kann man recht sagen: **Alles und in allen Christus.** Er ist der Urquell für uns, aus dem uns alles Gute, alle Seligkeit, Nahrung und Heilung zufließt. Was sich ein menschliches Herz, so lange es in der Hütte ist, zu seiner Erhaltung, Genesung und zu seinem ganzen Bestehen wünschen mag, das erhält es alles aus Ihm.

Wasser, Brod und Wein sind solche äußerliche Mittel, mit denen das göttliche Leben, der himmlische Trank, die Gottes-Speise aus dem Leichname Jesu in uns gebracht werden soll. Und wenn das geschieht, so ists ein Beweis, daß wir lebendige Herzen und wesentliche Gnade haben; daß wir neue Kreaturen sind. Das ist die unaussprechliche Seligkeit, die wahrhaftige Erfahrung, Genuß und Kraft, die auch unsere Hütte bis ins Grab begleitet, durch die unsere Gebeine wieder auferweckt werden, die bei uns in Ewigkeit bleiben wird.

An der Speise, die wir gegessen, und an dem Tranke, den wir getrunken haben, werden wir unser Attestat mitbringen, daß wir Bein von seinem Beine, Fleisch von seinem Fleische sind. Es muß aber wahr seyn, daß wir Ihn gegessen und getrunken haben; denn es werden es auch viele sagen: Wir haben deinen Leib empfangen, dein Blut getrunken; und Er wird sagen: Ich kenne euch nicht.

55. **Denn mein Fleisch ist wahrhaftig eine** (oder die rechte) **Speise, und mein Blut ist wahrhaftig ein Trank.**

Wer nur das Geringste vom Heilande glaubt, und von der Wahrheit, daß Er für uns gestorben ist; ja, wer nur glaubt, daß Er in der Welt gewesen ist und geredet hat, bei dem können diese Worte, die der Heiland in diesem und den vorhergehenden Versen gesprochen hat, keine andere Wirkung haben, als, er muß entweder weggehen und sich den Kopf entzweistoßen, oder er muß in ein tiefes Nachdenken kommen: Was ist das? Was will Er sagen? Warum wiederholt Er es so oft? Warum betheuert Er es so sehr? — Ich glaube ganz gewiß: Er hat aus zwei Ursachen so geredet. Erstens, damit seine Jünger zu ewigen Zeiten merken sollten, daß es nicht bei bloßen Diskursen zwischen Ihm und uns bleiben soll, nicht beim bloßen Beten, Lesen, Singen, Hören, Reden, sondern daß etwas Wesentliches zwischen uns und Ihm vorgehen soll, und dann, daß die andern Leute, die das nicht fassen können, gleich Bedenken tragen sollen, sich mit Ihm und seiner Lehre einzulassen.

Wenn es so geblieben wäre, so hätten wir nur zwei Religionen, nämlich eine, da man mit dem Heilande vereiniget wäre, und hieße Christ, und dieß darum, weil man von seinem Gebein und Fleische ist; und die andere, da man sich gar nicht mit Ihm einläßt und Heide bleibt.

Wenn es also von Zeit zu Zeit sich wieder so anläßt, daß sich alle Kinder Gottes auf eine Sache vereinigen, als Glieder seines Leibes, die alle Tage von seinem Fleisch und Blut sich nähren, und im geistlichen Leben erhalten werden; die sich einander fragen können, wie ihnen diese Nahrung zusage, ohne darüber einander anzusehen, als ob sie im Kopfe verrückt wären, sondern die als von bekannten Sachen miteinander reden; wenn es von Zeit zu Zeit sich so anläßt, so freut man sich und denkt, da wirds gut werden.

56. **Wer mein Fleisch ißt und mein Blut trinkt der bleibt in mir, und ich in ihm.**

Das Abendmahl ist der größte Segen, den wir hier genießen können; wir werden des Leibes und Blutes Jesu, wir werden Jesu Christi selber theilhaftig, unser Herz, Geist, Leib und Seel wird davon durchdrungen, wir werden dadurch genähret, schon hier auf die künftige Welt zu- und vorbereitet, und unsere Herzen werden voll Jesus.

O daß nun jedes Gemüth ganz auf Ihn fallen und von Ihm eingenommen werden möchte, dann würde alles, was Segen genannt werden mag, von selbst folgen.

57. **Wie mich der Vater gesandt hat, und ich durch den Vater lebe, so wird jeder, der mich ißt, durch mich leben.**

Der Vater lebt von und durch sich selbst, als die Quelle des Lebens; dem Sohne theilt Er das Leben mit durch die Zeugung, und durch den Sohn und die angenommene Menschheit des Sohnes geht dieses Leben auch in die Gläubigen über, als in die Glieder Christi. Man wird der göttlichen Natur, des Sinnes und der Neigung Christi theilhaftig, durch das Essen des Sohnes und durch den Glauben.

58. **Hier ist das Brod, das vom Himmel herabgekommen, kein solches, wie das Manna, das eure Väter gegessen haben und dann doch gestorben sind. Wer dieses Brod ißt, der wird leben in Ewigkeit.**

Es giebt einen dreifachen Genuß dieses Brodes Gottes. Der eine ist die Gemeinschaft am Brode Gottes, den der Kirchenleib ins Ganze alle Tage hat, und dadurch er besteht; sonst ginge er auseinander, und wäre längst Hungers und Durstes gestorben. Unter dem Kirchenleibe verstehe ich die ganze Versammlung aller zerstreuten Kinder Gottes, wo sie sind in der Welt zu ihrer Zeit.

Der zweite Genuß ist das personelle Abendmahl, das jedes Glied an ihm selbst erfährt, wovon es heißt: Zu dem werde ich eingehen und Abendmahl mit ihm halten, und er mit mir. Offenb. 3, 20. Da soll nun niemand in der Gemeine das Kirchenabendmahl empfangen, der dieses Abendmahl nicht schon genossen, mit dem es der Heiland nicht schon selbst gehalten hat.

Der dritte Genuß des Brodes Gottes ist, da es eine Gemeine des Herrn mit einander im Sakramente empfängt. Und was empfängt sie da? Was liegt in dem Geheimnisse? Er giebt uns seinen Leib wahrhaftig zu essen, und sein Blut wahrhaftig zu trinken mit keiner geringern Essentialität (Wesentlichkeit) als Trauben vom Weinstocke Saft und Kraft haben, wenn gleich das Wie? die Art und Weise nicht zu beschreiben noch zu begreifen wäre in dieser Zeit. Er ist der Weinstock, wir sind die Reben.

Das Sehen ist hier unmöglich; der wäre ein Phantast, der hier Leib und Blut sähe, weils aufs Sehen nicht angelegt ist, so lange wir hier wallen. Aber es ist doch eine genaue, pünktliche, über alle trockene Ideen weggehende Realität und Wesentlichkeit in dem Sakramente.

59. **Dieß sagte Jesus, als Er in der Synagoge zu Kapernaum lehrte.** 60. **Viele aber von seinen Jüngern, die dieß hörten,** konnten es nicht verdauen, sondern wurden völlig dadurch zurückgestoßen; **sie sprachen: Dieß ist eine harte Rede, wer kann sie hören?** Ihrer Ansicht nach war es etwas Abgeschmacktes, Unerträgliches, ja etwas Unmenschliches, das nie erhört wäre, das man nicht anhören könnte ohne Eckel und Grauen.

Der natürliche Mensch stößt sich gern in göttlichen Dingen, weil er sie ganz verkehrt ansieht und durchaus nicht versteht.

61. **Da Jesus aber bei sich selbst merkte, daß seine Jünger darüber murrten,** heimlich und hinterrücks; denn sie wagten nicht, es Ihm unter die Augen zu sagen, **sprach Er zu ihnen: Aergert euch das?** Seid ihr solche Heilige? 62. **Wie, wenn ihr aber den Menschen-Sohn dahinauffahren sehet, wo Er zuvor war?** Wenn ihr den nicht verstehet, der auf Erden redet, wie wollt ihr den verstehen, der vom Himmel redet? Er will sagen: Mein Lauf ist noch nicht zu Ende. Es ist noch mehr zu thun und zu sagen

übrig. Ihr werdet noch ganz andere Dinge bei mir sehen, wenn ihr nur warten könntet.

Allein die Leute hatten ganz etwas anderes im Kopfe von Christo. Sie nahmen Ihn blos als Menschen. Die Schrift nennt aber Christum den **Herrn vom Himmel**, von dem alle Menschen, die von Adam her den Tod am Halse tragen, das Leben empfangen müssen. 1. Kor. 15.

63. **Der Geist ist es, der da lebendig macht. Das Fleisch nützt nichts.** Was ich sage, müßt ihr geistlich verstehen. Dazu bin ich da, daß ich euch durch mein Fleisch den lebendigmachenden Geist erwerbe und mittheile. Der geistliche Genuß ist der rechte. Auch mein Fleisch, fleischlich genossen, würde euch nichts helfen.

— **Die Worte, die ich zu euch rede, sind Geist und Leben.**

Es kommt nicht darauf an, daß man allemal die Worte versteht, und deren eigentliche Bedeutung weiß, denn dieß wissen auch die andern, besonders die Schriftgelehrten, wenn gleich ihr Herz so viel als der Papagey davon weiß. Es kommt auf den Geist an. Alles, was Jesus redete, ist Geist, und so verstehen es die wenigsten. Woher kommt das, daß die Worte, die man mit den Ohren hört und versteht, nach dem wörtlichen Sinne, in der That doch nicht verstanden werden? Das soll ein Beispiel erklären. Z. sagte einmal einem widriggesinnten und lebhaften Manne etwas. Da antwortete er ihm: Ich verstehe es nicht. Z. sagte es ihm deutlicher, und er antwortete wieder: Ich verstehe es noch nicht. Und da er es ihm zum drittenmale so handgreiflich wiederholte, daß er selbst Mitleiden mit seiner Mühe hatte, sagte er endlich: „Ich glaube, Sie denken, ich verstehe die Worte nicht; die Worte verstehe ich wohl, aber sie sind nicht nach meinem Geschmacke: ich mag mich nicht abgeben mit der Sache.“

Wenn der Heiland von Geist und Leben redet, so will Er sagen: Meine Worte sind Kraft und Realität. Geist ist hier nicht so wohl dem Körper und der Leibhaftigkeit entgegengesetzt, sondern so viel als Kraft. Das Leben wird der Apathie, Unkräftigkeit, Unempfindlichkeit entgegengesetzt, weil es eine Bewegung macht und sich rührt. Man sagt, der Geist des Obstes, des Weins, des Korns, das heißt, die höchste Kraft, in welche die Frucht sublimirt worden ist.

Der Heiland will sagen, daß die Verbindung mit seiner Person nicht nur in Gedanken vorgehe, nicht nur Vorstellungen im Gemüthe und Schatten seyen, nach denen die Leichtgläubigkeit greift, ohne etwas in die Hand zu bekommen; sondern daß sie Leben und Geist sey.

64. **Aber es giebt einige unter euch, die nicht glauben; denn Jesus wußte von Anfang an, welche nicht glauben, und wer Ihn verrathen würde**

So ist es denn der Glaube, der diese Hütte öffnet, diesen Vorhang durchdringt, diese heiligen Zeichen entdeckt, der Geist und Leben darin findet; da hingegen der Unglaube nichts als fleischliche Dinge dabei sieht, und indem er die Sinnen frägt, nichts als eine Antwort des Todes von ihnen erhält.

Es giebt zwei Gattungen Menschen, die Jesum im Abendmahle unwürdig empfangen, die Jesus wohl kennt, wie Er hier seine Zuhörer kannte. Bei einigen ist es kapernaitischer Unglaube, bei andern Judas-Sünde oder Verrätherei, was ihnen den Genuß des höchsten Gutes, das ist, Christi Fleisch und Blut in Gericht verwandelt.

65. **Und Er sprach: darum habe ich euch gesagt, niemand kann zu mir kommen, es sey ihm denn von meinem Vater gegeben.**

Zu Jesus kommen und an Ihn glauben, ist in seinem Munde eins und unzertrennlich. Darum dürfen wir es nicht trennen, dazu gehört aber a. ein Ge-

**zogen werden** vom Vater, (Vers 44.) b. ein **Gelehret werden** vom Vater, (Vers 45.) und c. ein **Gegeben werden** vom Vater. (Vers 65.) Ohne die **Kraft** des göttlichen Zuges, vermögen wir nicht zu kommen, ohne das **Licht** der göttlichen Belehrung oder ohne Erleuchtung erkennen wir Ihn nicht und wollen wir nicht kommen, und wird es uns nicht freiwillig **gegeben**, oder geschenkt, so können wir es nicht selbst verdienen. Darum ist das Glauben an Jesum, oder das Kommen zu Jesu eine Gabe, eine Gnade, ein Werk des Vaters. Wer es hat, der sehe zu, daß er es nicht verliere. Wer es nicht hat, hoffe, flehe, verlange und sehne sich ernstlich darnach, so wird es ihm gegeben werden vom Vater.

66. **Von da an traten viele seiner Jünger zurück, und wandelten nicht mehr mit Ihm.**

Es giebt viele, man kann nicht sagen, sie glauben nicht an Jesum; aber sie haben doch einen mit Unglauben vermischten Glauben; sie sind irrig in der Lehre.

So ist es den Jüngern gegangen, nicht nur denen, die böse wurden, und Ihn verließen, sondern auch den andern; sie hatten manchmal so einen angenehmen Diskurs mit Ihm, aber sobald der Heiland vom Leiden zu reden anfing, so war keiner zu Hause. Sie hatten sich ihre eigenen Dinge und Begriffe so fest ins Gemüth gesetzt, daß Petrus einmal die andern schon irre machen wollte, so daß ihn der Heiland einen Satan nannte.

Daraus entsteht denn nothwendig, daß die, deren Herz nicht fest ist, davon gehen. Sobald der Heiland seine Sache so deutlich machte, da nahmen sie ihre Parthei, und gingen fort, und Er nahms ihnen nicht übel. Andere aber, deren Zuschnitt im Verstande nicht besser ist, deren Herz aber gut ist, können sich doch dazu nicht entschließen; sie bleiben.

Weil nun die Lehrer nicht so genau wissen, wer von ihren Zuhörern mit seinem Kleinglauben durchkommt, oder wer bei allem seinem Schwachglauben und ungewissem Stande, doch am Herzen angefaßt ist, daß er doch nicht durchfällt, so wird ihnen über manchem das Herz weich. Man weiß eben nicht gewiß, ob nicht eins, das man sehr lieb hat, endlich doch abfällt. Da ist einem das Weinen näher, als das Lachen.

Man freut sich aber, wenn ein Gemüth, wenns gleich nicht allemal mit den Gedanken nachkann, doch mit dem Herzen immer bei Ihm bleibt, unter allen Gefährlichkeiten, die es auszustehen hat.

Wir sehen aus obigen Texteswôrten, daß der Heiland auch zum Theil unbekehrte, zum Theil unzuverlässige Jünger gehabt habe, Leute, die eine Zeit lang aushielten und dann wieder weggingen.

So wird es wohl in einer Gemeine oder Anstalt des Heilands immer Leute geben, die nicht aushalten, die entweder nie geglaubt haben, oder vom Glauben wieder abfallen; da es in der kleinern Haushaltung des Heilands eine solche Anzahl derlei Wankelmüthiger gegeben hat, daß es der Heiland den Uebrigen wohl zu bedenken gab.

67. **Daher sprach Jesus zu den Zwölfen: Wollt ihr auch weggehen?**

Jesus bedarf keines Menschen, aber wir alle bedürfen Seiner. Er sagt dies aber doch nicht in dem Sinne, als wenn Er seine Jünger für nichts achte, oder als ob es Ihm gleichgültig wäre, ob sie bei Ihm bleiben oder nicht. Nein, sonst hätte er nicht den Himmel verlassen und so viel Elend auf Erden erduldet, uns nicht mit so viel Schweiß und Todes-Mühe gesucht. Aber das will Er zeigen damit, daß Er keinen zwingen, sondern lauter freiwillige Jünger haben wolle.

68. **Da antwortete Simon Petrus: Herr! zu wem sollten wir gehen? Du hast Worte des ewigen Lebens!** Wir fühlen so etwas bei deinen Reden

und Worten; es ist, als ob wir schon im ewigen Leben wären; Gott behüte uns, wo anders hinzugehen! du hast uns am Herzen gefaßt; wir hangen an dir mit Leib und Seele, wir können nicht weg. „Wir wollen lieber mit dir in einem Feuer schwitzen, als, Schönster! ohne dich im Paradiese sitzen."

Sie wußten doch, was sie am Umgange und an den Worten des Heilands hatten. Und wir Glaubensleute, die wir nicht sehen, können uns kaum eine Vorstellung von einem solchen Umgang mit dem Heilande machen, wie ihn die Jünger hatten. Wenn aber einem der Apostel Petrus oder Johannes erschiene, so würden sie uns nichts mehr sagen, als was in dem Evangelium steht; denn sonst hätten sie mehr davon geschrieben, wenn sie noch etwas Besseres und Nöthigeres für uns gewußt hätten. Und wenn ein Engel vom Himmel käme, so würde er uns nicht mehr sagen können; denn er weiß gewiß nicht mehr, als die Gläubigen wissen. Wie es heißt, daß wenn einer von den Todten auferstände, so hätte man nicht mehr, als man in den Propheten und in Moses liest. Aber eine Minute mit dem Heilande umgehen, ein einziges solches Gespräch mit Ihm, das wäre eine große Freude und ein großer Vortheil. Es muß aber wohl von der Art seyn, daß wir nicht mehr ins gegenwärtige Leben taugten, wenn wir Ihn in seiner Herrlichkeit sähen und mit Ihm umgingen. Darum muß man sich freilich diese Begierde, die doch sehr groß ist, vergehen lassen; oder von Zeit zu Zeit sich trösten und schweigen, und sich an seiner Gnade, und an Menschen-Sohns-Tagen begnügen lassen, wo es einem im Gemüthe so ist, als wenn Er mitten unter uns wandelte.

Daß Er Worte des ewigen Lebens hat, und ein wahrhaftiger Heiland ist, das erfahren alle Geschlechter seiner Kinder, die auf einander folgen. Wer auf die täglichen Vorfälle aufmerksam ist, und aufs Schreibtäfelchen setzt, was der Herr nur mit seiner eigenen

Seele redet und handelt, der kann eine lebendige Sammlung von Erfüllungen der Wahrheit haben.

69. **Und wir haben geglaubt und erkannt, daß du Christus, der Sohn des lebendigen Gottes bist.**

Hier wird der Glaube vor der Erkenntniß und Wissenschaft gesetzt: Wir haben geglaubt und zweitens erkannt ꝛc. Darum kann es einem die Schule nicht übel nehmen, wenn man diese apostolische Erklärung der ihrigen vorzieht. Die Menschen haben nämlich in ihrem theologischen Systeme etwas aus dem Heidenthume beibehalten; sie wollen, daß man die Sache zuerst **erkläre**, in Sätze bringe und **beweise**. Und wenn sie dann **wissen**, wie die Sache zusammenhängt, alsdann bemühen sie sich, es zu **glauben**, und dem gemäß zu **leben**. Das ist so durchaus angenommen, daß den Leuten nichts darwider einfällt, da es doch wirklich das Hinterste zuvörderst setzt. Denn nach dem neuen Testamente muß man zuerst glauben, und dann in der Erkenntniß zunehmen; denn wenn man die Sache glaubt, so erfährt man sie erst recht. Wo wollten wir sonst mit den vielen Mängeln hin, die sich in der Theologie der Patriarchen und selbst der Apostel finden, zur Zeit, da das Licht, die Wahrheit in Person unter ihnen wandelte; wenn es nothwendig wäre, für einen Mann Gottes, zuerst ein System beisammen zu haben, und auswendig zu kennen, und sich erst dann zu bemühen zu glauben, und in Saft und Kraft zu verwandeln? Das läßt sich gut hören, aber es ist nicht so der Brauch. Wer so urtheilt, der hat die Probe nicht gemacht. Es liegt nicht so fest an der Vollkommenheit der Erkenntniß, als an Treue und pünktlichem Glaubensgehorsam, den man ausüben muß; an dem Gegenstande des Glaubens, der einem vor dem Herzen und den Gemüths-Augen steht.

Sie hatten überhaupt geglaubt, sie waren mit aller Herzensbegierde auf den Gegenstand des Glaubens gefallen; ihr Herz hungerte darnach und sättigte sich damit. So ward dann auch ihr Verstand mit der Hauptsache bekannt. Es war nur Eine Sache, die ihnen nicht recht in den Kopf wollte, und das war das Leiden und Sterben ihres Meisters: nicht aus Ungehorsam, sondern theils aus Liebe zu Ihm, theils weil sie Ihn nicht gerne auf diese Art verlieren möchten, theils aus irrigen Begriffen von dem messianischen Reiche. „Was wirds dann werden?" Das nahm Er ihnen aber so übel, daß Er den Petrus, den Er liebte und zuerst wegen seiner Orthodoxie lobte, jetzt aber einen Satan, Friedensstörer und Rebellen schalt und auf die Seite gehen hieß, weil er sich seinem Leiden widersetzen wollte, das doch die Hauptsache in der Theologie ist.

70. **Jesus erwiederte ihm: Habe ich nicht euch Zwölfe erwählt,** daß ihr mir die Nächsten und meine Vertrautesten seyn solltet, **und einer von euch ist ein Teufel.**

Man kann also ein Erwählter, ein von Christo selbst unmittelbar Erwählter und doch ein Teufel und Verräther seyn oder werden. Wer darf stolz sein auf seinen Beruf, auf sein Amt, auf seine Würde, auf die Gnadenbezeugungen, Auszeichnungen und Vorzüge, die er von Gott selbst erhalten hat, da Judas als Apostel Christi alles dieses im größern Maaße und höherm Grade hatte. Es ist keiner seines göttlichen Berufes gewisser als Judas, weil ihn Christus selbst berief, und doch ist und war keiner desselben unwürdiger und ungetreuer. Ein viehisches Leben und teufliches Gemüth mit einem heiligen Berufe und Amte verbinden, welch ein Ungeheuer ist dieses, und es ist doch nicht so selten, als ein reiner Sinn und heiliger Wandel bei einem so erhabenem Berufe. Wie kam ein Teufel in das Kollegium der Apostel? Wie ein Verräther unter die Zeugen und Jünger? Wie ein solches Ungeheuer in die Gesellschaft Jesu? Welcher Mensch, welche Gesellschaft soll nicht zittern? Jesus nennt ihn nicht, warnt ihn ungenannt, entsetzt ihn nicht seines Amtes, trägt ihn bis auf die letzte Stunde, küßt den Teufel noch selbst beim Verrath! — Wer darf also sicher seyn, und sich etwas darauf zu Gute thun, daß der Herr ihn trägt, nicht offenbart, nicht vom Leuchter stößt, — wenn man nicht andere Beweise hat! — Wenn uns dieses nicht Mißtrauen zu uns selbst einflößt, und zur ernsten Selbstprüfung treibt, was wird es thun?

Jesus schämt sich nicht, einen solchen schlechten und niederträchtigen Menschen unter seinen vertrautesten Freunden zu haben; Er bekennt hier selbst ungescheut, daß Er ihn selbst erwählt und aufgenommen habe in die Zahl der Zwölfe, wie ist das möglich? Die Liebe, allerley, auch den Verrath des Freundes zu leiden, machte dieses wie alles andere möglich. Es sollte keine Art oder Gattung der Leiden fehlen. Und um deßwillen wollte Er es dulden, daß ein Verruchter, ein Greuel-Mensch, ein Ungeheuer, ein Satan unter seinen Auserwählten war. Die Redlichkeit der Jünger, die sich nicht schämen, dieß zu bekennen vor der ganzen Welt, daß sie einen solchen in ihrer Gesellschaft gehabt, ist nicht weniger zu bewundern.

71. **Er redete von Judas Iskariot, Simons Sohn, denn dieser hat Ihn hernach verrathen, obwohl er einer von den Zwölfen war.** Jesus redete von ihm, daß er es mit anhörte, damit er in sich gehen, und sich besinnen sollte. So hat ihn Jesus mehrmals erinnert, aber was es fruchtete, das hat der Ausgang gelehret.

Die Menschen denken: Ja, wenn ich Christo so nahe gewesen wäre, und Ihn selbst gesehen und gehört hätte, wie die Apostel, so wollte ich viel frömmrr seyn! Hier ist einer, der immer bei Jesu war, und mit Ihm umging, und ward doch ein Teufel. Man mußte sich damals ganz und vollkommen bekehren, und das Himmelreich mit Gewalt an sich reißen, wie man es jetzt thun muß; und wer dort nicht Gewalt brauchte, sondern an sich und seinen Neigungen hängen blieb, der kam nicht hinein, wie jetzt.

## Das VII. Kapitel.

(Jesus auf dem Lauberhüttenfeste zu Jerusalem; streitet mit den Juden, die Ihm nachstellen.)

1. **Darauf wandelte Jesus in Galiläa umher; denn in Judäa wollte Er nicht umherwandeln, weil Ihn die Juden umzubringen suchten.** Hat Er sich denn vor dem Tode gefürchtet? Er flieht den Tod nicht, sondern sucht den Willen seines Vaters zu erfüllen, indem Er auf seine Stunde wartet. Es ist nicht allezeit Tugend und Glaubens-Muth, der Verfolgung entgegen zu gehen; es ist oft ein grober Fehler, sich der Verfolgung nicht zu entziehen.

2. **Nun war das Laubhüttenfest der Juden nahe.**

3. **Da sprachen seine Brüder** (das ist, seine eigenen und nächsten Anverwandten von Seiten seiner Mutter Maria) **zu Ihm: Begieb dich weg von hier;** hier kennt man dich schon; **und geh nach Judäa; damit deine Jünger auch sehen die Werke, die du thust.**

So irdisch gesinnt, weltlich und blind waren seine Verwandte, daß sie Ihn wie der Satan in Versuchung führen wollten. Er sollte sich sehen lassen, sich hervorthun, entweder weil sie seiner gerne los geworden wären, oder weil sie auch von seinem Ansehen hätten Ehre haben mögen, wenn etwas aus seinem Reiche werden sollte.

Thorheit ist es, die Stimme derer zu hören, die uns immer zurufen, wir sollen uns bekannt machen.

Das heißt nichts anders, als seine eigene Ehre statt der Ehre Gottes suchen.

Die Stimme der Eigenliebe und des Ehrgeizes — dieser schlimmen, nahen Anverwandten — treibt manchen Knecht Gottes an, einen stillen Ort, wo er einen gewissen und großen Segen stiftet, zu verlassen, und einen ansehnlichen Posten zu wählen, der sich, seiner Einbildung gemäß, für seine Gaben und seinen Eifer besser schickt, wo er aber nur mehr Klippen findet, an denen er, ohne andern zu nützen, scheitert.

4. **Denn niemand thut etwas im Verborgenen, der sich offenbar machen,** öffentlich berühmt werden **will. Willst du das, bist du so ein Wunderthäter, so zeige dich der Welt,** in der Hauptstadt, nicht in dem dunklen Winkel Galiläa. So spricht die Welt. Ein Wort voll Unsinn und Unwissenheit; Als ob Gott dem Menschen seine Gabe mittheile, daß er sich selbst offenbare und zeigen soll, und seine eigene Ehre und Person an die Stelle Gottes und Christi setzen dürfte.

5. **Denn auch seine Brüder glaubten nicht an Ihn.** Kaum als Propheten, geschweige als Messias. Das war freilich ein großes Aergerniß bei andern Leuten, die da gesagt haben werden: Ja, da sieht mans, seine nächsten Freunde glauben Ihm nicht; was sollen wir glauben? Gehört dieß nicht zu den verborgenen Leiden Christi? Und dieses Spiel wird noch jetzt gespielt; denn nicht selten kommen die, welche am nächsten bei der Kirche sind, am letzten und spätesten in dieselbe, und diejenigen, die täglich um die Knechte Gottes sind, glauben ihnen am wenigsten.

Es ist eine andere, von der äußern sichtbaren Einrichtung ganz verschiedene, Haushaltung im Reiche Gottes; denn die der Natur und dem Ansehen nach Freunde seyn sollten, die sind im Reiche Gottes oft am weitesten auseinander. So war auch der Heiland mit seiner leiblichen Verwandtschaft am übelsten daran; da war Er gar nicht im Kredit.

6. **Da sprach Jesus zu Ihnen: Meine Zeit ist noch nicht gekommen; für euch aber ist die Zeit immer gelegen.** Ihr habt auf nichts zu warten. Ihr lauft nicht Gefahr.

Ich richte mich nach der Uhr und nach dem Stundenglase meines Vaters; ihr könnt es nach Belieben machen; ihr möget reden, was ihr wollet, ihr werdet nie verketzert werden; ich aber muß vorsichtig wandeln, daß ich dem Leiden nicht muthwillig entgegen gehe.

Wer seinem eigenen Willen folgt, alles nach seinem Kopfe thut, und nie den göttlichen Augenblick um Rath fragt, dessen Zeit ist allezeit. Wer aber Gott liebt, der hängt alle Augenblicke vom Willen und Winke Gottes ab, und kann nicht, wie er will.

7. **Euch kann die Welt nicht hassen,** weil ihr Eines Sinnes mit ihr seyd, und die Welt lieb habet; **mich aber hasset sie.** Wider Christum und die Christen sind sie alle eins, und blasen alle in ein Horn; Pharisäer und Sadducäer, Pilatus, Herodes und Kaiphas; **denn ich zeuge von ihr, daß ihre Werke böse sind.** Sie können meine Bestrafung nicht leiden.

8. **Gehet ihr hinauf zu diesem Feste; ich gehe noch nicht hinauf zu diesem Feste,** (verstehe, mit euch jetzt schon,) **denn meine Zeit ist noch nicht erfüllt.** Er richtete sich immer nach dem Zeiger, und ließ sich durch nichts vom geraden Wege abbringen, nicht durch Blutsfreunde mit fortreißen. Denn diese würden Ihm das Werk nur verdorben haben, wenn Er mit ihnen gegangen wäre. Zugleich will Er ihnen den Ruhm des Fleisches wegnehmen, als hätten sie ein besonderes Recht, mit Ihm zu gehen. Er sah nicht auf Fleisches-, sondern auf Geistes-Verwandtschaft.

9. **Da Er dies zu ihnen gesagt, blieb er noch in Galiläa.** 10. **Nachdem aber seine Brüder hinaufgegangen waren, da ging Er auch hinauf zum**

Feste, doch nicht öffentlich, sondern gleichsam heimlich, incognito, nicht mit ungläubigen und eitlen Verwandten, nicht in großen Volksschaaren. Schweigen und reden, gehen und nicht gehen hat seine Zeit.

Auch die Wahrheit muß manchmal thun, als dürfe sie sich nicht sehen lassen.

Seine Treue wartete auf die bestimmten Augenblicke seines Vaters. Er ging gern allein und stille, ohne Geräusch, ohne die Welt. Wer mit der Welt auf das Fest geht, der bringt auch den Geist der Welt mit zum Feste, und macht aus den christlichen Festen, Tage lustiger Zusammenkünfte und der Unterhaltung.

Jesus wollte auch allen Glanz und Ruhm, alles Aufsehen meiden, darum ging Er nicht mit seinen fleischlichen Verwandten, die ihn nur genöthiget haben würden sich hervorzuthun, und ein großes Wesen aus sich selbst zu machen.

Er lehrt auch alle Diener der Religion, daß sie sich in der Kirche und bei Kirchenfeierlichkeiten nicht mit einem großen Gefolge und mit Haufen von Verwandten oder Bedienten sehen lassen, sondern alles weglassen und vermeiden sollen, was Aufsehen macht, und was ihre oder anderer Andacht stören könnte. Jetzt heißt es aber bei manchen: je mehr Pomp, Pracht und Lärm, desto lieber. Alles zur Ehre Gottes, sagen sie. Wenn das zur Ehre Gottes gereicht, so hat Christus die Beförderung der Ehre Gottes schlecht verstanden, und Er hätte bei ihnen in die Schule gehen sollen.

11. **Die Juden aber suchten Ihn und sprachen: Wo ist er denn?** Sie konnten doch nicht ohne Ihn seyn. Er ging ihnen gleich ab. Wenn es nur aus Liebe geschehen wäre, und nicht, um Ihn zu kreuzigen. Selig, wer aus Liebe und Heilsbegierde recht oft fragt: Wo ist Er doch? Wie lange bleibt Er weg! O möchte Er sich offenbaren, welch eine Festfreude wäre das für mich!

Wo ist denn Er? möchte man auch manchmal bei geräuschvollen Kirchenfeyerlichkeiten, oder bei gelehrten, geschmückten Predigten fragen, Wo ist denn Er, die Hauptperson? Denn man sieht, hört oft so vieles, so auffallendes — daß einem nichts abgeht als nur **Er** — Er, ohne den alles nichts ist, es gleiße und habe Namen und Schein, welchen es wolle. Wo Er nicht dabei ist, nicht hervortritt, nicht ins Auge fällt, da gefällt einem innigen Christen alles nicht, wenns noch so heilig und kirchlich scheint. Das Herz denkt immer: Wo ist denn Er? und das Auge weint, daß sich die Menschen so ohne Ihn — auch in der Religion und beim Gottesdienste — so ohne Ihn unterhalten und so viel Wesens machen können.

12. **Es war viel Gerede von Ihm unter dem Volke.** So muß Christus und die Wahrheit durch verkehrte Urtheile hindurch; das geht noch heute so; wer lebendig an Christum glaubt, der kommt in aller Leute Mund, und wird von allen Zungen herumgezogen. **Einige sprachen: Er ist gut; andere sagten: Nein, Er verführt das Volk.** So wird der Name eines **Verführers** selbst Christo auf den Rücken gebunden. Durch solche Wege geht es mit Ihm; darauf muß man sich gefaßt machen. Christus und die Seinigen sind vogelfrei; die Leute haben alle Erlaubniß, zu sagen und zu lästern, was ihnen nur einfällt.

13. **Doch redete niemand frei von Ihm**; das ist, die gut von Ihm redeten, getrauten sich nicht, es laut zu sagen, **aus Furcht vor den Juden.** Die Lästerer durften wohl frei reden; sie legten die größte Ehre ein.

Ist es nicht auch jetzt noch so, daß diejenigen, die Jesum loben und lieben, es nicht wagen dürfen, frei von Ihm zu reden, wenn sie nicht verachtet, verspottet und verfolgt werden wollen. Wer dagegen Gott und Jesum lästern, verwerfen, und verächtlich von Ihm reden will, darf es ungestraft und ohne Scheu thun.

Er passirt als ein vernünftiger, gebildeter Mann, der Erziehung hat. Wie muß man sich sonst in der Welt hüten, von jemand übel zu sprechen. Aber von Jesus wird so schlecht als möglich gesprochen. Da ist die größte Freiheit. Von welchem Menschen, von welchem Fürsten duldet man es in seinem Lande, daß übel von ihm gesprochen wird? Da finden sich Angeber genug. Und wer kann leugnen, daß dieses der Ordnung gemäß und nothwendig ist, weil die Obrigkeit Gottes Stellvertreterin ist und man von ihr so wenig übel reden darf als von Gott. Aber wenn man schon den Stellvertreter nicht schmähen darf, warum den, durch den, von dem, und in dem Alle sind? Wenn der gelästert und geschmäht wird, da finden sich wenig Angeber. Und doch wäre gewiß kein Land sicherer, ruhiger und gesegneter, als wo niemand übel redete von Jesus, und vom Vater. Denn wer diese ehrt und liebt, kann und darf unmöglich seine Obrigkeit schmähen oder auch nur übel von ihr denken, geschweige reden, nicht aus Furcht der Strafe, sondern um des Gewissens willen, um Gotteswillen.

Denket doch, der Sohn Gottes war in der Welt und es redete niemand, der Ihn ehrte, frei von Ihm, aus Furcht verfolgt zu werden. Welche Schande für die Menschheit, für die Welt! Ein Bösewicht, ein Verbrecher findet Schutz und Leute, die für ihn sprechen, aber der Fromme, der Gerechte wird verlassen und niemand wagt es für ihn den Mund aufzuthun. So war es, so ist es, so wird es seyn und bleiben, bis der wiederkommt, der alle Lästerer auf den Mund schlagen wird, daß sie ewig verstummen, und allen Frommen die Zunge lösen wird, daß sie Ihn ewig frei und freudig loben und preisen.

Wer ein wahrer Nachfolger und Jünger Jesu ist, der rechne darauf, daß er viele habe, die übel von Ihm reden, und frei lästern, mit Beifall aller Welt, aber wenige oder gar keine, die Ihn in Schutz nehmen, und ohne Achselzucken von Ihm zu reden sich getrauen. Wer einen Christen, einen Frommen lobt und vertheidiget, der verdirbt es bei der ganzen Welt und beim Teufel; und wer will es da verderben? Wer aber die Christen als Schwärmer, als verrückte Köpfe, als Mystiker schmäht und lästert, der legt die größte Ehre ein und ist ein Mensch, der Lebensart hat, und sich in die Leute schicken kann.

**14. Um die Mitte des Festes ging Jesus in den Tempel hinauf und lehrte. 15. Da verwunderten sich die Juden und sprachen: Wie versteht dieser die Schrift, da Er sie doch nicht gelernet hat?**

Zur rechten Zeit tritt Christus hervor. Da regt sich alles, und die Leute thun, als bekümmerten sie sich um Ihn; aber es ist den Wenigsten um das Rechte zu thun. Sie verwundern sich über seine Lehrart; die Lehre geht ihnen aber doch nicht ein; daß Er nicht zu Jerusalem studirt, und die Schrift nach ihrem Systeme verstehen und erklären gelernt hatte, nahmen sie Ihm sehr übel. Die Welt heißt nur das Lernen und gelehrt seyn, wenn man so durch die vielen Klassen in den Schulen durchgeführt wird; von einer andern Art zu lernen (Joh. 6, 15.) weiß sie nichts!

16. **Jesus antwortete ihnen und sprach: Meine Lehre ist nicht mein**; so wie ihr meinet; daß ich sie wie die Menschen selbst erfunden hätte; ich rede nicht von mir selbst; **sondern** nach dem Sinne **dessen, der mich gesandt hat.** Das Wort des Vaters kann nichts anders reden, als was vom Vater kommt. Wenn nun Christus nichts Eigenes hervorbrachte, wie vielmehr sollten wir uns zu Ihm wenden, daß wir nicht aus uns selbst reden, sondern daß es uns von Ihm gegeben werde, was wir reden sollen!

17. **Wenn jemand seinen Willen thun will, der wird erfahren, ob diese Lehre aus Gott ist, oder ob ich von mir selbst rede.**

Die Leute wollten gerne neutral seyn; ja wer weiß, ob alles so wahr ist? Werdet erst der Wahrheit gehorsam, so wird sichs ausweisen. Versuchet es nur zu thun, was der Vater will. Joh. 6, 40. steht es deutlich, was des Vaters Wille ist. Das ist der richtigste, geradeste und einfältigste Weg zur Erkenntniß der Wahrheit. Da weiß man nicht nur, was wahr ist; da erfährt und genießt man die Wahrheit, die ewige Wahrheit, das ewige Leben. Und da hat kein Zweifel mehr statt, ob die Lehre Jesu aus Gott sey; denn sie giebt einem Gott und das ewige Leben selbst, versetzt uns hier schon in den Himmel, und verräth dadurch deutlich und anschaulich genug ihren Ursprung.

18. **Wer von sich selbst redet**, aus eigenem Triebe, von sich selbst gelaufen kommt, und lehrt ohne wahren Beruf und göttliche Sendung, **der sucht seine eigene Ehre**, und den Menschen zu gefallen, auch seinen eigenen Nutzen, gute Besoldung rc. **Wer aber die Ehre dessen sucht, der ihn gesandt hat**, und dadurch zu erkennen giebt, daß er von Gott gesandt und gesalbt sey, **derselbe ist wahrhaftig, und keine Ungerechtigkeit ist in ihm**; weil er nicht sich selbst sucht, noch durch sich selbst redet, sondern was ihm der Geist eingiebt. Solche sind als Verführer geachtet und doch wahrhaftig. 2. Kor. 6, 8.

19. **Hat euch nicht Moses das Gesetz gegeben?** dessen ihr euch immer rühmet, als wolltet ihr bei Moses bleiben, und keinen andern erkennen. **Und doch hält niemand aus euch das Gesetz. Warum suchet ihr mich zu tödten?** Hat euch Moses, hat euch das Gesetz das geboten?

Diejenigen, die den Buchstaben des Gesetzes und die Form am meisten unterstützen und den Geist daraus verbannen wollen, brechen das Gesetz und die Form am ärgsten. Es werden zwar die, welche gewisse Gesetze brechen, um etwas Besseres zu thun, verdammt; aber die, welche dieselben Gesetze brechen, um Böses zu thun, werden nicht verurtheilt; z. B. die die Kirche nicht besuchen, um liederliche Häuser oder Bierbänke 2c. zu besuchen, werden ungestraft gelassen; die aber ihr Haus zur Kirche machen, und sich da erbauen, werden gewöhnlich verdächtig, oder gar verdammt, verfolgt, verketzert, sie mögen nun die öffentliche Kirche besuchen oder nicht.

20. **Das Volk antwortete und sprach: Du hast den Teufel! Wer sucht dich zu tödten?** Sie läugneten und wollten es nicht auf sich kommen lassen, daß sie bei ihrem Religions-Eifer auf mörderischen Wegen seyn sollten. Nachher verriethen sie sich doch selbst. Die Welt will Gott zum Lügner machen, damit nur sie fromm und schön bleibt. Wenn es hernach herauskommt, daß sie mit Mordgedanken umgehen, sagen sie: Ja, wir haben auch Ursache. Aber Christus zeigt ihnen hier voraus, daß sie nicht Ursache haben.

21. **Jesus antwortete und sprach: Ein einziges Werk habe ich gethan,** und das besteht darin, daß ich am Sabbat Gutes that, heilte und rettete, **und ihr verwundert euch alle;** ihr leget es alle übel aus, als ob ich dadurch das Gesetz gebrochen hätte. Da denkt ihr, ihr hättet Wunderdinge gegen mich gefunden. Wie aber, wenn ich euch Beispiele zeige, daß ihr das Gesetz selber brechet, und ein Gesetz das andere aufhebt.

22. **Moses hat euch die Beschneidung gegeben** (nicht als wäre sie von Moses, von den Vätern ist sie, von Abraham), **und doch beschneidet ihr den Menschen am Sabbat.** 23. **Wenn man nun einen Menschen am Sabbat beschneiden darf, damit nur das Gesetz Mosis nicht übertreten werde; was zürnet ihr denn über mich, daß ich den ganzen Menschen am Sabbat gesund machte.**

Ihr beschneidet einen Menschen am Sabbat, wenn der achte Tag, an welchem ein Kind beschnitten werden muß, gerade auf einen Sabbat fällt, obwohl die

Beschneidung eine Handarbeit ist. Wenn nun der Sabbat nicht entheiliget wird durch die Arbeit der Beschneidung, durch **Verwundung**, warum sollte er entheiliget werden durch die **Heilung** eines Menschen? Gott hat alle Gesetze zum Besten der Menschen gemacht; wie kann das Sünde seyn, wenn ich einen Menschen gesund mache am Sabbat, ohne Arbeit und Mühe. Ihr verwundet den Menschen am Sabbat durch die Beschneidung, und haltet es nicht für Sünde; ich aber heile ihn, und das soll Sünde seyn!

So tödtet der Buchstabe des Gesetzes.

24. **Richtet nicht nach dem Scheine, sondern richtet ein gerechtes Gericht.** Wenn ihr urtheilen wollt, so gebet den Leidenschaften nicht Raum, oder wenn ihr das nicht könnet, so enthaltet euch alles Urtheilens.

25. **Da sprachen etliche aus Jerusalem: Ist das nicht derjenige, den sie zu tödten suchen?**
26. **Und sieh, Er redet frei, ohne daß sie Ihm etwas sagen.** Sieh, da kams heraus. Vorher sagten sie: Du hast den Teufel, du lügst, wer sucht dich zu tödten? Die Wahrheit kommt doch an den Tag. Man verräth sich leicht, wenn es so tief darin sitzt.

— **Haben denn unsere Vorsteher erkannt, daß Er Christus ist?** (Wollte Gott! sie erkennten Ihn alle!) Auf deren Urtheil lassen sie es ankommen; und verlassen sich also auf andere. Da sind sie wahrhaftig verlassen; denn die nehmen Ihn doch selten an, wie Er ist.

27. **Doch von diesem wissen wir, woher Er ist.** Sie tragen kein Bedenken, auch ihre Privatmeinung zu sagen, die so schlimm und blind ist, als die der Vorsteher. Sie reden so kühn, als wenns ein Evangelium wäre. Wo steht das? **wenn aber Christus kommt, wird niemand wissen, woher Er ist.** Ist nicht Bethlehem sein Geburtsort nach euren Propheten? Ja, die Traditionen und Sprichwörter der

Menschen gelten mehr, als Christus und seine Propheten.

28. **Da rief Jesus im Tempel,** und suchte ihnen ihre falsche Einbildung zu nehmen, als wenn sie Ihn kennten; **Er lehrte und sprach: So kennt ihr mich denn, und wisset, woher ich bin?** So macht es die Welt; sie will alles wissen, und bildet sich leicht ein, daß sie dieß und jenes wisse, da sie doch im Grunde nichts weiß; die Menschen, besonders die Gelehrten, gestehen lieber, daß sie böse, als daß sie unwissend sind. Sie wußten wohl Christi menschliches Herkommen, daß Er von Davids Geschlechte, aus dem Stamme Juda und zu Bethlehem geboren werde; aber daß Er von Gott ausgehe, und von Ewigkeit geboren, der Herr des Himmels sey, davon wußten sie gar nichts. Darum sagt Er: **Ich bin nicht von mir selbst gekommen; sondern der Wahrhaftige ists, der mich gesandt hat:** aber der ist eben so wie einer, **den ihr nicht kennet.** Und also wisset ihr nichts bei allem eurem Wissen. Und nun erklärt Er erst recht deutlich, woher Er komme und wer Er sey.

29. **Ich aber kenne Ihn; denn ich bin von Ihm, und Er hat mich gesandt,** daß man Ihn durch mich kennen lernen soll.

Wer kann sagen, wie Jesus, **ich kenne Ihn;** und ich bin **von Ihm?** Wir sind alle von Gott geschaffen; aber Er ist von Gott, aus Gott, seines Wesens und seiner Natur, der Gottheit theilhaftig, Eins mit dem Vater; ich kenne Ihn; denn ich bin, was Er ist, bin derselbe, habe dieselben Eigenschaften.

Das war ihnen vollends unerträglich. 30. **Darum suchten sie Ihn zu greifen. Doch legte niemand Hand an Ihn;** am Willen fehlt es ihnen nicht; da waren sie schon Mörder; aber das Vollbringen stand nicht in ihrer Macht, **denn Seine Stunde war noch nicht gekommen.** So lange der Augenblick der göttlichen Erlaubniß nicht da ist, das placetum regium divinum, bleibt aller böse Wille ohne Wirkung. Die Welt möchte allezeit alle Christen vertilgen; aber es fehlt an Erlaubniß.

31. **Von dem Volke aber glaubten viele an Ihn und sprachen: Wenn Christus käme, könnte Er wohl mehr Zeichen thun, als dieser?**

So giebts doch noch allezeit einige, die sich gewinnen lassen. Aber gewöhnlich sind es nur **gemeine Leute** aus dem Volke. Diejenigen, die die rechte Lehre, den wahren Geist nicht kennen, wollen bei ihren Ehren bleiben, und sich in keine verworfene, verschmähte und verächtliche Sache, wie das Christenthum ist, einlassen.

32. **Da die Pharisäer dieß hörten, daß das Volk dieß heimlich von Ihm rede,** denn laut durften sie doch nicht schreien, **so sandten die Vorsteher** in Verbindung mit den ehrbaren[,] **Pharisäern ihre Diener ab, daß sie Ihn greifen sollten.**

Man darf mit Christo nicht laut seyn in der Welt, oder man steht in Gefahr, daß Er einem genommen wird. Das verdroß sie, daß das Volk sich etwas zu sagen erlaubte und Ihm so viel Beifall gab. Sie konnten es nicht leiden, daß das Volk einmal auf die rechte Seite kommen wollte.

33. **Da sprach Jesus zu ihnen:** Ihr dürfet eben nicht so eilen mit meiner Hinrichtung; es wird zeitig genug kommen, daß ihr ohne mich seyd: **Noch eine kleine Zeit bin ich bei euch:** wer sichs zu Nutzen machen will, der kann es thun. **Dann gehe ich zu dem, der mich gesandt hat.** Die Zeit der Gnade ist recht kurz, da man Christum haben kann. Aber wenn man sie versäumet, wird die Reue desto länger seyn.

34. **Ihr werdet mich suchen, aber nicht finden;** weil ihr mich nicht am rechten Orte, und auf die rechte Weise suchet. Die Menschen suchen Ihn außer sich, in Dingen, wo Er nicht zu finden ist, nicht

im Glauben, nicht im Evangelio, nicht in seinem Tode und Blute, nicht im Herzen. **Dahin, wo ich bin, könnet ihr nicht kommen,** weil ihr nicht meine, sondern ganz fremde Wege gehet. Ihr versperret euch selbst die Thüre.

35. **Da sprachen die Juden zu einander: Wo will Er denn hingehen, daß wir Ihn nicht finden sollen?** Da thun die Menschen klug, wenn sie so etwas haben, und raisonniren, und ist doch alles Thorheit, was sie vorbringen. **Will Er gar unter die zerstreuten Griechen** (d. i. unter die unter den Heiden zerstreuten Juden) **gehen und die Griechen lehren?** Denn das war ihnen unerträglich, daß einer zu andern Völkern gehen wollte. Sie wollten es allein seyn. 36. **Was ist das für eine Rede? ihr werdet mich suchen und nicht finden, und dahin, wo ich bin, könnet ihr nicht kommen.** Sie wiederholten sich die schreckliche Rede, die ihnen das fürchterlichste Gericht verkündet, und schalten darüber, als hätte es keinen Sinn. So schüttelt der natürliche Mensch den Kopf über die Sprache des Geistes, weil er nicht versteht, was des Geistes Gottes ist. Christus aber schweigt darauf, denn es war keiner Antwort werth.

37. **Am letzten Tage des Festes, welches der feierlichste war,** da sie aus dem Teiche Siloha Wasser schöpften, und es mit großer Freude in das eherne Meer gossen, da zeigte ihnen Christus, was das bedeute, und wo sie eigentlich Wasser schöpfen sollten; **Er trat auf, rief laut,** daß es jedermann hören konnte **und sprach: Wen da dürstet, der komme zu mir, und trinke;** wen nach Seligkeit dürstet, der komme und schöpfe aus der unerschöpflichen Quelle des Lebens.

38. **Wer an mich glaubt, aus dessen Leibe werden, wie die Schrift sagt, Ströme des lebendigen Wassers fließen.** Das war das Fest-Manifest Christi, welches Er da kund machte, das schon Jes. 12, 3. 44, 3. steht. Glauben und Dürsten,

oder dürstendes und brennendes Verlangen, und zuversichtliches Kommen zu Christus ist hier eins.

Es heißt hier wörtlich: aus dessen **Bauche** werden 2c. Bauch pflegten die Juden die Wasserbehälter, die sie beim Feste brauchten, zu nennen, weil sie ein hohler Bauch waren. Dieß benutzt Christus und will sagen: Die Herzen der Gläubigen werden solche Wasserbehälter, solche Gefäße, Schöpf-Geschirre seyn, daß sie nicht nur für sich mit Gaben des heiligen Geistes ganz angefüllt sind, sondern auch auf andere überfließen und sich mittheilen. Ja solche Gefäße der Gaben des heiligen Geistes sind die Herzen der Gläubigen an Christus. Das Wasser des Lebens strömt immer ein und aus.

39. **Das sagte Er aber von dem Geiste, den diejenigen empfangen sollten, die an Ihn glauben.** Wasser ist also das Bild des heiligen Geistes, weil Er ausgegossen wird im Ueberflusse, wie Wasser, und wir Ihn eben so reichlich und leicht erlangen können, wenn wir nur Durst haben und zur Quelle kommen wollen. Aber die Menschen leiden lieber Durst und sterben, als daß sie kämen und sich dieses Lebenswassers theilhaftig machten, so freundlich sie auch Jesus zum Trinken einladet. O Liebe! du dürstest mehr, unsern Durst zu löschen mit Deinem Geiste, als wir Lust zu trinken haben.

— **Denn noch war der Geist nicht mitgetheilt, weil Jesus noch nicht verkläret war.** Daß heißt: Der heilige Geist war noch nicht sichtbar erschienen und ausgegossen, seine Wunderkräfte hatten sich noch nicht geregt: es ist noch nicht vom heiligen Geiste geredet worden, als von einer bekannten Sache.

An den Heimgang Christi war die große Ausgießung des heiligen Geistes gebunden. So kommt der Geist der Heiligung aus dem Tode und der Auferstehung Jesu Christi. Er hat Ihn uns erst verdienen, erwerben müssen durch seinen Gehorsam bis in den

Tod. Durch den Ungehorsam Eines Menschen ist der Geist Gottes vom Menschen vertrieben worden. Durch den Gehorsam des Einen, Jesus Christus, ist Er wieder gegeben worden.

40. **Viele nun vom Volke, welche diese Rede hörten, sprachen: Dieser ist wahrhaftig der Prophet.** 41. **Andere sagten: Der ist Christus, der Messias selbst; andere aber** schütteten das Dintenfaß über das, was jene geschrieben, und **sprachen: Sollte denn Christus aus Galiläa kommen?** Sie wollen es Ihm vorschreiben, woher Er kommen muß. Das Vorurtheil des Ortes schreckt manche von der Annahme des Guten ab: „wenn es nur nicht da- oder dorther käme!"

42. **Sagt nicht die Schrift: Aus dem Geschlechte Davids, aus dem Städtchen Bethlehem, wo David war, soll Christus kommen?** Daher war Er auch; aber weil sie es nicht wußten, so mußte es nicht wahr, und Er nicht daher seyn. Es war beides geweissagt, daß Er in Bethlehem geboren werden, und sich in Galiläa aufhalten würde. Und beides fand sich an Ihm; aber sie wollten es nicht wissen, damit sie nicht an Ihn glauben dürften.

43. **Es waren also unter dem Volke verschiedene Meinungen über Ihn.** Sie hingen am Buchstaben der Schrift, und daraus entstehen allemal Spaltungen, weil der Buchstabe Zank erweckt, indem man die Schrift zerreißt und Einer da ein Stück herausnimmt, und der Andere dort, was ihm beliebt, und jeder wegläßt, was ihm nicht in seinen Kram taugt. Man hat Lust zu zanken, weil man nur seine Meinung in der Schrift sucht, nicht das Leben.

44. **Einige von ihnen wollten Ihn ergreifen, aber niemand legte Hand an Ihn.** Den Willen hatten sie — aber die Hand war ihnen zu kurz, weil sie von einer höhern gehalten wurde. Leider! wollen Ihn noch jetzt viele ergreifen, aber keine Hand an Ihn legen,

legen, Ihn nicht anfassen mit Ernst und mit beiden Händen des Glaubens und der Liebe, sondern nur mit dem Munde und der Zunge.

Wohl dem Menschen, der in der Hand Gottes ist, denn über ihn hat die Hand der Welt keine Gewalt. Den bösen Willen der Welt haben wir nicht so sehr zu fürchten, als unsern eigenen. Der böse Wille der Welt hängt an einer Kette, wie die Hunde, die nicht weiter gehen können als die Kette reicht, und die Hand, welche sie hält, sie gehen läßt.

45. **Die Gerichtsdiener**, die ausdrücklichen Befehl hatten, Ihn zu greifen, **kamen** unverrichteter Sache zurück, und wurden deßwegen übel angesehen. **Die Hohenpriester und Pharisäer sprachen zu ihnen: Warum habt ihr Ihn nicht mitgebracht?** Antwort: Weil oft diejenigen, die ausgeschickt werden, Jesum zu fangen, selbst gefangen und gewonnen werden. Es ist auch nicht allemal Zeit zu fangen.

46. **Die Gerichtsdiener antworteten: So hat nie ein Mensch geredet, wie dieser Mensch.** Sie bekennen frei gegen ihre Herren, in deren Sold sie standen, und deren Lied sie also hätten singen sollen. Sie geben Zeugniß von der Kraft seines Vortrags, daß sie selbst in ihren Herzen überzeugt und ergriffen worden wären. So geht Christus um mit seinen Feinden, daß Er ihre Leute kräftig überzeugt und fängt, ob sie dadurch nicht den Finger Gottes erkennen wollen.

Besonders ist von seiner Predigt zu merken, daß Er nicht Geschrei und Lärmen machte, sondern dem Aufsehen und Geräusche aus dem Wege ging, und die Leute Ihm nachlaufen mußten, wenn Er ihnen predigen sollte. Es ist oft geschehen, daß Er den Leuten aus dem Wege ging; sie sind Ihm aber nachgegangen, und Er hat ihnen predigen müssen.

Der Schall war es nicht, der die Leute so ergriff, weil Er etwa so gewaltig geredet, so gedonnert und gewettert hat; sondern es lag allemal in seinem sanften

Vortrage eine göttliche Authorität. Sein Wort, ja seine bloße Gegenwart fuhr wie der Blitz in die Herzen. Das konnte Ihm keiner nachmachen.

47. **Die Pharisäer**, die darüber hätten aus der Haut fahren mögen, **sprachen zu ihnen** voll Bitterkeit und Verdruß: **Seyd ihr auch verführt?** Sobald sich ein Mensch von der Wahrheit gewinnen läßt, beschuldigt man ihn, er habe sich verführen lassen; das hört man noch alle Tage; wenn einer von der Welt sich zu Christus wendet, so führt die Welt allemal diese Klage.

48. **Glaubt auch irgend ein Vorsteher** *) (ein Mitglied des hohen Raths), **oder einer von den Pharisäern an Ihn?** Und das wird ihnen zur Ehre und zum Verdienste angerechnet vor der Welt. 49. **Blos das Volk, das nichts vom Gesetze versteht, die verfluchten Leute glauben an Ihn**; oder: der Pöbel treibt diesen verfluchten Unfug, soll daher auch verflucht seyn. Eben als wenn gar kein Pharisäer oder Vorsteher an Ihn geglaubt hätte! Hat nicht Nikodemus an Ihn geglaubt? Und dann folgt auch nicht, daß der nichts tauge, an den die Pharisäer und Vorsteher nicht glauben. Sie sind da recht in Zorn gerathen; blos der unwissende Pöbel, solches Lumpenvolk glaubt Ihm, wollen sie sagen. Sie werfen dem Volke Unwissenheit vor, da sie doch selbst die Ursache davon waren, weil sie es nicht besser unterrichteten. Das ist ihnen um so mehr zu verargen, weil bei ihnen alles nur auf das Wissen ankommt. Allein das Volk wußte mehr als sie. Sie verfluchen in ihrem Hochmuthe und in ihrer Hochachtung der Wissenschaft das einfältige Volk, das gerade zu Gott geht.

---

*) Es ist merkwürdig, daß nur die geistlichen Aristokraten, die Vorsteher der Priesterschaft, die stolzen Schriftgelehrten und die engherzigen Pharisäer seine Feinde waren. An gemeinen Priestern zeigt sich hiervon keine Spur. So auch Apg. 6, 7.

Es verdient Ueberlegung, was das sagen will, daß nicht leicht ein Vorsteher oder Pharisäer an den Heiland glaubt. Denn es war keine vergebliche Rede, kein Geschwätz in den Wind, sondern ein frappanter Einwurf. Sie wollten die Sache des Heilandes zu einem tumultuarischen Schwindelgeiste machen, der über die gemeinen Leute gekommen wäre. Und da liegt eine gefährliche Frage darin, die eine Antwort braucht. Wir müssen gründlich überlegen, woher das kommt. Der Heiland führt sein Amt mit einem Segen, mit einer Autorität und mit einem Kredit, der bis auf die Teufel wirkt; denn der Satan gehört mit unter die, welche es Ihm wohl glauben müssen. Kommts aber auf die Ungläubigen, so ist das eine verkehrte Art Menschen; da ist die Welt gleichsam mit Brettern verschlagen für Ihn. Wie kommt das? Das kommt daher: Der Teufel kennt Jesum, Paulum weiß er, er muß sich schmiegen vor dem Heilande und vor den Leuten, die die rechten Pässe haben, nämlich vor den legitimirten Knechten des Heilandes; aber der Hochmuth des Unglaubens ist noch härter als der Teufel; der schmiegt sich nicht.

Der Satan muß dem Heilande auf den Wink gehorchen; er steht in einer sklavischen Devotion vor seiner Person; er weiß, wer ihn behandelt, aus welcher Macht, und daß Ihm nicht gut widerstehen ist. Aber die bösen Menschen sind nicht so zu bedeuten. Sie haben kein Gefühl; und da kann es unmöglich eine Wirkung auf sie machen.

50. **Nikodemus**, der unter diesen Gelehrten der einzige ist, der Jesum gekannt und unterstützt hat, that es aber doch auf eine verborgene Weise; denn es ist derjenige, **der des Nachts zu Ihm gekommen war, der sprach zu ihnen: 51. Verdammt unser Gesetz,** an das wir uns so steif halten, **auch einen Menschen, ehe man ihn selbst gehört, oder was er gethan, untersucht hat?** Das wußte der gute Nikodemus nicht, daß das der ordentliche Gang in der Welt ist, und

seyn wird bis ans Ende, so lange es solche geistlose Pharisäer geben wird, die, so oft Christus in seinen Gliedern angeklagt wird, den Prozeß mit der Execution anfangen, und die nichts beobachten, was man sonst bei Malefikanten beobachtet. Das macht der Grimm. Man verdammt die Christen, ehe man sie gesehen oder gehört hat, blos auf falsche Erzählungen, Einbildungen, Hirngespinste hin.

52. **Sie antworteten und sprachen zu ihm: Bist du auch ein Galiläer? Forsche in der Schrift,** steck deine Nase in die Bibel, **und sieh, daß aus Galiläa kein Prophet aufsteht.** Jetzt heißts: Bist auch du ein Narr, Schwärmer, oder Ketzer?

Uebrigens ist das grundfalsch; denn es waren, wie viele glauben, die Propheten Elias, Elisäus und Amos Galiläer; wenigstens sind doch Nahum und Jonas daher gewesen; und Jesaias hat Kap. 9. geweissagt, daß in Galiläa ein großes Licht aufgehen, und der große Prophet selbst daher kommen werde. Diese Herrn irrten also sehr, und wußten die Schrift nicht. Hochmuth, Vorurtheil haben kein Auge zu untersuchen, sondern nur zu verdammen.

53. **Und nun ging jeder wieder nach Hause.** Und jeder blieb bei seiner Meinung. So geht man auch aus der Predigt meistentheils wieder mit dem alten Herzen und denselben Gesinnungen nach Hause, wie man von Hause gekommen ist. Jesus darf mit seinem Worte abziehen, wie Er kam.

## Das VIII. Kapitel.

(Jesus begnadigt die Ehebrecherin, widerlegt die Pharisäer; die Juden wollen Ihn steinigen.)

1. **Jesus aber begab sich an den Oelberg hinaus.** Der Heiland hat also den Oelberg nicht erst

in seiner letzten Angst kurz vor seinem Leiden aufgesucht, sondern Er ist öfters dagewesen, es ist sein Betort, sein Winkelchen gewesen, wo Er sich oft im Gebete aufgehalten hat, und mit seinem Vater allein gewesen ist. Das verdient Nachahmung. Eine solche Gelegenheit, allein zu seyn, und zu beten, ein solches Betkämmerlein, eine solche Hauskapelle kann sich jeder schaffen.

Aus dem Geräusche des Streites mit den Juden zog sich Jesus in die Einsamkeit zurück. Obwohl Er in seinem Innern ganz ruhig geblieben war unter aller Unruhe, so suchte Er doch auch die Ruhe von außen. Wenn man im Geräusche seyn muß, so kann man Schaden leiden, wenn man sich nicht manchmal zurückzieht; und dazu ist der Oelberg und das Kreuz des Herrn der passendste und gesegnetste Ort. Dann kann man am frühen Morgen wieder an sein Berufsgeschäfte gehen, wie der Heiland.

2. **Früh Morgens kam er wieder in den Tempel und alles Volk kam zu Ihm und Er lehrte sie.** Da Er die Nacht beim Vater zugebracht hatte, so suchte er am Tage die Menschen wieder, und der Vater schickte Ihm auch gleich wieder Zuhörer in seine Predigt. Früh ging Er an seine Geschäfte, früh kam das Volk, Ihn zu hören. Früh schicke sich auch unsere Seele zu Ihm, denn Er kommt früh in seinen Tempel, in dein Herz.

3. **Die Schriftgelehrten und Pharisäer** hatten auf eine Nachstellung gedacht, Christum zu fangen, daher **brachten sie ein Weib zu Ihm, welches sie im Ehebruche ergriffen hatten, stellten sie in die Mitte**
4. **und sprachen zu Ihm** (der gekommen war, Sünder nicht zu verderben, sondern selig zu machen): **Meister! Dieses Weib ist gerade auf frischer That im Ehebruche ergriffen worden.** Die Heuchler vergessen, daß sie in einem beständigen Ehebruche gegen Gott leben, und vor Gottes Augen unablässig in dieser Sünde angetroffen werden. Wer sein Herz Gott

entzieht, oder nur theilt zwischen Gott und den Kreaturen, wer nicht mit ungetheiltem Herzen, mit ganzer Liebe Gott anhängt, und der Eitelkeit, dem Geitze, oder der Ehrsucht dient, als seinen Götzen, der ist ein Ehebrecher und Götzendiener. Das war der Fall bei den Pharisäern; sie waren geistliche Ehebrecher, ihr Herz hing dem Teufel und der Eitelkeit auf eine hurerische Weise an, gesetzt daß auch ihr Leib von Befleckung frei war; obwohl sie in dieser Hinsicht voll ehebrecherischer Lüste und Begierden und unreiner Gedanken gewesen seyn mögen, die sie aber nicht achteten, sondern nur die groben Ausbrüche der bösen Lust für Ehebruch hielten. Diese ehebrecherischen Frömmler führen nun eine Ehebrecherin zum Heilande hin, und kommen wieder mit dem Gesetze, um als Eiferer für dasselbe geachtet zu werden, obwohl sie in ihrem Herzen die ärgsten Feinde und Uebertreter des Gesetzes waren. Sie fuhren fort:

5. **Moses aber hat im Gesetze befohlen, solche zu steinigen; Was sagst du dazu?** 6. **Dieß sagten sie nur um Ihn zu versuchen.** Es ist nichts so niederträchtig, woraus sich die heuchlerischen, stolzen Menschen nicht ein Verdienst machen. So wollten sie Ihn zwischen Moses Gesetz und seiner Freundlichkeit gegen Sünder in die Enge bringen, Ihn herausholen, **um Ihn verklagen zu können. Jesus aber** gab keine Antwort, sondern **bückte sich nieder und schrieb mit dem Finger auf die Erde.** Er wollte ihnen zeigen, daß sie nicht Ursache hätten, sich so zu überheben über das arme gefallene Weib, sondern daß sie sich vielmehr beugen und zur Erde niederwerfen sollten. Der Sünderin aber wollte Er die Scham über seinen Anblick ersparen, da sie hingegen, die unbarmherzigen Ankläger, das arme Weib öffentlich zur Schau ausstellen mit Schadenfreude.

Er schreibt es auf die Erde, um anzuzeigen, daß ihre Arglist aufgezeichnet und bei Gott aufgeschrieben sey. Jer. 17, 13.

Die Heuchler scharren ihre Sünden in die Erde, und denken: Es ist Gras darüber gewachsen. Aber der Finger Gottes kann sie wohl aufscharren.

7. **Als sie nun fortfuhren, Ihn zu fragen,** (indem sie durch sein Stillschweigen kühner geworden, aber nur zu ihrer Beschämung, denn sie kamen tiefer hinein,) **richtete Er sich auf** mit großer Freimüthigkeit **und sprach zu ihnen,** was sie nicht erwarteten: **Wer von euch ohne Sünde ist, der werfe den ersten Stein auf diese** arme Sünderin. Er führte sie mit kurzen Worten in ihr Gewissen, daß sie sich selbst erforschen möchten, ob sie rein vom Ehebruche, von ehebrecherischen Begierden und Lüsten wären, sowohl des Fleisches als des Geistes; denn der Geist ist auch gerne ein Ehebrecher.

Das giebt eine ziemlich zuverlässige Regel, wie man sich bei Vergehungen des Nebenmenschen zu verhalten, an was man dabei zu denken habe. „Bin ich rein von dieser Sünde? Ist nicht auch wenigstens die Anlage, die Lust und Neigung dazu in mir? Hätte ich sie nicht schon oft begangen, wenn mich Gott nicht durch äußere oder innere Umstände oder Warnungen und Hindernisse bewahrt hätte."

O ihr armen Menschen! laßt doch die Steine liegen, die ihr auf eure Mitsünder und Mitpilger auf dieser Sündererde werfen wollt! Schlaget lieber, wenn ihr einen fallen sehet, an eure Brust und greifet in euren Busen, ob ihr nicht dieselben oder noch größere Sünder seyd. Wer sich selbst recht kennt, der ist überzeugt, daß er fähig wäre, alle Laster zu begehen. Oder wenn du das jetzt nicht einsiehst, so warte noch ein wenig; es können Umstände, Veränderungen bei dir eintreten, wo du dieß nicht nur glauben, sondern bitter erfahren wirst. Laß also die Steine liegen, oder nimm sie, und wirf sie auf dich.

8. **Und Er bückte sich wieder und schrieb auf die Erde,** um sie recht gewiß zu überzeugen, daß es wahr sey, daß sie sich selbst beugen müßten.

Was Er schrieb, dieser Geheimschreiber, sagt der Evangelist nicht; vielleicht zeichnete Er die heimlichen Sünden und Laster der Pharisäer hin in den Sand der Erde, daß sie es lesen und sehen konnten, im Sand der Erde mit äußeren Augen, weil sie es mit ihren verblendeten Geistes-Augen in ihrem Innern nicht wahrnahmen.

Das war ein Vorspiel, wie Er einmal richten und jedem seine Sünden an den Fingern herzählen, und vor Augen mahlen werde, daß es keiner läugnen, keiner sich entschuldigen, keiner hinauskommen wird.

9. **Da sie dieß hörten,** so war ihnen das Wort und der Schreibfinger Jesu ein solches helles Licht in den Augen, und deckte ihnen so viel auf, daß sie es nicht ertragen konnten, sondern **von ihrem Gewissen bestraft,** sich getroffen fühlten, und beschämt einer **nach dem andern hinausgingen,** wie die Leute, die kein gutes Gewissen haben, **von den ältesten** Heuchlern **angefangen bis zu den jüngsten, und Jesus ward allein gelassen und das Weib, das in der Mitte stand,** das ein besseres Herz zu Ihm hatte, als die stolzen Heuchler. Sie war gefallen, aber nun steht sie und steht am rechten Platze, allein bei Jesu. Da stelle dich hin, Sünder! so wirst du gegen alle deine Kläger bestehen.

10. **Jesus aber richtete sich auf, und da Er niemand sah, als das Weib, so sprach Er zu ihr: Weib! wo sind deine Ankläger? Hat dich niemand verdammt?** Wer will verdammen? Christus ist hier, der gestorben ist &c. Röm. 8, 34. Vor Christus müssen alle Kläger verstummen; darum ist nichts Verdammliches an denen, die in Christo Jesu sind. Röm. 8, 1.

Jesus wollte sich nicht zum Blutrichter auf Erden aufwerfen; allen denen, die sich unter die Geistlichen zählen, zur Lehre, daß sie sich nicht in die peinliche Halsgerichts-Ordnung einlassen, sondern auch in diesem Stücke dem Kaiser lassen sollen, was des Kaisers ist, und dagegen nur suchen, Seelen zu retten, zurechtzubringen, aufzurichten, zu Christus zu führen, aber in einem andern Sinne, als die Pharisäer diese Sünderin zu ihm führten.

**11. Sie antwortete: Niemand, Herr! Da sprach Jesus zu ihr: So verdamme ich dich auch nicht. Gehe hin, und sündige nicht mehr.**

Jesus hat also mit Wort (Joh. 3, 17.) und That bewiesen, daß Er nicht in die Welt gekommen ist, die Sünder zu richten, sondern selig zu machen. Er blieb seinem Amte getreu; heilen, retten, selig machen, war sein Amt. Das Evangelium war seine Sache; das Gesetz war Moses Sache.

Indeß mag Er bei dem Worte: Sündige nun nicht mehr, eine ernste Miene gemacht haben. Sündigen ist menschlich, aber in der Sünde beharren, und der Vergebung seiner vorigen Sünden vergessen — zieht schwere Gerichte, Verblendung und gar oft Herzensverstockung nach sich.

**12. Ich bin das Licht der Welt: Wer mir nachfolgt, der wird nicht in der Finsterniß wandeln, sondern das Licht des Lebens haben.**

So rief Jesus in die Finsterniß hinein, die auf der ganzen Welt dick und schwer liegt. Hiermit erklärt Er sich, daß Er nicht nur einem Volke, Einer Stadt allein, und ausschließend den Juden, sondern der ganzen Welt angehöre, wie die Sonne. Er mußte sich freilich zuerst Einem Volke offenbaren; aber es galt für alle.

Wer seine Finsterniß erkennt, und den von Christo ausgehenden und ihm angebotenen Strahlen seines Lichtes folgt, und sich dadurch aus dem Tode herausziehen läßt, der wird nicht nur einen gemahlten Schein der Heuchelei, sondern lebendiges Licht, stärkendes, wärmendes, belebendes und neuschaffendes Licht Gottes in sich haben.

13. **Da sprachen die Pharisäer zu Ihm: Du zeugest von dir selbst; dein Zeugniß ist nicht wahr,** ist falsch. Das waren die sich orthodox dünkenden Theologen, die Profession machten von eigener Ausbildung des Verstandes; die wurden da blind und grimmig, als ihnen das Licht unter die Augen trat.

Sie machen den Schluß: Du willst, man soll Dir blindlings glauben; und dein Zeugniß ist falsch, nach deinen eigenen Worten. Kap. 5, v. 31. So wollen sie Christum mit seinen eigenen Worten zum Lügner machen.

14. **Jesus aber antwortete: Wenn ich auch von mir selbst zeuge, so ist mein Zeugniß doch wahr.** Wenn die Sonne oder der Tag reden könnte und sagte: Ich bin die Sonne, und man wollte ihr vorwerfen: Nein, du lügst, du magst wohl Finsterniß seyn; denn du zeugst von dir selbst: wäre sie damit widerlegt? Eine jede Sache muß sich ja legitimiren.

— **Ich weiß, woher ich komme, und wohin ich gehe. Ihr aber wisset nicht, woher ich komme, oder wohin ich gehe.** Es ist euch auch kein Ernst, es zu erfahren; sonst würdet ihr es wohl leicht inne werden.

15. **Ihr richtet nach dem Fleische.** „Was der Brauch ist, und uns gefällt, das ist wahr und gut.“ Ihr wünschet einen irdischen Messias, der euch fleischliche Freiheit brächte; darum wollt ihr nicht wissen, woher ich komme, und wohin ich gehe oder führe; denn einen Erlöser von Sünde und Bosheit, wie ich bin, wollt ihr nicht.

— **Ich richte niemand,** nämlich nach dem Fleische, so wie ihr; ich verdamme und verurtheile niemand; sondern suche alle selig zu machen.

16. **Und wenn ich auch jemand richte, so ist mein Gericht wahrhaftig, denn ich bin nicht allein; sondern ich und der Vater, der mich gesandt hat.**

Man muß Christum nie allein nehmen, sondern stets vereinigt mit dem Vater, denn der Vater ist und war immer in Ihm und Er im Vater. Joh. 14, 10.

17. **Und es steht in eurem Gesetze geschrieben:** 5. Mos. 19, 15. „**Das Zeugniß von zween Menschen ist wahr**" und gültig vor Gericht. Gilt es da, warum nicht bei mir, da ich noch einen größern Zeugen habe? 18. **Denn ich zeuge von mir selber, und der Vater, der mich gesandt hat, zeuget auch von mir,** durch die Stimme vom Himmel, die ja viele gehört haben, und durch die Wunderwerke, die alle sehen. Den wird man ja doch wohl gelten lassen?

19. **Da sprachen sie** höhnisch **zu Ihm: Wo ist dein Vater?** Sie fangen wieder ein Wort aus seiner Rede auf, aus dem sie ihrer Meinung nach eine Gotteslästerung herausbringen wollen. Jesus muß ihnen aber wieder ihre Unwissenheit vorhalten: **Ihr kennet weder mich, noch meinen Vater.** Die Gelehrtesten sind da die größten Ignoranten, weil sie den Kennenswürdigsten nicht kennen. Wenn ihr mich kennetet, als das Ebenbild des unsichtbaren Gottes, so würdet ihr auch meinen Vater kennen, und nicht so fragen. Aber sie bekümmerten sich freilich auch um den Vater nicht. Man betet es so herab: Ich glaube an Gott den Vater ꝛc., und denkt, weiter habe man sich nicht viel nach Ihm umzusehen, Er werde zufrieden seyn, wenn man Ihm so viel Ehre anthut, daß man Ihn nicht gar läugnet.

Wie viele Christen trifft dieser Vorwurf Jesu: Ihr kennet weder mich, noch meinen Vater! Aber Christum und den Vater nicht kennen, und doch ein Christ seyn, ist ein Widerspruch oder eine Mißgeburt. Man kann Ihn aber nicht kennen, bis man Ihn gefunden hat.

20. **Diese Worte redete Jesus beim Gotteskasten, da Er im Tempel lehrte, und niemand ergriff Ihn, denn seine Stunde war noch nicht ge-**

kommen. Es geschieht dir nichts, du Zeuge der Wahrheit, ehe die Stunde kommt, die Gott ausersehen hat; zeuge du nur öffentlich und furchtlos. Die Feinde müssen sich fürchten und ihre Hände müssen erstarren oder gebunden seyn, so groß ihre Lust ist, dich zu ergreifen.

21. **Jesus sprach abermal zu ihnen**; denn man schlägt auf einen Nagel wohl öfters als einmal. Es ging mit ihm zum Ende. Darum wollte Er ihnen noch recht die Wahrheit sagen. Er zielt auf sein bevorstehendes Leiden und will sie erinnern: **Ich gehe hinweg, und ihr werdet mich suchen** (einen Messias haben wollen,) **aber in euren Sünden sterben. Wo ich hingehe, könnet ihr nicht hinkommen.** Wer Christum sucht, um durch Ihn zu leben und seiner Sünden los zu werden, findet Ihn gewiß; wer aber Christum sucht, um Ihn zu bestreiten, und sein Reich zu zerstören, der wird in seinen Sünden sterben. Es giebt aber auch einige, die die Gnade und Gegenwart oder Heimsuchung Jesu sich nicht zu Nutzen machen, sondern versäumen und verträumen; für solche kann auch eine Zeit kommen, wo sie Ihn suchen und nicht finden, sondern in ihren Sünden sterben werden.

22. **Da sprachen die Juden: will Er sich denn selbst tödten, daß Er sagt: wohin ich gehe, dahin könnet ihr nicht kommen?** Das war fader Witz und elende Lästerung, wozu sie nur der Neid, der Geist des Widerspruchs und die Verachtung des Wortes Gottes verleitete.

Die Heiligen benutzen alle Warnungen und Drohungen Gottes zu ihrem Heile, die Gottlosen aber mißbrauchen die heilsamsten Erinnerungen, die ganz an sie gerichtet sind, zu ihrem Verderben, so daß eben durch ihren Spott Gottes Drohungen an ihnen in Erfüllung gehen. Sie sterben in ihren Sünden, und tödten sich selbst in ihrer Herzenshärtigkeit.

23. **Er sprach zu ihnen**, und gab ihnen auf ihren niederträchtigen Spott die sanfte Antwort: **Ihr**

**seyd von unten her, ich aber bin von oben herab. Ihr seyd von dieser Welt, ich aber bin nicht von dieser Welt.** So konnte nur das Lamm Gottes antworten.

Wenn wir aus Gott geboren, wiedergeboren sind, so sind wir auch von oben her und nicht mehr von dieser Welt. Aber dann sollen wir auch nicht mehr suchen und lieben, was unten und von unten her ist; denn das suchen und lieben nur die, welche von der Erde sind. Der Christ, dessen Geburt und Geist vom Himmel ist, hat keine andere Neigung, als zum Himmel und zu dem, von dem er geboren ist.

24. **Ich habe es euch schon gesagt, daß ihr in euren Sünden sterben werdet. Wenn ihr nicht glaubet, daß ichs bin,** der euch von euren Sünden erlösen und frei machen kann, **so werdet ihr sterben in euren Sünden.** Wem Christus sich so darstellt, und sich gleichsam mit Gewalt aufdringt, wie diesen Juden, und er nimmt Ihn nicht an, wer soll dem von seinen Sünden helfen können?

Er ist der Mann, an den man glauben muß, sonst ist man noch in der Sünde. Man muß nicht denken, daß es das Evangelium zu commode mache, wenn es alles ins Glauben setzt. Denn was muß man glauben? muß man einen Gott glauben? das ist nicht genug. Daß Jesus Christus Gott ist? Ist auch nicht genug, noch ganz. Der seligmachende Glaube faßt ins Herz, daß Gott ein armer Mensch worden, daß Er in der Gestalt des sündlichen Fleisches erschienen, sich selbst entäußert, Knechtsgestalt angenommen und an Geberden wie ein andrer Mensch erfunden worden, daß Er gehorsam worden bis zum Tode, ja bis zum schmählichen Kreuzes-Tode. Das muß man glauben, wenn man selig seyn will. Das widerfahre dir nur nicht! hat einer der Apostel gesagt. Aber der Heiland hats ihm sehr übel genommen. Ach das kommt in keines Menschen-Herz, das fällt niemand ein, das muß von oben herabgelehrt werden, den Glauben muß Gott schenken. Niemand kann den Jehova für Jesum, noch Jesum, den Armen, Verachteten, Getödteten, ja den Gekreuzigten für Jehova halten, ohne durch den heil. Geist. 1. Kor. 12, 3.

O wir glauben es gerne, daß du es bist, o Jesu! der uns von unsern Sünden erlöst, der sie uns abnimmt, und uns Ruhe, Friede und Freude dafür schenkt! Wir glauben es, daß keine Rettung für uns, kein Heil ist, als in dir! Der Tod ist der Sold, den die Sünde jedem Sünder richtig ausbezahlt, der sie nicht mit Deinem Tode bezahlt, der nicht lebendig glaubt, daß Du für die Sünde gestorben bist und genug gethan, gebüßt und bezahlt hast, was wir verschuldet haben. Wer aber das nicht glaubt, und Dein Verdienst, Dein Blut, Deine Erlösung nicht achtet, der wird und muß sterben und verderben in seinen Sünden; den kann kein Erlöser erlösen, kein Retter retten, kein Fürsprecher freisprechen oder losbitten, kein Opfer versöhnen, keine Buße oder Taufe weißwaschen, kein Heiliger heiligen, kein Fegfeuer rein fegen, kein Priester absolviren; dem kann unmöglich geholfen werden weder von denen im Himmel, noch von denen auf Erden; er muß sterben.

Du, o Jesu! bist es und bist es allein! Dein Blut, dein Tod ist es, daß wir nicht sterben in unsern Sünden. Das schreibe mit Feuerflammen in unsere und in aller Menschen Herzen, daß sie nicht sterben in ihren Sünden, die Armen!

25. **Da sprachen sie zu Ihm: Wer bist du?** Sie waren angegriffen durch seine wiederholten Drohungen; ließen aber die Sache fahren, und hielten auf die Person, wie es die Welt stets macht. Jesus antwortete: **Was ich euch anfangs sagte, das bin ich.** Es bleibt schon dabei, was ich (Vers 12.) sagte: ich bin das Licht der Welt, und was ich euch immer von mir sagte, das bin ich auch; ich gebe mich für nichts aus, als was ich bin.

Andere übersetzen: **Erstlich der, der (oder was) ich mit euch rede.** Sie wollen wissen, wer Er sey, aber nicht achten, was Er rede. Er aber will ihnen sagen, sie sollen zuerst hören, was Er rede, so werden sie wissen, wer Er sey. Es heißt: Höre, und laß das Wort (Joh. 1, 1.) den Anfang seyn, so wird das Wissen wohl folgen. Hörst du aber nicht das Wort, oder den, der von Anfang war, so wirst du nie etwas wissen. Denn es ist nun einmal beschlossen, Gott kann nicht anders erkannt werden als durch sein Wort (innerlich und äußerlich.) Darum laß dir sein Buch, indem Er mit dir redet, und seinen Geist, durch den Er zu dir und in dir redet, die erste Schule der Weisheit seyn.

26. **Ich habe viel über euch zu reden und zu richten,** ich könnte euch noch viel Böses in eurem bösen Herzensgrunde aufdecken und vorhalten, **aber** ich will das nicht, denn, **der mich gesandt hat, ist wahrhaftig, und was ich von Ihm gehört habe, das rede ich vor der Welt.**

So konnte Jesus an sich halten, so sehr sie Ihn lästerten und beleidigten. Er sagt nicht alles heraus, was sonst bei solchen Gelegenheiten zu geschehen pflegt, da die Leute alles einander ins Gesicht werfen. Jesus sagt nichts, als was Ihn sein Vater, der Wahrhaftige, sagen läßt. — Dies ist ein wichtiger Punkt für alle, die im Namen Jesu lehren, daß sie nur das vortragen, was sie von Jesu gelernt und empfangen haben; nur das predigen und lehren, was die Liebe, die Weisheit zu lehren und zu sagen gebietet, und mit dem an sich halten, was nicht oder noch nicht gesagt werden soll. Der Geist, den Jesus den Seinigen zum beständigen Ermahner mitgiebt, warnet schon. **Wahrheit, Liebe, Treue** sollen nie von einem Evangelisten weichen.

27. **Sie verstanden aber nicht, daß Er Gott seinen Vater nannte.** Sie haben sonst nicht leicht so etwas überhört.

Wenn aber der Evangelist glaubt, daß ihnen dieses hätte auffallend seyn sollen, so mußte er überzeugt gewesen seyn, daß Jesus Gott seinen Vater in einem andern und höhern Sinn so nannte, als wir ihn unsern Vater nennen; daß Er wahrer Sohn Gottes, Gott gleich war.

28. **Wenn ihr den Menschen-Sohn werdet erhöhet haben** am Kreutze, und Ihn Gott deßwegen über alles erhöhen wird, **dann werdet ihr erkennen, daß ichs bin, und daß ich nichts von mir selbst thue, sondern daß ich rede, wie mich der Vater gelehrt hat.** Er sah wohl voraus, daß einige unter dem Volke sich einst bekehren und sein Evangelium annehmen würden. Diesen sagte Er: Dann werdet ihr es einsehen und erfahren, daß ich euch zum Heile gesandt bin. Den übrigen aber wollte Er sagen: Wenn ihr denket: Nun sind wir seiner los, dann wird Gottes Werk erst recht angehen und emporkommen. Da werdet ihr es nicht läugnen können, daß die Sache aus Gott ist, obwohl ihr es nicht glauben werdet. Meine schmähliche Erhöhung am Kreuze wird Gott verwandeln in eine herrliche Erhöhung und Rechtfertigung meiner Person.

29. **Der mich gesandt hat, ist mit mir. Der Vater läßt mich nicht allein, weil ich allezeit thue, was Ihm wohlgefällig ist.** Der Sendende und der Gesandte sind Eins. Das ist eine ganz eigene Gesandtschaft, wo der Sender und Prinzipal selbst mit und in seinem Gesandten ging und kam. Einem solchen Gesandten ist ja doch leicht zu glauben, der den, welcher Ihn sendet, immer selbst bei sich hat. — So ist Christus in, bei und mit allen seinen Boten, die Er an die Welt sendet. Er läßt keinen allein gehen, den Er mit der frohen Botschaft an die Menschen sendet. Man darf sich darauf verlassen: wenn man in Seinem Namen etwas ausrichtet, redet oder thut, so ist Er allezeit auch dabei, und bestätigt und bekräftigt es, — drückt

selbst

selbst das Siegel darauf, wenn anders der Bote redet und thut, was Ihm wohlgefällig ist, was seinen Beifall und seine Genehmigung haben kann.

30. **Da Er dieß redete, glaubten viele an Ihn.**
31. Und zu diesen sprach Er: **Wenn ihr in meinem Worte bleibet, so seyd ihr meine wahren Jünger.** Wo ein Anfang gemacht ist, da muß man auch fortsetzen, und es nicht bei einem guten Anfange, bei guten Bewegungen bewenden lassen. Er gesteht ihnen zu: Es hat ein Fünklein in euch gefangen; ihr müßt aber bleiben, ihr müßt es pflegen, bewahren und beständig seyn. Es fangen wohl viele gut und eifrig an, sie halten aber nicht aus. Darum giebt es auch so wenig **wahre Jünger** Jesu; denn ein guter Anfang macht einen noch nicht ganz gut, noch nicht zu einem wahren Jünger.

32. **Ihr werdet die Wahrheit** immer besser **erkennen, und die Wahrheit wird euch frei machen.** Wenn man im Gehorsam der Wahrheit geht und treu bleibt, so kommt man von Erkenntniß zu Erkenntniß, d. i. zur immer reifern Einsicht und Erkenntniß durch Erfahrung der Sache. Eine wahre, lebendige, reife Erkenntniß Christi macht frei von allen Banden der Finsterniß, der Sünde und des Todes. Denn wer im Lichte der Wahrheit wandelt, kann nicht zugleich in der Finsterniß der Sünde bleiben. Wer sündiget, der hat Ihn weder gesehen noch erkannt.

Christus, die Wahrheit, macht einen Mohrensklaven in Indien so frei, daß alle seine Listen und Gemüthsbande wegfallen, daß Schwachheit und Verdruß ihm unterm Fuße liegt, daß sein Herr, wenn er auch ein Tyrann ist, durch den unläugbaren Edelmuth (Noblesse) seines Christensklaven in seiner Wuth und Grausamkeit überwunden, und der Freund seines Sklaven wird. Er lernt seinen Gott an seinen Sklaven kennen, und sieht den Mann, der für ihn gestorben ist, aus seinen Sklaven hervorleuchten.

Das macht der Glaube an die Wahrheit, daß man mit dem Manne, der in der Höhe Gott der Herr ist, persönlich verbunden seyn muß. Das ist die Wahrheit, mit der man jetzt unter den Christen nicht weit kommt, die ihnen ein Gegenstand des Spottes oder ein Gewäsche ist; die sie aus der Theologie und dem Christenthume ausmustern wollen. Allein sie müssen doch uns mit vielen andern ehe marterisiren und umbringen, ehe sie den Mann aus der Christenheit bringen, der Gott über alles, und im Fleische offenbart, wie ein andrer Mensch erfunden ward, und mit dem wir noch heute, wir mögen wachen oder schlafen, leben sollen. Das sey unser Thun, das macht uns wieder zu Ebenbildern Gottes, das bringt wieder, was der Fall verdorben hat, das macht uns zu eminenten Naturen, die wahrhaft frei sind, und wenn sie in Banden gingen.

33. **Sie antworteten: Wir sind Nachkommen Abrahams, und nie jemands Knechte gewesen. Wie sprichst du denn: Ihr sollt frei werden?** Das müssen wieder andere Juden gesagt haben, nicht die, welche glaubten. Was Er ihnen zum Troste sagte, das nehmen sie als Schimpf, verstehen es von der äußern Freiheit, obwohl die bei ihnen nicht groß, sondern mehr einer Knechtschaft gleich war. Und zum Theil war es ganz wider die Wahrheit der Geschichte; denn die Juden sind oft in Knechtschaft und Gefangenschaft heidnischer Völker gewesen. So lügt die Welt unverschämt, wenn es gegen Christus geht; sie lügt sich frey, wenn sie in der Knechtschaft bis über die Ohren steckt.

Die Juden hatten einen gewissen Punkt der Freiheit im Auge, den sie nie verloren haben, und sind allemal in blutige Verfolgungen darüber gefallen; oder sie haben mitten im Lande der Feinde, in der Knechtschaft, eine gewisse Freiheit affektirt; es beweist sich auch heutzutage noch unter allem Drucke, daß niemand so hochmüthig ist, als ein Jude. Das kommt aus ihrer

Führung her, daß Gott einmal ihr König war, daß sie eine Theokratie hatten. Davon haben sie das Geistliche verloren, und das Aeußerliche ist ihnen im Andenken geblieben.

Bei den wahren Christen ist es umgekehrt; äußerlich sind sie der Unterwerfung sehr zugethan; aber innerlich haben sie einen königlichen Geist, so daß man vor jedem wahren Christen Achtung haben muß. Das macht, sie sind niemals Knechte im Geiste, alles ist ihrer, sie aber sind Christi. Sie sind aber weit entfernt, ihre Freiheit zur Rebellion, zum Anstoße und Aergerniß zu mißbrauchen. Und wie sie im Aeußern demüthig sind gegen die Menschen, so sind sie es unendlich mehr gegen ihr Haupt. Da haben sie eine Beugung, daß der größte Held nur ein Sonnenstäubchen ist; da muß der lichteste Seraph erblinden, und windet sich vor Ihm. Und so geht es mit uns auch, das kann nicht anders seyn. Gegen Ihn behält man allemal das kleinlauteste Wesen. Und dennoch ist Er uns gnädig, und macht uns alle Tage freier.

34. **Jesus antwortete ihnen: Wahrlich wahrlich, ich sage euch: Jeder, der Sünde thut,** und sie in sich herrschen läßt, der **ist ein Knecht der Sünde,** ein Sklave, er sey Abrahams Nachkomme oder wer er wolle.

Die Sünde und der Teufel regiert über jeden natürlichen Menschen; sie nehmen seine Seelenkräfte gefangen, und zwingen ihn zu Sachen, wozu er sonst keinen Sinn und Neigung hat. Das ist die Tyranney des Teufels, die er über die natürlichen Menschen in einem solchen Umfange ausübt, daß ihn Paulus mit Recht den Gott dieser Welt nennt, der sein Werk hat in den Kindern des Unglaubens. Eph. 2, 2. u. 2. Kor. 4, 4. In dieser Knechtschaft und Sklaverei des Teufels liegt die ganze Welt; alle Menschen, die keinen Geist haben, werden despotisch vom Satan beherrscht, mit einer großen Tyranney; einer feiner, der andere gröber, aber doch muß ein jeder thun, was er will.

„Doch niemands Fesseln sind zu schwer,
Dem nicht loszuhelfen wär'."

35. **Der Knecht bleibt nicht immer im Hause; aber der Sohn bleibt ewig darin.**

Sie dachten, sie wären Herren im Hause, als das Geschlecht Abrahams, als das auserwählte Volk; sie wollten sehen, wer sie verdränge. Aber sie waren nicht mehr Kinder Abrahams dem Geiste nach, sondern Knechte der Sünde geworden, und als solche gehörten sie nicht mehr zum Hause Abrahams, hatten kein Recht mehr als die Kinder, darin ewig zu bleiben, sondern nur wie Knechte, eine Zeit lang, bis sie endlich hinausgestoßen und die Heiden dafür, als Kinder, angenommen würden.

36. **Wenn euch der Sohn frei macht, so seyd ihr wahrhaftig frei.** Wenn ihr euch von dem verheißenen Saamen und Sohne Abrahams, der auch der Sohn Gottes ist, wieder einsetzen lasset in das Kindes-Recht, euch erlösen lasset aus der Sklaverei des Sündendienstes, euch erfüllen lasset mit dem Geiste der Kindschaft, dann gehöret ihr wieder als freie Kinder zum Hause Gottes.

Die Kinder Gottes sind wahrhaft frei, sind von der Tyrannei des Feindes erlöst, sie haben den heiligen Geist, der anstatt des Satans in ihnen Platz genommen hat. Wenn uns unsere Sünden vergeben sind, so wird uns der heilige Geist wieder mitgetheilt, den wir verloren haben in Adam.

Von dem Sohne Gottes haben alle Kinder Gottes ihre Geburt, ihr Leben, ihre Freiheit, ihre Erlösung, ihr Kinder- und Erbrecht. Wer nicht von Ihm frei gemacht ist, wer sich selbst frei machen will, dessen Freiheit ist ein Gedicht.

Was Er ist, das theilt Er auch den Seinigen mit, und macht sie zu königlichen, prophetischen und priesterlichen Leuten. Sie haben die Ehre, daß sie seine Salbe, sein Siegel und seinen Namen tragen. Was der Mann ist, das ist sein Weib. Die Gemeine Christi besteht aus lauter Fürsten, die zwar den äußern Sinnen verborgen sind, haben aber einen gewissen Widerschein von ihrem Herrn und Haupte durch die ganze Welt. Sie sind unterthan aller menschlichen Ordnung um des Herrn willen, ihr Geist aber hat sich über alle Art der Knechtschaft in die Freiheit, wozu der Sohn hilft, hinaufgeschwungen, sie mögen gleich von Natur aus der Kaste der Knechte oder der Freien seyn.

Der Mensch ohne Christus ist ein Sklave seines Hochmuths, seiner Sorge, seiner Lust, seines Geitzes, seiner Trägheit, und kann nicht widerstehen, er muß in ihren Ketten sich aus einem Schaden in den andern werfen und herumziehen lassen.

Aber in Christo überwindet man, wird Herr über seine Begierden, muß nicht mehr sündigen, und wenn man dürfte, so mag man nicht.

Die Heiligkeit oder Lebensgerechtigkeit sieht ein Glied Christi für eine große Glückseligkeit, für eine Wohlthat an.

**Glauben ist seine Pflicht, Heilig seyn ist seine Natur.**

Und wenn sich die andern Menschen mit Sünden und Begierden überwerfen, herumkämpfen und doch wohl zu Boden liegen, nach Röm. 7., so ist ein Jünger Christi gewiß versichert, daß sich die Sünde, die noch in seinem Fleisch verborgen ist, sobald sie sich rührt, auf ein Wort Gottes zu Boden legen lasse, und darf nicht wieder aufstehen, noch sich regen, bis daß es uns selbst gefällt.

37. **Ich weiß wohl, daß ihr Abrahams Nachkommen seyd,** nach dem Fleische; diesen äußerlichen Vorzug will ich euch nicht nehmen; **aber** nach dem Geiste seyd ihr es nicht, und also auch nicht frei, weil ihr seinen Geist nicht habt; denn **ihr suchet mich ja**

**zu tödten**; also seyd ihr vielmehr Kinder Kains.... Die Ursache ist, **weil mein Wort nicht in euch haftet, und** in euch keine Herberge findet. Ich habe da Steine und Felsen vor mir. So gehts noch heutzutage; es haftet bei vielen Menschen nicht.

Alle andere Reden, Bücher, Geschichten, selbst die heidnischen, finden Eingang in der Welt, besonders in den Schulen; aber Christus und die Bibel nicht. Der ist oft ausgeschlossen, der doch Rector magnificus (Alles in Allem) seyn sollte.

38. **Ich rede, was ich bei meinem Vater gesehen habe; und ihr thut, was ihr bei eurem Vater gesehen habt.** Man kann an meinen Werken sehen, wer mein Vater ist; und so kann man auch an euren Werken sehen, wer euer Vater ist.

39. **Sie** blieben dabei, **antworteten und sprachen: Abraham ist unser Vater.** Das ist eine vorsätzliche Bosheit. Darum muß ihnen nun Jesus mehrmal ihre Werke vorhalten. **Er spricht zu ihnen: Wenn ihr Abrahams Kinder wäret, so thätet ihr auch Abrahams Werke,** und würdet auch im Gehorsam des Glaubens wandeln wie er. Wessen Werke man thut, dessen Kind ist man.

40. **Nun aber suchet ihr mich zu tödten,** — und dieß thun alle, die sein Wort nicht annehmen; denn sein Wort theilt sein Leben mit. Wer also sein Wort wegstößt, läßt auch seinem Leben in sich keinen Raum — **mich** suchet ihr zu tödten, **einen Menschen, der ich euch die Wahrheit sagte, die ich von Gott gehört habe. Das hat Abraham nicht gethan.** Der ist anders beschrieben; der hat die Wahrheit gerne gehört und ihr gehorcht mit Aufopferung seines Vaterlandes, seiner Freundschaft, und sogar seines einigen Sohnes. Ihr aber könnet die Wahrheit nicht einmal hören; sie ist euren Ohren schon unerträglich, und ihr hasset sie bis auf den Tod.

Kann man nicht auch zu vielen Christen sagen: Wenn ihr Christi Diener und der Apostel Nachfolger wäret, so würdet ihr auch Christi und seiner Apostel Werke thun. Nun aber hasset, verfolget und tödtet ihr die, welche euch die Wahrheit sagen, die sie von Christo und den Aposteln gehört haben. Nun könnt ihr die Bibel nicht leiden, lästert und verbannt sie, sie, die euch die Wahrheit sagt, die ihr nicht hören wollet.

41. **Ihr thut die Werke eures Vaters**, den Er noch nicht nennen will, um so lange wie möglich glimpflich mit ihnen umzugehen. Sie zwingen Ihn aber dazu, indem sie antworten: **Wir sind nicht unehelich geboren**, keine Hurenkinder, **wir haben einen Vater, Gott**. Sie sagen nicht, daß sie Ihn nicht tödten wollen; das können sie nicht läugnen; sie bringen aber etwas anderes vor. 42. **Er aber antwortete: Wäre Gott euer Vater, so würdet ihr mich lieben.** So ist demnach die Liebe zu Jesus ein Zeichen der Kindschaft Gottes. Es ist unmöglich ein Kind Gottes zu seyn, und Jesum nicht von Herzen lieb zu haben. **Denn ich bin ausgegangen und gekommen von Gott. Nicht von mir selbst bin ich gekommen; sondern Er hat mich gesandt**, wie Jakob den Joseph zu seinen Brüdern. 43. **Warum kennet ihr meine Sprache nicht**, und habt eine solche Abneigung gegen meine Lehre? **Ihr könnet ja mein Wort nicht hören**; so voll Bosheit und Bitterkeit gegen mich seyd ihr, daß euch meine Worte unausstehlich sind. Er kann nun nicht anders; Er muß ihnen ihren Vater nennen.

44. **Ihr seyd aus dem Teufel; der ist euer Vater, und nach eures Vaters Lust wollt ihr thun.** Dem müßt ihr nach seiner Pfeife tanzen, und über den Stock springen, wie ein gelernter Hund; dessen Willen müßt ihr thun; weil ihr unter seiner Gewalt stehet, und weil ihr mich nicht wollet, so könnet ihr auch nicht los werden, sondern müßt Sklaven bleiben.

Man sollte meinen, daß die Sanftmuth Jesu nicht so hart reden könnte; aber es war doch lauter Liebe, daß Er ihnen die Wahrheit sagte, und ihnen bezeugte: Ihr seyd Heuchler, Lügner, Mörder, Teufelskinder, Blinde, Leiter der Blinden, verstockte Herzen, Schlangen und Natternbrut, Prophetenmörder, übertünchte Gräber, die ohne gänzliche Umkehr des Herzens unmöglich der höllischen Verdammniß entgehen können, die wie Disteln und Dornen nur zum Verbrennen taugen.

Da mag ein Mensch sich prüfen, ob er ein Kind Gottes oder des Teufels sey? Wessen Willen thust du mit Lust? Ist dirs eine Herzenslust, Gottes oder des Teufels Willen zu thun? Ist es dir Herzenslust, hoffärtig, geitzig, neidisch, wollüstig, zornig, gefräßig zu seyn, und also die Werke und den Willen des Teufels zu vollbringen, so bist du ein Kind des Teufels, und der Teufel ist dein Vater. Ist es dir eine Pein, wenn du noch zuweilen von diesen grimmigen Thieren überfallen wirst, wider deinen Willen, und hast du dich Christo ganz übergeben, daß Er diese Werke des Teufels in dir zerstöre; möchtest du ernstlich allezeit seinen Willen treffen, so bist du ein Kind Gottes, so ist Gott dein Vater.

— **Dieser** (der Teufel) **war ein Menschen-Mörder von Anfang** *) und von jeher; ihm haben es

*) „Die Welt ist eine Mördergrube, dem Teufel unterworfen. Wenn wir auf Erden leben wollen, so müssen wir es uns gefallen lassen, daß wir in derselben Gäste sind, und in einer Herberge liegen, wo der Wirth ein Schalk-Wirth ist, dessen Haus das Mahlzeichen oder das Schild über der Thüre führt: Zum Mord und zur Lüge. Denn ein solches Zeichen und Wappen hat ihm Christus selbst über seine Thüre und an sein Haus gehängt, indem Er spricht, er sey ein Mörder und Lügner. Ein Morder, den Leib zu würgen, ein Lügner, die Seele zu verführen, das ist sein Werk, so hält er Haus, so geht es in seiner Herberge zu. Wer von seinem Gesinde ist, der muß ihm dazu helfen. Wer aber Gast ist, der muß solches erwarten und wagen." Das ist die Sprache eines alten Deutschen, mit dem Sie noch Wind machen, ohne seinen Geist zu kennen oder zu haben, sondern lassen sich lieber von dem Schalk-Wirth an der Nase herumführen, der ihnen weiß gemacht hat, daß er nicht schwarz sey. Und sie glauben ihm, ohne ihn zu glauben.

Adam und Eva und alle Gefallene zu danken, daß sie an Leib und Seele verdorben worden. **Er ist in der Wahrheit nicht bestanden**; also war er zuvor in der Wahrheit und ein herrliches Geschöpf Gottes, das in Vereinigung mit Gott stand, aber nicht stehen blieb; sondern daraus fiel, weil er sich über Gott erheben wollte. Wer den Kopf zu hoch trägt, zu viel über sich sieht, der fällt bald. **Keine Wahrheit ist in ihm**, und auch nicht die geringste Liebe dazu, kein Verlangen darnach. **Wenn er Lügen redet**, (und wann redet er sie nicht?) **so redet er aus seinem Eigenthume.** Lügen, verkehren, verderben ist sein Element und ist ihm zur Natur geworden; er wohnt und lebt und schwebt darin. Lügen ist sein eigenthümlicher Charakter. Lügen, oder überhaupt die Sünde, das Böse, was lauter Lüge ist, ist sein Eigenes, das hat er erfunden; das hat ihm Gott nicht anerschaffen; das hat er in sich und dann in die Welt gebracht. **Denn er ist ein Lügner und Vater der Lüge.** Er will für keinen Mörder angesehen seyn, wie ihr; darum wird er ein Lügner und verstellter Heuchler. Er ist ein Vater oder Erzeuger alles Bösen; diesen Namen giebt ihm Christus, weil er die Kraft, Böses zu erzeugen, besitzt.

45. **Wenn aber ich die Wahrheit sage, so glaubet ihr mir nicht.** Es ist eine alte Gewohnheit der Welt, daß sie dem Teufel alle Lügen gern und fest glaubt, sogar die unverschämteste aller Lügen, daß er, der Lügner und Lügen-Vater, gar nicht existire, und daß die Bibel nicht Gottes Wort sey. Das glaubt sie ihm bis auf den heutigen Tag.

46. **Wer aus euch kann mich einer Sünde bezüchtigen?** Das ist ein Wort, das Christo keiner nachsagen kann. Das konnte vor Ihm und nach Ihm keiner von sich behaupten. Er war der Einzige, der von keiner Sünde wußte, und doch aller Menschen Sünde getragen hat.

47. **Wer aus Gott** geboren und Gottes Kind **ist, der hört Gottes Wort. Deßwegen höret ihr nicht, weil ihr nicht aus Gott seyd.** Gottes Wort fordert neue Ohren, oder durchbohrte Ohren, die man nur in der Wiedergeburt bekommt. Ein Unwiedergeborner hat weder offene Augen, noch offene Ohren, noch ein fleischernes Herz, sondern nur ein steinernes Herz; er sieht nichts, er hört nichts, und fühlt nichts von Gott und Gottes Wort.

Das ist ein ausgemachtes Kennzeichen, an dem man Gottes Kinder, und natürliche oder teuflische Menschen erkennen kann. Jene hören Gottes Wort, diese nicht; jene lieben Gottes Wort, diese hassen es, oder sind gleichgültig und kalt dagegen.

Was antworteten wohl die Juden darauf?

48. **Sie sprachen: Sagen wir nicht mit Recht, daß du ein Samariter,** ein Ketzer, **bist, und den Teufel hast?** Damit geben sie endlich recht zu erkennen, wessen Geistes Kinder sie sind. Sie glaubten, nicht besser thun zu können, als wenn sie Ihm wieder zurückgäben, was Er von ihnen sagte: Ihr seyd aus dem Teufel. Da sprachen sie: Du, du hast den Teufel. Wenn man aber das, was man in seinem Gewissen als Wahrheit fühlt, den Teufel heißt, und dem Teufel zuschreibt, so ist man auf dem Wege zur Sünde der Lästerung des heiligen Geistes; man ist ein Teufel, oder auf dem Wege, einer zu werden.

49. **Jesus antwortete,** wie die Sanftmuth selbst: **Ich habe keinen Teufel,** das könnet ihr schon daran erkennen, **ich ehre meinen Vater;** aber bei euch ist es offenbar, daß euch ein böser Geist regiert, denn ihr **entehret,** schimpfet, schändet und lästert **mich.** 50. **Aber ich suche nicht meine Ehre. Es ist schon einer, der sie sucht.**

Mit welch unnachahmlicher Sanftmuth und Weisheit zugleich vertheidigt und rechtfertigt sich Jesus gegen die entsetzlichsten Verläumdungen!

Die Sorge eines Knechts Gottes für seine Amts-Ehre hat ihre Grenzen, die genau zu beobachten und zu unterscheiden sind von der Ehre für seine Person. Er soll sich verantworten, aber nicht rächen. Er soll die Verläumdung mit priesterlicher Sanftmuth zurücktreiben; das übrige soll sein Leben und sein Wandel widerlegen. Was dieß nicht thun kann, muß er Gott überlassen, damit er ja nicht aus einem Diener der Barmherzigkeit ein Diener seiner eigenen Ehre und Sache werde.

51. Er fährt fort: **Wahrlich, wahrlich! ich sage euch: Wenn jemand mein Wort hält, so wird er den Tod nicht sehen in Ewigkeit.**

Welch ein Arzt, der eine solche Arznei giebt, daß der Tod nicht nur getödtet wird, sondern daß man ihn nicht einmal sehen darf. Wie wunderbar: sterben und doch den Tod nicht sehen; wenn man Gottes Wort im Herzen hat!

Das ist ja ein tröstlicher Zuruf und eine theure Verheißung für Menschen, die den Tod am Halse tragen; die müssen ja einen Heiland haben, der ihnen vom Tode helfen kann.

Ach, warum laufen nicht alle Menschen, die den Tod so sehr fürchten, Ihm zu, der sie einladet, und ihnen verspricht: Kommet zu mir, die ihr euch fürchtet vor Tod und Grab; ich habe ein Mittel, das euch vom Tode rettet; wenn ihr das gebrauchet, so werdet ihr nicht sterben in Ewigkeit; das ist mein Wort, haltet euch daran, und ihr habt den Tod nicht zu fürchten, sondern der Tod fürchtet dann euch und flieht vor euch.

Das Wort Jesu ist also ein Präservativ (Verwahrungsmittel) gegen den Tod.

52. **Die Juden** aber wollten nicht nachgeben, sondern Recht haben in ihrem verkehrten Sinne. Darum **sprachen sie zu Ihm: Nun wissen wirs, und sehen wirs deutlich, daß du den Teufel hast. Abraham ist gestorben, die Propheten sind gestorben. Die müs-**

sen also alle dein Wort nicht gehalten haben? 53. **Bist du mehr als Abraham unser Vater, der gestorben ist? mehr als die Propheten, die auch gestorben sind? Was machst du aus dir selbst? Du willst alles allein seyn.** Sie verstanden alles vom zeitlichen Tode, weil sie vom ewigen und geistlichen Tode als Todte keinen Begriff hatten.

Harte Herzen werden durch die größte Sanftmuth noch mehr verhärtet; die tröstliche Verheißung Jesu macht die Verstockten nur noch verstockter, und befestigt sie noch mehr in ihrer falschen Gewißheit.

Die Welt weiß von keinem andern Tode, als der die Seele vom Leibe scheidet; sie weiß nichts von dem Tode, der die Seele von Gott scheidet, dem die Väter entgangen sind, weil sie auf Christum hoften und zum voraus sein Wort gehalten haben, das ihnen der Geist eingab.

Den Abraham hatten sie immer im Munde, und wenn sie zu seiner Zeit gelebt hätten, so hätten sie es ihm gemacht, wie dem Heiland. So die blinden Eiferer, welche die großen Männer und Heiligen immer im Munde führen ohne ihren Geist zu besitzen, und wenn sie bei Einführung und Entstehung des Christenthums gelebt hätten, so wären sie die ärgsten Verfolger und Feinde gewesen.

54. Jesus antwortete: **Wenn ich mich selbst ehrte, so wäre meine Ehre nichts. Mein Vater ists, der mich ehrt, von dem ihr saget, Er sey euer Gott.** 55. **Und ihr kennet Ihn nicht, ich aber kenne Ihn, und wenn ich sagen würde, daß ich Ihn nicht kenne, so wäre ich ein Lügner, wie ihr. Aber ich kenne Ihn, und halte sein Wort.**

Wer kann sich selbst ehren, sich selbst rühmen, da es Jesus nicht thut? Ehrsucht, Ehrgeitz ist schändlich, Menschen-Ehre ist nichts, Selbst-Ehre ist nur Wind, wenn sich auch Christus als Mensch selbst ehrte, so wäre seine Ehre nichts. Wen Gott ehrt, der ist wahrhaftig geehrt. Das ist allein die Ehre, die suchenswerth und beseligend ist.

Der Vater hat Jesum geehrt und verherrlichet durch die Stimme vom Himmel am Jordan und auf Thabor, dann durch alle seine Wunder und Thaten. Aber die Juden hörten die Stimme Gottes nicht, und sahen den Finger Gottes nicht in allem dem, was Gott für Jesus und durch Jesum that, so wie heute noch alle hartnäckige Ungläubige für alle Stimmen und Wunder Gottes taub und blind sind.

Es ist ein Gericht, darüber man zittern sollte, daß man gerade das, was zum Heil gegeben ist, zu seiner Verstockung mißbraucht. So wie die Juden durch das Licht der Schrift, die Erkenntniß Gottes, durch Jesum selbst und alle andere Heilsmittel, die sie hatten, nur mehr verblendet wurden, und gerade die Priester und Lehrer am meisten. So ist es auch jetzt bei den Christen nicht selten.

Vergeblich rühmen wir uns der Erkenntniß Gottes und Christi, wenn wir seinen Willen nicht thun.

56. **Abraham, euer Vater, frohlockte** über die Verheißung, **daß er den Tag** meiner Menschwerdung **sehen sollte. Er sah ihn und freute sich.** Er sah ihn, da meine Geburt im Himmel wie auf Erden von den Engeln verkündiget ward.

So streckten die Propheten den Hals in die Höhe, und sahen nach dem Tage. 1. Petr. 1, 11.

57. Das verstanden sie wieder nicht; deßwegen verdrehen sie Ihm die Worte. Er hat gesagt: Abraham hat meinen Tag gesehen, und sie werfen Ihm vor: **Du willst Abraham gesehen haben, und bist noch nicht fünfzig Jahre alt?**

58. Jesus **erwiderte: Wahrlich, wahrlich! ich sage euch: Ehe Abraham ward, bin ich;** nicht blos nach der Verheißung, sondern nach meiner ewigen Geburt vom Vater, als Sohn Gottes. Er ist, der **Ich bin** von ewigem Daseyn. Abraham war schon

1800 Jahre vor Christi Geburt gestorben. Darum wird schon von Jesaias das Kind in der Krippe ewiger **Vater**, oder Vater der Ewigkeit, Rath, Kraft, Wunderbar genannt.

59. **Da hoben sie Steine auf, um auf Ihn zu werfen.** Der Schöpfer kam zu seinen gefallenen, gefangenen, unglücklichen Geschöpfen, um sie zu erlösen, aufzurichten und sie selig zu machen. Die Liebe stand da, um zu lieben ihre Feinde, und sie greifen nach Steinen, um sich die Liebe, ihren Erretter, vom Halse zu schaffen, und elend zu bleiben. **Jesus aber verbarg sich, und ging mitten durch sie hinstreichend zum Tempel hinaus, und entzog sich also,** ohne weiters, unbeschädigt. Er zeigte ihnen, daß Er mehr sey, als sie glauben konnten.

Die Verfolgung ist der Lohn der Predigt des Evangeliums. Das Evangelium kann nicht ohne Verfolgung geprediget werden und wenn es Jesus selbst verkündiget. Aber es giebt doch wenig Lohn für diese Arbeit, weil sich nur wenige finden, die diese so belohnte Arbeit übernehmen, — oder weil wenige leiden wollen um Christi willen.

Das Weggehen Jesu aus dem Tempel ist demüthig, klug und lehrreich. Er entflieht dem Leiden nicht, sondern nur dem geringern, um dem größern Kreuz sich zu erhalten. Er wollte nicht im Tempel sterben, weil er nicht blos ein Schlachtopfer des jüdischen Volkes, sondern der ganzen Welt seyn sollte, und dazu gehörte ein anderer Altar, wo Er im Angesicht der ganzen Welt geopfert werden konnte, wie — auf Golgatha.

Wenn wir aber dieses Ereigniß in anderer Hinsicht betrachten, so möchte man Blut weinen über die Blindheit und Verkehrtheit der Juden und Christen. Der Herr des Tempels, der Sohn des Vaters, kommt in sein Haus, und seine Knechte steinigen Ihn hinaus. Er muß sich vor ihnen verbergen, muß durch Wunder sich aus ihren Händen retten, um nicht von ihnen erwürgt zu werden. — Er der so viele Wunder gewirket hat, und immer gern wirket, um sie an sich zu ziehen und selig zu machen, wird von ihnen bis zum Tode verfolgt. Wahrlich, sollte man sich nicht schämen, ein Mensch zu sein, seitdem Menschen ihren Schöpfer und Erlöser mit Steinen empfangen, mit einem Steinregen hinausgejagt, mit solcher Wuth verfolgt haben? Wenn die Menschen gegen den unsichtbaren Gott sündigen, ist es noch verzeihlicher, aber das sichtbare Ebenbild des Vaters, in dem die Fülle Gottes leibhaft wohnte, also wegstoßen, das ist der höchste Grad der Entartung. Wer schlägt da nicht an seine Brust, daß Menschen, seine Brüder, dieses gethan haben?

Wenn dieses auch nur Einmal und nur von den Juden geschehen wäre, so könnte man sich noch trösten; — aber es wird so oft wiederholt, es geschieht fast immer von Christen, daß sie Steine gegen Christus, gegen sein Evangelium, gegen seine Diener und Boten aufheben und darnach werfen. Ach wie viel Steine werden auf wahre Christen und Nachfolger des Lammes geworfen in und außer dem Tempel, auf und unter der Kanzel!

Und wer ist selbst unter den Bessern, der nicht Steine auf Jesum wirft, indem er Ihm untreu wird, von Ihm abweicht, Ihn oft aus dem Herzen verstößt? —!

Welch ein Gericht, Jesum hinauswerfen! Welch eine Leere des Herzens, des Tempels, der Kirche, wo Jesus sich verbergen, und dem blinden Eifer, dem Stolze, der Herrschsucht, der Lüge, dem Eigennutz weichen und sich entziehen muß?

Es ist nichts schrecklicheres nichts entsetzlicheres zu lesen als dieser Vers in der Bibel: **Sie hoben Steine auf — und Er verbarg sich.** Aber das Schrecklichste alles Erschrecklichen ist doch dieses, daß dieser

Vers so oft aufgelegt und nachgedruckt wird in natura, indem man dasselbe thut, auch dann, wenn man für Christus und Christi Kirche zu eifern scheint. Gott, Allmächtiger, hilf du und steure! —

## Das IX. Kapitel.

(Der Blindgeborne wird sehend, die Sehenden werden blind.)

1. **Im Vorbeigehen** (auf vorbesagte Weise, Kap. 8, 59.) **sah Jesus einen Menschen, der blind geboren war.** Da ging Er nicht vorbei, sondern blieb stehen und half. Er hätte den andern, die im vorigen Kapitel mit Ihm stritten, auch gern geholfen; aber sie wollten nicht; sie trieben den Helfer mit Steinen von sich.

2. **Seine Jünger fragten: Rabbi! wer hat gesündiget,** oder durch Sünde verschuldet, **daß dieser blind geboren ist? Er oder seine Aeltern?** Sie hatten die damals und zum Theil noch herrschende Meinung, seine Blindheit, sein Unglück müsse von einer besondern Sünde herkommen. Das ist wohl öfters wahr, aber nicht allemal.

3. **Jesus antwortete: Weder er, noch seine Aeltern haben gesündiget** d. i. deß durch Sünde sich zugezogen, **daß er blind geboren wurde.** Ihr urtheilet nicht recht, wenn ihr ihn oder seine Aeltern deswegen für besondere Sünder ansehet. Gott hat dieß nicht über ihn kommen lassen, wegen seiner oder der Aeltern Sünden, **sondern damit die Werke Gottes an ihm offenbar würden.** Gott läßt bisweilen das größte Elend und Unglück zu, damit Er die Menschen durch Errettung, auf seine Macht, auf seine Güte und

Liebe aufmerksam machen kann. Denn wenn Gott einen Menschen daraus errettet, so wird ihm der Arm und Namen des Herrn geoffenbaret.

4. **Ich muß wirken die Werke dessen, der mich gesandt hat, so lang es Tag ist; es kommt die Nacht, da niemand wirken kann.**

„Gott schickt mir Gegenstände zu, an denen ich seine Werke offenbar machen kann." Darum gab es zu seiner Zeit so viel Besessene, Lahme, Blinde, Aussätzige rc. nicht weil Gott sie strafen, sondern seinen Sohn an ihnen verherrlichen wollte.

Die große Nacht war wirklich vor der Thüre, da der Heiland dieß sagte; sie währte nicht lange, war aber sehr finster. Die Zeit von der Marterwoche bis Pfingsten war nichts zu wirken hinauswärts; im Hause gings immer fort. Der Heiland hatte vierzig Tage sein Wesen mit den Jüngern; was hat Er nicht alles mit ihnen vor seinem Leiden und nach der Auferstehung geredet? Bei ihnen wars also licht, aber draußen wars finster; da geschah nichts.

Dergleichen Stunden giebts auch in der Welt, und die währen manchmal für gewisse Länder und Oerter nur zu lange. Wenn man in dieser Zeit etwas vornimmt, so ists, als ob alles vergeblich und alles in die Luft oder in den Wind gesäet wäre. Fängt man etwas an, so läuft man Schatten nach; faßt man etwas, so bekommt man etwas Ungewisses, etwas das man nicht hat haben wollen, kurz es sind lauter Nachtgeschäfte draußen, wo es finster ist. Wenn nun der Heiland seine Kinder in solche Gegenden geführt hat, wo es Nacht ist draußen, so sollen sie die Gnade desto mehr in ihrem Hause wirken, und das Licht, das auf ihrem Leuchter steht, dem Hause leuchten lassen, und fröhlich dabei seyn; wie man es in langen Winternächten macht, da man sich auch Geschäfte aussucht, die sich für keine andere Zeit schicken; und wenn dann die langen Tage wieder kommen, so ist man desto fleißiger und wendet an, was man indeß in der Zeit der Stille und des Daheimseyns gesammelt hat.

Es giebt Zeiten, wo es hie und da, ehe man sichs versieht, und an Orten, wo man es nicht vermuthete, gähling Tag wird; und da muß man sich hüten, daß einem der Tag nicht über den Hals komme, ehe man bereit ist, zu thun, was unseres Amtes ist. Darum sollen wir uns vom heiligen Geiste bereiten lassen, uns zu rechter Zeit zu stiefeln, und die Waffenrüstung Gottes anzuthun, damit wir auf den ersten Wink da sind, wo wir seyn sollen.

5. **So lange ich in der Welt bin und Zeit habe, lasse ich mein Licht leuchten, denn darum bin ich das Licht der Welt.**

„So lang ich in der Welt bin, scheint die Sonne, ist es Tag, daß jeder wandeln kann, wie am hellen Tage, der sich seine Augen nicht selbst verbindet." Die leibliche Gegenwart Jesu auf Erden hat also den Tag der Welt gemacht, und seine geistliche Gegenwart in einem gläubigen Herzen, in einer Stadt, in einer Gemeine, durch den Glauben und das Evangelium, macht auch den Tag für ein solches Herz oder eine solche Stadt und Gemeine.

Es war ein großes Unglück für die Juden, daß sie sich diesen Tag in Nacht, dieses Licht in Finsterniß verkehrt, und die Zeit dieses Lichtes nicht benutzt haben. Aber dieses Unglück ziehen sich alle zu, die Jesum, das Licht der Wahrheit, wenn es ihnen nahe gebracht wird durch die Predigt des Evangeliums, verwerfen.

6. **Als Er das gesagt hatte, spuckte Er auf die Erde, machte mit dem Speichel eine Rothsalbe, strich die Rothsalbe auf die Augen des Blinden,** als ein Bild der geistlichen Augensalbe. Offenb. 3, 18.

Der den Menschen von Erde gemacht hat, heilt ihn mit Erde. Was in der Hand eines andern die Blindheit vermehren würde, dient in der Hand Jesu dazu, das Gesicht wieder zu geben. Denn die Kreatur giebt nichts, als was Gott durch sie giebt. Koth ist Koth, kann nichts geben; aber Gott kann alles durch das schlechteste Mittel geben.

Wir werfen uns oft Koth und Staub in die Augen und erblinden. Aber Jesus bedient sich oft dessen, um uns wieder sehend zu machen.

7. **Und sprach zu ihm: Geh hin und wasche dich im Teiche Siloha. Der Blinde ging hin und wusch sich, und kam sehend zurück.**

Es kommt weder aufs Waschen, noch aufs Rennen und Laufen an, das **wir** bei der Sache thun, sondern es kommt darauf an, daß wir Erlaubniß bekommen, hinzugehen und uns zu waschen. Es hätten zehn und zwanzig hingehen und sich waschen können, denen es nichts geholfen hätte. Es war nicht so gemeint, daß es gerade das Wasser thun mußte. Es hätte eine jede andere Sache ihm auch helfen können, die ihm der Heiland befohlen hätte. Daraus können wir sehen, daß heutzutage noch die Bekehrung der Seelen, die Ueberzeugung der Leute, die Befestigung in der Gnade, nur davon abhängt, wenn der Heiland sagt: Geh hin und wasche dich! Und welch ein entsetzlicher Schade entsteht daraus, wenn man das versäumt! Sobald man nun ein solches Wort, eine solche Stimme in seinem Herzen, oder von einem Zeugen Jesu hört, wobei einem so ist: jetzt könnte ich aus der Sache herauskommen ꝛc., so darf man nur den Heiland bitten, so wird einem geholfen. Und das, was uns hilft, ist eigentlich das Wort Christi, das Blut Christi, das der heilige Geist in allen innern und äussern Krankheiten applizirt.

8. **Die Nachbarn und die ihn zuvor als Bettler gesehen hatten, sagten: Ist dieser nicht der, der hier saß und bettelte?** Wenn einer von seiner geistlichen Blindheit befreit wird, heißt es: Ist dieser nicht der, ders vorher so und so machte? Damit geben sie

ein Zeugniß von seiner Besserung; das ist aber bei ihnen eine Schande.

— **Einige sprachen: Er ists. 9. Andere aber: Nein doch, er sieht ihm nur ähnlich. Er selbst aber sprach: Ich bin es.**

Selig ist, wer sich nicht schämt zu bekennen, wer er gewesen ist, daß er blind, taub und todt war, aber nun durch Jesum sehend, hörend, lebendig geworden ist.

Ein Mensch, dessen Herz durch Jesum erleuchtet, und durch seine Gnade geändert worden, ist nicht mehr zu kennen. Er ist nicht mehr derselbe Mensch, das alte Adamskind, welches nach seinen Lüsten einherging und in der Finsterniß der Sünde umhertappte; er macht jetzt gerade und gewisse Schritte, und wandelt wie am hellen Tage als ein Kind des Lichts.

10. **Da sprachen sie zu ihm: Wie sind denn deine Augen aufgethan worden?**

Wenn ein Blinder einen Erleuchteten fragt, wie er sehend geworden, wie er das Licht gefunden habe, und nur in der Absicht so fragt, um auch den Weg zum Lichte und offne Augen zu finden, so ist es erbaulich. Aber wenn die blinden Pharisäer einen Erleuchteten fragen, so thun sie es nicht aus Liebe und Begierde zum Lichte, sondern um ihn wieder blind zu machen, oder den, der ihm das Licht aufsteckte, zu verfolgen; um irgend etwas gegen ihn heraus zu bringen; ob er nicht gegen die Form angestoßen habe — oder überhaupt, weil sie Feinde des Lichtes sind, und nicht wollen, daß die Menschen durch das Evangelium erleuchtet werden. Sie lieben die Blindheit, die Finsterniß mehr als das Licht.

11. **Er antwortete: jener Mensch, der Jesus heißt, machte eine Kothsalbe, bestrich meine Augen und sprach zu mir: Geh hin zum Teiche Siloha, und wasche dich. Ich ging hin und wusch mich, und nun sehe ich.**

Jener Mensch, sagt er, weil er doppelt blind war, innerlich und äußerlich. Aber beide Augen wurden ihm nun auch aufgethan, die leiblichen und geistlichen. (man sehe Vers 38.)

Aber die ihn fragten, waren nicht nur blind, sondern auch verstockt, denn sie fragten ihn nicht, um auch durch Jesum sehend zu werden, sondern das Licht, durch welches er sehend wurde, auszulöschen. Sie fragen aus Bosheit, er antwortet mit Einfalt und Demuth, und bekennt mit Glauben.

12. **Da sprachen sie zu ihm, wo ist derselbe? Er sprach: ich weiß es nicht.** Sie fragen nach Ihm, wie Herodes. Matth. 2, 8.

Wenn dich aber Jesus erleuchtet und geheilt hat, so laß Ihn nicht so laufen, wie dieser Blinde, ohne dich nach Ihm umzusehen, und zu wissen, wer Er ist, und wo Er zu finden ist.

13. **Nun führten sie den Blindgewesenen zu den Pharisäern,** die sollten es untersuchen. Sie dachten: Die müssen es wissen; da gehörts hin. Sie führten einen erleuchteten Blinden zu Stockblinden, die in ihrer Blindheit immer noch wachsen wollten, und sich sogar des Lichtes selbst bedienten, um ihre Blindheit zu vermehren.

„Fort mit ihm zu den Pharisäern, hieß es, da wird man ihn schon beichten lehren."

14. **Es war aber Sabbat, da Jesus die Rothsalbe machte und ihm die Augen öffnete.** Da kommt nun der Stein des Anstoßes.

15. **Die Pharisäer fragten ihn nun noch einmal, und examinirten ihn von neuem, wie er denn wäre sehend geworden. Er aber antwortete: Eine Rothsalbe legte Er mir auf die Augen, und ich wusch mich und nun sehe ich.** So ist es gegangen; ich kann es euch nicht anders sagen. 16. **Hierauf sprachen einige von den Pharisäern: Der Mensch ist nicht von Gott, weil Er den Sabbat**

nicht hält. Mit solchen Dingen ist Christus geplagt worden, und so machts die Welt noch stets den Kindern Gottes. Wenn man etwas Gutes thut, so weiß die Welt dieß und das daran zu tadeln: Ja es wäre schon recht, wenns nur nicht da, und so geschehen wäre. Und im Grunde ist bei allen Verfolgungen keine andere Ursache, als der Haß und Neid der Verfolger und das Gute selbst. Die Vorurtheile des Neides, und die Liebe zu einer gewissen Parthei sind die Quelle alles Bösen in der Kirche Gottes.

— Andere aber sagten: **Wie kann denn ein Mensch, der ein Sünder ist, solche Wunder thun? Und es war eine Trennung unter ihnen.**

Das war nun ein treuherziges, ehrliches Urtheil, wo kein Neid mit im Spiele war, der, wie wir an den übrigen sehen, die allerheiligsten Handlungen verurtheilt, wenn sie nicht nach der Form und der Richtschnur der Pharisäer geschehen sind.

Die Trennung bei den Bösen und Verfolgern ist ein Werk der Hand Gottes, der mitten unter seinen Feinden herrscht, und ihnen das Concept verrückt.

17. **Sie sagten wiederum zu dem Blindgewesenen: Was sagst denn du von dem, der dir die Augen aufgethan hat? Er sprach: ein Prophet ist Er.** Das kann ein Blinder sehen. Er antwortet frei heraus und fürchtet sich nicht den Inquisitoren, die schon erklärt hatten, daß Jesus nicht von Gott, sondern ein Sabbatschänder sey, zu widersprechen, und selbst vor den Feinden der Wahrheit die Wahrheit frei zu bekennen.

18. **Nun glaubten die Juden gar nicht mehr von ihm, daß er blind gewesen und sehend geworden sey** (— obwohl sie gerade sagten: wer hat dir die Augen aufgethan?) **bis sie die Eltern des Blindgewesenen herbeiriefen.** Sie wollen die Sache verdächtig machen, weil sie nicht nach ihrem Sinn war. Sie suchen viele Zeugen der Wahrheit, um die Wahr-

heit nicht annehmen zu müssen, sondern blos um sie zu verdammen.

19. **Diese fragten sie und sprachen: Ist das euer Sohn, von dem ihr saget, daß er blind geboren sey? wie ist er denn jetzt sehend geworden?**
20. **Seine Eltern antworteten ihnen und sprachen: Wir wissen, daß dieser unser Sohn ist, und daß er blind geboren worden.** Je mehr sie dies Wunder untersuchen, desto unzweifelhafter wird es. Wie müht man sich doch, um nicht glauben zu müssen! Man sieht daraus, wie sehr man sich hüten müsse, daß der Neid nicht herrschend werde, denn er schließt die Augen zu vor der hellsten Sonne der Wahrheit.

So wollen auch wenige Menschen der Wahrheit Zeugniß geben, weil sie die Wahrheit zu wenig lieben, als daß sie sich durch das Zeugniß der Wahrheit einer Gefahr aussetzen wollten.

21. **Wie er nun sehend ist, wissen wir nicht, oder wer ihm seine Augen aufgethan hat, wissen wir auch nicht. Er ist alt genug, fragt ihn selbst, laßt ihn selbst für sich reden.**

Die Menschen wollen nichts wissen, wenn sie der Wahrheit mit einiger Gefahr etwas für sie zu leiden, Zeugniß geben sollen, so viel sie sonst wissen wollen und schwatzen, wenn sie Ehre, Nutzen oder sonst etwas erobern können. Und das geht so weit, daß selbst Eltern von ihren Kindern nichts wissen, nichts für sie reden wollen, sobald Christus im Spiele ist, und man um Seinetwillen sich einer Schmach aussetzen soll. Manche Eltern liefen ins Feuer für ihre Kinder, wenn es leibliche Noth erforderte. Wenn sie aber von Christus aus dem Feuer gerettet sind, so schämen sie sich, oder fürchten sich ihretwegen, oder zürnen gegen sie und reden wider sie statt für sie.

22. **Dieß sagten seine Aeltern, weil sie sich vor den Juden fürchteten; denn die Juden hatten es schon miteinander ausgemacht, jeden aus der Sy-**

**nagoge zu stoßen, in Bann zu thun, der Ihn für Christus bekennen würde. 23. Darum sagten seine Eltern: Er ist alt genug, fragt ihn selbst.**

Seine Aeltern sind klug genug gewesen, den Kopf aus der Schlinge zu ziehen; sie schoben es von sich, weil sie wohl wußten, daß sie sich vor dem geistlichen Gerichte leicht mit einem Worte würden verreden können, darüber sie in Bann gethan würden.

Es giebt wenig Menschen, die sich nicht von der Furcht abhalten lassen, Jesum zu bekennen. Man behielte gerne die ganze Welt zum Freunde. Man bekennt seinen Glauben, so lange er nicht bestritten wird, und in so ferne die Priester und Oberen ihren Beifall dazu geben.

24. **Da riefen sie noch einmal den Blindgewesenen vor,** den sie gerne wieder blind gemacht hätten, **und sprachen zu ihm: Gieb Gott,** das heißt uns, **die Ehre!** Du stehst hier vor Gottes Angesicht und vor denen, die an Gottes Statt sind.

So geistlich kann die Welt thun. **Wir wissen** (gewiß, bei uns ists etwas Ausgemachtes,) **daß dieser Mensch ein Sünder ist.** Sonst heißts wohl: Es schadet nicht, wenn gleich die Priester gottlos sind; aber wenn es wider Christum geht, da ändert die Welt ihre Sprache, und sagt: Der Mann muß abgesetzt werden; denn er hält sich nicht an die Form, an die Gesetze. Wie haben ein Gesetz, und er richtet sich nicht nach uns. Wenn man Gottes Gebote übertritt, nimmt es alle Welt nicht so genau, vergiebt es gerne; aber wer sich nicht an die stehenden Formen hält, kommt nicht durch die Welt.

Der Name Gottes mußte hier ihre Falschheit und Bosheit zudecken. Und der arme Mensch hätte blindlings gehorchen und sagen sollen: ihr, meine geistlichen Väter, müsset es besser verstehen; aber so dumm-einfältig war er nicht, daß ihn die pharisäischen Füchse hätten fangen können, sondern:

25. **Er antwortete ihnen** in edler Einfalt: **Ob Er ein Sünder ist, weiß ich nicht,** d. h. das kann ich nicht begreifen und zusammenreimen; **eins aber weiß ich, daß ich blind war, und jetzt sehe ich.** Er blieb bei der Sache, und ließ sich nicht wieder blenden. Der Herr hilft den Einfältigen, und fängt die Klugen in ihrer List.

26, **Sie sprachen zu ihm: Was hat Er denn gethan mit dir? Wie hat Er deine Augen aufgethan?** Sie kommen immer mit dem **Was** und **Wie.** 27. **Er** aber merkte ihre Bosheit, daß sie ihn nur in Worten fangen wollten; deßwegen wurde er über sie entrüstet und **sprach: Das habe ich euch schon gesagt: habt ihrs denn nicht gehört? Warum wollt ihrs denn noch einmal hören?** Höret ihrs denn so gerne? **Wollt ihr etwa auch seine Jünger werden?** Da wirds wohl keine Noth haben! Ihr werdet es zum zweitenmal eben so wenig hören und glauben. Und er sagte es ihnen nicht. Da wars aber aus.

28. **Jetzt fluchten sie ihm,** um der Sache einen priesterlichen Nachdruck zu geben. Nach dem heutigen Style verketzerten, anathematisirten sie ihn. **Du bist sein Jünger,** (damit geben sie ihm das beste Zeugniß, das sie nicht wollten,) **wir aber sind Moses Jünger,** und bleiben beim Alten. Da sieht man, was der alte Mensch für Polster hat. Ihr Lügner! wäret ihr Moses Jünger gewesen, so wäret ihr auch Christi Jünger geworden, bliebet ihr beim Alten, so könntet ihr nicht gegen Christus und sein Evangelium, nicht gegen seine Boten seyn. Ihr würdet das Evangelium annehmen, wie es da ist. Oder ist denn das Evangelium nicht das Alte, Wahre, bei dem man bleiben muß, so lange die Welt steht?

Sie fluchten ihm, thaten ihn in den Bann. Wie oft wurde dieser pharisäische Fluch und Bann wiederholt gegen wahre Jünger Jesu, oder gegen solche, welchen Jesus die Augen aufgethan, die in der Blindheit des Aberglaubens aufgewachsen sind, aber durch die Gnade Christi und das Evangelium erleuchtet wurden, sich zu Jesu bekannten und ihrer vorigen Blindheit entsagten. Die Welt ist noch so blind wie dort, daß sie diesen allergrößten Segen, von Jesu erleuchtet zu werden, für den größten Fluch hält, und über alle wahre Anhänger Jesu laut ausspricht. Wird aber ein solcher Fluch und Bann von blinden Priestern über einen Erleuchteten ausgesprochen, ihm nicht schaden? Keinesweges, so wenig als er diesem Blindgeborenen schadete. Glücklicher macht er ihn, er treibt ihn näher zu Christo und macht ihn von den blinden Führern ganz los und frei. Wer dem Herrn anhängt, dem kann kein Bann und Fluch der Menschen schaden. Wer im Lichte wandelt, den kann die Finsterniß nicht bannen.

29. **Denn wir wissen, daß Gott mit ihm geredet hat.** Und Moses hat auf Christum gewiesen. **Von diesem aber wissen wir nicht,** (ihr wollt es nicht wissen,) **woher er ist.** Es ist besser nichts wissen, als etwas wissen und es nicht recht wissen. Gott hat mit Moses geredet, das wußten sie. Was redete aber Gott mit Moses? Daß er nur der Schatten des Heilandes wäre, und das ganze Gesetz nur deswegen gegeben sey, daß es zu Jesu Christo führe. Das wollten die falschen Gelehrten und Pharisäer nicht wissen. Wahrlich, die Heiden, die nichts von Moses wußten, waren besser daran, weil sie Keinen hatten, an dem sie so gehangen, und daher nicht versucht wurden, beim Schatten und Vorbild zu bleiben und das Wesen zu verlassen. So ist es auch jetzt: die Pharisäer bleiben bei der Form und verwerfen den, um deswillen die Form da ist, und zu dem die Form führen soll. Sie bleiben beim Buchstaben, der sie tödtet, und schlagen das Leben des Geistes mit der Form und dem Buchstaben todt, der ein Behälter, ein Gefäß des Geistes seyn soll. Was antwortet der einfältige Mensch darauf?

30. **Er sprach: Das ist doch wunderbar, daß ihr nicht wisset, woher Er ist, da Er mir doch die Augen aufgethan hat.** Das ist eine boshafte Unwissenheit, ein seltsames Ding, daß die Bauleute einen solchen Stein wegwerfen, der doch so verwerflich nicht ist.

Man ist stark, wenn man die Wahrheit auf seiner Seite hat. Die Einfalt kann Gelehrte und Lehrer des Gesetzes beschämen und widerlegen, wenn sie die Wahrheit für sich hat, und ihre Gegner sie bestreiten.

31. **Wir wissen ja doch gewiß, daß Gott die Sünder nicht hört**, die an der Sünde ihre Lust haben, und das habt ihr sonst selbst geprediget. **Wer Gott ehrt, und seinen Willen thut, den hört Er.**

Dieser Spruch ist doch nicht allgemein anwendbar; denn auch Sünder oder unbekehrte Personen können in gewissen Fällen erhörlich beten; das ist aber kein Zeichen der wahren Gnade; wir haben in der heiligen Schrift viele Beispiele, daß Gott das Gebet der Sünder oder Unbekehrten erhört; z. B. das Gebet Ismaels, Ahabs, der Niniviten, von deren rechten Bekehrung man doch nichts weiß. Da ist aber dann die Erhörung nicht ihrem Gebete zuzuschreiben, sondern der allgemeinen Liebe Gottes, die sich aller ihrer Werke erbarmt, und nach welcher Gott seinen Regen und Sonnenschein sowohl den Undankbaren, als seinen Kindern zukommen läßt, wie Er denn auch das Geschrey der jungen Raben hört, und ihnen Futter giebt, wenn sie Ihn anrufen. Ein bußfertiger Sünder, der um Gnade schreit, ist vor Gott schon kein Sünder mehr, und wird deswegen wohl gehört, weil nur Gottes Geist ihn beten lehrt.

32. **So lange die Welt steht, ist es nicht erhört worden, daß jemand einem Blindgebornen die Augen aufgethan habe.** 33. **Wenn dieser nicht von Gott wäre; so könnte Er nicht solches thun;**

Kein so unerhörtes Wunder. Gott kann nicht einen Betrüger durch Wunder bekräftigen. Es ist ganz und gar gegen seine Gewohnheit solche Thaten durch Gottlose und Irrlehrer geschehen zu lassen. Denn die nicht von Gott sind, sondern von sich selbst gelaufen kommen, haben zwar viele Worte, aber keine Kraft. Wo man aber wahrhafte, und dauerhafte Wirkungen des heiligen Geistes sieht, da muß man glauben, daß die Sendung von Gott ist.

34. **Sie antworteten und sprachen zu ihm: Du bist ganz in Sünden geboren, und du willst uns lehren?** die wir Doktores und Lehrer des Gesetzes sind.

Die Jünger haben Vers 2. auch so geurtheilt, und schrieben seine Geburt und Blindheit der Sünde zu. Sie ließen sich aber von Christo belehren; aber bei den Pharisäern war es Bosheit; sie werfen es ihm bitter vor: Gott hat dich schon von Natur und Geburt bezeichnet.

— **Und sie stießen ihn hinaus.** D. i., sie thaten ihn in den Bann, voll bittern Eifers, weil sie merkten, daß er an Jesus hing, obwohl er Ihn erst nur für einen Propheten und nicht für den Messias hielt. Er aber ärgert sich daran gar nicht; es war ihm vielmehr sehr heilsam; denn sie stießen ihn nur aus ihrer Heuchelei hinaus, und er hatte nun bessere Gelegenheit, zum völligen Glauben an Christus zu kommen.

Kaum hat man der Wahrheit oder Christo das Wort geredet, so muß man von Heuchlern und Scheinheiligen Verfolgung leiden.

Gottlose blinde Hirten stoßen die guten Schafe, die im Stalle, in der Heerde sind, hinaus, anstatt die, welche nicht drinnen sind, anzulocken. Sie halten es mit den Wölfen und reinigen die Heerde von den Schafen. Selige Verbannung, die uns von der Verbindung der Blinden und Boshaften absondert und uns Christo näher bringt! Wer unrechtmäßig aus der Kirche verbannt wird, wird nur inniger mit Christo verbunden. Man höre, was Jesus mit den um Seinetwillen Excommunizirten anfängt.

35. **Jesus hörte, daß sie ihn ausgestoßen hätten, und da** der gute Hirt das arme Schaf, das die Wölfe in Gestalt der Hirten verfolgten, wieder fand, **sprach Er zu ihm: Glaubst du an den Sohn Gottes?**

So offenbart sich Christus denen, und nimmt an die, welche die Welt oder eine zur Welt gewordene Kirche auswirft. Er hat ein Fünklein des Glaubens an ihm bemerkt, das facht Er an, weil es die Pharisäer mit Gewalt auslöschen wollten. Wer Gläubige verbannt, verbannt nicht sie, sondern sich selbst, indem er die Gemeinschaft der Heiligen von sich stößt und also Christum verwirft. So trennt sich die Welt von Christo, weil sie Christi Glieder von sich absondert.

36. **Jener sprach: Herr! wer ist es, daß ich an Ihn glaube?** Ich will ja gern an Ihn glauben, wenn ich nur erst weiß, wer, oder wo Er ist.

Die Seelen, die der Heiland durch Vergebung der Sünden, durch Heilung ihrer natürlichen Blindheit und ihres Verderbens zu sich gezogen und begnadiget hat, die haben nicht allemal gleich deutliche und bestimmte Begriffe von dem, an welchen sie glauben. Das zeigt sich hier bei diesem Blindgebornen. Sie wissen, daß sie aus ihrem Elend herausgerissen worden, und lieben ihren Erbarmer. Sie studiren aber oft lange darüber, ehe sie Ihn recht kennen lernen, wer Er doch ist. Denn die wörtliche, buchstäbliche, historische Erkenntniß machts noch nicht aus. Und es fehlt manchmal sogar noch diese. Es wird den **Vätern** in Christo zugeeignet, daß sie **den** kennen, der vom Anfang ist. 1. Joh. 2, 13.

**Den Heiland in allen seinen Niedrigkeiten und in allen seinen Herrlichkeiten kennen, ist die größte Seligkeit. Jesus muß nie anders angesehen werden als am**

Kreuze, in seinem Blute, in seine Niedrigkeit, wenn es uns in unserm Herzen wohl seyn soll. Paulus machte es auch so. 1. Kor. 2, 2.

37. Jesus sprach: **Du hast Ihn gesehen,** ließest Ihn aber damals vorbeigehen. Nun aber steht Er vor dir, **und der mit dir redet, der ists.** Du einzig glücklicher Mensch, der du aus dem Munde Jesu selbst diese beseligenden Worte zu hören die Gnade hattest. Denkt euch, Leser! wenn ein Mann vor uns stände, den wir nicht kenneten, und wir fragten nach Jesus, und hörten aus seinem Munde: Der mit dir redet, der ist es! Welch ein Wort wäre das für uns! Wie überglücklich müßten wir uns fühlen! Einst wird Er so vor uns stehen; einst so sich uns offenbaren, wenn wir hinüber kommen und wir fragen: Wo ist Er, den meine Seele liebt? Wo find ich Ihn? — Ich bin es, der mit dir redet, der ists, an den du geglaubt hast, ehe du ihn sahest, den du lieb hattest, ohne ihn zu sehen. — Wie wird dies Eine Wort uns für alle Ewigkeiten glücklich machen.

Die von den aufgeblasenen stolzen Gelehrten und Pharisäern verworfene Gnade stellt sich der Einfalt vor die Augen hin und offenbart sich den Unwissenden, um den Hochmuth des menschlichen Gemüths zu Schanden zu machen. Nie wird ein stolzer Gelehrter dies Wort aus Jesu Munde hören: der mit dir redet, der ists! Denn Er läßt sich nicht mit ihnen ein. Er redet nur mit den Einfältigen, (cum simplicibus sermocinatio ejus). Ich stehe vor der Thüre und klopfe an, wer meine Stimme hört und mir aufthut, zu dem gehe ich ein, und halte Abendmahl mit ihm. Offenb. 3. So kann man also auch heute noch das Glück haben, aus seinem Munde das Wort zu hören; der mit dir redet, der ists. Wenn man nur ernstlich sucht und fragt: Herr, wer ists, daß ich an Ihn glaube. „Ach, daß ich hören sollte, daß Gott der Herr redete, daß Er Friede zuredete seinem Volke." Ps. 85, 9.

**38. Er antwortete: Herr! ich glaube. Und er fiel nieder und bethete Ihn an.**

Es ist doch sonderbar, daß er Ihm sogleich glaubt, niederfällt und anbethet, einen Menschen, der zwar allerlei Gutes that, der Wunder wirkte, der aber doch im Uebrigen unter die unansehnlichsten Leute gehörte, und dessen Anhang so beschaffen war, daß die Priesterschaft und Pharisäer sagten: Glaubt auch irgend ein Vorsteher oder Pharisäer an Ihn?

Man sollte denken, es hätte einen größern Eindruck gemacht, da der Heiland dem Paulus in den Wolken erschien und aus dem Himmel zurief: Ich bin Jesus! Es hatte aber eben dieselbe Wirkung, da Er dasselbe als ein armer Mensch sagte, von dem zwar einige eine große Meinung hatten, von dem aber die Gelehrtesten, die Vornehmsten und die beim Volke im Rufe der Heiligkeit standen, nichts hielten, und versicherten, daß nichts an Ihm wäre.

Wenn der Heiland zu Gläubigen spricht, so hat es immer einerlei Wirkung; ob Er aus den Wolken ruft; ob Er sich zur rechten Gottes sehen läßt, wie dem Stephanus, ob Er in seiner majestätischen Gott-Menschheit erscheint, wie dem Johannes; Off. 1. da er die Hand auf ihn legte; ob Er auf dem Meere gegangen kommt und spricht: Ich bins; ob Er in der gewöhnlichen, gemeinen Gestalt, wie Er täglich aus und eingeht, zu seinen Jüngern sagt: Ich bins; ob Er mit den Nägelmaalen unter die Jünger tritt und Friede anbeut, oder zu einer Jüngerin sagt: **Maria!** das hat einerlei Erfolg. Die Jünger fallen nieder und bethen an. Wenn Er vor dem Hohenpriester sagt: Ich bins; so zerreißt derselbe seine Kleider und sagt: Was brauchts mehr, Er ist ein Gotteslästerer.

**39. Da sagte Jesus: Ich bin zum Gerichte in die Welt gekommen, daß die Blinden sehend, und die Sehenden blind werden. Das heißt, es war nicht seine und des Vaters Absicht, daß man an sei-**

nem Lichte erblingen, sondern vielmehr sehend werden sollte; wenn denn aber die Menschen Ihn, das Licht, muthwillig von sich stoßen, und die Finsterniß mehr lieben, als das Licht, so entsteht daraus ein schweres Gericht für sie. Gott läßt sie in die dickste Finsterniß fallen.

Wer blind ist und bekennt es, und sucht bei Ihm Licht, den macht Er sehend; wer aber blind ist und sich hell sehend dünkt, und also sein Licht nicht nöthig zu haben glaubt, sondern es von sich stößt, der entfernt sich immer weiter von der Wahrheit, von Jesu.

40. **Einige von den Pharisäern, die bei Ihm standen,** voll sicherer Einbildung von sich selbst, glaubten dadurch sich beleidigt und **sagten zu Ihm: Sind wir auch blind?** Hältst du etwa auch uns heilige Menschen für blind? das wollen wir nicht hoffen. Damit schieben sie vollends allem Lichte den Riegel vor.

Welche Blindheit, die Blindheit nicht erkennen! der Blindgeborene war so unglücklich nicht; denn er wußte und erkannte seine Blindheit und bat um Licht. In der Welt ist nichts gefährlicher, als eine solche pharisäische Blindheit, die sich für erleuchtet hält; denn solche Menschen demüthigen sich nicht nur nicht wegen der Finsterniß, die sie haben, sondern sie erheben sich noch, wegen des Lichtes, das sie nicht haben; und bestreben sich also auch nicht von Gott zu erbitten, was ihnen fehlt und unentbehrlich ist, weil sie es schon in aller Fülle zu besitzen glauben.

41. **Jesus antwortete ihnen: Wäret ihr blind, so hättet ihr keine Sünde.** Wüßtet ihrs nicht besser, und könntet ihr es nicht besser wissen; wäret ihr ohne eure Schuld, ohne boshaften und freiwilligen Selbstbetrug in eurer Blindheit, so würde euch zu helfen seyn; so würdet ihr gerne bessere Belehrung und Erleuchtung von mir annehmen. **Weil ihr aber saget: Wir sehen;** euch für Leiter der Blinden ausgebet, und euch und andere in der Blindheit muthwillig und

hart-

hartnäckig erhaltet, das Licht scheuet und von euch stößet, so bleibt eure Sünde. Wenn ein Licht im Gewissen mit Gewalt ausgeblasen wird, so entsteht ein beharrlicher Zustand der Bosheit und Verstockung.

Setzet euch ins Dunkel, und werdet zuerst blind, die ihr euch des Sehens rühmet. Denn ihr seyd noch zu weise fürs Himmelreich!

## Das X. Kapitel.

(Jesus erklärt sich als den guten Hirten; die Juden wollen Ihn steinigen.)

1. **Wahrlich, wahrlich! ich sage euch: Wer nicht durch die Thüre,** (die ich selbst bin,) **in den Schafstall** (in die Gemeinschaft der Heiligen) **eingeht, sondern anderswo** (durch falsche Künste) **hineinsteigt, der ist ein Dieb und Mörder.** Wer Christum wegwirft, und sich und andere bei Christo vorbeiführt, der ist ein Dieb und ein Mörder, denn er stiehlt und tödtet in sich und andern die Wahrheit und das Leben, verschließt und versperrt sich und andern die Thüre zum Leben.

Wo steigen denn die Diebe ein? Wie kommen sie in das Lehramt, in die Kirchen? Ehr= und Geldgeiz, Liebe zur Ruhe und Bequemlichkeit des Lebens, die Absicht seiner Familie aufzuhelfen, oder sich selbst aus der Noth zu reißen, ein Brod zu erhalten, oder andere Vortheile und unreine Achsichten sind es, die sie treiben; dann Geschenke, Versprechungen, zudringliches Bitten oder Suppliziren, Arglist und Gewalt, oder erlogene Zeugnisse, Empfehlungen sind die Mittel und Wege, durch welche sie sich eindringen.

Ach wie viele giebt es, die da fordern, daß man ihnen als Hirten gehorchen soll, und vor Gott sind sie Diebe und Mörder.

2. **Wer aber durch die Thüre** (durch wahre Buße und Glauben an Christus, durch die Erkenntniß seines Nichts, und daß Christus sein Alles ist, in das inwendige Reich Gottes) **eingeht, der ist ein Hirt der Schafe.** Der kann auch andere einführen, weil er den rechten Eingang gefunden hat, wo für alle Schafe die rechte Weide ist. 3. **Diesem thut der Thürhüter auf, und die Schafe hören seine Stimme; Er ruft seine Schafe mit Namen und führt sie aus.**

Der Sinn des Heilands ist: Ich habe ein Recht zu allen Schafen, zu diesem Stalle und zu allen Hürden, die auf dem ganzen Erdboden sind. Der Thürhüter, der Wächter, der heilige Geist, der Christus in uns verklärt, dem die Pflege des Stalls und die Bewahrung aller Schafe anvertraut ist, erkennt niemand als mich.

Das Wichtigste in diesen Worten ist die Harmonie, die zwischen Ihm und dem Heiligen Geiste ist, wie sie einander in die Hände arbeiten, wie keiner ohne den andern ist, wie sich der heilige Geist freut, wenn Er die Schafe zum Hirten führen kann; wie Er in allen Stücken für Ihn arbeitet, um so viele Schafe aus allen Enden der Erde zusammenzubringen, und endlich eine Heerde unter Einen Hirten zu sammeln aus aller Welt Zungen.

4. **Wenn er seine Schafe herausgelassen hat; so geht Er vor ihnen her** mit gutem Beispiele, **und die Schafe folgen Ihm,** dem Zuge seiner Liebe, als Jungfrauen des Lammes; **denn sie kennen seine Stimme,** und sie merkens, wer ihnen gute Speise giebt. 5. **Einem Fremden aber folgen sie nicht;** sie hüten sich vor dem, was mit der Hirten-Stimme Christi nicht übereinstimmt. Sie sagen nicht gleichgültig: Es ist alles Gottes Wort, wie die todten Schafe, denen es gleichviel ist, ob man ihnen Heu oder Stroh oder Gras ins Maul steckt; **sondern sie fliehen vor Ihm;** weiter

aber vergreifen sie sich nicht an ihm, fangen keine Unruhe an; denn sie kennen die Stimme der Fremden nicht, die entfremdet sind von der Inwohnung des heiligen Geistes, die ohne Salbung sind, und auf eine magere Weide führen.

6. **Dieses Gleichniß sagte ihnen Jesus, Sie verstanden aber nicht, was Er ihnen damit sagen wollte;** weil sie vom Geiste Christi entfremdet waren, so war ihnen auch seine Stimme fremd und dunkel. Daher die Klagen der Welt über die Dunkelheit der Bibel; weil sie keine Schafe sind, so macht ihnen der Thürhüter nicht auf. Warum verstehen es denn die Einfältigen? Weil sie Schafe sind, und weil jene Diebe und Mörder sind, die nicht durch die Thüre, sondern durch ihren eigenen Verstand einsteigen wollen.

7. **Deßwegen sagte Jesus wieder zu ihnen: Wahrlich, wahrlich! ich sage euch Ich bin die Thüre zu den Schafen.** Durch diese Thüre muß alles gehen; alle Wirkung und Ausführung geistlicher Sachen muß durch Christus geschehen. Man kommt schlechterdings nicht in das Haus und in die Gemeinschaft Gottes, in den Genuß der Güter Gottes anders, als durch Christus.

8. **Alle, die vor mir gekommen sind,** oder nach mir kommen und die Thüre seyn wollen, die mich ersetzen, vicariren wollen, **sind Diebe und Mörder.** Der Mensch will Gott stets zuvorkommen, mit seinen eigenen Kräften und Verdiensten, und will nicht von Christus alle Gnade, Kraft und Verdienste holen oder annehmen. **Aber die Schafe haben sie nicht gehört,** die wahre Schafe waren oder sind.

9. **Ich bin die Thüre,** die steht nun offen; das Verdienst, die Gnade, der Geist, die Kraft Christi wird nun allen angeboten; alle können schöpfen und nehmen umsonst; alle können durch diese offene Gnadenpforte eingehen. **Und wenn jemand durch mich eingeht, der wird selig werden. Er wird aus**

**und eingehen, und Weide finden**; er wird einen freien Zutritt haben zu allen Schätzen Gottes, wovon der Hirt Herr und Verwalter ist.

Auch Hirten müssen in Hinsicht Christi wie Schafe durch diese Thüre eingehen.

Die Kirche ist also nichts anderes, als eine Heerde armer Sünder, die durch Christi Verdienst und Gnade eingehen in den Genuß der Güter Gottes, und die sich wie Schafe immer in der Gnade und im Verdienste Christi weiden.

Sonderbar, Christus sagt hier und oben Vers. 7. zweimal so deutlich, Ich bin die Thüre; und doch finden Millionen Menschen diese Thüre nicht, obwohl sie immer suchen, immer lernen und studiren. Warum nicht? Sie steht ihnen nicht an. Aber Gott hat sie aufgethan! — Ja, sie wollen eine andere. Die giebt es nicht. Sie suchen dennoch, werden aber nicht finden.

10. **Der Dieb kommt** nicht, um etwas zu bringen, sondern zu holen und andere umzubringen, **nur um zu stehlen, zu würgen, und zu verderben.**

Der Dieb, nicht ein Dieb, sondern der Dieb, der sonst der Arge, der Fürst dieser Welt heißt, der ist gekommen, um zu würgen und zu stehlen; schon da er die Kreatur des Schöpfers sich hat gleich und seines Falls theilhaftig machen, sie würgen und zu Grunde richten wollen. Und dieser Dieb, der Adam und Eva beraubt hat, hat einen dreifachen Zweck bei einer jeden Seele. Er will **stehlen**, und die Seelen dem Lamme rauben; wenn er sie hat, will er sie **quälen**, plagen und an ihnen morden, so lange er kann, und sie endlich ins ewige **Verderben** stürzen. Das ist sein Plan mit allen Seelen, die ihm noch nicht entrissen sind. Und es ist auch sein Plan mit den Kindern Gottes; er geht herum, wie ein brüllender Löwe, und sucht, wen er verschlinge. 1. Petr. 5, 8. Besonders richtet er sein Auge auf Leute, die noch nicht ganz des Heilands sind, an die er bis diese Stunde eine gewisse Anforderung hat, darum, weil sie sich noch nicht ganz in die Arme des Hirten geworfen haben. Und was wird er mit ihnen machen? Denkt ihr, daß er ihnen Gutes thun, sie an einen guten Ort bringen will? Er hat keinen andern Ort, als den höllischen Pfuhl. Das sagt er den Seelen denn freilich nicht, wenn er sie stehlen will; er hat so viele Blendwerke, daß die Seele meint, es habe nicht viel zu bedeuten, und sich von ihrem Hirten wegrauben läßt. Ich fürchte, sagt Paulus 2. Kor. 11, 3. daß ihr durch die Schlange verrückt werden möchtet von der Einfalt in Christo, da ihr nichts wußtet, als Jesum, nichts anderes wissen wolltet. Ich fürchte, der Feind wird euch verrücken in euren Köpfen. Darum fährt das Evangelium so oft wider die Wand, weil die Sinne der armen Menschen-Seelen verrückt sind, und der Arge ihnen so listige Dinge vormacht, daß sie nicht wahrnehmen das helle Licht des Evangeliums.

11. **Ich aber bin gekommen, daß sie das Leben und volle Genüge** — Ueberfluß, überschwenglich **haben.** Der Feind kommt, um zu nehmen, zu stehlen, zu verderben, und zu tödten — ich um zu geben, zu schenken, zu bringen, zu beleben, zu erwecken und reich und herrlich zu machen.

Kein Wunder wäre es also, wenn alle Welt nichts wissen wollte als von Ihm.

Wir haben alle an Ihm ein ungesehenen aber nahen Freund, der sich unter so viele hundert tausend Herzen zu theilen weiß, und für jeden ganz da ist, dives in omnes, reich genug für alle und jede, nicht nur da, sondern zur Genüge da ist, in dem jeder überschwenglich findet, was er in Zeit und Ewigkeit bedarf. Er ist ein allgenugsamer Heiland, Alles und in allem Christus. 1. Kol. 3, 11. Das heißet erstens: Er ists uns ganz allein und hat keinen neben sich, zweitens: Er ists uns in allen unsern Sachen, und Umständen, den gegenwärtigen und zukünftigen — **Gott und genug.**

**12. Ich bin der gute Hirt; der gute Hirt läßt sein Leben für seine Schafe.**

Du bist wohl alles, Priester, Opfer, Lamm, Hirt, Thür, Weg, Leben, und Alles.

Dieser Hirt zeichnet seine Schafe mit einem doppelten Zeichen, mit einem rothen seines Blutes, und mit einem schwarzen seines Kreuzes.

Dieser Hirt hat die Schafe so lieb, daß Er selbst ein Schaf geworden, und sich hat zur Schlachtbank für sie führen lassen. Jes. 53.

Er ist nicht erst von gestern her unser Hirt. „O du Hüter Israel, höre, der du Joseph hütest, wie die Schafe." So hat David schon gesagt. Ps. 80. Und Jesaias 53. „Wir gingen alle in der Irre, wie Schafe; ein jeder sah auf seinen Weg, aber der Herr warf unser aller Sünde auf Ihn."

Laßt uns doch nicht denken, als wenn nur das die Schafe wären, die wirklich selig sind, und ins ewige Leben eingehen. Es sind alle seine Schafe; die allermiserabelste Kreatur unter der Sonne, ein Mensch in seinem natürlichen Stolze, in seinen geilen Absichten, in seinen thierischen Begierden, ja, wenn man einen Menschen sieht, daß man erschrickt und denkt: Ist das auch ein Schaf Jesu Christi? Es ist kein Zweifel, es ist auch eins. Er hat es gemacht, es hat sich nicht selbst gemacht. Er ist sein Gott, und es gehört zu seiner Weide, und gehört von Rechts wegen zu den Schafen seiner Hand; es ist Ihm nur gestohlen und verführt vom Diebe.

Der Hirt kam zum erstenmal, da Gott den Menschen machte; da schuf Er sich seine Schafe, da setzte Er sie auf die Weide, da gab Er ihnen die Spuren seiner Treue und Liebe. Der erste Plan war, daß die Schafe Leben und Ueberfluß haben sollen. Unser Vater Adam hat aber so wenig von der Glückseligkeit genossen, daß nicht viel davon zu reden ist.

Der Dieb ist zu früh darein gekommen. Darum hat es den Hirten, da Er sein Schaf wieder erlösen wollte, das Leben gekostet.

**Ein Miethling aber, der nicht selbst der Hirt ist,** läßt das wohl bleiben, daß er sein Leben opfert, oder auch nur seine Gemächlichkeit; er macht seinen Schlendrian fort; von der Hirtentreue weiß ein solcher nichts, **dessen Eigenthum die Schafe nicht sind,** dem sie nicht am Herzen liegen, sondern der nur seinen Gewinn und Unterhalt bei ihnen sucht; **er verläßt die Schafe, wenn er den Wolf kommen sieht,** und giebt demselben die Heerde preis. **Und der Wolf raubt und zerstreut** die Heerde ungehindert; der Miethling widersteht ihm nicht; sondern hilft ihm vielmehr, als wenn er dazu bestellt wäre, wodurch er sich selbst zum Wolfe macht.

13. **Der Miethling** oder Lohnknecht **flieht aber, eben weil er ein Miethling ist,** und ihm nur um den Lohn zu thun ist, **und weil ihm nichts an den Schafen gelegen ist,** ob sie selig oder verdammt werden. Darum lassen sie alles gehen und stehen, wie es geht und steht, wenn sie sich nur beim Brode und bei der Gunst erhalten. Dann sagen die Leute: Wir haben gar einen braven, guten Hirten! Er sagt uns nicht viel.

14. **Ich bin der gute Hirt und kenne die Meinigen, und die Meinigen kennen mich.** 15. **Wie mich mein Vater kennt,** für seinen Sohn erkennt und in steter Liebe umfaßt, mit mir vereiniget ist, **und wie ich den Vater kenne,** eben so kenne ich die Meinigen, und eben so kennen und lieben die Meinigen mich.

Wenn alle Kinder Gottes noch so sehr harmonirten und einen Bund unter sich hätten, der enger als der Schweitzer-Bund wäre, und über die Gemeinschaft der Juden gienge, die gewiß groß war, so wäre doch ihre Gemeinschaft nichts, wenn nicht eine jede Seele für sich so mit dem Heilande in Verbindung steht, daß sie sagen kann: Ich bin von Ihm erkannt; ich werde Ihn kennen, wie ich erkannt bin. 1. Kor. 13, 12.

— **Und ich lasse mein Leben für meine Schafe.**

Es giebt **dreierlei** Menschen, die das hören; **erstens** Leute, die gar nicht wissen, was es ist; **zweitens** kluge Menschen; denen ists, als wenn man ihnen ein Mährchen erzählte. Ein Mensch der Verstand hat, aber keinen heiligen Verstand, der ist ein Heuchler und Betrüger, wenn er sagt, er glaube, daß Jesus Gott ist, der sein Leben für seine Schafe gelassen hat; denn das läßt sich aus eigener Vernunft nicht fassen, noch glauben. Die **dritte** Art sind die einfältigen Seelen, die aufgeschlossenen Herzen, denen das Geheimniß, daß sich der wahre Gott als Hirt für verlorne Schafe in den Tod gegeben hat, klar ist, in welches die Engel zu schauen gelüstet. O was ist das für ein seliges Geheimniß! was sind das für selige Menschen, die wissen, wie hoch sie von Gott begnadigt sind. Laßt uns Ihn lieben; Er hat uns zuerst geliebt; Er hats verdient.

Warum habt ihr Ihn denn so lieb? Was ist denn dein Freund vor andern Freunden? Mein Freund hat sich zu todt geliebt; mein Freund hat Blut geschwitzt für meine Seele; mein Freund, der ewig lebendige Gott, ist ein Mensch geworden, hat, um die Seelen zu gewinnen, Hunger und Kummer gelitten, und hat endlich seine Liebe am Kreuze mit dem schmerzlichsten und schmählichsten Tode versiegelt. Er hat Speichel, Hohn und Spott ausgestanden; Er ist endlich gestorben und hat die Seligkeit erworben, daran den Leuten so wenig gelegen, daran so wenig gedacht wird; ist das nicht etwas Erstaunliches? Wenn das einer unserer Mitmenschen, eine arme Kreatur gewesen wäre, den Gott hätte für uns sterben lassen, so müßten wir ihn lieb haben und sagen: Es ist doch der Beste unter allen Menschen; es hat doch sonst keiner so viel an uns gethan.

Wenns ein Engel gewesen wäre, was würden wir daraus machen? Nun ist es kein gewöhnlicher Mensch, kein Engel, sondern es ist der Erst- und Eingeborne des unergründlichen, unanfänglichen Wesens, das in einem Lichte wohnt, wohin niemand kommen kann.

O wer das glauben kann, der hat gewonnen. So bald es das Herz glaubt, so gehörst du zu der Religion der seligen Seelen, die mit dem Schöpfer aller Dinge leben werden, die nichts mehr brauchen, als Ihn. Wenn ich nur dich habe, was frage ich nach Himmel und Erde.

16. **Ich habe noch andere Schafe, die nicht aus diesem Stalle sind, und dieselben muß ich auch herbeiführen.**

Ich habe hier, spricht der Heiland, einen Stall von lauter Juden; ich habe aber noch viele andere Schafe, die nicht aus diesem Stalle sind; die muß ich auch auf die Weide führen, und das sind die übrigen Nationen, die damals noch fehlten, und seitdem herzugethan sind durch die Herzutreiber, durch die Unterhirten, zu dem Hirten und Bischof unserer Seelen, damit Eine Heerde und Ein Hirt werde.

Es ist unstreitig, daß Er der besondere Hirt Israels war; darum sagte Er: **Ich bin nur gesandt zu den verlornen Schafen des Hauses Israel.** Matth. 15, 24. Aber seitdem Er am Kreuze die zerstreuten Kinder Gottes, die zerstreuten Schafe der ganzen Welt zusammenbrachte, oder das Zusammenbringen derselben erworben hat durch sein Blut, so ist Er der Erzhirte beider Welten, hier und droben, in der Zeit und Ewigkeit, der sie alle weidet und regiert, der sie gemacht hat und nicht sie sich selbst, zu Schafen seiner Heerde. Noch bis diese Stunde sagt der Heiland zu seiner Gemeine droben: „Ich habe noch andere Schafe, die muß ich auch herbeiführen." Und wie Er in seiner ganzen Lebenszeit darauf hinarbeitete, so arbeitet Er auch in der ganzen Ewigkeit, die Er jetzt auf dem Throne zubringt und lebt, und für uns bittet, darauf hin, daß von Zeit zu Zeit die Seelen reif werden, um in den großen Schafstall eingeführt zu werden, darin Er schon herumgeht, und ordentlich haushält, wie ein Hausvater, sichtbarlich. — **Sie werden meine Stimme hören, und es wird Eine Heerde und Ein Hirt werden.**

Die Heiden sollen in die Heerde der jüdischen Glaubensgenossen kommen, und das Israel nach dem Geiste und das Israel nach dem Fleische soll Ein Israel und Ein Stall werden.

Er hat aber auch wohl damit gemeint im tiefsten Sinne, daß nach und nach alle Zerschneidung unter den Kindern Gottes, alle Mißhelligkeiten, die sie einander fremd machen, abgethan werden sollten; und es soll kurz vor der Zukunft des Heilands geschehen, daß sie alle mit einander entweder Kinder Gottes, oder Kinder der Welt heißen, und daß man von keiner dritten Religion etwas wissen wird; sondern daß nur zwei Religionen in der Welt seyn werden, d. i. zwei Partheien, Anhänger Gottes und Christi, und Anhänger des Teufels.

Wir müssen auf unserer Seite keinen Theil an der Zerschneidung nehmen, und die Zerschneidung unter die Sünden rechnen, und als den Bann ansehen, womit der Erdboden geschlagen wird. Daher müssen Kinder Gottes zu aller Feindseligkeit und Bosheit, die man gegen sie beweiset, taub und stumm seyn, als wenn keine Widrigkeit gegen sie existirte. Ihr Herz muß alles umfassen, was sie liebt und was sie haßt. Wenn dann die Feinde ausgewüthet und sich die Zähne ausgebissen haben, so werden sie zu sich selbst kommen, das ihnen jetzt die Bitterkeit und der Hochmuth nicht zuläßt; sie werden endlich phlegmatisch werden, und nachlassen, alles zu zerschneiden und zu zerhauen, und so werden auch die, welche mit ihnen nebenher gelaufen, sich auch besinnen, und in den wahren Stall kommen, und so wird also manches Schäfchen, das sich so dumm gelaufen, in die treuen Hände des Hirten kommen.

17. **Darum liebt mich mein Vater, weil ich mein Leben lasse, um es wieder zu nehmen.**

Der Heiland handelt unabhängig. So ging Er in sein Leiden. So wenig Ihn sein Vater dazu zwang, noch gezwungen haben würde, so sehr gefiel Ihm die freiwillige Dahingabe.

Wir können nicht sagen: Darum liebt mich Gott, weil ich so fromm bin, weil ich so viel Gutes thue und Ihn lieb habe. Das ist nicht die Liebe, daß **wir** Gott geliebet haben, sondern daß Gott uns zuvor geliebet hat. Darum bleibt seine Liebe eine freie Liebe. Er hatte seinen Sohn so lieb als sein Kind, als sein Herz; aber jetzt liebt Er Ihn noch auf eine andere Art. Der Sohn, der so viel als der Vater ist, ist freiwillig ein Mensch und dem Vater gehorsam geworden, aus großer Herzensdemuth, darin uns die Gottheit ein Beispiel giebt.

Darum ist es wichtig, daß der Heiland sagt: „Darum liebt mich mein Vater, weil ich mein Leben von selbst lasse." Das ist ein starker Beweis für die Gottheit des Heilandes; denn wenn Jesus nicht eben so viel gewesen wäre, als der Vater, und Er hätte das menschliche Geschlecht erlösen sollen, so hätte Er es müssen erlösen, und hätte alsdann nur gethan, was er zu thun schuldig gewesen wäre, wie wir; es wäre nicht verdienstlich gewesen. Nun aber sagt Er frei:

18. **Niemand kann mir mein Leben nehmen; sondern** das steht bei mir, **ich lasse es von mir selbst. Ich habe Macht, dasselbe zu lassen und dasselbe wieder zu nehmen. Das Gebot habe ich von meinem Vater empfangen.** Ich kanns thun, oder nicht. Aber weil ich es freiwillig thue, so hat mich mein Vater zärtlich lieb. Der Heiland sagte in der Stunde der Versuchung frey: Wenn ich jetzt nicht wollte, so dürfte ich meinem Va-

ter nur Ein Wort sagen: Es hat mich gereut, ich will die Menschen verderben lassen, sie danken mir doch nicht; ich will nicht für sie büßen. Zwölf Legionen Engel ständen mir zu Diensten, die in Jerusalem das oberste zu unterst kehrten, und mich in den Himmel begleiteten; aber nun will ich, und ich thue es freiwillig.

Wenn dich jemand frägt, ob Jesus Gott sey, und womit du es beweisest? so sage ihnen: ich will dir's nicht erst lange beweisen; wenn du es nicht glauben kannst und willst, so laß es bleiben. Willst du aber einen Spruch haben und im guten Herzen bewahren, um ihn manchmal zu bedenken, so will ich dir nur sagen: Jesus kam auf die Welt und ward ein Mensch; wie Er nun etliche dreißig Jahre alt war und sein Leben lassen wollte, sagte Er: Kinder, ihr müßt ja nicht denken, daß ich etwa muß, daß mich mein Vater nöthiget, das menschliche Geschlecht zu erlösen. Der Vater weiß mir wohl großen Dank und es erfreut ihn sogar, er hat mich sehr lieb dafür; aber ich hab es in meiner Hand, ich habe es Macht zu thun und zu lassen, niemand nimmt mein Leben von mir, es giebts mir auch niemand wieder, ich nehme es selber wieder, wenn es Zeit seyn wird, es braucht mich niemand aufzuwecken, ich wecke mich selber auf.

Aber, möchte jemand sagen, wie kann der liebe Mann so reden? Er ist ja doch ein Mensch, eine Kreatur, wenn er auch ein großer Prophet und mehr als Moses, Abraham und alle Heiligen ist, oder ein Erzengel, oder noch mehr, so ist er doch eine Kreatur, ein Mensch. Wenn er gleich von Ewigkeit zu etwas bestimmt ist und Gott ihn zu einem Geschäfte auserse- hen hat, so muß er ja, oder wenn er nicht will, so wird er in die untersten Abgründe gestürzt als eine rebellische Kreatur. Antwort: Wenn Er eine Kreatur wäre, wenn auch im allervorzüglichsten Grade, so wäre es wahr, aber Er ist keine Kreatur, Er ist der Schöpfer, an nichts gebunden, unabhängig, Er ist der einzige Gesetzgeber, und wenn Er einmal Himmel und Erde und alles was drinnen ist, zusammenwickeln will wie ein Papierchen, wer wird Ihms wehren? Eben diese Rede entscheidet, denn wenn diese kein Beweis ist für seine Gottheit, so ist keine mehr in der Welt; und wenn der nicht hinlangt, so rathe ich allen Leuten, daß sie keinen andern anführen — es giebt keinen bessern. Gott oder Rebell gegen Gott — letzteres kann Er nicht seyn. Also wenn sich ein Mensch das Leben nimmt, so begeht er eine schreckliche Sünde, weil er nicht Herr über sein Leben ist. Aber Christus thut eine gloriöse Handlung, denn er ist Herr über Leben und Tod. Er hat Macht, sich selbst das Leben zu nehmen. Wer etwas verhindern kann, und thuts nicht, dem ists so viel, als hätte ers selbst gethan. Er hätte nun seinen Tod leicht verhindern können und thuts nicht, darum hat er sich selbst das Leben genommen. Er hat sich selbst geopfert. Hebr. 9, 14. Und darum liebet und ehret ihn sein Vater. Wie könnte er das sagen, wenn er ein Mensch wäre: Mein Vater dankt mir, daß ich mirs Leben nehme? Darum kann es kein Mensch läugnen, und es ist damit bewiesen, daß der Heiland unabhängig ist, und für sich selbst besteht; daß Er ein freier Herr und Gott ist, sonst hätte Er nicht so reden können. Denn kein Mensch, kein Engel, keine Kreatur kann das sagen: „Ich habe Macht, das zu thun oder nicht; es wird mir dafür von Gott gedankt, wenn ich es thue."

Die Kreaturen können nicht verlangen, daß sie für ihre Thaten von Gott geehrt werden, sondern wenn ihnen Gott etwas zu thun aufträgt, so ists eine Gnade für sie.

19. **Ueber diese Reden entstand abermals eine Trennung unter den Juden,** die sie hätten vereinigen sollen. 20. **Viele sprachen,** als Lästerer vom ersten Range, wie denn solche Stürmer allezeit den größten Haufen bilden: **Er hat den Teufel, und ist unsinnig** (so ging es dem Paulus auch. Ap. Gesch. 26, 24.);

**warum höret ihr Ihn an? Er ist nicht einmal werth, daß man Ihm zuhört.** Jesus wird hier zum drittenmal für einen Besessenen und Narren gehalten. Welcher Mensch läßt sich gern nur Einmal so nennen? Dennoch muß es sich ein Jünger Jesu gefallen lassen und sich freuen, wenn er gewürdiget wird, hierin seinem Meister ähnlich zu werden.

21. **Andere sprachen** vernünftiger, obwohl ihrer **nicht** viele mögen gewesen seyn: **Das sind keine Reden eines Besessenen;** die können nicht vom Teufel herkommen; **kann denn der Teufel,** oder ein teuflischer Mensch, **die Augen der Blinden öffnen?** Das war ihnen noch frisch im Andenken.

22. **Es war eben das Fest der Tempelweihe,** (Kirchweihe) **zu Jerusalem, und war im Winter** (den 25. November.) 23. **Und Jesus wandelte im Tempel, in der Halle Salomons,** wo die vornehmsten Juden zusammenkamen, wenn sie etwas zu rathschlagen hatten. Die Spaziergänge des Heilandes sind kein müssiges Umherlaufen gewesen, sondern Gänge eines Hirten, der überall das verlorne Schaf sucht.
24. **Da umringten Ihn die Juden, und sprachen zu Ihm: Wie lange lässest du uns noch in Ungewißheit? Bist du Christus, so sag es uns frei heraus.** Das ist das Vater-unser der Christen-Verfolger. So dreist und ungeduldig fragen sie nach der Wahrheit. So andächtig bitten sie, Er möchte sie doch aus der peinlichen Ungewißheit reißen. Was peinigt sie denn? Haß und Verfolgungssucht, Durst nach Blut. Dies heuchlerische, arglistige, boshafte Forschen und Bitten ist eine Frucht des giftigsten Baumes, des verstocktesten Herzens. Ein solches Gebet der Gottlosen ist eine neue Sünde, und wenn es Gott erhört, so ist die Erhörung ein neues Gericht seines Zorns. Warum verfolgen sie Ihn um dieser Wahrheit willen, wenn sie dieselbe nicht wußten? Wußten sie sie aber, warum thun sie, als wüßten sie sie nicht? Sie stellen sich, als

ob sie lernbegierig, als wenn ihnen ihr Heil angelegen wäre, wenn Ers ihnen nur recht sagen wollte. Und Christus muß es leiden, als wenn Er einer wäre, der mit der Sprache nicht recht herauswollte, sondern zurückhaltend sey mit seinen Sachen. So machen die Leute Fragen, und haben doch schon beschlossen, was sie thun wollen. Sie wollen nur hören, ob sie nicht noch etwas erschnappen, darauf sie sich berufen könnten. Auf solche Fälle muß sich der Christ gefaßt machen.

Das Dekret war schon gemacht: wer ihn für Christus bekenne, der soll in Bann gethan seyn; und doch fragen sie hier: Er solls doch nur sagen; sie warteten mit Schmerzen darauf, daß sie es glauben könnten, wenn Er es sey. Das war ihre Kirchweihe.

25. **Jesus antwortete: Ich habe es euch schon gesagt**, und bin frei genug herausgegangen; sonst wäret ihr nicht so erbittert, wenn ich an mich gehalten hätte; **aber ihr glaubet nicht**, wenn ich euch noch so viel davon sagte. **Die Werke, die ich thue in meines Vaters Namen, die zeugen von mir**; die sagen euch viel; und warum könnet ihr keinen Schluß daraus machen? Könnens doch die Einfältigen.

26. **Aber ihr glaubet nicht; denn ihr seyd nicht von meinen Schafen, wie ich euch schon gesagt habe**; ihr seyd wohl in der Kirche, aber nicht **von** der Kirche; ihr lasset euch nicht suchen und nicht finden, sondern sprechet: Das sind wir schon! Ihr habt gar nichts von der Art meiner Schafe; ihr seyd stößige, reudige, stolze, widerspenstige Böcke.

27. **Meine Schafe hören meine Stimme**, (ihr aber sprechet: Was höret ihr Ihm zu?) **und ich kenne sie, und sie folgen mir.** Der Heiland redet hier von drei Sachen.

1) **Meine Schafe hören meine Stimme.** Meine Schafe machen die Anwendung aus der heiligen Schrift, wie es ihnen der heilige Geist in meinem

Namen sagt, zur Stunde, da sie es brauchen sollen; und wie ihnen meine Salbung sagt, so thun sie es. Denn sie thun nichts aus Absichten; nichts den Menschen zu gefallen, nichts um Parade zu machen, nicht, daß sie von den Leuten für etwas angesehen werden, sondern sie sehen nur darauf, daß sie vor ihrem Hirten bestehen.

2) **Ich kenne meine Schafe.** Die ganze Welt mag von ihnen urtheilen, was sie will. Er weiß, was Er von ihnen denken soll, wie Er ihre Handlungen auslegen soll. Er kennt sie.

3) **Meine Schafe folgen mir.** Ich gehe vor ihnen her in ihrem ganzen Leben; ich leite sie an meiner Hand; ich mache sie treu und klug. Ich bin ihr Weg, ihre Wahrheit und ihr Leben; ihr alles in allem. Darum lassen sie sich von mir leiten, und was sie sehen, das ich thue; was ich ihnen vormache, das thun sie nach, wie ich meinem Vater nachmache, was Er mir vormacht. Wie ich in meinem Leben die Stimme meines Vaters beständig vor meinen Ohren gehabt, so haben sie immer meine Stimme vor ihren Ohren und Herzen; es ist ordentlich, als wenn ein Draht von meinem Herzen an ihr Herz gemacht wäre, dadurch sie immer gezogen werden, daß sie sich immer nach mir bewegen, und nach mir stille stehen; es ist aber doch nichts Mechanisches; es ist der Magnet der Liebe, der zieht und treibt, auf beiden Seiten freiwillig.

Es ist eine artige Sache, daß seine Schafe genau wissen, wenn Er redet; daß Er unter Millionen Schafen weiß, wer das und das ist, und daß Er vor ihnen herzieht; daß sie wissen, sie brauchen sich den Weg nicht auszusuchen; sie dürfen sich nur in Acht nehmen, daß sie nicht aus dem Wege laufen; wenn sie hinter Ihm drein gehen, so kommen sie zurecht.

28. **Und ich gebe meinen Schafen das ewige Leben,** jetzt schon, von nun an, eine Freude, eine Ruhe, einen Frieden, und Kräfte aus dem Himmel, den Vor-

Vorschmack und das Vorgefühl des ewigen Lebens; **und sie werden nicht umkommen in Ewigkeit.**

Wer ein Kind Gottes, ein Schäflein Christi ist, der versteht das Seligseyn recht gut, und weiß, daß man nicht darum ein heiliges, unsträfliches und göttliches Leben führt in dieser Welt, damit man den Himmel verdiene. Denn das ist eine ausgemachte Sache, daß ein wahres Schaf Jesu Christi nicht mehr verloren gehen kann. Auch ist es die Natur eines Schafes Christi, einen Christus-ähnlichen, kindlichen, gottgefälligen Wandel zu führen. Das ist das große Privilegium, das uns nach der Vergebung der Sünden nicht mehr kann abdisputirt werden, daß wir göttlich leben, hier und dort. Wenn aber ja Furcht dabei, oder Sorge für die Seele seyn muß, so ist sie nur ein Sporn, daß wir nicht träge sind, und eine Aufmunterung, immer treuer und ganzer zu werden.

Es ist die Natur der Kinder Gottes, ihr Leben gottselig zu führen. Wie er war, so sind sie auch in dieser Welt. Aber sie wollen nichts verdienen damit, noch ein Unglück abwenden für die Ewigkeit; denn sie können nicht verloren gehen, in der Gewißheit, daß sie des Heilands sind.

— **Niemand kann sie aus meiner Hand reißen,** weder Drache noch Wolf, weder Dieb noch Mörder. Wer kann der Hand des Allmächtigen widerstehen, oder etwas rauben? Wie gut und sicher ruht sichs also in seiner Hand! Wer sie kennt, entzieht sich ihr nicht mehr. Käme es auf die Welt an, sie würde mit uns bald fertig seyn; aber seine Hand ist gut dafür, die uns nie ausläßt, es mag reißen daran, wer da will.

O du liebe Hand! Nimm mich hin, fasse und halte mich; denn ohne dich, wie könnte ich?!

Das klingt fast so, als wenn ein Mensch, der einmal den Glauben hat, durchaus nicht mehr verloren gehen könnte. Gewiß, wenn einer nicht will, so muß er nicht. Wer aber doch will, der kann seiner Reinigung vergessen, wie ein Hund, oder wie eine Sau, er kann wieder in den Unflatt der Welt hineingeflochten werden. 2. Petr. 2, 22. Es waren schon zur Apostelzeit etliche wieder umgewandt, dem Satan nach. 1. Tim. 5, 15. Fragt man, warum ist den Menschen die Freiheit gelassen? Erstlich, aus Ursachen, die ich nicht weiß, und die in keines Menschen Sinn gekommen, die aber unvergleichlich gut und gegründet sind. Zweitens: weil die ewige Liebe ihren Himmel zu keinem Seelenzwinger, zu keinem Gefängniß gebaut hat, sondern zu einem Sammelplatz aller derer, denen seine Liebe zur Seligkeit, Freude und Freiheit ist. Ihn lieb haben und an Ihm hangen bleiben, das ist Weisheit. Es kommt dazu, daß uns unsre freie Wahl und Ungezwungenheit der Liebe mit bewahren hilft. Wir können bleiben, wenn wir wollen; oder von Ihm weggehen, wenn wir wollen. Joh. 6 67. Freilich ist unsere eigentliche Sicherheit in seiner Treue zu suchen. Der Teufel, die Welt, unser Fleisch und Blut, die Sünde können uns nichts nehmen; wir thun es selbst aus freiem unbändigem Willen, wenn wir abweichen, und das nennt der Apostel: Den Sohn Gottes neu kreuzigen, mit Füßen treten &c. Hebr. 6, 6. und 10, 29.

29. **Mein Vater,** (wenn ihr an mir noch nicht genug hättet,) **der sie mir gegeben,** meine Schafe, **ist größer als alle** Diebe und Mörder, an denen es meinen Schafen nie fehlen wird. Denn die Welt tritt auf gegen die Schafe Christi, wie ein großer Goliath; aber die Schafe denken: Es ist Einer, der ist größer, als alle Goliathe, **und niemand kann sie aus der Hand meines Vaters reißen;** so wenig als aus der meinigen; denn es ist Eine Hand, Eine Macht.

So vereinigt sich alles im Himmel für die Schafe Christi, das ganze Kollegium der heiligen Dreieinigkeit.

Fest steht die Seligkeit der auserwählten Schafe Christi, denn 1) sie gehören Jesu Christo an, dem keine Gewalt etwas rauben kann. 2) Sie sind eine Gabe des Vaters, ein Geschenk der unendlichen Liebe, welches er seinem Sohne gemacht hat. 3) Sie sind ein unwiderrufliches Geschenk, das nicht mehr zurückgenommen werden kann. 4) Sie sind eine Gabe eines Vaters, der mächtiger und größer ist als alle Kreaturen.

Wie glücklich sind daher die Schäflein Christi, daß sie in solchen Händen sind, aus denen niemand, weder Welt, noch Fleisch, noch Teufel etwas nehmen und stehlen können. Wenn wir uns aber mit unsern eigenen Händen und Kräften bewahren müßten, so würden wir schlecht versorgt seyn. Welt, Fleisch und Teufel könnten uns den Schatz alle Augenblick aus den Händen reißen und uns verschlingen.

30. **Ich und der Vater sind Eins.** Nicht nur einig, sondern eben **das**, mich sehen und den Vater sehen ist Eins. Joh. 14, 9. Nicht nur nach der Uebereinstimmung des Willens, als hieße es so viel: Was der will, das will ich auch; obwohl auch dieß wahr ist; sondern nach der Macht-Hand, nach der Allmacht; ich und der Vater **sind gleich stark und mächtig**, meine Schafe zu bewahren, zu schützen. Davon ist die Rede. Die ganze Religion beruht auf diesem unumstößlichen Grunde, daß der, welcher sich hingegeben hat uns selig zu machen, uns zu Gott zuführen, Ein Gott mit seinem Vater ist, und daß, obwohl Er von Ewigkeit Eins mit seinem Vater ist, Er dennoch in Ewigkeit mit uns Eins werden und bleiben will. Die Juden verstanden dieß ganz gut und es verdroß sie nicht wenig; denn

31. **Da hoben sie Steine auf, um Ihn zu steinigen.** So antworteten die Menschen den liebreichsten, menschenfreundlichsten Verheißungen, Einladungen und Versicherungen des allerleutseligsten Gottes und Heilandes. Es giebt wenig Prediger, die die Wahrheit so frei predigen, daß die Feinde der Wahrheit mit einem Steinregen antworten. Aber es würde noch weniger Prediger der Wahrheit geben, wenn sie es so wie Jesus

voraus wüßten, daß sie gewöhnlich für ihre Predigt von einem Theil ihrer Zuhörer mit Stein und Koth geworfen würden. Viele Prediger wissen sich dagegen zu verwahren, mit der Kunst, die Wahrheit in Lügen und Schmeicheleien durch schändliche Verstellung des göttlichen Wortes zu verwandlen. — Und Er würdigt sie noch einer Antwort; erwiedert ihnen auf ihre steinerne Antwort höchst liebreich:

32. **Viele gute Werke habe ich vor euch gethan im Namen meines Vaters,** der euch dadurch zu mir ziehen möchte; **was für eines dieser Werke ist es, weßhalb ihr mich steinigen wollet?**

Wie sie nach Steinen griffen, griff er noch einmal nach ihren Herzen, und suchte unermüdet, ihre Seelen zu gewinnen und zu überzeugen. Jesus hat sich sonst, wenn sie Ihn steinigen wollten, entzogen und unsichtbar gemacht, hier bleibt Er und schützt sich blos mit seinem Worte. Man kann also bei denselben Anlässen sich verschieden verhalten müssen. Seine Sanftmuth, die Er ihrer entsetzlichen Undankbarkeit und Härte entgegensetzt, ist eine lebendige Predigt für Prediger und Zuhörer.

Das ist ein offenbares Kennzeichen der Welt, daß sie über gute Werke sich erzürnet, und dadurch ihre Bosheit offenbaret.

33. **Die Juden antworteten: Um eines guten Werkes willen steinigen wir dich nicht, sondern um der Lästerung willen, daß du, der du ein Mensch bist, dich selbst zu Gott machst.** Sie gestehen Ihm also zu, daß Er Gutes gethan habe; sie nehmen aber einen Vorwand, um ihre Wuth zu beschönigen, wie die Welt spricht: Er mag ein guter, frommer Mensch seyn; aber er ist ein Ketzer, ein Schwärmer.

Mensch und Gott konnten sie nicht zusammenreimen. Die Menschen fragen und verlangen Unterricht, und wenn man ihnen die Wahrheit sagt, so ärgern sie sich an derselben, und lästern und steinigen sie. Darum läßt Gott ganze Nationen in Unwissenheit und Blindheit, aus Barmherzigkeit, weil sie durch Lästerung der erkannten Wahrheit nur gottloser und strafbarer würden.

Darf man sich wundern, daß man die heiligsten Wahrheiten, die wir predigen, als Irrthümer und Schwärmerei lästert, da man Jesum Christum selbst als einen Gotteslästerer behandelte, weil Er die Wahrheit sagte?

34. **Jesus erwiederte ihnen: Steht nicht in eurem Gesetze: „Ich habe gesagt, ihr seyd Götter?** 35. **Wenn nun die Schrift die Götter nennt,** die das Wort selbst nicht waren, sondern **an welche Gottes Wort nur ergangen ist,** um wievielmehr wird der Gott zu nennen seyn, der das Wort Gottes selber ist; **und die Schrift kann doch nicht verworfen werden;** man kann doch nicht damit umgehen, wie mit andern Büchern.

Wir sind nur Götter, in so fern wir Theil haben an Jesu dem Gottmenschen, als seine Blutsverwandte und Glieder seines Leibes. Aber eben darum liegt hier der stärkste Beweis für die Gottheit Jesu, weil schon die Götter genannt werden, die an Ihm theilnehmen, darum muß ja Er Gott seyn, wie könnten sonst die, welche mit Ihm in Verbindung treten, Götter werden?

36. **Wie könnet ihr denn zu dem, den der Vater geheiliget und in die Welt gesandt hat, sagen: Du lästerst Gott, weil ich gesagt habe: Ich bin Gottes Sohn?** Jesus setzt der Lästerung und Verläumdung nichts als seine Heiligung und Sendung, die sich durch Thaten erwieß, entgegen. So müssen auch Lehrer ihre Sendung und ihren Beruf durch ein heiliges Leben beweisen, und nur dadurch können sie die Verläumdung entwaffnen.

37. **Thue ich nicht die Werke meines Vaters, so glaubet mir nicht.** So soll jeder Christ, jeder Lehrer sagen können: Thue ich nicht die Werke eines

Nachfolgers, eines Dieners, eines Gliedes Christi, eines Kindes Gottes, so haltet mich auch nicht für einen Diener Christi, oder für ein Kind Gottes. Ein Geistlicher muß geistlich, ein Christ christlich, ein Kind Gottes göttlich gesinnt, seyn, und geistlich, christlich, Gottes würdig wandeln und handeln, oder sich nicht dafür ausgeben.

38. **Thue ich sie aber,** wie ihr nicht läugnen könnet, weil ihr es mit Augen sehet, so **glaubet, wenn ihr auch mir,** meinen Worten, **nicht glauben wollet, doch den Werken, daß ihr erkennet und glaubet, daß der Vater in mir ist, und ich im Vater bin.** Die Werke müssen auch sprechen und zeugen. Und wo redeten sie deutlicher und überzeugender als bei Christus? Seine Predigt war immer begleitet von thätigen, kräftigen Beweisen der Liebe, der Allmacht, der Barmherzigkeit und Gottähnlichkeit. Alles an Ihm zeugte laut davon, daß Gott in Ihm und Er in Gott sey. Ja wirklich seine Thaten, sowohl seine Wunder als überhaupt sein heiliger göttlicher Wandel zeugten viel kräftiger von seiner Gottheit, als seine Worte, d. h. Er sagte es nicht so oft und so bestimmt, daß Er Gott sey, als Er es in der That bewieß.

39. **Nun suchten sie Ihn abermal zu greifen; aber Er entging ihren Händen.** Sie aber werden Ihm nicht entgehen, wenn das Geschöpf vor seinem Schöpfer erscheinen muß, und Er sie einmal ergreifen läßt.

40. **Jesus begab sich nun wieder jenseit des Jordans an den Ort, wo Johannes getauft hatte; und da blieb Er.** Wie sollte Er auch nicht weggehen, wo Er so steinerne Aufnahme findet (Vers 31); Wie sollte Er nicht da bleiben, wo Johannes getauft und Ihm den Weg in die Herzen bereitet hat. Wo schon Steine in den Händen sind, werden sie wohl auch in den Herzen sein. Ach Er geht nicht gerne, Er bleibt, so lang Er kann, bis man mit Steinen auf

Ihn wirft, bis Er alles vermauert und versteinert findet. O Herr, zermalme meine Härtigkeit, mach mürbe meinen Sinn — daß Du bei mir bleiben könnest!

41. **Und viele kamen zu Ihm;** (einfältige Leute kamen hier zu Ihm, und die Stolzen zu Jerusalem vertrieben und verstießen Ihn. **Sie sprachen: Johannes hat zwar kein Zeichen gethan; aber alles, was Johannes von Ihm gesagt hat, ist wahr. Und es glaubten daselbst viele an Ihn.** Es mußte ein Unterschied seyn zwischen dem Herrn und dem Vorläufer. Darum schickte es Gott wohlbedächtlich so, da die Juden ohnehin den Johannes lieber zum Messias angenommen hätten, als Christum, theils, weil er aus priesterlichem Stamme war, theils, weil er ein hartes strenges Leben führte.

Daraus sieht man, daß die Wundergaben frei und nicht nöthig sind. Sind sie alle Wunderthäter? 1. Kor. 12, 29.

## Das XI. Kapitel.

(Auferweckung des Lazarus.)

1. **Ein gewisser Lazarus von Bethanien, einem Flecken, wo Maria und ihre Schwester Martha wohnten, war krank;** das waren drei Geschwister, die alle drei den Herrn lieb hatten, und Ihn öfter beherbergt und bewirthet haben; denn Er war gern und oft bei ihnen in Bethanien. 2. **Dies war jene Maria, die den Herrn mit Salbe gesalbet, und seine Füße mit ihren Haaren getrocknet; ihr Bruder Lazarus lag krank.** Wer sein Herz voll Demuth und Liebe vor Gott ausschüttet, schüttet eine wohlriechende Salbe auf den Herrn.

Die Kirche Jesu ist wie dieses Haus, wo Jesus einkehrte. Sie hat Marien, die mit Innigkeit dem Herrn anhangen, sie hat Marthen die sehr thätig und fruchtbar sind in guten Werken; sie hat Lazarusse, die siech oder gar todt sind, die aber durch das Wort Jesu geheilt oder erweckt werden.

3. **Seine Schwestern sandten nun zu Jesu und ließen Ihm sagen: Herr! sieh, den du lieb hast, der ist krank.** Das schien sich nicht zusammenzuschicken, vom Herrn geliebt und doch krank zu seyn! Liebe und ein Kreuz, das kann der Mensch nicht reimen; Gott aber reimt immer so.

4. **Als Jesus dieß hörte, sprach Er: Diese Krankheit ist nicht zum Tode, sondern zur Ehre Gottes, damit der Sohn Gottes verherrlichet werde.** Es kam aber doch zum Tode. Da werden die Jünger gedacht haben: Wie treffen seine Worte ein? Aber sie trafen doch ein. So singt der Messias: Ps. 118, 17. Ich werde nicht sterben! und starb doch; aber der Tod mußte Ihn bald wieder hergeben, und das ist so viel als nichts, wenn man nur so ein bischen stirbt.

„Wer glaubt, der stirbt nicht
Ob man schon so spricht;
Sein Elend stirbt nur;
Er aber steht da in der neuen Natur."

5. **Jesus hatte Martha und ihre Schwester Maria, und den Lazarus lieb.**

Der Heiland bringt seine Liebe an drei Orten an; 1) bei der Welt; 2) bei seinen Kindern; 3) bei gewissen Personen besonders.

1) Von der Liebe zur **Welt** heißt es: Darin besteht die Liebe nicht, daß wir Gott geliebet ꝛc. Joh. 4, 10. Wir wußten nichts von Ihm; Er hat uns aufgesucht. Die Menschen leben in einem erbärmlichen Zustande; theils sind sie grobe Sünder, theils äußerlich ehrbare Leute. Und an beiden hat Gott seine Liebe bewiesen. An groben Sündern, wie z. B. Zachäus,

der geizig und betrügerisch und eine Landplage war, weil er viel betrogen und übervortheilt hat. Unter die ehrbare Welt gehörte der reiche tugendhafte Jüngling, der gern vollkommen werden wollte, aber es nicht vermochte, weil ihm das Geld lieber war. Der Heiland liebte ihn, weil er so brav war; aber als er wegging, und sich von seinem Mammon nicht trennen konnte, bedauerte Jesus alle arme Reiche, daß es ihnen so schwer falle, ins Reich Gottes zu kommen.

Ein Beispiel seiner allgemeinen Liebe war es, da Er Jerusalem sah, und über sie weinte; Luk. 19. da Er für seine Mörder bethete; da Er Saul, seinen Verfolger, ein auserwähltes Rüstzeug nannte und mit Gottes Gewalt abhielt, die Gemeine zu fesseln und zu binden. Das konnte Ananias nicht begreifen. Er mußte aber nach, weil der Herr voranging; dann sagte Er auch: Lieber Bruder Saulus! Ap. Gesch. 9. Den Schächer am Galgen umfaßte Er auch mit Liebe, daß Er ihn vom Galgen weg ins Paradies nahm.

2) Er liebt auch die **Seinigen**. Niemand hat je sein eigenes Fleisch gehaßt; sondern nährt und pflegt es. Und so machts der Herr mit seiner Kirche. Eph. 5, 29. Die Menschen, die zur Kirche kommen, kommen zum Berge Zion, zur Stadt des lebendigen Gottes, und haben Vergebung im Blute Jesu erlangt; und die hat Er lieb, nährt und pflegt sie, wie ein Mann sein Weib. Darum sagte Er: Ich bitte für sie, nicht für die Welt, sondern für die, die du mir gegeben hast. Joh. 17. So liebte Er die nach Emmaus wandernden Jüngern; sie kannten Ihn nicht, und fühlten doch etwas; es brannte ihnen ihr Herz. Es kann keine Seele zum Heiland kommen, sie muß denn seine Liebe erfahren. **Wie hat Er die Leute so lieb; alle seine Heilige sind in seiner Hand.** 5. Mos. 33.

3) Hat der Heiland gegen **einige** eine besondere Liebe. Er läßt sich bei seinen unermeßlichen Geschäften

zu einer einzigen Seele herunter, daß sie nicht nur sagen kann: Mein König! mein Herr! sondern mein Vertrauter! mein Geliebter! mein Herz! So hatten Martha, Maria und Lazarus eine besondere Gemeinschaft mit Ihm, die andere nicht hatten. So hatte der Heiland alle seine Jünger lieb: und doch heißt es: Er hatte den Johannes (besonders) lieb; d. i., Er hatte einen besondern Umgang und Vertraulichkeit, eine eigene Verbindung mit gewissen Menschen.

Wenn man sich an Ihn gewöhnt, so soll man mit Ihm täglich und stündlich umgehen; Er ist einem nicht nur wichtiger als alles, über Aeltern, Geschwister, Ehegatten, über das eigene Leben; sondern Er ists einem gar; man liebt alles in Ihm, um seinetwillen. Seine (Jonathans) Liebe ist einem über Frauenliebe, wie David sagte. 2. Sam. 1, 26. Er ist der zärtlichsten Mutter, die seine Freundin ist, viel besser als zehn Söhne. 1. Sam. 1, 8. Eine solche Seele kann in Wahrheit sagen: Er ist mir alles, ohne Ihn alles nichts. Der Heiland macht solche Seelen von allem los in ihrem Herzen: der Geschmack seiner Treue und Zärtlichkeit macht, daß sie sich nach nichts anderm umsehen können, als nach Ihm. Sie bleiben in seiner Liebe. Das Auge hat Ihn gefaßt; das Herz ist gebunden.

Jesus hatte die Martha, Maria und den Lazarus lieb, heißt nicht: Er hat ihnen nichts Böses gegönnt; denn so hat Er alle Menschen in der Welt lieb; das wäre nichts Besonderes, daß man es in die Bibel setzen müßte; nein, das heißt, Er hat sein besonderes Wesen da gehabt; das sind seine Lieben, seine Freunde gewesen.

Das ist nun etwas Schönes; Jesus liebt, wie Menschen auf Erden lieben, ich kann Ihm meine Seele heimstellen; ich kann mich auf Ihn verlassen; was mir nöthig ist, das besorgt Er. Es kann nichts Freund=

licheres, nichts Mitleidigeres, nichts Herzlicheres seyn, als Er.

6. **Als Er nun hörte, daß er krank wäre, blieb Er noch zwei Tage an dem Orte, wo Er war.** Da spricht die Vernunft: Wenn Er ihn so lieb hat, warum eilt Er nicht zu ihm, um ihm zu helfen? Das sind Glaubensübungen in der Schule Jesu, die im Leben der Geliebtesten Gottes am öftersten vorkommen. Darum ist der Schluß falsch: Gott thut mir nicht gleich, was ich haben will; Er hilft mir nicht, wenn ich Ihn anrufe, aus der Noth; darum liebt Er mich nicht.

Gott verweigert oft eine kleine Gnade, um eine größere zu erzeigen. Aerzte lassen ihre Kranken sterben, aus Unwissenheit oder Unvermögen ihnen zu helfen. Unser Arzt Jesus läßt seinen Freund sterben aus höchster Weisheit und Liebe, um ihn aufzuwecken vom Tode und sich desto mehr an ihm zu verherrlichen.

7. **Hernach** erst, da Lazarus schon todt und begraben war, **sprach Er zu seinen Jüngern: Laßt uns wieder nach Judäa gehen.** Von Lazarus sagt Er nichts, als ob Er ihn vergessen hätte. Er geht stets anders zu Werke, als man sich's einbildet und vorstellt — der Vernunft entgegen.

Er floh aus Judäa weder aus Liebe zum Leben, noch aus Furcht vor dem Tode, sondern um der Wuth der Juden auszuweichen und auf die zu seinem Opfer bestimmte Zeit zu warten. Nun da sie da ist, geht Er wieder hin, um für sich den Tod zu suchen, seinem todten Freunde aber das Leben wieder zu geben; wie überhaupt sein Tod das Leben aller derer ist, die an Ihn glauben.

8. **Die Jünger sprachen zu Ihm: Rabbi! Erst neulich,** als wir auf dem Feste waren, **wollten dich die Juden steinigen,** wie du wohl weißt, **und du willst wieder dahin gehen,** und dich in die Gefahr begeben? 9. **Jesus erwiederte: Hat der Tag nicht**

zwölf Stunden? Denkt nicht, daß ich blind hingehe. Das göttliche Stundenglas hat seine gewisse Stunden, die beobachte ich genau, und thue keinen Schritt, als nach der Uhr meines Vaters. Bisher bin ich immer ausgewichen, weil die Stunde noch nicht da war; aber jetzt rückt sie heran. Wer am Tage wandelt, nach der Uhr und Leitung des Vaters, in deutlicher Erkenntniß des göttlichen Willens, nach dem klaren Triebe des heiligen Geistes, **der stößt nicht an**, vergeht sich auch nicht, **weil er das Licht der Welt sieht**, und im Lichte wandelt, und sieht, wie weit es gehen darf oder nicht.
10. **Wer aber des Nachts wandelt**, im Unglauben, in Zweifel und Ungewißheit, in Menschenfurcht, im Eigenwillen, **der stößt an**, und kann keine gewissen Tritte thun, **weil kein Licht in ihm ist**, und er also nicht sieht noch weiß, was er thut, oder wohin er geht.

11. **Nachdem Er dieses gesagt, sprach Er zu ihnen: Lazarus unser Freund schläft.** Sieh, wie Gott so menschlich redet, sich so unter die Menschenkinder rechnet; **Lazarus unser Freund!** Sieh, wie Er Freunde auf Erden hatte und liebte, und sie noch hat und liebt, alle, die Ihn lieben und zu ihrem einzigen Freunde erwählen. **Ich gehe, ihn aufzuwecken.** Gott kann seiner Freunde im Grabe nicht vergessen. Er muß sie aufwecken; die Liebe tritt dem Tode auf den Kopf.

Der Tod ist Ihm wie der Schlaf. Wie wir Schlafende wecken, so weckt Er Todte zum Leben.

12. **Seine Jünger** (die es leiblich und natürlich verstehen, wie fast alles, was Er geistlich vortrug, z. B. vom Sauerteig, Brod ꝛc.) **sprachen: Herr! wenn er schläft, so wird es besser mit ihm**, so wird er sich wieder erholen, und du brauchst nicht hinzugehen und dich der Gefahr auszusetzen.

13. **Jesus hatte dieß von seinem Tode gesprochen; sie aber meinten, Er rede vom gewöhnlichen Schlafe.** Das setzt uns Johannes zu seiner und der übrigen Jünger Beschämung da her; denn er war ja

auch bei denen, die so ungeschickt gemeint haben. „Sind wir nicht wunderliche Leute gewesen, will er sagen, daß wir Ihn nicht besser verstanden haben; müssen wir uns nicht schämen?“ So aufrichtig waren die Verfasser der heiligen Schrift, daß sie ihre Fehler nicht verhehlen. Das thun sie uns zum Besten, damit wir glauben, daß auch andere miserable Leute Hoffnung haben.

14. **Darnach sagte Jesus gerade heraus: Lazarus ist gestorben.** Der Frommen Tod ist nur ein Schlaf. 15. **Und ich bin froh, daß ich nicht dort war,** (ist also das die Freude des Herrn, wenn Er manchmal mit der Hülfe verzögert? warum?) **um euretwillen, damit ihr glaubet** und im Glauben befestiget werdet, wenn ihr ein größeres Wunderwerk sehen werdet, welches durch meine frühere Gegenwart und Hülfe verhindert worden wäre. — **Nun aber lasset uns zu ihm gehen.** Jesus hätte ihn auch in der Ferne erwecken können, aber um seiner Jünger willen geht Er hin, und ladet sie dazu ein, damit sie sehen. Was sagen sie dazu?

16. **Da sprach Thomas, Didymus zubenannt, zu den Mitjüngern: Lasset uns auch mitgehen, daß wir mit Ihm sterben.** Wenn Thomas dieses aus gutem Herzen, und wirklich aus Liebe und Anhänglichkeit an Jesum gesagt hat, daß er bereit war mit Ihm zu gehen, und wenn er auch mit Ihm sterben müßte, so ist es sehr gut und nachahmungswürdig. Wir sollen Jesu in allen Gefahren, selbst in den Tod folgen; alles thun, was Er uns heißt, wenn es auch das Leben kostet. Aber es scheint doch hier, Thomas hätte es aus Zweifelsucht und mit einem kleinen Unwillen gesagt, daß er nun doch hingehen wolle, obwohl sie Ihn gewarnt und Ihm so deutlich gesagt hätten, daß man Ihm in Judäa nach dem Leben strebe. Der Sinn kann auch dieser seyn: „Nun, nun, wenns denn doch seyn muß, und du dich in die Gefahr begeben willst, so müssen wir nun wohl mitgehen, und mit ster-

ben, denn das wird doch gewiß geschehen. So werden wir doch der Marter los."

17. **Da nun Jesus ankam, fand Er, daß er schon vier Tage im Grabe gelegen war.** So langsam ging Jesus, so spät kam Er. Er bleibt aber doch nie aus. Er kommt gewiß und nie zu spät, Er kann allemal noch helfen.

18. **Bethanien war nahe bei Jerusalem, ungefähr funfzehn Stadien weit,** und von der Erweckung des Lazarus bis zu seinem Tode zu Jerusalem war es auch nicht weit entfernt. Der Todtenerwecker mußte bald sterben, das thaten die Priester und Raths-Herren zu Jerusalem nicht anders.

19. **Daher waren viele Juden zu Martha und Maria gekommen, um sie über ihren Bruder zu trösten,** wie es der Brauch ist. Es waren aber, so wie gewöhnlich, leidige Tröster.

Man tröstet die Menschen, wenn sie einen Menschen, einen Verwandten durch den zeitlichen Tod nur aus den Augen auf eine Zeitlang, nicht ewig, verloren haben; und man hat kein Mitleiden, weder mit sich selbst noch mit andern, wenn die Seele ihren Gott, ihr ewiges Leben durch die Sünde und durch Unglauben verloren hat. Wenn diese Tröster in das Grab ihres Herzens gestiegen wären, würden sie vielleicht Seelen gefunden haben, die schon todter und stinkender als Lazarus Leichnam gewesen sind, und die vielmehr der Erweckung nöthig gehabt hätten als er.

20. **Als nun Martha hörte, daß Jesus käme, eilte sie Ihm entgegen; Maria aber blieb zu Hause.** Hat sich denn Maria nicht mehr um Jesus bekümmert, daß sie sitzen bleibt? Hat Martha Ihn mehr lieb gehabt, als sie? O nein, Maria war so innig in der Liebe, daß sie inwendig genoß und nicht nöthig hatte, Ihm äußerlich entgegen zu laufen; ihre Liebe wurde durch seine leibliche Abwesenheit nicht unterbrochen, und durch seine leibliche Gegenwart nicht vermehrt. Das

äußerliche Schnell-Laufen und andern Vorspringen ist nicht allemal ein Beweis der größern Liebe.

21. **Da sprach Martha zu Jesu: Herr! wenn du hier gewesen wärest, so wäre mein Bruder nicht gestorben.** Sie bindet die Hülfe an die sichtbare Gegenwart Jesu. Doch nun überwiegt der Glaube; denn sie setzt hinzu:

22. **Aber ich weiß, auch jetzt noch, was du immer von Gott bitten wirst, das wird Gott dir geben.** Also breitet sich die Flamme des Glaubens aus, und bricht hervor, wie ein Feuer, wenn es ein wenig Luft bekommt.

23. **Jesus sprach: dein Bruder wird auferstehen. 24. Martha erwiederte Ihm: Ich weiß wohl, daß er auferstehen wird in der** (allgemeinen) **Auferstehung am jüngsten Tage.** Damit schien sie nicht zufrieden zu seyn, weil sie Ihn mißverstand. Indessen ist es ein Beweis, daß man auch damals eine Auferstehung und ein ewiges Leben nach dem Tode glaubte; nur die Neologen oder Aufgeklärten derselben Zeit, die Sadduzäer, läugneten sie. Aber Martha wollte ihren Bruder früher lebendig haben, und nicht erst bis zur allgemeinen Auferstehung warten.

25. **Und Jesus spricht zu ihr: Ich bin die Auferstehung und das Leben; wer an mich glaubt, der wird leben, wenn er gleich stirbt; 26. und jeder, der da lebt und an mich glaubt, der wird nimmermehr sterben.** —

Wenn der Heiland sagt: Ich habe ein Arkanum, und wer das von mir annimmt, der stirbt nicht, so kann man darauf rechnen, daß es wirklich wahr ist.

Es stirbt kein Christ. Das was man Tod nennt, daß man einschläft, das ist eigentlich der Tod nicht, sondern nur der Austritt aus diesem in ein anderes Leben, und der ist manchmal mit einem schweren Kampfe verbunden, da ein Mensch eine Stunde, zwei, drei, oder auch Tage lang vor seinem Ende, aus Furcht vor der Scheidung, die Leib und Seele erfahren müssen, in der alleräußersten und desperatesten Empfindung liegt, da Leib und Seele zugleich leiden.

So mag zwar ein Kind Gottes äußerlich allerlei ausstehen, aber das ist krank seyn, und der Heiland hat nicht gesagt: Wer an mich glaubt, der wird nicht krank, nicht miserabel seyn; sondern die äußerlichen Beschwerlichkeiten, welche die Hütte mit sich bringt, die muß man haben, aber die kann ein Mensch zehnmal haben und stirbt nicht daran. Das ist nicht der Tod; denn man kann viel kränker seyn, wenn man nicht stirbt, als man dann ist, wenn man wirklich stirbt.

Also wenn ein Gläubiger den Heiland kennt und ist in Ihm, und es däucht ihm lange, in der Welt zu leben, und er glaubt in der Fremde zu seyn, so hat er das Vergnügen, daß er einmal bei Gelegenheit einer Krankheit, woran er vielleicht schon zehnmal gelegen hat, oder allenfalls ohne Krankheit einschläft, und bleibt weg.

Das ist das, was der Heiland eigentlich meint; denn Er ist gestorben, Er hat den Tod gekostet, seine Seele war betrübt bis in den Tod, und hat gezittert vor Todesangst. Seitdem aber Er das für uns erfahren hat, leben wir immerfort, und einmal schlafen wir ein, und kommen nicht wieder, sondern unsere Hütte bleibt liegen, und unsere Seele kommt dahin, wohin sie sich immer gesehnt hat.

Es ist also nichts Seligeres, als sein zu seyn, und durch seine Wunden heil geworden zu seyn; denn da hat man sich vor dem Tode gar nicht zu fürchten, weil man nicht mehr sterben kann; da hingegen die natürlichen Leute in ihrem ganzen Leben in knechtischer Furcht des Todes sind, und keine vollkommene Freude haben können.

**— Glaubst du das? 27. Sie sagte: Ja Herr, ich glaube, du bist Christus, der Sohn des lebendigen Gottes, der in die Welt gekommen ist.**

Christus

Christus frägt die Martha nicht umsonst: Glaubst du das? Man sehe die Worte recht an, die Christus Vers 25 und 26. sprach, und frage sich vor dem Angesichte Christi öfters bedachtsam: Glaubst du das? — Viele Christen glauben das schnell weg, das heißt: sie meinen es zu glauben, weil sie die Worte nachsprechen. Aber man muß sie wahrhaftig, lebendig glauben, das macht unsterblich, das giebt den Sieg über Tod und Grab, heißt das ewige Leben ergreifen, den Tod gar nicht fürchten, sondern schon im Himmel wandeln. — Glaubst du das?

Martha sagte schnell ja, und setzte ein schönes Bekenntniß hinzu, welches das ganze Christenthum in sich faßt und der Grundstein vom ganzen Gebäude ist. Dieses steht auf Sand, und fällt, wenn jener fehlt.

28. **Und nachdem sie dieses gesagt hatte, ging sie hin, und rief ihre Schwester heimlich und sagte: Der Meister ist da, und rufet dich.** Also muß Christus nach ihr gefragt haben. Sieh, wie zärtlich, menschenfreundlich! die Stimme des Freundes — —

Aber warum sagt es ihr Martha heimlich? Um der vielen leidigen Tröster und Komplimentisten willen, die da waren. Sie wollte nicht den ganzen Schwarm rege machen. Wer Jesum lieb hat, ist gern allein bei Ihm, und weicht der Menge gern aus.

29. **Als Maria dieß hörte, stand sie eilends auf und kam zu Ihm.** Sie, die so gern stille saß, eilt so sehr, und wird zu einer hurtigen Martha, sobald sie die Stimme des Freundes hört, und Er nach ihr frägt.

30. **Denn Jesus war noch nicht in den Flecken gekommen, sondern war noch an dem Orte, wo ihm Martha begegnete.** Er eilte hier nicht, weil Er ihren Glauben und ihre Liebe prüfen wollte. Das ist gewöhnlich seine Absicht, wenn Er warten läßt.

31. **Als nun die Juden, die bei ihr im Hause waren und sie trösteten,** die leere Zeremonialisten und todter waren, als Lazarus, **sahen, daß sie eilends auf-**

stand und hinausging, folgten sie und sprachen: Sie geht zum Grabe, um da zu weinen. Aber sie hatte ganz andere Ursachen, als sie sich einbildeten. Sie stand auf, nicht um zu dem Todten, sondern zu dem zu gehen, der ihr Leben war.

32. **Als nun Maria dahin kam, wo Jesus war und Ihn sah, fiel sie Jesu zu Füßen und sprach zu Ihm: Herr wärest du hier gewesen, mein Bruder wäre nicht gestorben.** Die Füße Jesu sind der gewöhnliche Aufenhalt der Marien und der armen Sünder.

Wo Jesus ist, hat der Tod keinen Platz, da ist lauter Leben. Wer den Tod nicht fürchten und nicht sterben will, halte Jesum fest.

Maria redete aus einem Tone, wie ihre Schwester. Denn eines pflegt das andere anzustecken. Einer kann den andern kleinlaut und verzagt machen.

33. **Als nun Jesus sah, daß sie weinte, und daß auch die Juden weinten, die mit ihr gekommen waren, so ward Er in seinem Gemüthe erschüttert und sehr betrübt.** Es war Ihm peinlich, Er ward unruhig. Aus Mitleiden machte Er sich ihrer Gemüthsbewegungen theilhaftig in seiner wahren, menschlichen und empfindsamen Natur. Was thut die Liebe nicht?

34. **Er fragte: Wo habt ihr ihn hingelegt?** nicht, als ob Er es nicht wüßte, so wenig als Gott, da Er fragte: Adam! wo bist du? Er wollte die andern auch etwas dabei thun lassen.

— **Und sie antworteten: Herr, komm! und sieh es!**

Wenn Christus nicht nach dem Todten gefragt hätte, der Todte hätte nimmermehr nach Christus gefragt, wäre nicht mehr zum Leben gekommen, wenn das Leben nicht zu ihm gekommen wäre.

Aber die Lebendigen müssen sich für die Todten zu Christus wenden, Ihm das Elend und die Noth der Sünder anzeigen in ihrem Gebete. Herr, komm, besuche diese Seele! Sieh ihr Elend! Komm zum Grabe ihres Herzens, und siehe wie diese durch dich so theuer erlößte Seele von den Banden des Todes gebunden ist!

Daß Jesus nicht gefühllos ist und bleibt bei einem solchen Gebete, beweißt der nachfolgende Vers.

35. **Und Jesus weinte.**

Das ist wohl etwas Großes, so das nicht umsonst ein eigener Vers daraus gemacht worden. Er hatte sonst in seinem Amte oft das menschliche Elend mit angesehen, aber hier mußte Er es an seinem Freunde sehen.

Ein andermal sprach Er bei einer solchen Gelegenheit: Weine nicht; nämlich zum Troste der Wittwe von Nain. Hier aber weint Er selbst.

Das setzt nun Johannes so kurz hin: **Jesus weinte**, weil man wohl auch mehr dabei fühlen als sagen soll. Wem erscheinen die Thränen im Auge des Menschen-Sohnes, der dem Winde und Meere gebieten konnte, dem alle Dinge unterthänig seyn mußten, ꝛc. ꝛc. nicht schön und tröstlich für sein Menschenherz? wer freut sich nicht, daß sein Heiland auch geweint und gerade so gefühlt hat, wie ein anderes Menschen-Herz? Wen zieht das nicht an? Wer wird dabei nicht eben so sehr gerührt, als wenn er bei seinem Tode ließt, daß sich die Felsen spalten, die Erde bebt, die Sonne sich verfinstert und die Gräber der Todten sich öffnen?

Durch seine Thränen, 1. heilt Er die unserigen, 2. wischt Er sie ab; 3. trocknet Er ihre Quelle aus, das ist die Sünde; 4. büßet Er unsre eitle und sündliche Freude, unser fleischliches Lachen, 5. erwirkt Er uns die wahre ewige Freude. Durum laßt uns den weinenden Jesum anbeten. Er weint über den Sünder, und der Sünder weint nicht über sich selbst. Ach Herr Jesu! laß deine Thränen jedem Sünder zur Quelle reumüthiger Thränen werden! Laß uns nie über den

Verlust vergänglicher Dinge weinen, sondern den Verlust deiner Gnade, deiner Liebe, laß einzig uns beweinen.

36. **Da sprachen die Juden: Sieh doch, wie lieb Er ihn hatte.**

O Seele! wenn du doch erkenntest, wie lieb Er auch dich hat! wie zärtlich Er dich lieben würde, wenn auch du sein Freund, sein Lazarus seyn wolltest! wie sehr dein Elend, dein Jammer, deine Noth, deine Sünden und dein Seelentod Ihm zu Herzen geht!

Aber, wirst du sagen: Wenn Er mich so lieb hat, warum läßt Er mich so liegen in meinem Elende? Warum hilft Er mir nicht? — Da redest du gerade wie die Juden; denn sieh:

37. **Einige aus ihnen sagten: Konnte denn der, der dem Blindgebornen die Augen aufgethan hat, nicht machen, daß dieser nicht stürbe?** Warum that Er das nicht, wenn Er ihn so lieb hat? Weil Er die Noth aufs Höchste steigen lassen wollte, um sich an dem, den Er innig liebte, auch desto mehr zu verherrlichen.

Es ist eine von den ungläubigen Fragen: Kann Er, der alles kann, nicht alle Menschen selig machen? Darauf antworten sie: Er muß es wohl können; aber Er will nicht. Aber der Heiland antwortet selber. Er läugnet nicht, daß Er nicht alle Menschen selig machen könne. Er konnte daselbst keine Thaten thun, um ihres Unglaubens willen. Mark. 6, 5. Er kann nicht alle Menschen selig machen, weil sie nicht alle selig seyn wollen. **Er** gesteht es, daß Er nicht kann; was wollen wir dawider streiten? Aber warum kann Er nicht? Weil sie nicht wollen. Luk. 13, 34. Wie wollte ich ꝛc.! du aber hast nicht gewollt! So wahr ich lebe, spricht der Herr, ich will den Tod des Gottlosen nicht, ꝛc. ꝛc. warum wollt ihr sterben? Ezech. 18, 31.

Daraus folgt, 1) daß wir leben können, 2) daß wir sterben können, 3) daß es dem Heiland wehe thut, wenn wir sterben, 4) daß es Ihm vor dem Satan und vor der Welt eine Schmach ist, wenn wir nicht selig werden; 5) daß wir verfluchte Menschen sind, wenn wir Ihn nicht lieb haben, indem wir Ihn hindern, das große Wunder zu thun, uns zum ewigen Leben zu bringen. Was folgt daraus? Ach, daß wirs nicht thun sollen, daß es sich ein jeder soll gesagt seyn lassen an sein Herz, daß wenn er die Stimme des Sohnes Gottes hört, und es ihm so ist, als wenn jemand zu ihm sagte: Willst du selig werden? er doch ja nicht sagt: Ich will nicht, sondern von Herzen sagt: Woran liegts? Daß er nicht gleich wieder an seine Handthierung oder auf Essen, Trinken oder gar unnütze Dinge denkt, sondern es eine Weile in seinem Gemüthe behält: Warum will ich sterben? Warum will ich schimpfen auf meinen Heiland vor meinen Nachbarn, vor meinem Weibe und Kindern, vor allen Leuten, die sagen werden: Konnte denn der, der alles kann, nicht auch diesen selig machen? Ich gehe also Ihm zur Schande herum.

Eine Seele, die errettet ist, die ein seliges, vergnügtes Leben führt, ist eine Ehre des Heilandes in der Welt; die lobt den Heiland, die macht, daß Er gepriesen wird, daß sein Leiden und Sterben den Preis bekommt, den es verdient. Aber wenn wir, Ihm zu Schmach und Schmerzen, uns ins allergrößte Elend stürzen, und einmal in der Hölle liegen, wie Schafe, die ihrem Hirten verloren gegangen sind; was wird es uns helfen?

38. **Jesus aber wurde abermal innigst gerührt** und entrüstet. Als ein wahrer Mensch fühlte Er im Geiste eine solche Alteration über die ungläubigen und niedrigen Aeußerungen der Juden. Er konnte sich damit nicht vertragen; es mußte Ihn stoßen und eine Widrigkeit erwecken. **Er kam zur Grabstätte. Es war aber eine Höhle und ein Stein war davor gelegt.**

39. **Da sprach Jesus: Hebet den Stein weg;** was Menschenhände heben können, das läßt Er sie

wegheben; aber den Stein des Todes konnte nur Seine Hand heben, und den hob Er. **Martha aber, die Schwester des Verstorbenen, sagte zu Ihm: Herr! er riecht schon, denn er liegt schon vier Tage;** es wird schon zu spät seyn. Für natürliche Kräfte wars freilich schon lange zu spät, aber nicht für Gottes Kraft.

40. **Jesus erwiederte ihr: Habe ich dir nicht gesagt: Wenn du glaubst,** wenn du mehr auf Gott, als auf den Lauf der Natur sehen würdest, **so würdest du die Herrlichkeit Gottes sehen?** so würdest du sehen, wie sich Gott verherrlicht durch seine mächtige Hand, welcher nichts zu spät, nichts zu schwer, keiner zu todt ist; Er kann helfen, retten und erwecken.

Es ist hier nicht die Rede vom seligmachenden Glauben, sondern von dem, der in äußerlichen Dingen Hülfe erwartet. Und da ist es freilich ein großer Trost, wenn Er es einem gesagt hat: habe ich dir nicht gesagt, wenn du rc. rc. oder wenn man so ein Simeons-Wörtchen hat, da kann man wohl glauben. Ihm war eine Versicherung gegeben vom heiligen Geiste, daß er gewiß den Messias erleben und mit Augen sehen werde. Da glaubt man gern, wenn man weiß: Der Herr will jetzt geglaubt haben. Da ists eine Freude zu glauben. Aber sich zum Glauben sehr nöthigen, oder auf eine Phantasie hin losglauben, auf eine Einbildung hin, die man sich gemacht hat, weil man es gerne so hätte, und hat weiter keine Gewißheit, daß es der Heiland so haben will, und daß man es im Namen des Herrn begehren kann: das wollte ich niemanden rathen; denn daraus werden unzählige Fehler geboren.

Wenn man aber glaubt auf Befehl: Habe ich dir nicht gesagt rc., so sieht man auch, daß der Heiland seine Ehre rettet. Und in dem Geschäfte unsers Heils haben wir Worte und Befehle genug vom Heilande, daß wir glauben sollen. Da laßt uns also darauf losglauben; aber in äußern Dingen nicht ohne speciellen Befehl, oder Anregung des Geistes.

41. **Da hoben sie den Stein weg. Jesus aber hob seine Augen empor und sprach: Vater! Ich danke dir, daß du mich erhört hast. 42. Ich weiß wohl, daß du mich allezeit erhörest, aber ich sage es, um des Volks willen, das umhersteht, damit sie glauben, daß du mich gesandt hast.** Ich weiß wohl, was ich kann, ich weiß wohl, daß mir alle Gewalt in die Hand gegeben ist; aber um des Volks willen thue ichs. Ich muß die Leute lehren, wie sie es künftig machen sollen. Sie müssens nicht aus sich thun, sondern so müssen sie bitten lernen auch über Dinge, die sie schon in Händen haben. Eigentlich aber ist der Sinn: Ich weiß wohl, Vater! wessen ich mich zu dir zu versehen habe, und daß du mir nichts versagest, was ich als Gott-Mensch von dir begehre; unter uns ist das eine ausgemachte Sache; du weißt daher schon, daß ich nicht um meinetwillen so rede und bete; sondern daß Volk da soll daraus lernen und erkennen, daß ich es von dir nehme, daß ich durch dich Wunder thue, oder daß du durch mich, in mir und mit mir wirkest, und daß ich also derjenige bin, für den ich mich vor ihnen ausgebe, dein Sohn, dein Gesalbter und Gesandter; sie sollen sehen, daß ich nicht durch den Beelzebub, wie sie lästern, sondern durch deine Kraft handle. Darum laß deinen Sohn nicht stecken; die Leute stehen da, warten darauf.

43. **Nachdem Er dieß gesagt hatte, rief Er mit lauter Stimme: Lazarus! komm heraus!** So ruft das Wort im Fleische, das Welten aus ihrem Nichts hervorrief. Und was geschah?

44. **Und sogleich kam der Todte hervor, umwunden mit Tüchern an Füßen und Händen: und sein Angesicht verhüllt mit einem Schweißtuch. Jesus sprach: Löset ihn auf und lasset ihn gehen.**

Die starke Stimme des Heilandes ist ein Bild seiner allmächtigen Gnade, welche allein vermögend ist einen Sünder aus dem Grabe seines verstockten Herzens hervor zu rufen und ihn zu wecken. Wie schwer steht man auf, wenn man in eingewurzelten Sünden begraben liegt, wenn der Stein der Gewohnheit den Begrabenen drückt, wenn die Binden und Grabtücher so vieler allgewaltiger Neigungen ihn fesselt. Ein Sünder, der so weit von Gott, als ein Todter vom Leben entfernt ist, kann nur durch die starke Stimme, die ihm Gott ins Herz spricht, erweckt werden.

Machet ihn los, löset ihn auf und lasset ihn gehen. Das ist der Befehl Jesu für jeden Erweckten. Er muß frei und los werden von all den Banden, womit er im Tode und Grabe der Sünde gebunden war. Aber viel Erweckte, die das Leben der Gnade empfangen haben, machen sich nicht los von ihren alten Banden, daher geschieht es, daß sie bald wieder zurückfallen in das alte Grab der Sünde und nur ein Schein-Leben führen, nur den Namen haben, daß sie leben, aber doch gebunden oder todt sind. Das erste also bei jedem Neuerweckten sey, daß man ihm helfe sich losmachen von allen Binden an Händen und Füßen und am Kopfe — denn wir sind überall wie dieser Lazarus umwunden und gebunden, ehe uns Christus, die Wahrheit, frei macht. Geschieht das nicht, so kann auch ein Erweckter nicht gehen, wie man denn so viele sieht, daß sie entweder in ihren alten Gewohnheiten liegen bleiben, oder einen schwankenden Gang haben, indem sie bald zur Linken bald zur Rechten ausgleiten, wie die Trunkenen oder Gebundenen, und auf dem schmalen Wege Christi nicht fortkommen. O Herr, der du uns vom Tode ins Leben rufst mit deinem allbelebenden Worte, gieb uns auch Kraft, alle Bande und Binden zu zerreißen und ganz los und frei zu werden, um Dir nachfolgen und auf deinem, ja deinem Wege, gehen zu können!!

Das ist die dritte und letzte Auferweckung eines Todten, die vor dem Hingange des Heilandes bekannt geworden ist. Die erste war ein so eben entschlafenes Mägdlein, das noch im Bette lag; die andere eine Leiche, die zu Grabe getragen wurde; die dritte einer, der schon in Verwesung überging. Der letzte Fall machte dem Heilande viel Mühe; vermuthlich, weil Er etwas that, was über die Natur aller Propheten und Wunderthäter ging. Daher hat Er auch bei diesem Wunder etwas Außerordentliches gethan. Er hat nämlich laut gebetet, was Er sonst nicht gethan hat. Die Tochter des Jairus, und den Jüngling von Nain hat Er ohne lautes Gebet erweckt. Aber der Umstand mit dem Lazarus war etwas Außerordentliches. Es war da etwas vorgefallen, worüber der Heiland bald ergrimmt, entrüstet wäre; die Traurigkeit übernahm Ihn ganz. Es kamen verschiedene Affekte zusammen: die Zärtlichkeit gegen seinen Freund, und der Unwillen über das Mißtrauen, den Unglauben, oder über andere Sachen, die dabei vorgekommen seyn mögen.

Wer diese Erweckung des Lazarus für einen Beweis der Unsterblichkeit der Seelen annimmt, der kann daran nicht zweifeln. Das Haus, die Hütte war zerstört, und die Seele herausgegangen. Der Heiland aber weiß gut, wo unsere Seelen zu finden sind, wenn sie auch aus der Hütte gegangen sind. Unsere Hütte, und unsere Seele sind also allemal in guten Händen, in besonderer Aufsicht, auch wenn sie nicht mehr beisammen sind.

45. **Viele nun von den Juden, die zu Maria und Martha gekommen waren, und mit angesehen hatten, was Jesus gethan, glaubten an Ihn.**

Ein solch herrliches Ende hat diese Auferweckung des Lazarus genommen, und einen überaus großen Eindruck auf die Menschen gemacht. Sie hat aber auch ganz unstreitig des Heilandes Tod beschleunigt, wie Johannes in den zwei folgenden Versen erzählt.

Man hat wohl kein Exempel, daß jemand lebendig geworden, der wirklich in Verwesung übergegangen ist, als dieses. Bei den andern konnte allenfalls der Geist noch in ihnen gewesen seyn. Von dem Jünglinge Eutychus, den Paulus erweckte, ist es buchstäblich angezeigt: „Macht kein Wesen; wir wollen den Geist bald wieder bekommen mit Gottes Hülfe, denn er ist noch nicht weg." Bei Lazarus hat der Heiland wohl auch gesagt: Er schläft. Da es aber seine Jünger vom leiblichen Schlafe verstanden, so sagte Er ihnen bestimmt, Lazarus sey todt, und es wäre Ihm in so weit lieb; sie würden da nun eine noch nie vorgekommene Probe der Herrlichkeit Gottes sehen. Darauf geht Er hin und findet ihn schon nicht mehr über der Erde. Seine lieben Freundinnen Martha und Maria sagen: Lieber Herr! du kommst um ein paar Tage zu spät. Wenn du früher dazu gethan hättest, wäre er nicht gestorben. Er ging zum Grabe hin, und es gingen Ihm die Augen über. Er hörte vermuthlich, daß er aus Noth begraben worden wäre, weil sie ihn nicht länger mehr hätten halten können. Und also war sein Tod gewiß. Dazu war nun keine Propheten-Gabe mehr hinlänglich; das war **Schöpfers Arbeit.** Da machte es nun der Heiland ganz anders als sonst. Er stellte sich hin und betete, wie ein Kind heutzutage beten kann.

Der Heiland wird auch wohl gewußt haben, daß das sein letztes Wunder seyn, und die Bosheit und Wuth der Feinde darüber so zunehmen werde, daß sie Ihm das Leben nehmen würden. Und nachdem Er den Todten auferweckt hatte, ging Er in den Tod.

46. **Einige von den Juden gingen hin zu den Pharisäern und sagten ihnen, was Jesus gethan habe.** Vermuthlich, die schon vorher Vers 19 und 37 beschrieben sind, daß sie leidige Tröster waren. Solche Zuschauer sind die Leute der Welt. Ein solches Schicksal hat das Christenthum. Wenn eine Seele vom todten Wesen zum Leben in Christo erweckt wird, so

gehen sie hin und zeigen es den Pharisäern an, was Jesus gethan hat.

47. **Darum versammelten die Hohenpriester und Pharisäer den hohen Rath und sprachen: Was thun wir?**

Sie sind ganz rathlos, und wie halb verzweifelt. Die große hohe Rathsversammlung weiß sich nicht zu rathen; sie wissen es nicht anzugreifen, wie sie den Todten-Erwecker aus dem Leben, aus der Welt schaffen, wie sie das lebendige Christenthum verdrängen und tödten sollen. Sie müssen es selber sagen; **Dieser Mensch thut viele Zeichen.** Es ist freilich wahr, aber —

48. **Lassen wir Ihn so fortfahren**, wenn wir nicht entgegen wirken, **so werden noch alle an Ihn glauben.** Das hielten sie für den größten Jammer und Schaden, wenn man an Christus glaubte. Und machen es denn nicht alle diejenigen eben so, die den lebendigen Glauben an Christus für die gefährlichste Sekte und Ketzerei verschreien? Sie erdichten eine Gefahr, wo keine ist. **Die Römer werden kommen und Land und Leute wegnehmen,** wenn wir diesen Neuerungen nicht steuern. Sie haben geweissagt. Die Römer kamen und zerstörten Jerusalem und ihren ganzen Staat; aber nicht, weil sie Christo zu viel Freiheit gelassen, sondern umgekehrt: sie glaubten sich durch Christi Tod die Römer vom Halse zu schaffen, und eben dadurch zogen sie sich dieselben über den Hals.

49. **Einer aber aus ihnen, Kaiphas mit Namen, der in diesem Jahre Hoherpriester war, sprach; Ihr wisset nichts;** und das war wahr.

50. **Ihr bedenket nicht, daß es besser für uns ist, es sterbe Ein Mensch für das Volk, als daß das ganze Volk zu Grunde gehe.** Bedenket euch nicht lange, was da zu thun sey. Da muß man durchgreifen. Das gemeine Beste und die Wohlfahrt des Landes erfordern es. Was ist an einem einzigen Men-

schen gelegen; man muß mehr auf den großen Haufen sehen. Die Welt fragt nichts nach den Kleinen, und denkt: Wenn ihnen auch unrecht geschieht, wenn nur die andern zufrieden sind.

51. **Dieß sagte er nicht aus sich selbst, sondern da er desselben Jahres Hohenpriester war, weissagte er, daß Jesus für daß Volk sterben würde.**

Es hat eine verborgene Hand dahinter gewaltet, ohne daß er wußte, was er sagte, und welchen guten Sinn seine Worte enthalten. Er meinte es böse, aber Gott hat es gut gemeint.

Darauf berufen sich viele Priester, so wie auf Balaam, wenn es um ihre Ehre und Amts-Authorität zu thun ist; aber darum werden sie so wenig vor Christo bestehen können, als Kaiphas und Balaam.

52. **Doch nicht für das Volk allein sollte Er sterben,** über welches Kaiphas Hoherpriester war, sondern für die Sünden der ganzen Welt. Die Juden verstanden immer nur ihre Nation; aber Johannes dehnt es weiter aus und sagt, daß der Zweck des Todes Jesu besonders dahinging, **daß er die zerstreuten Kinder Gottes in Eins zusammenbrächte.** Das stimmt überein mit Joh. 10, 15. 16. Soll Christus seine Schafe zusammenbringen, so mußte Er erst sein Leben für sie lassen.

53. **Von diesem Tage an,** seit ihnen Kaiphas so Muth machte, **faßten sie den Entschluß, Ihn zu tödten;** wie sie demjenigen das Leben nehmen möchten, der ihnen das Leben geben wollte.

54. **Daher wandelte Jesus nicht mehr öffentlich unter den Juden, sondern entfernte sich von da in eine Gegend nahe bei der Wüste in eine Stadt, Ephrem genannt, und hatte sein Wesen,** (trieb sein Werk) **daselbst mit seinen Jüngern,** oder hielt sich da auf, lehrte, heilte und suchte die Verlornen. Christum treibt man immer in die Wüste und in die Enge, da Er doch überall willkommen seyn sollte.

Das hat Er gewiß gefühlt; und das müssen auch die Seinigen fühlen.

Uebrigens lehrt Er uns dadurch, daß man auch bei der besten Sache vorsichtig, nicht leichtsinnig und frevelhaft verfahren müsse. Eine gute Sache muß auch gut und weislich ausgeführt werden, sonst schlägt einen der Herr auf die Finger, daß man nicht noch tiefer darein falle.

Es giebt eine Zeit, da Jesus will, daß wir die Verfolgung fliehen sollen, und eine andere Zeit, da Er will, daß wir uns ihr dahingeben. Da geht das nicht: was um zehn Uhr recht ist, muß um neun Uhr auch recht seyn.

55. **Es waren aber die Ostern der Juden nahe, und viele aus der Gegend,** oder vom Lande, **begaben sich vor Ostern nach Jerusalem hinauf, um sich zu reinigen,** d. h. durch Gebet und Fasten sich vorzubereiten auf das Fest. Soll sich der Christ nicht vielmehr reinigen, um das christliche Ostern zu halten, da er ein viel vortrefflicheres Bad zur Reinigung kennt? da Er sich im Blute des Osterlammes selbst waschen kann? Wer sich damit nicht reiniget an Festtagen, der besudelt sich. 56. **Da suchten sie Jesum, und wie sie im Tempel umherstanden, sprachen sie zu einander: Was dünkt euch, kommt Er wohl nicht auf das Fest?** Er ist bis auf die letzte Stunde ein treuer Kirchengänger und Religionsmann geblieben. Wenn Er einmal einen Festtag versäumte, so fragten die Leute gleich: Wo bleibt Er?

57. **Die Hohenpriester und Pharisäer aber hatten Befehl gegeben, wer da wisse, wo er wäre, der sollte es anzeigen, damit sie ihn greifen könnten.** Damit wollten sie sich eine Fest-Freude bereiten, und Gott einen Dienst thun, indem sie Seinen Sohn auf Ostern schlachteten. Wir wollen nun das geschlachtete Lamm nicht nur am Feste, sondern alle Tage ergreifen, so haben wir alle Tage Festfreude.

Judas war der gehorsame Sohn des Teufels, der diesen Befehl der Hölle gewissenhaft befolgte, und ihnen Jesum in die Hände lieferte, „die Kirche hat es befohlen: Wer wisse, wo Jesus sich aufhalte, sollte Ihn verrathen, damit sie Ihn fangen und tödten könnten." Das war der hohe Rathschluß der jüdischen Kirche: „Wer nun die Kirche nicht hört, der ist wie ein Heide und Publikan." Das konnte Judas sagen oder denken; hatte er Recht? Vor den Menschen wohl, aber vor Gott kam er nicht hinaus, denn dort heißt es: man muß Gott mehr gehorchen als den Menschen. Wenn aber jetzt eine Kirche Befehle gegen das Evangelium und den lebendigen Glauben ergehen läßt, sollen wir wie Judas gehorsamen und das Evangelium, oder ächte Verkündiger desselben verrathen und überliefern? Nein! Wenn wir uns anders nicht am Ende hängen und verzweifeln wollen. Wir sollen vielmehr denken, Menschen sind, jetzt wie damals, Menschen, die von blinden Leidenschaften geleitet werden können, und also dem Irrthume und Mißgriffe unterworfen sind. Die Kirche besteht aus Menschen, jetzt, wie damals. Die jetzigen Priester sind Menschen, keine Engel, wie die damaligen es nicht waren; und wenn sie es wären, auch Engel — konnten fallen. Haben sie gegen den lebendigen, sichtbaren Christus, gegen die Wahrheit in Person so blind handeln können, was werden sie nicht gegen seine Diener und Glieder zu thun vermögen? Wenn sie sich nicht fürchteten den Sohn des Vaters zu kreuzigen, wie sollen sie sich ein Gewissen machen, die Knechte und das Hausgesinde zu mißhandeln?

## Das XII. Kapitel.

(Maria salbt Jesum; Er zieht in Jerusalem ein; hört eine Stimme vom Himmel.)

---

1. **Sechs Tage vor Ostern kam Jesus nach Bethanien, wo Lazarus gestorben und von Jesus auferweckt worden war.**

Er wollte den Erweckten im neuen Leben stärken durch seinen Besuch, besonders da Er selbst dem Tode so nahe war.

Man muß die Seelen, die man durch das Wort und die Gnade vom Sündenschlafe erweckt hat, nicht vernachlässigen, sondern immer zu erhalten suchen, und sich ihrer wie ein treuer Hirte annehmen.

2. **Da bereiteten sie Ihm ein Abendmahl. Martha diente; Lazarus war einer von den Gästen.** 3. **Maria aber konnte weder essen noch dienen; sie nahm ein Pfund Salbe von ächtem, köstlichem Nardenöl, und salbte damit die Füße Jesu und trocknete sie mit ihren Haaren**; sie war eben so freigebig als von Liebe eingenommen, sie sparte nichts, um Jesu ihre Liebe zu beweisen. Ihr Herz war voll köstlicher Salbe der Liebe; denn das Aeußere kam bei ihr aus dem Innern, wie es allemal seyn soll. Sie wußte, was sie an Jesus hatte; darum wendete sie das Beste, was sie aufbringen konnte, an Ihn. **Der Geruch ihrer Salbe verbreitete sich durch das ganze Haus**, wie der herrliche Geruch des Evangeliums die ganze Christenheit, und besonders das Haus eines Herzens erfüllt, das dasselbe aufnimmt.

4. Darüber folgt nun die Censur und Kritik. **Judas nemlich, einer seiner Jünger, Simons Sohn, Ischariothes, der Ihn hernach verrathen hat**, verrieth sich hier selbst zuerst, daß ihm am Gelde mehr als an seinem Meister gelegen sey, und daß er lieber Geld im Beutel, als seinen Heiland im Herzen hätte. Er sprach:

5. **Warum hat man diese Salbe nicht verkauft um dreihundert Denare** (Zehner), nach unsrer Rechnung etwa 33 Reichsthaler? **und den Armen gegeben.** Jesus, meinte er, hätte dies nicht nöthig gehabt, und von so viel Geld hätten viele Arme unterhalten werden können; so aber sey das Geld wie hinausgeworfen. 6. Das sind wohl sehr vernünftige Gedanken, aber der arme Schelm **sagte das nicht** in der Absicht, als **wäre ihm um die Armen zu thun,** die lagen ihm gar nicht am Herzen, so wenig als sein Meister, **sondern** — was denn? **weil er ein Dieb war,** — der Apostel — ein Dieb? Ja so weit geht es; ins Apostolische Kollegium schleicht sich der Dieb, der Geitz, die Habsucht, der Teufel ein, warum? Er hatte oder führte den Beutel, die gemeinschaftliche Kasse, war Kassier, Oekonom in der Haushaltung des Heilandes, **und trug,** oder nahm ein, **was eingelegt wurde** von gutherzigen Menschen. Davon hat er denn auch seinen Beutel gespickt, hat aus der Kasse öfter entwendet, und Gelegenheit gewünscht, es ferner thun zu können. Deswegen hätte er lieber Ueberfluß als Mangel in der Kasse gesehen. Diese dreihundert Denarien sind ihm daher zu seinem Aerger entgangen. Man sehe zu, daß man nicht auch ein solches Herz habe, und seine Religion oder die Nachfolge Jesu nach dem Geldbeutel messe.

7. **Da sprach Jesus: lasset sie mit Frieden, sie hat dieses für den Tag meines Begräbnisses behalten.** Das ist ein Vorspiel meines Begräbnisses. Sie will mich schon zum Grabe, zur Bestattung einbalsamiren. Darum hat sie es bis heute aufbehalten. Salben wurden nemlich im Hausschatze aufgehoben bis zur Bestattung. Jesus hatte immer seinen Tod im Auge und im Gedächtniß, Er erinnert bei allen Gelegenheiten daran und will also auch gewiß von uns, daß uns alles eine Erinnerung daran seyn soll.

Es war dieses eigentlich gegen den Judas gerichtet, aber wie gelinde, wie sanft behandelt Er den elenden Heuchler. Er sagt kein Wort, daß er ihn bestehle und betrüge, daß er lüge. Er nimmt nur die gute Meinung der Maria in Schutz, und erklärt den Sinn ihrer Handlung, den Er besser verstand als sie selbst, und der war: seinen Tod und Begräbniß zum Voraus zu ehren und vorzubilden. Jesus fuhr fort:

8. **Denn Arme habt ihr immer bei euch, mich aber habt ihr nicht allezeit.** Ich werde nicht mehr lange sichtbar unter euch seyn; ich sterbe bald, und gehe zum Vater. Damit beschäftigt sich Jesus immer, und wiederholt es auf verschiedene Weise.

Maria verstand es, die Gegenwart Jesu zu benutzen, da sie dieselbe hatte. Wir haben zwar Jesum allezeit bei uns in den Armen, und können Ihm in denselben Ehre erweisen, so viel wir wollen; wir haben Ihn aber nicht allzeit bei uns fühlbar. Wenn er sich daher so spürbar mittheilt als sähe man Ihn, als hätte man Ihn leiblich und sichtbar bei sich, so muß man dieses benutzen, und Ihn nicht um äußerlicher Werke willen verlassen, die zu einer andern Zeit geschehen können. Doch wenn sie nicht verschoben werden können, und es Liebe und Noth erfordern, so muß man auch den Heiland um des Heilandes willen verlassen und Ihm in der Noth der Menschen dienen.

9. **Da nun eine große Menge Volks der Juden erfuhr, daß Er daselbst** (in Bethanien) **sey, so kamen sie** (gelaufen nach Bethanien), **doch nicht um Jesu willen allein,** nicht so fast aus Geisteshunger nach Ihm, **sondern** vielmehr aus Neugierde, **um den Lazarus zu sehen, welchen Er von den Todten auferweckt hatte;** denn ein so großes Wunder, da man einem im Grabe halb verfaulten und todten Menschen wieder wandeln sehen kann, zog die Verwunderung und Neugierde aller, die davon hörten, nach sich. Was half es aber? Dort sagte der reiche Mann

Wenn einer von den Todten auferstände Luk. 16, 30.; das würde helfen, dann würden sie glauben. Was half es denn also da? haben sie nun geglaubt? 10. O nein, es war nur ärger und schlimmer; denn das brachte die **Hohenpriester in eine solche Wuth, daß sie auch den Lazarus tödten wollten.** Das ist die Religion des Kaiphas und des Herodes; die schont nichts; da muß alles aus dem Wege, was man fürchtet. 11. Lazarus aber sollte um deßwillen umgebracht und weggeschaft werden, **weil um seinetwillen so viele Juden hingingen und an Jesum glaubten,** welches der antichristische Geist der jüdischen Geistlichkeit auf alle Weise zu hindern suchte.

12. **Als des andern Tages die Volksmenge, die zum Feste gekommen war, hörte, daß Jesus nach Jerusalem käme, 13. nahmen sie Palmzweige, gingen hinaus Ihm entgegen und riefen: Hosianna, gelobt sey der da kommt im Namen des Herrn, der König Israel!** Anstatt Ihn der Obrigkeit anzuzeigen, wie es befohlen war, Kap. 11, 57. holen sie Ihn als ihren König ab. — Die Vorsteher und die Priester voll Zorn über Ihn, dachten nur darauf, wie sie Ihn aus dem Wege räumen könnten, aber das Volk ist für Ihn. So ist es fast immer. Unter dem Volke findet Jesus und sein Evangelium immer mehr Liebe und Glauben als unter denen, die sich über das Volk wegsetzen.

14. **Jesus aber fand einen jungen Esel und setzte sich darauf, wie geschrieben steht: 15. Fürchte dich nicht, Tochter Sion, sieh dein König kommt zu dir sitzend auf einem Esels-Füllen.** Zach. 9, 9.

Der Staat unsers Königs besteht in Einfalt und Niedrigkeit, Er kommt so herablassend, das auch der Geringste sich nicht fürchten darf, sondern Zuversicht fassen kann. Seine ganze königliche Pracht ist eine Eselin. Der aber eine Eselin nicht verschmähte, sondern mit ihr prangete, wird Er dich, arme Seele, verschmähen, wenn du Ihn nur aufnehmen willst? Wirst du aber nicht zu hochmüthig seyn, den, der auf einer Eselin reitet, aufzunehmen; Da wärest und bliebest du wirklich thörichter als eine Eselin, wenn du diesen demüthigen König aus Hoffart verschmäheteſt. Darum ritt Jesus auf einer Eselin in die heilige Stadt ein, weil zu allen Zeiten diejenigen für thöricht gehalten und gescholten werden, die Ihn aufnehmen und in sich wohnen lassen.

16. **Dieß verstanden seine Jünger anfangs nicht, als aber Jesus verherrlicht war, da dachten sie daran, daß dies von Jesus geschrieben stehe, und daß sie Ihm dies gethan hätten.**

Sie thaten es in Einfalt, ohne zu wissen was und warum, aber die Verklärung Jesu hellte auch ihren Verstand auf, dann sahen sie erst was sie gethan hatten.

Sieh dein König kommt zu dir sanftmüthig! heißt es bei Matth. 21. 5. Flieh also nicht vor Ihm und zage nicht. Er kommt nicht, wie Er zu Adam, Kain, zur Sündfluth, zu Babylon, zu Sodom und Gomorrha kam, auch nicht wie auf Sinai, Er kommt nicht im Zorn, nicht um mit dir zu rechnen und Schulden zu fordern. Es ist aller Zorn abgelegt, es ist lauter Sanftmuth und Güte in Ihm. Er stellet sich, als ob es Ihm leid sey, daß Er dich so erschreckt hat mit Strafe und Zorn. Er will dich nun wieder getrost machen und freundlich zu sich laden und locken.

„Sieh, dein König kommt zu dir! du kommst nicht zu Ihm, und holst Ihn; Er sitzt dir zu hoch, und zu fern. Wenn du all deine Mühe, Kosten und Arbeit daran wendest, kannst du doch nicht an Ihn gelangen, damit du dich nicht rühmest, als hättest du Ihn durch dein Verdienst und Würdigkeit zu dir gebracht. Es ist lauter Unwürdigkeit und Unverdienst auf deiner Seiten und lauter Gnade und Barmherzigkeit auf Seiner Seite. Hiemit sind alle verworfen, die da sagen, der Mensch müsse den ersten Stein legen, und anfangen Gott zu suchen, zu Ihm kommen und seine Gnaden erwerben. Hüte dich vor diesem Gift, es sind Teufelslehrer, wodurch alle Welt verführt wird. Ehe du Gott anrufest oder suchest, muß Gott zuvor gekommen seyn und dich gefunden haben. Gott muß den ersten Stein legen und anfangen in dir, daß du Ihn suchest und bittest. Er ist schon da, wenn du anfängst und suchest. Er ist der Anfänger und Vollender. Hebr. 12, 2. Alles, was du anfängst ist Sünde, und bleibt Sünde, es heiße wie es wolle. Wie wäre dir sonst Christus nöthig? Warum hätte Er sonst sein Blut vergossen, wenn du von dir selbst so gut und mächtig wärest, etwas zu thun, das nicht Sünde wäre? Darum ist kein anderer Rath, als dein König komme zu dir und fange in dir an. Du suchst nicht Ihn; Er sucht dich. Du findest nicht Ihn, Er findet dich. Denn Prediger und Weckstimmen (von Innen und Außen) kommen von Ihm, nicht von dir; ihre Predigt kommt von Ihm, nicht von dir; und alles was Glaube in dir wirkt, kommt von Ihm, nicht von dir. Wenn Er nicht kommt, so bleibest du wohl verlassen. — —" So schrieb die alte knarrende Feder, die man ehemals so weit hörte, jetzt aber auch nicht mehr hören will. Sie hören nun lieber die Federn nach der Mode, die wohl schön aber nicht wahr schreiben. Doch was nicht wahr ist, ist auch nicht schön, scheint nur.

17. **Das Volk aber, das Ihn begleitete, bezeugte es öffentlich, daß Er den Lazarus aus dem Grabe gerufen und von den Todten auferweckt habe.** 18. **Darum ging Ihm auch das Volk entgegen, weil es gehört hatte, daß Er dieses Zeichen gethan hätte.**

Vergeblich bemühen sich die Menschen, die Stimme Gottes zu ersticken, die durch Wunder spricht.

Jesus entzieht sich diesmal dem Beifall des Volkes nicht, weil Er wohl wußte, wo es hinaus wollte und sollte, daß endlich alles an Ihm erfüllt werden müßte.

Er nimmt das Lob und die Ehrenbezeugung an, weil Er vorher sah, daß sie Ihm Schmach und Verachtung und Gelegenheit zum Kreuzestode bringen werde, so wie Ihn diese seine Erniedrigung und Schmach zur Herrlichkeit über alles erhöhte.

19. **Die Pharisäer aber sprachen unter einander: Da seht ihrs, daß ihr nichts ausrichtet** mit Schonung. Es ist nun offenbar, wo es endlich hinkommt, wenn man so zaudert; je länger man zusieht, desto schlimmer wird die Sache. **Sieh! alle Welt läuft Ihm nach.** O möchte das heute noch geschehen! Es steht ja so geschrieben; **Dem sollen alle Völker** (nicht nur Ein Volk, nicht nur das jüdische) **anhangen.** 1. Mos. 49, 10.

20. **Es waren aber einige Heiden,** (eigentlich Griechen, griechische Juden oder Judengenossen) **nach Jerusalem hinaufgekommen, um am Feste anzubeten,** im Vorhofe des Tempels, der für die Heiden bestimmt war. 21. **Diese traten zu Philippus, baten ihn und sprachen: Wir möchten gerne Jesum sehen.** Sobald man ein solches Verlangen in sich spürt, Jesum kennen zu lernen, so hat man schon ein Pfand, daß man gewonnen sey. Alles Böse kommt daher, daß man Jesum nicht kennt. Es ist sonderbar, daß die Heiden, die Ungläubigen, nach Jesum fragen und hungrig werden, und die hochmüthigen Religionsleute in dem Lande, wo Jesus bekannt ist und wandelt, oder gepredigt wird, werden durch Ihn nur erzürnet und in Harnisch gejagt.

22. **Philippus sagt es dem Andreas, und Andreas und Philippus sagen es Jesu.** Sie haben einander brüderlich die Hand gereicht im Dienste des Herrn, ohne Neid und Eifersucht die Seelen Christo zugeführt. 23. **Jesus antwortete ihnen: Die Stunde ist gekommen, daß der Menschen-Sohn verherrlichet**

werde. Er will vom Sterben reden, und nennt das eine Verherrlichung. So gab Er dem Tode eine ganz andere Gestalt; er ist nämlich nur ein Durchgang; das Ziel ist die Verherrlichung.

24. **Wahrlich, wahrlich! Ich sage euch: Wenn das Waizenkorn nicht in die Erde fällt und erstirbt, so bleibt es allein** und unfruchtbar, vermehrt sich nicht; **wenn es aber erstirbt,** und durch den Tod aufgelöst wird, **so bringt es viele Frucht:** es kommt ein neues Gewächs hervor, eine lebendige, grünende Pflanze, die mit der Zeit mehrere Körner bekömmt. Es muß alles durch Tod und Sterben gehen, wenn es fruchten soll.

25. **Wer sein Leben** (oder seine Seele) **lieb hat und erhalten will, der wird es verlieren.** Selbstliebe ist der größte Feind und das größte Verderben des Menschen, denn man liebt nur das Sinnliche, die verdorbenen und verkehrten Neigungen; darum **wer sein Leben** (oder die bösen eigenliebischen Neigungen seiner Seele) **haßt in dieser Welt,** wer ein abgesagter Feind alles Bösen und Schlechten in sich ist, **der wird es zum ewigen Leben erhalten.** Es verdirbt nur, was verderben soll.

26. **Wer mir dienen will, der folge mir.** Das Dienen besteht in der Nachfolge. Die Leute meinen aber gleich, sie thun Gott einen Dienst, wenn sie Ihm in der Kirche eine Visite geben, Ihn Herr, Herr! nennen, oder Ihm „einen gehorsamen Diener" sagen. Aber der Heiland sagt: Wer mir folgt, gehorcht, sich mir ganz ergiebt, in meine Fußstapfen tritt, der ist mein Diener. **Und wo ich bin, da soll mein Diener auch seyn.** Wo Christus bleibt, da bleiben wir auch. Wem es recht um Christus zu thun ist, der wird ewig bei Ihm seyn. **Wenn mir jemand dient, den wird mein Vater ehren.** Wer so erhöhet und geehrt werden will, der soll auch die Erniedrigung nicht scheuen.

27. **Jetzt ist meine Seele betrübt.** Er sagt es frey; denn wir müssen es wissen, daß Er es wahrhaft gefühlt hat. **Und was soll ich sagen?** Ich weiß nicht, was ich sagen soll. (So hat Er auch erfahren, was Zweifel sey. Man sieht recht, wie der liebe Heiland angegriffen, wie gedrückt sein Gemüth war. Soll ich sagen:) **Vater! hilf mir aus dieser Stunde!** Soll ich das Leiden wegbeten, das Kreuz vom Halse schieben? **Aber darum bin ich in diese Stunde gekommen.** Will ich mir aus dieser Stunde geholfen wissen, so muß ich ja vorher erst recht hinein. Wenn wir wanken wollen in Leidens-Kämpfen, so wollen wir uns auch damit stärken, daß wir an die Ursache, an den Willen des Vaters denken und sprechen: Aber darum bin ich ja in diese Stunde gekommen, daß ichs ausleide.

28. **Vater! verherrliche deinen Namen!** Das Werk der Erlösung macht den Namen Gottes herrlich; denn es offenbaren sich dadurch alle herrliche Eigenschaften Gottes. Darum bittet der Sohn den Vater mit starkem Geschrey, Er wolle dieses große Werk an Ihm ausführen. Und die Antwort auf dieses Gebet war. **Da kam eine Stimme vom Himmel:** Ich habe meinen Namen an diesem meinem Sohne bereits **verherrlichet, und will ihn abermal verherrlichen**; ich will es hinausführen, das herrliche Werk, bis zur Vollendung; es soll am Ende heißen: Es ist vollbracht! Ich will bis dorthin helfen. Es soll das herrlichste Ende gewinnen; verzage nicht!

29. **Das Volk nun, das umher stand und dieß hörte,** will nun seine Muthmaßungen an den Tag legen. Sie treffens aber nicht. Einige sagten: **Es habe gedonnert,** und die es am besten treffen wollten, meinten: **Es hat ein Engel mit Ihm geredet.** Aber das war eine Sache, die auch über den Verstand der Engel ist.

30. Jesus läßt sie nicht stecken in diesen ungewissen Meinungen, sondern erklärt es ihnen, und spricht: **Diese Stimme ist nicht um meinetwillen gekommen, sondern um euretwillen;** sie soll euch aufwecken, und aufmerksam machen. Gott thut ein Werk, das niemand wird glauben wollen. Er will die Welt mit sich selbst versöhnen. 31. **Jetzt ergeht das Gericht über diese Welt. Nun wird der Fürst dieser Welt hinausgestoßen.** Jetzt wird gleichsam der Stab über die Welt und die Finsterniß der Welt gebrochen. Der Satan, der da spricht: Ich habe alles unter mir; die Reiche der Welt gehören mir, Luk. 4, 6. dem wird der Prozeß gemacht. Das kostet etwas, damit auch der Satan nicht sagen kann: Ich bin nur so weggejagt. Nun hatte freilich der Satan kein Recht, weil er die Menschen verführt hat; aber die Menschen haben ihm durch ihre Einwilligung ein Recht in die Hände gespielt; durch die Erlösung aber ward ihm das Recht genommen.

32. **Ich aber, wenn ich erhöhet werde von der Erde,** wie die Schlange von Moses in der Wüste erhöht wurde Joh. 3, 14. und auch nachher in der Herrlichkeit zur Rechten Gottes, **dann will ich alle zu mir ziehen,** wie ein Fischer das volle Netz zieht. In seiner schmählichen Erhöhung am Kreutze liegt demnach ein großer Segen. Sein Kreutz, sein Tod, sein Blut ist das große Netz oder der Hamen, womit Gott die Seele fängt; da beißen sie gerne an; das reitzt und locket sie; da kommen sie gelaufen, wenn sie ihre Liebe gekreutziget erblicken.

Wer von dem Blute oder Kreutze des Erlösers hört, dessen Seele wird entflammt, und fühlt etwas Ueberzeugendes, Hinreissendes, Bewegendes und Afficirendes, mehr als in allen andern Gegenständen, wovon alles todt bleibt; denn was des Menschen Verstand und Phantasie einnehmen und reitzen kann, das ist menschlich, und währt so lange, als der andere es redet; wenn der Affekt und Eifer vorbei ist, so geht es mit vorüber. Aber dies bleibt hängen, und ist etwas Festes und Reelles, das Seil, an dem der Heiland alle Seelen ziehen will. Dieses Werk hält nicht nur fest in Noth und Tod, sondern auch in allen betrübten Umständen der Seele. Und wenn es einem wie Petro ergangen wäre, (und wie kann es einem unglücklicher gehen?) so verliert sich doch der Eindruck nicht aus dem Herzen. Man schämt sich, ängstet sich, weint bitterlich, und weil man nicht aufhören kann zu lieben, so sucht man den Freund auf, wo man Ihn findet, bis ins Grab, und anstatt sich vor Gott zu verstecken, so eilt man Ihm entgegen, und erwartet, was Er mit einem vornimmt.

Daß aber durch dieses Erhöhtwerden seine Kreutzigung zu verstehen ist, erklärt das Folgende.

33. **Dieß sagte Er, um anzuzeigen, welches Todes Er sterben würde;** denn die Redensart vom **Erhöhen** war schon bekannt unter den Juden.
34. **Das Volk** merkte es auch, daß Er die Erhöhung am Kreutze gemeinet habe, und ärgerte sich daran, weil sie eine Tradition hatten, die damit nicht übereinstimmte; denn es **antwortete: wir haben gehört** (wir haben läuten gehört und wissen nicht wo?) **daß Christus ewig bleibe.** Das nahmen sie nach dem Buchstaben ohne Geist, und tödteten sich so damit. Er blieb ja doch ewig, obwohl Er gekreutziget ward; aber sie wollten einen äußerlichen Christus, der ewig bei ihnen bleiben, und ihnen ewig Brod, Ehre und Geld geben sollte. **Wie kannst du also sagen: Der Menschen-Sohn muß erhöht werden? Wer ist dieser Menschen-Sohn?** Was ist das für ein Messias? ein Gekreutzigter?!
35. **Jesus sprach zu ihnen: Noch eine kurze Zeit habt ihr das Licht bei euch,** o daß ihr euch meine Gegenwart zu Nutzen machtet, so lange ihr sie noch habet. **Wandelt, so lange ihr das Licht noch habet;** und schiebet eure Reise nicht auf, bis die Sonne

untergeht, **damit euch die Finsterniß nicht überfalle**; denn daraus entsteht der Zustand der Verblendung, wenn man sich am hellen Tage die Augen aussticht, und muthwillig nicht sehen will, wenn das Licht scheint, wenn Christus oder das Evangelium gepredigt wird, oder Gott ein Licht im Herzen aufgehen läßt, **Wer im Finstern wandelt** und das Licht verachtet, der weiß nicht, wohin er geht, und daß er der gänzlichen Verstockung immer näher kommt; er lebt so in den Tag hinein. „Die Predigt des Evangeliums, sagt ein kräftiger alter Zeuge des Evangeliums, ist wie ein fahrender Platzregen, der dahin läuft, was er trifft, das trifft er, was er fehlet, das fehlet er, er kommt aber nicht wieder, bleibt auch nicht stehen, sondern die Sonne und Hitze kommt hernach und leckt ihn auf, (wo er nicht schnell und tief eingezogen worden ist.) — — Das giebt auch die Erfahrung, daß **an keinem Orte der Welt das Evangelium über eines Mannes Gedenken lauter und rein geblieben ist**, sondern so lange die geblieben sind, die es aufgebracht haben, ist es gestanden und hat zugenommen, wenn dieselben dahin waren, so war das Licht auch dahin und es folgten bald darauf Rottengeister und falsche Lehrer." — „Lieben Brüder! Kauft dieweil der Markt vor der Thüre ist, sammelt ein, weil es scheint und gut Wetter ist. Braucht Gottes Gnad und Wort, weil es da ist. Es ist bei den Juden gewesen, aber hin ist hin, sie haben nun nichts. Paulus bracht es in Griechenland, aber hin ist hin, sie haben nun den Türken. Rom und Italien hat es auch gehabt, hin ist hin, sie haben nun — (was sie haben.) Und ihr Deutschen dürfet nicht denken, daß ihr es ewig haben werdet, denn der Undank und die Verachtung wird es nicht lassen bleiben." — Ist der nicht ein Prophet, der, was wir jetzt vor Augen haben, schon vor 300 Jahren aussprach, daß es geschehen werde. Aber wehe denen, die ihn zum Propheten machen!

36. **Glaubet an das Licht,** und gebrauchet es, **so lange ihr das Licht noch habet;** jetzt, da ich noch bei euch bin, und euch erleuchten und den Weg zur Seligkeit zeigen möchte; **damit ihr Kinder des Lichtes seyd.** Der Heiland sagt immer: Glaubet! Wie kann ich glauben, da der Glaube ein Werk Gottes ist, und von einer höhern Hand angezündet werden muß? Wenn es Gott gefällt, den Glauben in deinem Herzen anzuzünden, so sollst du keine Widersetzlichkeit zeigen, daß man sagen muß: Du hast keine Lust zum Glauben, du widersprichst dem Glauben; du raisonnirst ihn weg. Das ist die unglückliche Erfahrung, die sich alle Tage unter den Menschen zeigt: „**Ich strecke meine Hände aus den ganzen Tag;**“ aber niemand achtet darauf. Jes. 65.

Es muß dir seyn, wie einer Mutter und ihrem Sohne ist, denen, wenn sie nach langer Zeit, da sie einander kaum mehr kennen, sich wiedersehen, doch so ist im Gemüthe, als wenn sie einander näher angingen. Sie könnens nicht positiv sagen; aber wenn ihnen nur die geringste Gelegenheit gegeben wird, es für möglich zu halten, so fallen sie darauf, sie sind auf halbem Wege zu glauben. Die Natur redet auf beiden Seiten. So ists zwischen dem Heiland und der Seele. Er kommt zu uns mit der **Wahrheit**, und wir kommen Ihm mit unserm **Glauben** auf halbem Wege entgegen. Wir sind leicht zum Glauben beredet, weil unser Herz Lust und Gefallen an der Sache hat.

Wenn das Herz das, was man ins Gedächtniß faßt, zugleich annimmt und in tägliche Ausübung bringt, so ist man ein Kind des Lichts. Aber wenn man liest, hört und weiß, und hat nichts davon erfahren, noch verstanden, so hört man es als eine fremde Sache, so ist man darum doch kein Kind des Lichts.

37. **Dieß redete Jesus, und ging hinweg und verbarg sich vor ihnen.**

Wie viel Mühe hat Er sich gegeben, wie viel Geduld bewiesen, um sie zu überzeugen. Aber endlich, wenn doch alles nichts hilft, weicht Er von dem Menschen, und die Sonne verbirgt sich den Augen, die nicht sehen wollen.

Weg ist weg. — Man zittert, wenn man sieht, daß dieß blinde Volk auf der äußersten Spitze steht, das Licht auf immer zu verlieren, weil es die Finsterniß gar so lieb hat.

Welch ein Gericht: Jesus, das Licht der Welt ging hinweg und verbarg sich! Wie! fürchten wir uns nicht, daß unsre Liebe zur Finsterniß uns dieses Licht auch noch auslöschen und uns desselben ganz berauben werde? Ist nicht Christus und das Licht des Evangeliums von einem großen Theile der Christenheit wie weggegangen? Hat es sich nicht vor tausenden ganz verborgen? Hat nicht der Gott dieser Welt ihre Sinne verblendet, daß sie nicht mehr sehen das helle Licht des Evangeliums, daß sie dasselbe Licht für Finsterniß halten und lästern? Ist nicht Christus schon von vielen christlichen Kanzeln gewichen? Hat Er sich nicht vor vielen Predigern verborgen und vor ganzen Gemeinen, weil sie Ihm eben so begegneten, wie hier die Juden? — **So große Zeichen Er unter ihnen gethan hat, so glaubten sie doch nicht an Ihn.** Und die Menschen meinen immer, wenn recht viele Wunder und Zeichen geschähen, so würde alles glauben. Da sehen wir aber, daß wenn auch Todte auferstehen, so glauben sie doch nicht.

38. **So daß der Ausspruch des Propheten Jesaias 53, 1. erfüllt wurde, der da spricht: Herr, wer glaubt unsrer Predigt? Wem wird der Arm des Herrn geoffenbaret?** Alles, was Gott vorhersagen ließ, geschieht so pünktlich, als wenn es blos deswegen geschehen müßte, weil es vorhergesagt ist, weil Gott sah, daß es geschehen würde. Es giebt sehr wenige die da glauben, und unter diesen nur wenige, die

so vollkommen glauben, daß sie dieser Vorwurf nicht trifft. Die Juden sahen die Wunder, aber den Arm, der sie wirkt, sahen sie nicht. Der Hochmuth verdeckte ihnen denselben, Die Demuth hebt diese Decke weg.

39. **Sie konnten aber deswegen nicht glauben, weil** Jsaias 6, 9. **abermal sagt:** 40. **Er hat ihre Augen verblendet und ihr Herz verhärtet, daß sie mit den Augen nicht sehen, noch mit dem Herzen verstehen, noch sich bekehren, daß ich sie heilen könnte.** — Durch ein gerechtes Gericht läßt Gott die Leute blind und hart werden, aber nicht vorher, sondern nachher, nachdem ihnen das Licht lange genug geleuchtet hat. Wenn die Leute dasselbe nicht achten, sondern es lästern und zur Bosheit mißbrauchen, dann nimmt Gott sein Licht weg, und läßt sie im Dunkeln sitzen, daß sie nicht sehen, und da verhärtet ihr Herz von selbst, daß sie nicht selig werden, nicht geheilt werden können. Aber daran hat Gott keine Schuld. Gott hat sie nicht ohne gerechte Ursache verblendet und verhärtet, sondern, weil sie sich selbst zu erst gegen sein Licht verhärtet haben, wie einer der frech in die Sonne schaut, sich selbst durch die Sonne blendet und das Auge verdirbt. Sie stoßen sich am Lichte und das blendet sie. Gott läßt es zu als gerechter Richter, wie auch beigesetzt ist, 41. **Dies sagte Jesaias, als er seine Herrlichkeit sah, und von Jhm redete,** d. i. vom Messias. Jsaias hat die Herrlichkeit Christi und seine Verwerfung von Seiten der Juden vorausgesehen und gesagt.

42. **Es glaubten zwar viele von den Vornehmen an Jhn,** so daß sie seine Lehre mit dem Verstande gut hießen und ihr Beifall gaben, **aber der** Beifall blieb stecken, sie zogen sich wieder zurück; **der Pharisäer wegen bekannten sie es nicht, damit sie nicht in Bann gethan würden.** Es war also ein Glaube, der nur bis zur Ueberzeugung, zum Beifall, zur Empfängniß, aber nicht zur Geburt und Be-

kenntniß kam, sondern in der Geburt erstickte, und ein todtes Kind zur Welt brachte. **Wer mich bekennt vor den Menschen**, sagt Jesus ꝛc. Warum kam es denn nicht bis zum Bekenntnisse? Warum fürchteten sie den Bann und die Ungnade der Pharisäer?
43. **Sie hatten die Ehre bei Menschen lieber, als die Ehre bei Gott.** Das ist heute noch das größte Hinderniß des Glaubens an Jesum. Es liegt eine Schmach darauf; man wird von den Menschen, den Scheinheiligen, und blinden Eiferern, und von den großen Geistern, hochmüthigen, nichtsglaubenden Freidenkern in Bann gethan, für nichts geachtet, oder als Ketzer, Schwärmer oder Narr verschrieen; man verliert Ehre, Ansehen, Achtung und Liebe. Und das will man nicht verlieren; lieber die Gnade Gottes, die Seligkeit, ein Kind und Erbe Gottes zu seyn; man will lieber Gott, als den Menschen mißfallen.

Man fürchtet den Bann von Menschen, und den Bann von Gott, von Christus fürchtet man nicht. Man liebt bei Menschen in Ehren zu seyn, nicht aber bei Christus. Diese Furcht vor einem ungerechten Banne, vor der Ungnade und Verachtung der Menschen kann uns ins ewige Verderben, in den ewigen Bann Gottes stürzen. Wer sich um Christi willen nicht von allen Menschen verbannen, verwerfen, und verachten lassen kann, der ist Jesu Christi nicht werth, der wird von Ihm verbannt und verworfen werden. Ein wahrer Christ hängt an nichts, was uns Menschen nehmen können, wenn Er nur das erhalten kann, was Gott allein geben kann. Es kann eine Seele auch ohne äußere Kirchengemeinschaft, ohne Sakramente von Priestern gereicht, selig werden, wenn sie ungerechter Weise davon verbannt und ausgeschlossen wird. Diese Gemeinschaft der äußern Kirche und der Gebrauch der Sakramente kann sie nicht selig machen, wenn sie ihn mehr achtet und höher schätzt als die Treue und Liebe Jesum zu bekennen, und Ihm mit Verlust alles andern anzuhangen. Lieber außer aller Gemeinschaft mit Menschen, Kirchen und Verbindungen, sie haben Namen wie sie wollen, als außer der Gemeinschaft mit Christus und seiner Gnade. Denn wer mit Christo eins ist und in Gemeinschaft steht, Ihm treu und ergeben ist, der ist nicht verbannt, nicht getrennt von der wahren Kirche Christi, von der Gemeinschaft der Heiligen, von dem wahren geistigen Genusse der Kirchengüter, der Gnadenmittel. Er ist nur in den Augen der Menschen gebannt, und nur von den Formalisten, von blinden Führern, von dem Unkraute und den Böcken getrennt, und dafür preise er Gott; keineswegs aber von den wahrhaft Frommen in der Kirche, mit denen er ewig im Geiste vereinigt bleibt. Aus dem Buche des Lebens können sie seinen Namen nicht auslöschen. Und im Register der Heuchler zu stehen, ist keine Ehre und keine Gnade, sondern vielmehr Gefahr mit ihnen in die Hölle zu fahren, wo alle Heuchler zusammen treffen.

Laßt uns daher nichts fürchten als den Bann von Christo im Herzen, als die Scheidung von der Liebe Christi. Alles andere, wenn es uns genommen wird, laßt fahren dahin!

44. **Jesus rief laut und sprach: Wer an mich glaubt, der glaubt nicht an mich, sondern an den, der mich gesandt hat.** Ihr müßt mich nicht einzeln ansehen, wie ich jetzt scheine, als bloßen Menschen; sonst komme ich euch zu schlecht vor; sondern ihr müßt in mir auch den Vater dazu nehmen.

Jesus erhebt hier seine Stimme, um seine öffentliche Predigt desto herrlicher zu endigen, um zu zeigen, daß der Haß und Bann seiner Feinde Ihn nicht erschrecken. Er erhebt seine Sendung und erklärt, daß Er in Gottes des Vaters Namen dastehe, um jenen feigen Rathsherren ihre Feigheit zu verweisen, weil Er in ihrem Herzen sah, wie sie, obwohl sie an Ihn glaubten, dennoch sich fürchteten, Ihn zu bekennen, und sich vor der Schande der Menschen und vor dem Banne der Pharisäer mehr scheuten, als vor seiner und Gottes Ungnade. Er will sie durch sein Beispiel auffrischen, ihren Glauben im Herzen mit dem Munde zu bekennen, Menschen und Menschen-Ehre nicht anzusehen, denn hier sey mehr als ein Mensch, hier sähen sie Gott selbst, wie folget:

45. **Wer mich sieht, der sieht den, der mich gesandt hat.** Man muß nicht blos auf meine äußerliche Gestalt und das Kleid sehen, das ich jetzt trage; ich erscheine dem Aeußern nach als ein gewöhnlicher Mensch, aber dem Geiste nach bin ich eins mit Gott; Gott ist in mir, und ich in Ihm. Wenn man mich sieht, sieht man die Gottheit sichtbar wandeln; es ist so viel, als sähe man den Vater selbst.

46. **Ich bin als das Licht in die Welt gekommen, damit jeder, der an mich glaubt, nicht in der Finsterniß bleibe,** nicht am Aeußerlichen hange und darauf hinfalle, sondern auf die Sache selber sehe.

Glauben — heißt der Weg aus der Finsterniß zum Licht. Welche Raserei, lieber in der Nacht der Sünde und Unwissenheit oder des verkehrtens Wissens bleiben wollen, als das Licht, das uns sucht, annehmen, ein Licht, welches vor der Welt war, und sich in die Finsterniß der Welt herabgelassen hat, um uns heraus zu führen aus diesem undurchdringlichen Dunkel, aus dem kein anderer Weg hinaus führt. Es ist kein Mensch, der nicht in der Finsterniß geboren wird, darin aufwächst und so lange darin umhertappt, bis Jesus Christus ihm mit dem ersten Strahl seiner Gnade zuvorkommt und ihm Sich als den einzigen Ausweg zeigt und offenbaret.

Sieh auch Kap. 8, 12., wo Er sagt: Wer mir nachfolgt, statt, wer an mich glaubt; daraus sieht man, daß Glaube und Nachfolge Eins ist, und daß ein Glaube, der Christo nicht nachfolgt, kein Glaube ist, wie Er ihn haben will.

47. Wenn

47. **Wenn aber jemand meine Worte nicht hält** (oder nicht glaubt, was wider Eins ist; denn der Glaube kommt vom Hören; wer aber das gehörte Wort nicht als einen Samen in sich wurzeln und Frucht bringen läßt, der taugt nichts;) **den richte ich nicht in** dieser meiner Zukunft; **denn ich bin** (für dießmal) **nicht gekommen, daß ich die Welt richte, sondern daß ich die Welt selig mache.** Der Zweck meiner Zukunft ins Fleisch war nicht, um der Richter der Welt zu seyn, sondern es wäre mir lieber gewesen, wenn ich meine ganze Menschheit hätte zurecht bringen können, so brauchte es keines Gerichtes; aber freilich, wenn ich damit nicht zum Zwecke komme, daß sich die Seelen nicht alle in meine Arme werfen, so ists wahr, wer sich außer meinem Arme finden läßt, außer meiner Gemeinschaft, der muß gerichtet werden, da muß ich einen Ausspruch thun. Daher kommts, daß die Seinen manchmal eine besondere Uebung bekommen, daß allerlei über sie kommt. (Siehe Joh. 3, 17.)

48. **Wer mich verachtet und meine Worte nicht annimmt, der hat schon einen, der ihn richtet.** Aus dem Verwerfen meines Wortes wird sein Richter und sein Gericht selbst erzeugt und geboren; **das Wort das ich geredet habe, das wird ihn richten** am jüngsten Tage. Denn das Wort ist dir gegeben, dich selig zu machen; läßt du dich aber nicht selig machen davon, so verdammt es dich. Es geht nie leer ab, wenn man Gottes Wort hört; man kann dabei nicht neutral bleiben; entweder, oder, entweder Freund oder Feind, Seligkeit oder Verdammniß, Gnade oder Gericht.

In dem Worte des Evangeliums wird uns Christus mit allen seinen Verdiensten und Gnaden, Vergebung der Sünden, ewiges Leben rc. angeboten. Wird das ausgeschlagen, verachtet und weggeworfen, so entsteht daraus freilich schon ein Gericht, oder vielmehr, so bleibt der Mensch im Gerichte und in der Verdammniß, unter dem Zorne, in dem er geboren war. Nimmt man aber das Wort nur äußerlich an, und denkt: Christus hat das Gericht über sich ergehen lassen, ist für mich gestorben, damit ich in Sünden leben darf, Er giebt mir durch sein Verdienst ein Privilegium zu sündigen, so wird daraus wieder ein Gericht. Das Wort oder der Mißbrauch des seligmachenden Wortes wird einen solchen richten und verdammen.

49. **Denn ich habe nichts von mir selbst geredet: sondern der Vater, der mich gesandt hat, der hat mir ein Gebot gegeben, was ich reden und was ich lehren soll.** Ich habe alles, jedes Wort, von meinem Vater, und habe es aus seinem Herzen geschöpft: desto schwerer wird euer Gericht seyn, wenn ihr nicht glaubet.

50. **Und ich weiß, daß sein Gebot das ewige Leben ist,** und auf nichts anderes als der Menschen Heil und Seligkeit gerichtet ist. Es gebeut uns, daß wir glücklich seyn; und wenn wir Ihm darin Gehör geben und selig sind in und mit Ihm, wenn wir die Seligkeit, die ein jedes in Ihm hat, einander gönnen und befördern, einer des andern Diener und Gehülfe zu seiner Freude wird, so haben wir sein Gebot erfüllt.

Christi Gebote sind lauter Verheißungen; denn wer sie befolgt, dem bringen sie unaussprechlichen Segen. Ja es giebt keine Plage, als die wir uns selber machen; nämlich, wenn wir den Herrn vergessen und sein Gebot. Wenn wir etwas leiden, so ists nur ein Ausessen der Früchte des Ungehorsams. Wer nicht ungehorsam ist, und Gottes Willen gerne thut, auf seine Anweisung horcht, der ißt immer Himmelsbrod und unaussprechliche Freude.

— **Was ich also rede, rede ich so, wie es mir der Vater gesagt hat.** Ich thue nichts dazu, und nichts davon, sondern lasse die ewige Wahrheit, wie sie ist.

Man prediget mit großer Freudigkeit, wenn man nichts von sich selber redet. Gott segnet sein Wort im

Munde des Predigers, wenn es Sein Wort und nicht des Predigers Gewäsche oder Kunstwerk ist, d. i. wenn der Prediger nichts lehrt, als was er von Gott empfangen hat und es auf eine Gottes würdige Weise vorbringt.

Alles ließ sich Jesus von seinem Vater vorschreiben, sogar die Weise, wie Er reden und predigen sollte. Was wollen denn wir arme Kreaturen? Dürfen wir etwas ändern, etwas dazu oder davon thun, wenn der Eingeborne Sohn Gottes, der aus dem Schooße des Vaters der Wahrheit kam, es nicht wagte, auch nur Ein Wort anders zu sagen, als Er es beim Vater gehört hat? Sind wir weiser, besser, beredter, erfahrener als Christus? Dürfen wir reden, was **wir** wollen, wie es uns gefällt, wie wir es von Menschen gehört, aus Büchern oder aus unserm Kopfe geschöpft haben? Sollen wir nicht vielmehr nur das reden, durchaus nichts anders, als was wir von Ihm gehört, empfangen und gelernt haben? Sollten wir es wagen, auch nur den Mund aufzuthun, wenn Er uns nicht dazu treibt, uns nichts auf die Zunge, nichts ins Herz legt? Können, werden wir etwas verstehen, empfangen oder hören, wenn wir nicht zu Ihm gehen, bei Ihm verweilen, seine Stimme hören, unsre eigene Geschwätzigkeit und Redseligkeit zum Schweigen bringen, wenn wir nicht wie David sagen: Ich will hören, was der Herr in mir redet? Ps. 85, 9. und wie Paulus? Röm. 15, 18.

O Wort voll Demuth: „Ich habe nichts von mir selbst geredet; sondern was und wie mir der Vater zu reden geboten hat. Der Vater hat mir die Predigt gemacht, vorgeschrieben und eingegeben.“ Wer kann dies nachsprechen? Wer ist so demüthig, wer traut sich selbst so wenig zu? Wer horcht so auf Gott? Wer ist so rein und ganz nur Werkzeug, nur Stimme des Rufenden, des Redenden, Gottes? Ach, wie kühn, wie frech sind hierin die Menschen! Wie willkührlich gehen sie mit Gottes Wort um! Vielen Predigern, die einst sagen werden, wir haben in deinem Namen gepredigt, wird der Herr antworten: Weichet von mir, ich kenne euch nicht. — Ihr habt nicht meine Worte, sondern eure Worte, nicht was ich euch gegeben, sondern was ihr selbst erfunden und erdacht, gepredigt. — — —

## Das XIII. Kapitel.

(Fußwaschung; Verrath; Gebot der Liebe.)

1. **Vor dem Osterfeste,** (kurz zuvor, den Tag vor dem Feste,) **da Jesus wußte, seine Stunde sey gekommen, aus dieser Welt zum Vater zu gehen, und Er die Seinigen, die in dieser Welt waren, lieb hatte, so liebte Er sie bis ans Ende,** d. h. Er gab ihnen Beweise seiner unveränderlichen Liebe bis zum letzten Augenblick. Warum denn? waren sie so liebenswerth? ach nein! aber Er kann nicht anders als lieben, und sie ließen sich von Ihm lieben. Er hätte gerne alle so geliebt, wenn sie es nur angenommen hätten. Er liebt auch dich vom Anfang bis zum Ende, wenn du nur seiner Liebe keine Schranken setzest, wenn du nur von Ihm geliebt seyn willst.

Einmal beschwerten sich pharisäische Leute beim Heilande, daß seine Jünger nicht fasteten. Er nahm aber ihre Parthie und sagte: **Wie können die Hochzeitgäste fasten, so lange der Bräutigam bei ihnen ist?** Matth. 19, 15.

Es war also die Zeit der Tage seines Fleisches eine Hochzeit, eine Zeit der Freuden, eine ganz besondere Zeit und Haushaltung, die der Heiland mit seiner Pilgergemeine gehabt hat. Er nennt sie selbst Tage des Menschen-Sohnes. Da fühlte Er, wie lieb Er die Leute hatte. Vorher waren sie Ihm oft zu schwer und lästig; als es aber zum Abschiede kam, so war alles vergessen. Da war nichts als Liebe und Herzlichkeit.

2. **Und als das Abendmahl** (die Zeit des Abendmahls **gekommen** (und schon zugerichtet) **war, da der Teufel es dem Judas, Simons Sohn, dem Iskariot, schon ins Herz gegeben hatte, daß er Ihn verrathen sollte.**

Welche Gewalt hat der Satan über die Menschen, wenn sie ihm einmal eine Thüre in ihr Herz offen gelassen haben. Er kann sie so weit bringen, daß sie das Heiligste mit den Füßen treten und verrathen. Ach welch ein Unterschied! Was wirkte die Liebe im Herzen Jesu gegen die Sünder! Was wirkte der Satan im Herzen eines von Jesu auserwählten Menschen, der ihm den Zutritt in sein Herz durch die Neigung der Habsucht erlaubte! Nichts konnte sein verteufeltes Herz erweichen, selbst die Freundlichkeit, Herablassung und Demuth des Heilandes nicht, da Er bei der Fußwaschung sich ihm zu Füßen warf. Nichts konnte die Liebe Jesu hindern, auch diesen Verräther bis ans Ende zu lieben. Ach was ist unsre Liebe gegen diese Liebe!

3. **Und da Jesus wußte, daß Ihm der Vater alles in die Hände gegeben, und daß Er von Gott ausgegangen sey, und zu Gott wieder heimgehe. 4. Da stand Er vom Abendmahle auf, legte seine Kleider ab, nahm ein Tuch und umgürtete sich damit. 5. Dann goß Er Wasser ins Becken, und fing an, seinen Jüngern die Füße zu waschen, und mit dem Tuche, womit er umgürtet war, abzutrocknen.**

Da der Heiland wußte, daß seinen Jüngern von ihren Unarten und Ungezogenheiten noch etwas übrig war, so ging Er hin und wusch ihnen die Füße, vergab ihnen alles, und machte sie so rein, daß nicht ein Unthätchen übrig blieb. Das ist uns zur Lehre und zum Troste geschrieben, daß auch unsere Ungezogenheiten gleicherweise von uns genommen werden, sobald das Herz für den Fuß bittet. So wie nun der Heiland Geduld mit den Seinen gehabt hat, so sollen auch wir in dergleichen Sachen mit einander Geduld haben, wie Er sie noch bis diese Stunde mit uns hat. Wir sind auch sein Haus; wir haben Ihn nur nicht sichtbar da; wir bringen aber unsere Zeit in der seligen Erwartung zu, daß Er zu uns kommt oder wir zu Ihm, und nie mehr von uns genommen wird.

Das ist eine ausgemachte Sache, daß ein Sünder, der Gnade hat, eine wirkliche Todfeindschaft gegen alles hat, was dem Heiland zuwider ist, und daß niemand mehr darunter leidet, als er selbst, wenn ers nicht in allen Stücken nach dem Sinne des Heilands machen kann. Und bei diesen Umständen, dabei wir unmuthig und mit uns unzufrieden sind über manche Sachen, von denen wir selbst nicht recht wissen, wie weit sie uns beim Heiland angerechnet werden, aus weisen Ursachen, damit wir nicht leichtsinnig werden; bei solchen Umständen hat der Heiland das Mittel verordnet, daß, wenn unser Herz für uns bittet, und mit Freudigkeit sagen kann, daß es ganz Sein ist, und daß es an Ihm klebt, so daß Ers bezeugt: so kann der Staub, der sich uns angehängt hat, von unsern Füßen weggewaschen und alles weggespült werden, was uns im Gemüthe beschämt vor dem Heilande.

6. **Als Er nun zu Simon Petrus kam, sprach Petrus zu Ihm: Herr! du solltest mir die Füße waschen? Das schickt sich nicht. 7. Jesus antwortete ihm und sprach: Was ich thue, weißt du jetzt nicht; du wirst es aber hernach erfahren.** Warte nur, sey du jetzt nur gehorsam, und fein kindlich.

Wenn man einmal weiß, daß der Heiland etwas thut, so muß man sich darin fügen, keine Schwierigkeiten machen, wenn man gleich nicht weiß warum? Thu, was du willst mit mir!

8. **Petrus wehrte sich aufs Aeusserste und erwiederte Ihm: In Ewigkeit sollst du mir die Füße nicht waschen.** Das leide ich absolute nicht. So wird aus der Höflichkeit eine Grobheit; denn das war schon mehr als eine Schwachheit, ein hitziger Eigensinn; die Warnung war vorhergegangen.

Die Einwendung des Petrus bestand darin: du bist der Mann nicht, der uns die Füße waschen muß. Wenn sie alle so einfältig sind und lassen dich ihre Füße waschen; so sollst du sie doch mir nimmermehr waschen.

— **Jesus aber antwortete ihm: Wenn ich dich nicht wasche, so hast du keinen Theil an mir.**

Diese Drohung ist nicht eigentlich in dem Worte Waschen, und in der Handlung des Waschens zu suchen, sondern der Sinn von der Drohung ist der: Wenn du dich nicht in meine Ordnung schickest, wenn du etwas anderes willst, als ich, so gehörst du nicht zu meiner Kirche. Der Fehler des Petrus bestand darin, daß er immer gern auf seinem Kopfe bestand, und viele Einwendungen machte gegen die Worte des Heilandes; er hatte lieb, aber er wagte es gar oft und leicht, die Sache des Heilandes zu beurtheilen, und wollte weiser seyn, als der Heiland. Darum gab ihm der Herr die schreckende Antwort: Du kannst es halten, wie du willst; aber du hast hernach mit mir und meiner Kirche keine Verbindung. Keineswegs aber heißt das: Du kannst in Ewigkeit nicht bei mir seyn, denn das hat der Heiland damit aus dem Wege geräumt, da Er zu Petrus sagte: **Wer gewaschen ist, der bedarf nicht mehr, als noch die Füße zu waschen, sondern er ist ganz rein; und ihr seyd rein;** denn er war zum ewigen Leben rein genug, und die Fußwäsche bezog sich eigentlich auf diese Zeit, auf das Apostolat im Dienste seiner Gemeine, indem der Heiland wollte, daß die Apostel nicht eher in dieselbe Gemeinschaft seiner Leiden, seines Friedens, der Mittheilung seines Geistes und endlich in die Ausgießung seiner Wunderkräfte hineingenommen werden sollten, ehe Er ihnen wegen ihrer begangenen Fehler Vergebung geschenkt, und zum Zeichen, daß es nicht die große Vergebung sey, die Füße gewaschen hätte.

Indeß bleibt doch das richtig: Wen Christus nicht wäscht, wer sich durch etwas anderes, als durch Christi Blut rein waschen will, der hat in Ewigkeit keinen Theil an Ihm.

9. **Petrus** aber fällt nun auf der andern Seite übers Pferd, und will nicht genug haben an dem, was Christus hier zum Zwecke hatte; er **sprach: Herr! wenns so ist, nicht nur die Füße, sondern auch die Hände und das Haupt.** Bald wollen wir zu wenig, bald zu viel thun.

10. **Jesus antwortete ihm: Wer gewaschen ist** durch die Vergebung der Sünden, wer durch die Hauptlauge und große Wäsche schon durchgegangen und am Leibe schon gewaschen ist, **der bedarf nicht mehr als die Füße zu waschen,** (denen täglich etwas vom Staube anhängt, der also täglich abgeschüttelt werden muß durch Reue und gläubigen Aufblick zum Heilande) **sondern er ist ganz rein,** um Jesu willen, und durch sein Blut gewaschen; **und ihr seid rein,** indem ihr an mir Theil habet, und auf mich vertrauet; **aber nicht alle.** Da die Morgenländer mit den bloßen Füßen wandelten, hatten sie des Waschens an Füßen immer nöthig, weil sie an den Füßen am ersten und meisten mit Staub und Koth beschmutzt wurden. Und da wir alle durch diese arge, schmutzige und staubige Welt stets mit bloßen Füßen wandeln, d. i. allem Staube und Schmutze der Welt ausgesetzt sind, so hängt uns auch immer etwas davon an. Die Füße, die auf Erden gehen, fassen immer noch etwas von der Erde an sich, und der Umgang mit der Welt, den auch ein Kind Gottes nie ganz vermeiden kann, (sonst müßtet ihr aus der Welt gehen, sagt Paulus,) der unvermeidliche Umgang mit

der Welt nimmt unvermerkt etwas von der Welt an. Die Neigungen und Begierden, die auch nach der Vergebung der Sünden noch zu bestreiten übrig bleiben, sind gleichsam die Füße, auf denen wir gehen und wandeln auf Erden, und diese ziehen sehr leicht etwas an; es klebt alles gerne an ihnen, wie an Leimruthen. Darum müssen die Füße immer gewaschen werden von den täglichen Fehltritten, und wir haben den Heiland und sein reinigendes Blut täglich so nöthig, als die Morgenländer das tägliche Fußwaschen.

11. **Er wußte nämlich den, der Ihn verrathen würde; darum sprach Er: Ihr seyd nicht alle rein.** Er nennt ihnen den, der nicht rein ist, nicht bestimmt, daß sich jeder prüfen sollte, ob er es nicht wäre.

Das ist bewundernswürdig, daß Christus seinen Feind und Verräther da vor sich duldete, ob Er ihn gleich kannte und wußte, was Er im Sinne hatte. Welch ein schweres Anliegen muß Ihm das gewesen seyn!

12. **Nachdem Er nun ihre Füße gewaschen und seine Kleider wieder angelegt hatte, legte er sich wieder zu Tische und sprach zu ihnen: Wisset ihr nun, was ich euch gethan habe?**

Das ist eine große Frage, die wir nie vergessen, die wir uns immer wiederholen sollen: Wisset ihr, was euch Jesus gethan hat?

Man müßte sich an der dermaligen Christenheit zu Tode ärgern, wenn man nicht voraussetzte: Sie **wissen alle nicht, was Er ihnen gethan hat.** Das ist noch was anders, als: Sie wissen nicht was sie thun — aber eins folgt aus dem andern. Wenn eine Seele weiß, was Jesus an ihr gethan hat, so hat sie gewonnen. Der Satan kann wissen, was Jesus gethan hat, und bleibt doch Satan und wird nur noch böser, aber ein Mensch kann nicht wissen, was der Herr an ihm gethan hat, oder er hört auf ein natürlicher Mensch zu seyn. „Wenn ich werde ans Kreuz erhöht seyn, will ich sie alle an mich ziehen. Es hat keine Noth, thue einer nur einen Blick aufs Kreuz, und sehe, was Er da für uns gethan und gelitten, und lasse sich das in sein Herz fallen, so ist das Herz anders; es brennt.

Man kann leicht denken, daß der, der die Welt gemacht hat, gewiß nicht so viele Jahre in der Welt gelebt, so viele verschiedene Handlungen vorgenommen, und sichs sauer hat werden lassen ohne Ursache. Je geringer seine Handlungen scheinen, je weniger Ansehen sie von außen haben, desto gewisser können wir sein, daß tiefe Ursachen darunter liegen. Es kann wohl keine verächtlichere Stellung gesehen werden, als daß einer nackt am Kreuze hängt. Da muß man sich nur über die Thorheit der Leute wundern, die sich einfallen lassen, der Heiland habe nur gelitten, um uns ein Exempel zu geben. Wäre das wohl eine Ursache, daß Gott vom Himmel käme, Mensch würde, dreißig Jahre lebte, sich ans Kreuz schlagen, ins Grab legen ließe und wieder auferstände, blos um uns ein Exempel zu geben? Gott wäre nach drei tausend und mehr Jahren erst dazu in die Welt gekommen, und die Leute, die vorher lebten, hätten dann kein Exempel und doch mehr zu leiden gehabt, als wir? Wer sieht da nicht, daß ganz etwas anderes dahinter seyn muß?

13. **Ihr heißet mich Meister und Herr, und das mit Recht, denn ich bin es.**

Ist Jesus unser Meister, und wir seine Jünger, so müssen wir zu seinen Füßen sitzen, sein Wort, seine Lehre lernbegierig auffassen, kund machen, lieben und befolgen. Ist Er unser Herr, und wir seine Knechte, so müssen wir ihm dienen, und durch Treue und Gehorsam zeigen, daß wir Ihm angehören.

Er stellt sich hier aber besonders als einen Meister und Muster der Demuth vor, die kein Mensch eher lehren soll, als bis er sie selbst geübt hat, wie Jesus.

14. **Wenn nun ich, euer Herr und Meister, euch die Füße gewaschen habe, so sollt auch ihr einander die Füße waschen.**

Jesus schließt sehr viel aus dem, daß wir Ihn Herr und Meister nennen. Das hat große Folgen von Schuldigkeit; wenn du Ihn Herr und Meister nennest, so mußt du als sein Knecht und Diener nicht nur so tief dich erniedrigen als Er, sondern noch tiefer dich demüthigen, wenn du könntest. Da du das nun nicht kannst, und Er in allem den Vorzug hat, so lerne doch von Ihm, und setz dich nicht auf deinen Steis, wenn er vor den Füßen liegt und Knechtsdienste thut, so spiel du keinen hoffärtigen Herrn, sondern thue deinen Brüdern, was Er seinen Jüngern that. Das Fußwaschen war im Vaterlande des Heilandes der geringste, verächtlichste Sklaven-Dienst, den man einem thun konnte. Daher sollst du auch bereit seyn, in deinem Lande den geringsten Dienst deinen Brüdern zu erweisen, so viel dir möglich ist.

Es ist unbegreiflich, wie man über die Fußwaschung, die der Herr ausdrücklich befohlen und sie als unentbehrlich erklärt hat, so hat hinübergehen und sieben Sakramente machen können *), ohne an die Fußwäsche zu denken. Sie hat alle Eigenschaften, die zu einem

---

*) Daran wolle sich ja niemand stoßen, indem man ihm damit nichts Heiliges und Göttliches nehmen, sondern vielmehr geben, oder doch nur einen Wunsch äußern will. Daß ein Geheimniß in der Fußwaschung liegt, das ist eine ausgemachte Sache. Darum will man nur erinnern: wer Jesum ganz genießen will, wer in allen Dingen Theil an Ihm haben will, wer alles erfahren möchte, was der Heiland erworben hat, der muß keine Einrichtung des Heilands gering achten; der muß alles, was ins Geistliche verwandelt werden kann, mit kindlicher, einfältiger Beugung unter die großen und kleinen Anordnungen Jesu Christi, annehmen, wie ein Kind darunter hingegen und sichs wichtig seyn lassen.

Was übrigens die Zahl der Sakramente betrifft, so ist gewiß: Cyprian und Bernard zählen die Fußwaschung unter die Sakramente. Augustin hat bald alle heiligen Gebräuche Sakramente genannt, bald nur Taufe und Abendmahl als Sakramente aufgezählt, und gezweifelt, ob noch ein anderes ist. So auch Ambrosius und andere Väter. Der Sentenzenmeister im 12ten Jahrhundert hat zuerst die 7 Zahl der Sakramente gebraucht, und Papst Eugen hat sie authorisirt; vorher war die Zahl bald größer, bald kleiner. Das Consilium von Trient hat die 7 Zahl der Sakramente zum Glaubens-Artikel gemacht und den Fluch über jeden ausgesprochen, der mehr oder weniger behauptet.

Sakramente erfordert werden, und der Heiland hat gesagt: wenn man sich nicht waschen ließe, so schade man sich an seiner Seele; also wird, wenn man sich waschen läßt, auch eine Gnade der Seele mitgetheilt. „So viele ich gewaschen habe, will Er sagen, so vielen habe ich das abgewaschen, was jeder Gläubige oder Wiedergeborne immer von Zeit zu Zeit abwaschen lassen muß. Künftig thut es selbst einander. **Da ihrs nun wisset, selig seyd ihr, wenn ihr es auch thut."** Er hat also eine Seligkeit daran geknüpft, aber nicht an das Wissen, sondern an das Thun und an die Gleichförmigkeit mit Ihm.

Wie man daher das Abendmahl des Herrn, das Er zu seinem Gedächtnisse eingesetzt hat, forthält, so soll man auch die Fußwäsche nach seinem Befehle fortsetzen; denn der Heiland hat mit seinen Jüngern, ihrer Mangelhaftigkeit und Fehler halber die Fußwäsche vorgenommen, die jeder der gewaschen ist, noch nöthig hat.

15. **Denn ich habe euch ein Beispiel gegeben, daß ihr auch thut, wie ich euch gethan habe.** Jesus hat sich besonders in der Liebe und Demuth als Muster dargestellt zur Nachfolge. Es ist schön und gut, wenn man auch nach dem Buchstaben thut, was der Heiland an seinen Jüngern that. Er hat es ausdrücklich befohlen, und sonst hält man sich so ängstlich an den Buchstaben, z. B. bei der Taufe an den Gebrauch des Wassers, bei der Kommunion an den Gebrauch des Brodes und Weines. Warum hier nicht? Uebrigens ist der Geist der Handlung dieser, daß jeder Christ, besonders aber die Lehrer durch herzliche Demuth andere zu gewinnen suchen sollen.

Er hat uns durch sein hohes Beispiel alle Entschuldigung abgeschnitten. Dieses ist für jeden Christen bindender als ein Gesetz. Wer aber dennoch die Nachfolge Jesu vom Verdienste Jesu trennen, d. h. nur an sein Verdienst glauben, Ihm aber nicht nachfolgen will, der muß hören: **So hast du keinen Theil an mir.**

Zugleich hat Er auch die Lehre wieder angebracht: 16. **Wahrlich, wahrlich, ich sage euch: Der Knecht ist nicht größer als der Herr, und der Apostel nicht größer, als der ihn gesandt hat,** weil sie hochmüthig waren und gerade vorher disputirt hatten, wer der Vornehmste unter ihnen wäre. Darum ist es leicht begreiflich, warum Er sagte: „Habe ich euch die Füße gewaschen, warum solltet ihr es nicht thun, da einer so gut ist, als der andere?" Dieß hat Er also ihrem stolzen Sinne entgegen gesetzt. Wahrscheinlich hat es auch den Sinn: Es soll es nicht einer allein, sondern sie sollten es untereinander thun; denn dadurch ist wieder einer Abweichung vorgebeugt, daß nämlich keiner einen Vorzug dabei affektire. Denn wenn es nicht **geachtet** worden wäre, so hätte es der Schlechteste thun müssen, oder wenn es sehr **hochgeachtet** worden wäre, so hätte sich ein jeder gezankt, wem es zukäme.

Da Er seinen Jüngern Knechtsdienste leistete, müßten wir uns ja schämen unsers entsetzlichen Hochmuths, wenn wir dieselben Dienste nicht auch einander leisten wollten. Es darf daher kein Christ sagen: Nein, zum Fußbaden lasse ich mich nicht brauchen! Sollte ich den Koth eines andern abwaschen? Lieber! du hast ja auch Koth; der andere thut dirs wieder. Diesen Beruf, dieses Amt, haben alle Christen oder Nachfolger Christi, daß sie einander den täglich sich anhängenden Koth und Staub abwaschen. Aus dem Verdienste Christi muß man die Kraft, und aus seinem Beispiele den Gehorsam herholen. Wenn man sich aber darauf nicht einlassen will, so wirft man das Beispiel und Verdienst Christi weg, und hiemit auch seinen Christen-Beruf und die Erwählung.

17. **Da ihr nun dies wisset, so seyd ihr selig, wenn ihr es thut.** Und gerade bei diesem, bei der Fußwaschung Jesu, glaubt man am Wissen genug zu haben, ohne es thun zu dürfen. Das Wissen allein hilft überall nichts. Wer dabei stehen bleibt, kommt

nicht zur Seligkeit. Was hilft alles Licht der Erkenntniß, wenn es auch nicht bloß natürliches, sondern göttliches, übernatürliches Licht und die Fülle des heiligen Geistes wäre, wenn wir dem Lichte nicht folgen?

18. **Ich rede dies nicht von euch allen. Ich kenne die, welche ich erwählt habe.** Ich weiß gar wohl, und wußte es schon, da ich euch erwählte, was aus jedem werden würde! — Ja warum hast du denn einen Judas erwählt? — **Es muß ja die Schrift erfüllt werden: der mit mir ißt, hebt seine Ferse wider mich.** Ps. 40, 10.

Wer sich einen Christen nennen läßt, und doch das Joch Christi nicht aufnimmt, sondern mit der Welt an einem Joche zieht, ist auch ein Verräther Christi, ein Feind des Kreuzes Christi, er tritt den Sohn Gottes mit Füßen.

19. **Das sage ich euch jetzt schon, ehe es geschieht, damit ihr, wenn es geschieht, glaubet, daß ich es bin,** der alle Dinge vorher weiß, und allen Glauben verdient. Es wäre allerdings ärgerlich gewesen, wenn Er den Judas erwählt und geduldet hätte, ohne vorher zu wissen, was er thun würde. Die Jünger würden gedacht haben, das hat Er nicht gewußt, sonst hätte Er ihn nicht erwählt. Nun aber diente es sogar zur Glaubensstärkung. Den Judas mag diese Weissagung mehr verhärtet haben, aber die Jünger hat es befestiget.

20. **Wahrlich, wahrlich! ich sage euch: Wer einen aufnimmt, den ich sende, der nimmt mich auf, und wer mich aufnimmt, der nimmt den auf, der mich gesandt hat.** Das ist zu ihrem Troste geredet, da sie vorher eine ziemliche Lektion hinnehmen mußten. Dieß wird anderswo auch auf alle Glieder Christi ausgedehnt. Matth. 10, 40—42.

Welche Ehre! Gott selbst, den Vater Jesu Christi aufnehmen, beherbergen, zum Gaste und Hausfreunde haben zu können! Wie innig, wie reel ist die Verbindung Jesu mit seinen Gliedern, und dieser mit dem Vater! Man kann ihnen nichts thun, weder Gutes noch Böses, ohne es Ihm und seinem Vater zugleich gethan zu haben. Es ist ein Irrthum von schrecklichen Folgen, wenn man einen geringen Menschen, der aber im Namen Jesu, wie von Ihm gesendet, zu uns kommt, nicht aufnimmt, ihn verstößt, oder sich entschuldigt. — Welche Augen werden wir machen, wenn wir einst sehen werden, daß dies Jesus oder der, welcher Jesum gesandt hat, selber war, oder daß es gerade so viel war, gerade so aufgenommen wurde von Ihm, als wäre Er selbst von uns abgewiesen worden. Welch ein glücklicher Irrthum aber, wenn wir einst erfahren werden, daß es Jesus und sein Vater selbst gewesen, den wir in einem verachteten Menschen aufnahmen und beherbergten, ohne weiter daran gedacht zu haben!

21. **Nachdem Christus dieß gesagt hatte, wurde Er betrübt,** erschüttert **im Geiste** über die erschreckliche Undankbarkeit und Falschheit des Judas. **Er bezeugte feierlich und sprach: Wahrlich, wahrlich! ich sage euch: Einer aus euch wird mich verrathen.**

Wer kann sich die Betrübniß Jesu vorstellen, mit der Er dieses wird gesagt haben? Zwar auch die redlichen Jünger sind betrübt worden. Aber was wird sein Herz gelitten haben! Wie muß seine Liebe gekränkt gewesen seyn, von einem Auserwählten, der so nahe an der Quelle des Heils stand, sich verrathen und sein Heil mit Füßen getreten zu sehen! Sieh, das erschütterte und bewegte das heiligste Gemüth, störte den Frieden in dem ruhigsten Herzen — in Jesu Herzen. Ist es jetzt minder betrübend, wenn Christen, Prediger, Jesum Christum verrathen, überliefern, und Ihn aus der Religion und dem Christenthume hinauspredigen, und hinausphilosophiren! — —

22. **Die Jünger** merkten und sahen seine Betrübniß, und waren nicht gleichgültig dabei, sondern sahen

**einander an, und waren verlegen, von welchem Er redete.**

Da Christus von Einem redete, so wurden sie alle darüber betroffen und besorgt. Da offenbarte sich doch etwas Besseres in ihnen.

Da sieht man eine Gesellschaft von Leuten, die täglich um den Heiland waren, sie sehen einander an und können sich in eine gewisse Materie nicht finden. Sie stehen an der Unwissenheit an, sie wissen nicht wer? wen Er meint? Es ist ihnen alles daran gelegen zu wissen, wer Ihn aufrichtig liebt, und wer nicht? Heut zu Tage steht man an nichts mehr an, man will alles wissen, nur das nicht, ob man Ihn habe und liebe. Wer aber das wissen will, der kann es nicht anders erfahren als bei der Quelle, beim Original. Andere Wegweiser, wenn sie es auch redlich meinen, können einem vieles nicht beantworten. Ein jeder muß es von Ihm selber hören. Wer es vom Vater hört und lernt, der kommt zu mir, und sie werden alle von Gott gelehret werden. Joh. 6, 45. Der Jünger, der an der Brust Jesu lag, der kriegte es am ersten heraus, und wußte, was andere nicht wußten.

**23. Es lag aber einer seiner Jünger an der Brust Jesu, den Jesus lieb hatte.**

Warum hatte Er ihn lieb? Nicht darum, weil Er sein Verwandter war, sondern weil er sein Jünger war. Er hatte ihn besonders lieb vor allen andern Aposteln, weil er ein einfältiges, kindliches Herz war, weil Er ihn so fand, wie es seinem Herzen wohlgefiel, oder vielmehr weil er sich so machen ließ; denn man kann von keiner Seele sagen: Sie ist so, sie macht sich so, (Johannes war auch ein Donnerskind;) sondern sie läßt sich so vom Heilande machen; sie ist treu, sie stört den Heiland und den heiligen Geist nicht in seinen Gnadenwirkungen zu ihrer Vollendung. Wenn wir uns so vom Heilande bereiten lassen, wie Er uns haben will,

will, so sind wir Ihm eben so lieb, seine Herzen, sein geliebtes Volk, seine Schoosjünger, seine Familie.

24. **Diesem winkte Simon Petrus, daß er forschen sollte, wer es wäre, von dem Er rede.**

Petrus lag hier nicht der nächste an Christus: Johannes war dem Herrn näher. Petrus wagte es nicht unmittelbar zu fragen, Johannes, die innige Liebe, hat freien Zutritt. Da sieht man, die Liebe hat den ersten Rang, den Primat in der Kirche Christi. Sie darf fragen und erhält Antworten über Dinge, die Petrus nicht weiß, und erst durch sie hören muß, wenn er sie wissen will.

25. **Dieser legte sich also noch näher an die Brust Jesu, und fragte Ihn: Herr! wer ists?** Wenn man die wahren Geheimnisse des Reiches Gottes inne werden will, muß man sich sehr nahe an die Brust Jesu machen. Da ist die Quelle aller Schätze Gottes; da sind verborgen die unerforschlichen Reichthümer. Die Welt meint, bei Gelehrten, in Schulen, aus Büchern müste man es holen, da finde man die wahre Weisheit und Wissenschaft. Aber sie weiß nicht, daß sie nichts weiß, daß ihre löcherichten Brunnen kein Wasser geben, daß die Weisheit dieser Welt Thorheit ist. Die Jünger Jesu rücken immer näher der Brust Jesu, und finden da, was alle Welt nicht geben, und kein Lehrer lehren kann.

26. **Jesus** sagte es ihm in aller Vertraulichkeit, und **antwortete** ohne den Namen zu nennen, **der ist es, dem ich den Bissen eintauche und gebe.** So hat Johannes durch einen innigen vertrauten Umgang mit dem Herrn Sachen aus der ersten Hand erfahren, die andere nicht erforscht haben würden. Die Apostel winkten ihm, zu fragen, und der Heiland sagte es ihm, obwohl Er wußte, daß ers weiter mittheilen würde. **Und Er tauchte den Bissen ein und gab ihn dem Judas, Simon** Ischariot, als das letzte Zeichen seiner Liebe, daß ihm die Barmherzigkeit des **Herrn** offen

stehe bis zum letzten Augenblick, da er den Teufel in seine Seele verschluckte. Der Teufel ging so lange um den Judas herum, bis er in ihn hineinfuhr.

27. **Denn nach diesem Bissen fuhr** wirklich **der Satan in ihn** mit aller Macht; der Teufel bekam nun volle Gewalt über ihn und Judas kehrte sich an nichts mehr, sondern (V. 30.) **ging** sogleich hinaus, um seinen teuflischen Entschluß ins Werk zu setzen. Er ließ sich geschwind und eilig hinreißen von seinem tyrannischen Herrn. Ehe er ging, sprach Jesus zu ihm: **Was du thust, das thue bald**: weil nun alle Hoffnung verloren ist, und du ins Feuer laufen willst, so lauf hin. Du bist doch deiner selbst nicht mehr mächtig, sondern des Satans Leibeigener; führe das Werk der Bosheit nur schnell aus, damit ich das Werk der Gnade, die Wunder meiner Liebe, auch vollends offenbaren kann.

28. **Keiner** aber der andern **Jünger wußte, warum Er das sagte**: und worin die Verrätherei des Judas bestehe. 29. **Einige meinten, weil Judas den Beutel führte,** und für die täglichen Ausgaben sorgte, **so hätte ihm Jesus sagen wollen: Kaufe, was wir auf das Fest nöthig haben,** Er hätte ihm also ein ökonomisches Geschäft aufgetragen, weil er der Oekonom in der Haushaltung Jesu war; **oder daß Er den Armen etwas geben sollte.** Daraus sieht man, daß Christus aus seiner Kasse auch Almosen geben ließ, obwohl sie nur von Almosen und milden Beiträgen erhalten wurde.

30. **Da nun Judas den Bissen genommen hatte, ging er sogleich hinaus. Es war aber Nacht.**

Welchen Segen hätte er mit diesem Bissen aus Jesu Hand empfangen können. Und sieh, der Teufel fuhr in ihn. Es kann also selbst der Segen, den man aus Gottes und Jesu Hand empfängt, in Fluch und

Teufel verwandelt werden, wenn das Herz böse und tückisch ist.

Der Teufel ist ein ungestümer Herr; er will schnell bedient seyn, und läßt dem Menschen keine Zeit, sich zu besinnen. Nur schnell fort! hinweg! heißt es bei ihm.

Sonderbar, daß auch diese, wie fast alle schwarze Thaten, bei der Nacht geschah.

Es war freilich Nacht, da Judas hinausging, doppelte Nacht bei ihm, weil er sich vom Lichte, von Christus und seinen Jüngern ganz los riß. Da war die Sonne auf ewig für ihn untergegangen. Ach, welche Nacht, wenn man sich von Christus, der Sonne der Gerechtigkeit, trennt! Es weiche doch keiner von Ihm und den Seinen.

**31. Nachdem Judas hinausgegangen war, sprach Jesus: Nun ist der Menschen-Sohn verherrlichet, und Gott ist verherrlichet in Ihm. 32. Ist Gott verherrlichet in Ihm, so wird Ihn Gott auch verherrlichen in sich selbst; ja Er wird Ihn bald verherrlichen.**

Es ist, als wenn sich Jesus freute, als wenn Er es vor Begierde und Liebe kaum erwarten konnte. Sobald Judas seine Ferse gegen Ihn aufgehoben hatte und hinausgegangen war, um Ihn zum Tode zu überliefern, so fing Jesus schnell an: Nun ist die herrliche Stunde da, wo ich meinen Gehorsam gegen den Vater, meine Liebe gegen die Menschen beweisen kann. Nun wird die Ehre Gottes gerettet in seinem Sohne durch die Errettung und Versöhnung des menschlichen Geschlechtes; und wenn der Sohn des Vaters Ehre durch seinen schmählichen Tod gerettet haben wird, dann wird Gott auch des Sohnes Ehre retten, und Ihn durch seine Auferstehung und Erhöhung zu seiner Rechten verherrlichen.

**33. Kindlein!** (Ei wie herzlich, wie liebevoll thut Er jetzt, da es dem Tode und der Marter entgegengeht!) **noch eine kleine Zeit bin ich bei euch. Ihr werdet mich suchen, und was ich den Juden sagte: Wo ich hingehe, da könnt ihr nicht hinkommen; — das sage ich auch euch.** Aber in einem andern Sinne. Ihr werdet mir nicht nachkommen. Der Weg, den ich jetzt gehe, ist euch noch zu rauh, den könnt ihr noch nicht gehen, daher werdet ihr mich verlassen, wie in der Irre gehen, und mich nicht sogleich wieder finden.

34. **Ein neues Gebot gebe ich euch, daß ihr einander liebet. Wie ich euch geliebet habe, also sollt auch ihr einander lieben.** 35. **Daran wird jedermann erkennen, daß ihr meine Jünger seyd, wenn ihr einander liebet.**

Die Liebe ist ein unfehlbares Kennzeichen eines Kindes Gottes und Jüngers Jesu. Die Liebe ist ein in unser Herz ausgegossenes balsamisches Wesen, eine Gnade, die in unserm Herzen wohnt, und unter Christen durchaus nothwendig ist, die zusammenhalten sollen, wie Glieder eines Leibes, und doch im Aeußern nicht einerlei Interesse haben, wie Herr und Frau, Aeltern und Kinder ꝛc., sondern die einander nicht nöthig hätten, ja, die einander wohl zur Beschwerde seyn können, wenn einer für den andern sorgen muß. Unter Leuten also, die um **eines Zweckes** willen beisammen sind, ist die Liebe eine selige Würze, die aus der Liebe zu Christus entsteht, die der heilige Geist in unser Herz ausgegossen hat.

Der Heiland hat deßwegen hier seinen Jüngern zu guter Letzt scharf eingebunden, daß sie ja einander lieben sollen; denn Gott hat uns erwählt von Ewigkeit zum Lieben. Eph. 1, 3. Und Er hat in seinem Gebete gesagt Joh. 17.: daß es mit unserer Liebe gegen einander so weit kommen muß, als die Liebe zwischen Ihm und dem Vater ist; „damit die Liebe in ihnen sey, womit du mich liebest."

Christen soll man gar nicht zur Liebe ermahnen dürfen. Das soll sich unter ihnen von selbst verstehen, daß sie sich alle lieb haben. Sie sind ja aus der Welt herauserwählt, und in Eins zusammengebracht, als Kinder eines Vaters und Brüder des Lammes. Sie sollen einander lieben durchgängig und inniglich; nicht weil einem dieser oder jener gefällt; denn da könnte einem ein anderer nicht gefallen, weil er etwa eine Art hätte, die gerade das Gegentheil von der Art wäre, die uns so wohl gefällt; sondern wir sollen lieben, weil uns der Heiland zur Liebe bestimmt hat, weil es durchaus sein Sinn und Wille ist, weil man durchs Liebhaben nicht fehlen kann, und wenn man auch etwas versieht, doch nicht sehr fehlen kann.

Christen sollen in der ganzen Welt an der Liebe erkannt werden. Wenn sie irgendwo einander auf der Reise begegnen, so soll man sie in der Herberge und überall, wo man sie mit einander umgehen sieht, an der Liebe erkennen. Und ihre Liebe soll so ganz und zuverlässig und unveränderlich seyn, daß sie durch alle Umstände aushält. Wenn eines deiner Geschwister das Geringste von dir zu leiden gehabt hat, und du ihm schwer geworden bist, so sollst du nicht ruhig seyn, bis du wieder seine Gnade hast. Denn wir ehren einander nicht vergeblich; besonders da wir Kommunikanten am Leichname Jesu sind. Ein jedes ehrt die Gnade im andern, die das andere in ihm ehrt.

Es sollte also dieß keine Beschreibung des besondern Charakters eines Bruders oder einer Schwester seyn, wenn man sagt: „Der ist ein liebevoller Bruder, ist sehr freundlich, geduldig, den haben alle lieb.“ Ei, sind sie denn nicht alle so? Ist denn Eines anders? Wie ists möglich, daß Genossen Eines Leichnams, Glieder Eines Leibes, von Einem Fleisch, von Einem Beine anders seyn können? Wer nicht lieb hat, der sieht Gott nicht und kennt Ihn nicht.

36. **Simon Petrus** fällt Ihm in die Rede, weil ihm noch das Wort V. 33. im Kopfe steckt, und er das Gebot der Liebe kaum recht gehört haben wird;

denn er spricht: **Herr! wo gehst du hin?** daß wir dir nicht sollten nachkommen können? Jesus wollte ihn damit befriedigen, daß Er sagte: **Wo ich hingehe,** ans Kreuz, und durch das Kreuz und den Tod in die Herrlichkeit, **dahin kannst du mir jetzt noch nicht folgen; du wirst mir aber später folgen;** wirst schon auch einmal gekreuziget werden, aber noch ists nicht Zeit für dich; noch bist du ihm auch nicht gewachsen.

37. **Petrus** aber meint, sein Meister kenne ihn nicht recht, und denke zu gering von ihm; er wisse es besser, was er für Muth habe; er ist schon V. 7. angelaufen, kommt aber doch wieder und spricht: **warum kann ich dir nicht folgen?** Warum traust du mir das nicht einmal zu? So schlecht lasse ich mich nicht finden; ich kann wohl mehr; **ich will mein Leben für dich lassen.** Es ist etwas Erbärmliches um den Stolz, und um das Vertrauen auf sich selbst. Er frägt: Warum soll ich das nicht können? Er will alles können. Ein solcher Uebermuth steckt in der menschlichen Natur; sie will der Gnade immer vorlaufen, bis sie recht anläuft, wie in Petrus, und der Stolz endlich stirbt.

38. **Jesus antwortete ihm: Du willst dein Leben für mich lassen?** Das hast du viel zu lieb. Ich kenne dich besser, und du kennst dich nicht; es wird sich bald zeigen, wer recht hat. **Der Hahn wird** dir's sagen, der wird dein Buß- und Gewissensprediger werden, denn er wird **nicht krähen, bis du mich dreimal verläugnet hast.**

## Das XIV. Kapitel.

(Abschiedsrede Jesu an seine Jünger.)

1. **Euer Herz betrübe sich nicht** (wegen meines Hinganges). **Ihr glaubet an Gott, so glaubet auch an mich.**

Der Heiland hatte sich bei seiner Erniedrigung aus Liebe zur Armuth, Schmach und zu geringen Umständen bisher nie recht geäußert, wer Er sey; und wenn ja etwas vorkam, so wußte Ers so einzukleiden, daß es nicht völlig hervorleuchtete; und dann ward es noch scharf verboten, davon zu sprechen. Darum war seine Gottheit schwer zu glauben für Leute, die Ihn etliche Stunden am Kreuze zwischen zwei Mördern hangen sehen sollten. Ist doch jetzt noch der Mann, der zur Rechten Gottes sitzt, und von so vielen Millionen Zungen angebetet wird, den Juden ein Aergerniß und den Heiden Thorheit, und wie viele unter den Christen bauen ihre Seligkeit auf Ihn allein?

Der Heiland sah voraus, daß die Menschen dafür halten würden, es sey zur Seligkeit genug, an Gott zu glauben, darum thut er hinzu: **Glaubet an mich.** Denn Gott will die Welt dadurch selig machen, daß sie an den Namen seines Sohnes glaubt. Joh. 3, 16.

Wer nur an Gott glaubt, muß zittern, wie die Teufel, wer aber an den Sohn Gottes, an Gott in Christo glaubt, der die Welt mit sich selbst versöhnt hat, der kann herzlich froh und zuversichtlich seyn, wie die Kinder.

Der heilige Geist muß es uns erklären, uns offene Augen und lichte Herzen geben, daß wir in Jesu Gott und alles sehen.

Christus merkte lauter Furcht und Schrecken bei seinen Jüngern, und da giebt Er ihnen Gott und sich zur Stütze, und will ihnen sagen: Ob ich gleich weggehe, so hanget ihr doch an Gott; denn ihr glaubet durch mich an Gott; haltet euch nur fest an Gott und mich; wickelt euch mit eurem Glauben ganz in Gott und mich hinein.

2. **In meines Vaters Hause sind viele Wohnungen** (also auch für euch), **wenns nicht so wäre, so hätte ich es euch gesagt** (zum Troste. Oder: so

wollte ich zu euch sagen:) **Ich gehe hin, euch eine Stätte zu bereiten.**

Es hat keine Noth; es ist Platz genug da. Und wenn auch nicht Platz genug wäre, so würde Jesus Wohnungen zurecht machen; aber es ist so viel Platz da, daß wenn alles, alles beisammen ist, so ist noch Raum da.

Nun das ist doch ein Trost, daß man sich das Königreich Gottes nicht so eng vorstellen darf, sondern daß man weiß, es ist Raum genug da; es ist größer als wir denken, und wie jemand gesagt hat: Er hat mehr als der Teufel, Er ist reicher, Er ist mächtiger, Er ist ein größerer Herr. Der Teufel hat lange nicht so viele Leute, als der Heiland hat. Freilich, wenns aufs Sichtbare ankommt, da heißen wir sein kleines Häuflein, die kleine Heerde, und die ganze Welt liegt im Argen. Aber das ist nur, was unsere Augen sehen. Wenn das, was in Gott verborgen ist, offenbar werden wird, so wird sich die ganze Welt darüber entsetzen.

3. **Und wenn ich hingegangen seyn werde, und euch eine Stätte bereitet habe, so will ich kommen und euch zu mir nehmen, damit ihr auch seyd, wo ich bin.** Wie oft wiederholt Er das allertröstlichste! Stätte bereiten, — wiederkommen, — zu mir nehmen, — ihr sollt seyn, wo ich bin! — Es ist immer dasselbe, aber wer liest es nicht gerne siebenmal? Wer hat solche Wiederholungen nicht lieb? Wer kann sich dessen genug freuen? Wer sollte Ihm nicht sein ganzes Herz hingeben?

4. **Wo ich hingehe, das wisset ihr und den Weg wisset ihr auch.** Es ist ein großer Unterschied zwischen dem Wissen des Weges, und dem Wandeln auf dem Wege.

5. **Thomas** protestirt dagegen in aller Namen: **Wir wissen nicht, wo du hingehst; wie können wir den Weg wissen?** Sie hätten es doch wissen können und sollen. Darum hat Christus doch recht

geredet; ob sie gleich jetzt vor Angst und Schrecken nichts wußten.

6. **Jesus spricht zu ihm; Ich bin der Weg, die Wahrheit und das Leben.**

Er sagt nicht blos:| Ich zeige euch den Weg; sondern: Ich bin der Weg. Die spitzige Vernunft verkehrt diese Worte, und macht Christus blos zum **Wegweiser**, wenn sie Ihn so versteht und auslegt, daß Christus uns gute Lehren und Gebote gegeben habe, wie wir thun und leben, und dadurch in den Himmel kommen sollen. Da wäre ja all sein Leiden, Sterben und Auferstehen umsonst, und er könnte nicht sagen: Ich bin der Weg, sondern nur ein Zeichen oder Kreuz am Wege, das wohl sagt, wo man gehen soll, aber selbst weder führt noch trägt. So sieh dich nun nach keinem menschlichen Wege um, sondern bleibe bei Christo, der für dich gelitten hat und gestorben ist, damit du das ewige Leben erlangest. Halte dich durch den Glauben an Christus, so fängst du recht an; bleibe bei Ihm, so gehst du recht fort. Beharre bis ans Ende, so bist du selig.

Es giebt keine Brücke und keinen Steg, der von der Erde bis zum Himmel, von der Zeit bis in die Ewigkeit, von der Welt zu Gott führt und so weit reicht, als Christus, der von Himmel kam und zum Himmel ging. Alle andere Brücken brechen; alle andere Wege verlassen dich dann, wann sie erst recht anfangen sollen, im Tode nemlich. Er ist Weg, Wahrheit und Leben, d. i. Anfang, Mittel und Ende unserer Seligkeit. Er ist die erste, mittlere und letzte Stufe an der Leiter gen Himmel.

Es soll daher niemand versäumen diesen Weg zu gehen bis an seinen Tod, und nicht denken, er komme noch früh genug dazu, der Weg bleibe ihm immer liegen; er könne indeß thun, was er wolle. Nein, ein Christ fängt sogleich an, aus diesem Leben gen Himmel zu gehen, durch den Glauben, sobald er aus der Taufe kommt, wo er bereits das Ufer erblickte, dahin er treten soll; so zwar, daß er immer auf diesem Wege wandelt, und wenn er stirbt, durch Christum schon hinüber gebracht ist.

— **Niemand kommt zum Vater, als durch mich.** Ich bin der Anfang, das Mittel und das Ende. Durch mich und keinen andern. Das ist ja deutlich genug. Es führt nur ein und kein anderer Weg in den Himmel, und es ist alles Vertrauen auf andere Dinge, wodurch man in den Himmel zu kommen glaubt, rein ausgeschlossen.

Die Menschen stehen vor der Ewigkeit, wie die Israeliten vor dem rothen Meere, da sie den Pharao hinter sich hatten, und zu beiden Seiten Berge; sie können nichts ausweichen; es ist nirgends ein Weg zum Durchkommen. Es ist kein Rath und keine Hülfe hindurchzudringen, so sehr sie sich martern und bemühen. Alle ihre Werke, Anstrengungen und Verdienste reichen nicht hin, sich da einen Weg zu bahnen, und eine Ueberfahrt ins andere Leben zu machen. Christus ist allein der Weg, durch den und in dem wir hindurchkommen.

7. **Wenn ihr mich kennet, so kennet ihr auch meinen Vater; und von nun an kennet ihr Ihn, und habt Ihn gesehen.**

Christum kennen, heißt nicht, Ihn nach dem äußern Angesichte kennen, seine Geschichte wissen; sondern wissen, wofür Er zu halten sey, und was wir an Ihm haben, was Er uns sey.

Christus ist der wahrhafte Abdruck und das leibhafte Ebenbild seines Vaters; ein solches Bild, das nichts Geringeres ist, als was es abbildet, so daß der Vater nicht mehr hat, nicht mehr ist, als der Sohn. Der Vater hat sich ganz in den Sohn eingedrückt.

8. **Philippus spricht zu Ihm:** Ei, den Vater, den möchten wir sehen; **zeige uns den Vater, so sind wir zufrieden.** So setzen wir dem lieben Gott zu.

Da Moses merkte, daß noch vieles übrig wäre, 2. Mos. 33., dachte er: Wenn ichs doch ganz hätte. Ja, Gott gäbe es gerne, wenn wirs nur beherbergen könnten.

Philippus that hier eine Frage, worüber sich allezeit die weisesten Leute die Köpfe zerbrochen haben, was doch Gott sey, und wie man Ihn erkennen möge? die aber keiner treffen konnte, weil es der menschlichen Vernunft unmöglich ist, sie zu treffen.

Philippus wollte sagen: Du bist ein köstlicher Mann, es ist uns eine Gnade, daß wir dich sehen, aber wenn wir erst deinen Vater sehen könnten, das wäre etwas . . . Was? sagt der Heiland, meinst du etwa, du würdest **mehr** sehen, wenn du den Vater sähest. Erwarte nichts wichtigers. Denn

**9. Jesus spricht zu ihm: So lange Zeit bin ich bei euch, und du kennst mich nicht? Philippus! Wer mich sieht, der sieht den Vater. Wie kannst du denn sagen: Zeige uns den Vater!**

Das war gewiß kein Rangstreit, den der Heiland mit seinem Vater hatte. So wenig Er seine Ehre suchte, so wenig Ihm daran gelegen war, daß man viel Wesens aus Ihm machte, so war Er doch sehr positiv, wenn es auf die Anhänglichkeit seiner Jünger an seiner Person ankam. Er wollte nicht, daß seine Jünger über ihn hinausgingen und sich einen nähern Freund suchen sollten, sie sollten sich mit Ihm begnügen und wissen, daß Er ihnen das **Ein** und **Alles** sey, daß die ganze Gottheit in Ihm sich zusammenziehe und alles durch Ihm und mit Ihm und zu Ihm versöhnt sey. Wir sollen an Ihm genug haben, weil Alles in Ihm ist.

**10. Glaubst du denn nicht, daß ich im Vater bin, und daß der Vater in mir ist? Die Worte, die ich zu euch rede, rede ich nicht von mir selbst; der Vater aber, der in mir wohnet, thut die Werke.**

Das bloß leibliche Sehen half nichts; denn so haben Ihn auch Kaiphas und Herodes gesehen, und doch weder Ihn noch den Vater gekannt. Auf das

Gesicht des Herzens, auf das Gesicht des Geistes und des Glaubens kommt es an. Wer Christum sieht im Glauben, der sieht auch den Vater, denn Er sieht die Person, in welcher der Vater leibhaftig wohnet. Wie Christus spricht, handelt und sich erzeiget gegen die Menschen, so ist auch der Vater gegen sie gesinnt. An Christus sehen wir, daß Er die Menschen freundlich zu sich ladet, und allen gerne helfen will. Er rief immer: Erschrecket nicht; fürchtet euch nicht, kommet zu mir; ich will euch erquicken; ich will euch Ruhe, Friede, Freude, und ewiges Leben geben. Daraus können wir den sichern Schluß machen, daß Er uns nicht feind ist; sondern lauter Gnaden und Wohlthaten erzeigen will. Wie du nun Christum siehst und hörst, so ist auch der Vater. Denn die Worte, die Er redet, sind nicht sein, sondern des Vaters. Der Vater thut die Werke, und handelt so in Ihm. Daher wissen wir von keinem andern Gott, als von dem, der also gegen uns gesinnt ist, also redet und handelt, wie wir an Christo sehen und hören.

Christi Menschheit ist das Werkzeug der Gottheit, um sich den Menschen zu offenbaren. Darum sollen wir, sobald wir Gottes Namen hören, Ihn uns nicht anders vorstellen, als in Christo, und von Ihm nichts anderes sehen und hören wollen, als wie er sich uns in Christo darstellt. Denn wer da sagt: Ich sehe wohl, wie gut Christus gegen die Menschen ist, aber ich weiß nicht, ob Gott auch so gegen mich gesinnt ist, der trennt und theilt Gott und Christum, wie Philippus, der Christum auf Erden stehen ließ, und Gott über den Wolken im Himmel suchte, da doch Gott in Christo neben ihm stand und mit ihm redete. Suche also Gott nirgend anderswo als in Christo.

Wie nun Christus spricht, so sprechen auch seine Apostel und alle ächte Prediger des Wortes; Wir sinds nicht, die da reden, sondern Christus. Darum, wenn du eine rechte Predigt hörst, so hörst du Gott selbst; denn es ist alles Gottes, der sich so herunterläßt in den Mund des Predigers. Die Stimme ist wohl des Menschen, aber das Wort und Amt ist Gottes. Darum sollte es auch also angesehen werden, als hörte man Gottes Stimme vom Himmel herab erschallen, und wenn du das Evangelium recht lehren hörst, oder taufen siehst, so kannst du geradezu sagen: Heute habe ich Gottes Werke gesehen und Gott gehört. Denn du sollst keinen Unterschied machen zwischen Gott und seinem Worte.

Wenn wir in den Himmel kommen, werden wir Ihn freilich anders sehen ohne Spiegel und Dunkel. Hier aber sehen wir Ihn nur im dunklen Bilde, nämlich im Wort und Sakramente. Diese sind gleichsam sein Kleid, unter welchem Er sich verbirgt; aber Er ist doch wahrhaftig da gegenwärtig, und ist es selbst, der da prediget, tröstet und stärkt, und wir sehen Ihn da, wie man die Sonne sieht, durch die Wolken. Wir könnten den unmittelbaren Anblick seiner Mejestät nicht ertragen; darum hat Er sich so verhüllet.

11. **Glaubet ihr mir** d. i. meinen Worten **nicht, daß ich im Vater bin, so glaubet es doch um der Werke willen,** die ihr vor Augen sehet, und von denen kein Mensch läugnen kann, daß sie göttliche Werke sind. Die Blinden, die Lahmen, die Aussätzigen, die Kranken, die ich alle geheilt, die Todten, die ich auferweckt habe, sollen euch überzeugen, daß Gott in mir wohnt und wirkt, und daß ich in Gott, Eins mit Gott bin.

12. **Wahrlich, wahrlich! Ich sage euch: wer an mich glaubt, der wird die Werke, die ich thue, auch thun; ja noch größere, als diese, wird er thun; denn ich gehe zum Vater.**

Durch seinen Hingang zum Vater sollen sie also gar keinen Schaden oder Mangel wegen seiner leiblichen Abwesenheit haben, sondern viel reichlicher und herrlicher begnadiget werden, als bisher.

Wie können aber die Seinigen größere Werke thun, als Er? Was kann größer seyn, als die Werke Christi? Ich wüßte nichts anderes, als daß die Apostel und ihre Nachfolger das Evangelium weiter ausgebreitet haben, als Er selbst. Denn Er hat nur in einem kleinen Winkel der Erde, und nur eine kurze Zeit gepredigt und gewirkt, und nur wenige bekehrt, und mit diesen war Er nicht zufrieden; sie wurden erst, wie sie seyn sollten, nach der Ausgießung des heiligen Geistes. Die Apostel aber und ihre Nachfolger haben die ganze Welt mit dem Evangelio angefüllt; und gleich am Pfingsttage auf einmal drei tausend bekehrt. Da sie aber doch auch nur seine Werke waren, und nur durch seinen Geist und seine Kraft in ihnen geschahen, und aus Ihm, als dem Haupte, herfloßen, so gebührt auch Ihm die Ehre.

Dann sind die Werke der Christen, die täglich geschehen, da sie mit dem Worte und Sakramente Ungläubige bekehren, Verlorne aus der Hölle und des Todes Rachen reißen, die betrübten verzweifelten Gewissen trösten, die Unwissenden belehren, wie sie selig werden können; das sind lauter Werke, die alle Gewaltige und Mächtige der Erde mit allem ihrem Reichthume und Gut nicht bezahlen können. Keiner von ihnen kann mit aller seiner Macht ein angefochtenes Gewissen trösten und beruhigen; keiner mit aller Welt-Weisheit den Frieden Gottes mittheilen; und das sind lauter Werke, die größer sind, als Todte erwecken; die alle nur durch Gottes-Kraft geschehen; indem sie des Teufels Reicht und Macht zerstören. Endlich was wirken und vermögen die Christen nicht alles mit ihrem Gebete. Es würde alles untergehen und in Verwirrung gerathen, wenn nicht Christen im Lande wären, die da beten.

Wenn ein Christ für einen Fürsten betet, und dieser den Sieg über seine Feinde erhält, wer hat den Feind geschlagen, und den Sieg erhalten? Niemand als der Christ, wenn es ihm gleich niemand zuschreibt, wenn er gleich keinen Namen und keine Ehre davon hat. So kann ein einziger frommer Mann einem Lande, einem Reiche viel nützen, daß um seinetwillen allen andern geholfen wird. „Darum sind die Christen Helfer und Heilande der Welt, ja sie sind die Beine, die die ganze Welt tragen, wofür sie ihnen auch den Lohn giebt, daß sie gedrückt, verachtet, und in Koth und Unflath gehen müssen." So spricht ein alter Deutscher.

13. **Und was ihr immer den Vater bitten werdet in meinem Namen, das will ich thun, damit der Vater im Sohne verherrlichet werde;** darauf könnt ihr euch verlassen; ich werde Wort halten.

Der Heiland will sagen: Um so große Werke zu thun, findet ihr freilich die Kraft nicht in euch selbst; sondern beim Vater und bei mir könnet ihr sie haben, wenn ihr nur bitten wollt.

Uebrigens redet hier Christus als Mensch und als Gott in Einer Person. Denn da Er vorher sagte: Die Worte sind nicht mein, sondern des Vaters rc., so redet Er als Mensch. Wenn Er aber sagt; Ich bin der Weg, die Wahrheit rc., was ihr immer den Vater bittet in meinem Namen, das will ich thun; da rühmte Er ein Werk von sich, das kein Mensch und kein Engel vermag. Und damit nicht jemand meine, die Worte seyen Ihm nur so entfahren, so wiederholt Er Vers 14.: **Was ihr bitten werdet in meinem Namen, das will ich thun.** Nennt Er sich gleich nicht ausdrücklich Gott, so schreibt Er sich doch die Werke zu, die Gott allein thun kann. Denn mit diesen Worten giebt Er klar zu verstehen, daß er allmächtiger Gott sey, der alle Bitten erhören, alles thun kann, was man bittet. Es ist eben so viel, als hätte er gesagt: Ich bin Gott, der alles kann und thut, wirkt und schafft. Ich will das Werk thun, spricht Er, und der Vater soll die Ehre haben; der Vater soll im

Sohne verherrlichet werden, das ist, erkannt werden durch mich, als ein gnädiger, gütiger, barmherziger Vater, der nicht mit uns zürnet, sondern Sünde vergiebt, und uns all seine Gnade schenkt.

Was im Namen Jesu bitten heißt, siehe Kapitel 16, 23.

15. **Liebet ihr mich, so haltet meine Gebote.** Die Liebe thut alles, was der Geliebte will und gebietet; Die Liebe hält es für Gnade und Freude, wenn sie den Willen und die Winke des Geliebten erfüllen kann. Dadurch wirds also offenbar, ob ihr mich liebet, wenn ihr thut, was ich euch befohlen habe.

16. **Und ich will den Vater bitten. Und Er wird euch einen andern Tröster geben; damit Er bei euch bleibe in Ewigkeit,** der soll eure beständige, täglich und stündliche Gesellschaft seyn. **Mein Geist,** heißt es schon im alten Testamente, **soll von deinem Munde nicht weichen, noch von dem Munde deines Samens.** Das ist eine große, alte Verheißung; mit dem neuen Versprechen traf sie ein, und ward sie erfüllet.

Der heilige Geist hütet das Haus des Heilandes hier unten auf Erden; der Geist, der schon im alten Testamente auf das Leiden Jesu hingedeutet hat, macht sich unaufhörlich mit den Seelen zu thun, die der Heiland dem Vater angezeigt hat, daß Er genug für sie gethan. Sie stehen unter dem mütterlichen Regimente des heiligen Geistes; der tröstet, straft das Herz, wie einen seine Mutter tröstet, straft und küßt; denn Er ist kein Geist des Zorns, sondern des Trostes, ein Tröster. Der bleibt bei einem solchen Kinde sein ganzes Leben hindurch. Ja, der liebe heilige Geist weiß noch, wo das Kind im Sarge liegt. Er verläßt es auch im Sarge nicht, sondern hat es noch als der alles lebendigmachende Geist in seiner Specialpflege. Der Geist dessen, der Jesum von den Todten auferweckt hat, der wird ihre sterblichen Hütten lebendig machen, um deß-

deßwillen, daß Er sie bearbeitete, daß Er darin wohnte. Röm. 8, 11.

In diesem 16. Vers ist der Dreieinige sonnenklar, daß man gestehen muß: das ist vom Vater, das andere vom Sohne, das dritte vom heiligen Geiste gesprochen. Die Lehre aber vom dreieinigen Gott gehört unter die Geheimnisse, dazu ein besonderer Geist der Gnade und Erleuchtung erfordert wird. Es kann niemand die Gottheit Jesu erkennen, ehe es ihn der heilige Geist gelehrt hat. 1. Kor. 12, 3. Eben so wenig kann jemand den Vater als Jehova erkennen. Joh. 17, 25. Den heiligen Geist kennt die Welt gar nicht. Joh. 14, 17.

17. **Den Geist der Wahrheit, den die Welt nicht empfangen kann, weil sie Ihn nicht sieht, und nicht kennt.** Sie sieht von Ihm weg und denkt: Hätte ich nur Geld; Bleibt von mir weg mit dem Geiste, mit der Phantasterei ꝛc. Der Eigendünkel läßt sie nicht dazu kommen, sie wollen selbst klug seyn, die Wahrheit bei sich selbst finden. Da hat der heilige Geist keinen Platz. Darum ärgere dich nicht, wenn Gewaltige, Gelehrte und Verständige das Evangelium nicht annehmen, sondern verwerfen.

— **Ihr aber kennet Ihn; denn in euch wird Er wohnen und in euch wird Er seyn;** und euch nie verlassen, wenn ihr euch von Ihm leiten und führen lasset; Er wird euch jede Sache, in die ihr euch nicht einlassen sollt, gleichgültig und unwichtig, oder das Gegentheil wichtig machen. Wenn ihr mit Ihm in Verbindung bleibet, so werdet ihr bei all eurer Schwachheit, und bei eurem kurzen Gesichte, Einsichten in die Wege und tiefen Gedanken Gottes haben, die kein Mensch und kein Engel weiß, noch findet.

Wir glauben also einen heiligen Geist, den uns der Heiland zum Tröster und Beistand gegeben, der ewig bei uns bleibt, wenn wir uns ihm so ganz hingeben, der uns sowohl die Gedanken ordnet, als die

Worte macht, der die ganze Kirche in ihren Abtheilungen in Aemtern leitet, der dem Lamme die Priester weiht, der uns zu seinen Tempeln heiligt, bis Er uns einmal den zeigen kann, den wir nicht gesehen, und doch lieb haben, und an Ihn glauben.

18. **Ich lasse euch nicht als Waisen zurück; ich komme zu euch.** Das ist ein großer Trost, daß wir gewiß wissen, wir haben den Herrn Jesum, denselben, den die Apostel, die siebenzig Jünger, die fünfhundert Brüder von Person gesehen und gekannt haben. Und es ist nicht blos eine Phantasie, sondern es ist etwas Wesentliches, Wahrheit und Leben in der Vorstellung. Es heißt ja nicht: einen Schatten, eine Vorstellung, einen Gedanken von mir sollt ihr haben; nein, Ich, ich komme zu euch. Unsere Seele lebt, unser ganzes Herz lacht, wenn Er vor uns schwebt, Christus, der uns selig macht. In seiner Gegenwart stehen und gehen, schlafen und wachen, ruhen und arbeiten, essen und trinken wir; in seiner Gegenwart reden wir mit einander, in seiner Gegenwart, Gemeinschaft und Mitwirkung beten und singen wir; denn Er läßt uns ja nicht allein, nicht verwaist; Er ist bei uns alle Tage; Er verläßt uns nie; Er ist nicht nur da, wenn wir Ihm im Sakramente nahe kommen, sondern Er ist immer da; Er ist unser tägliches Leben und Wohlseyn; davon lebt man. Er kann uns nicht ärger züchtigen, als wenn Er uns das Gefühl seiner Nähe verdunkelt oder schwächt. Er darf sich nur suchen und nicht finden lassen, und das darf nicht lange währen, so ists mit uns aus.

Ich weiß wohl, daß man nicht alle Augenblicke in gleichem Hinziehen, Feuer und Flamme ist; wir sind arme, unvollkommene Leute; wir halten nicht aus; die Seligkeiten sind für unsere gegenwärtigen Umstände des Strebens-Lebens zu kostbar, wenn wir sie in gleichem Grade erfahren und fühlen sollten. Darum gehts stufenweise. Ein anderes Gefühl hat man im täglichen

Umgange, in den gewöhnlichen Geschäften, im Gespräche mit Ihm, ein anderes in Liturgien, ein anderes bei dem Vergeben unserer Versehen von Zeit zu Zeit, wo Er uns seinen Frieden von neuem schenkt, und ein Trostwort zuspricht, welches uns eine besondere Gnade macht, und eine Erhöhung derselben ist. Dann kommen die außerordentlichen, sakramentlichen, Segnungen, die über alle Gedanken gehen. Aber kein Moment des Lebens ist ungefühlig, unselig, unzärtlich ꝛc. Vor Zuchttrockenheit behüte uns der liebe Gott!

19. **Noch um ein kleines** ist es zu thun, noch um eine Nacht, so **sieht mich die Welt nicht mehr.** Weil sie ohnehin sich nie viel nach mir umgesehen, so soll sie mich auch nicht mehr sehen. Und sie sieht Ihn auch bis heute nicht mehr. **Ihr aber werdet mich sehen; denn ich lebe,** ob ich gleich sterbe, **und ihr sollt auch leben;** denn ich will bald wieder auferstehen und euch erscheinen, da ihr mich leiblich und hernach geistlich immerdar sehen werdet, indem ich in euch leben und euch mein Leben mittheilen werde. Darum konnten sie hernach sagen; „Ich lebe, doch nicht ich, sondern Christus in mir.“ Gal. 2, 26.

Auch in uns soll der Heiland leben. Wie man von einem Manne sagt, daß er nicht gestorben sey, sondern noch in seinen Kindern oder Schülern lebe, so soll das in Absicht auf den Heiland auch an uns erfüllt werden, nur in viel höherem, wesentlichem Sinne.

20. **An demselben Tage,** (am Ostertage, der für einen jeden Christen dann ist, wenn Christus in ihm aufersteht und zu leben anfängt, am Offenbarungstage) **werdet ihr erkennen, daß ich in meinem Vater bin, und ihr in mir und ich in euch,** als der Immanuel, darum seyd ihr auch in mir, wie ich in meinem Vater bin. Das ist ein unaussprechliches Gnadenband.

21. **Wer meine Gebote hat und sie hält,** wer in den Gehorsam des Glaubens eintritt, **der ists, der**

mich liebt. **Wer aber mich liebt, der wird von meinem Vater geliebt werden**, und hat sich von demselben alles Guten zu versehen; **und ich werde ihn lieben und mich ihm offenbaren**, als innigst gegenwärtig und in ihm lebend zu erkennen geben, als sein wahres Licht, Leben, Hirt, Haupt, Heiland, Hoherpriester, König, Immanuel, Bruder und Alles, was ich bin. Die Art, wie er sich uns offenbaren will, hat Ihm die spitzige Vernunft nicht vorzuschreiben. Er kommt unangefragt, ohne ihre Genehmigung.

Christus kann ohne Christus, Gott ohne Gott schlechterdings nicht erkannt werden. Fleisch und Blut, die eigene Vernunft, Bücher, Menschen, und wenns die gelehrtesten und frömmsten sind, können uns diesen Dienst nicht erweisen, daß sie uns Gott, Christum, inwendig lebendig erkennen lehren könnten. Das kann nur die eigene Erfahrung, wenn sich Christus selbst in der Seele ausspricht, eindrückt, sich zu fühlen und zu erfahren giebt durch seine lebendige, spürbare, freundliche Nähe und Gegenwart im Herzen. Das: „Ich will mich Ihm selbst offenbaren" muß an jedem in Erfüllung gehen, oder er weiß nichts Rechtes von Christus, und hat keinen lebendigen Gott. Wer es nicht erfahren hat, dem kann man es nicht erklären, und wer es erfahren hat, der betet an tiefgebeugt und hoch erfreut.

Daß uns Jesus so nahe ist, daß Er sich uns offenbaren kann, hat Er selbst oft gesagt. Er fängt allemal damit an, daß er das Schäfchen, sobald ers findet, gleich auf die Achseln nimmt, nahe an Mund und Herzen. „Meine Schafe hören mich, ich rufe ja jedes mit Namen, ich habe sie ja in der Hand, und ich will den sehen, der sie mir aus der Hand reißt." Joh. 10.

Daher hat nun keiner nöthig, des andern Gnade zu leben, in dem, was für ihn selbst nöthig ist. Es kann sich jeder in die innigste Nähe Jesu versetzen, und mit dem Herzen Jesu in eigner Person reden und handeln, nicht nur einmal, sondern sein ganzes Leben durch.

Aber wie kommt man zu dieser nahen Verbindung, zu dieser eignen Offenbarung des Herrn? Was fordert Er? Nichts als: gieb mir, mein Sohn, dein Herz, liebe mich, halt dich an mein Wort, laß dir meine Wege, mein Wort und mich lieber als alles seyn, so will ich dich selig machen, dir meine Freude und Liebe ins Herz geben. Wer sich nun Jesu dazu hingiebt, dessen Gnade und Segen ist die Gemeinschaft mit seinem Herzen, der täg- und nächtliche Umgang mit Ihm, die Offenbarung alles dessen, was zur Sache für Ihn gehört, so daß man mit der größten Gelassenheit völlig zufrieden seyn kann. Also: **hin zu deinem Jesu, hin!** Er ist reich für alle, die mit Ihm zu thun haben, der El Schaddai, der allgenugsame Gott-Mensch, Bruder, Freund und Alles für alle. Siehe Joh. 6, 37.

22. **Da sprach Judas (nicht der Ischariot): Herr: wie kommt es, daß du dich nur uns, und nicht der Welt offenbaren willst?** Die Auserwählten verwundern sich und wissen nicht, warum sich Gott mit ihnen einlasse. Das Glauben kommt sie nicht so leicht an, wie die Welt; die ist mit dem Werke des Heils bald fertig; sie glaubt nur, das muß der rechte Glaube seyn, der so an einen kommt, in dem man geboren wird.

Die Welt ist blind und will es nicht erkennen; darum kann ihr Christus die Augen nicht öffnen, und sich ihr nicht offenbaren. Er versagt niemanden seine erleuchtende Gnade und Gegenwart; aber die Welt sagt: Ich habe sie ja nicht nöthig; ich habe ja meine fünf Sinne und Vernunft; was brauch ich mehr?

23. **Jesus antwortete und sprach: Wer mich liebt, der hält mein Wort, und mein Vater wird ihn lieben, und wir werden zu ihm kommen, und Wohnung bei ihm nehmen.**

Darin liegt eine geheimnißvolle Sache, wobei gewiß Glaube vorwalten muß. Man kann wohl so einen weitläuftigen Gedanken haben, daß der Vater lieb hat um des Heilands willen, aber daß der Vater zu uns komme und uns besuchen wolle, das muß einen in eine tiefe Betrachtung hineinführen; denn es ist etwas Erstaunliches, daß der Vater so unzertrennlich mit dem lieben Sohne zusammenhängt, daß, wenn uns der Heiland besucht, der Vater mit hergezogen wird zum Besuche eines solchen Herzens, das Ihn willig aufnimmt. Da müssen wir unsere ganze Kindlichkeit, Einfalt und Herzlichkeit zusammennehmen, und sagen: **Mir geschehe, wie du gesagt hast.**

Kann man denn den Vater und Sohn, wenn Sie in das Herz kommen, sehen, fühlen, greifen, oder wie kann man es sonst wissen? Man **glaubt** es. Glauben und wissen; glauben und leiblich sehen, ist einander entgegen gesetzt. Sehen kann man noch viel weniger als fühlen. Wenn ich zum Abendmahl gehe, so kann ich wahrhaftig wissen, daß ich mit dem Heilande wesentlich vereinigt werde, daß mein Herz sich durch Ihn mit Gott vereint. Wenn ich aber ein leibliches Angreifen fühlen will, so ist es fanatisch. Denn bei alle dem, daß man den Mund und das Herz aufthut, daß alle Gebeine sagen: Herr, wer ist wie Du? so ist doch dabei kein Gefühl von Fleisch, Bein, Knochen, Athem und Schweiß des Heilandes. Man hat Ihn in der That gewiß; man weiß es aber doch im Glauben. Und weil wir im Glauben leben müssen, so ist uns das körperliche Gefühl genommen. Wenn wir mit leiblichen Augen den Heiland sehen, mit leiblichen Ohren Ihn hören, mit dem Munde Ihn schmecken, mit der Hand fühlen &c., so glaube ich nicht mehr.

Die Schrift schreibt aber dem innern Menschen alle Sinne des äußern Menschen zu. Schmecket und sehet, wie freundlich der Herr ist, spricht David. Ps. 34, 9. Die äußern Sinne haben mit den Geheimnissen der Religion nichts zu thun. Man hat aber noch andere Augen, Glaubens-Augen, Glaubens-Gefühl, Glaubens-Geschmack. Der innere Mensch riecht, fühlt, sieht, hört und schmeckt. Es ist keine Einbildung, sondern etwas Wesentliches, und um so wesentlicher, weil es innerlich ist. Was Herz und Seele betrifft, ist gewiß am allerwesentlichsten. Denn wenn der Leib todt ist, so ist die Seele noch ein Wesen. Das ist ein Beweis, wie wesentlich die geistige Erfahrung im Herzen ist.

Der Herr ersetzt seine persönliche Gegenwart wohl nicht auf die Art, wie dem Abraham geschehen, da er die Augen aufhob, und den Herrn selber sahe: aber doch auf eine ganz besondere Weise, nicht nur im Sakramente, sondern überhaupt haben alle innern Sinne von Zeit zu Zeit noch, was den äußern Sinnen gebricht. Sie werden von dem Heiland gegrüßt, sie schmecken etwas von Ihm; sie riechen seine balsamische, Mark und Bein durchsalbende Nähe; sie hören die allerleiseste Stimme; sie haben ein Gefühl seiner Zärtlichkeit; sie werden wie vom Magnet nach Ihm hingezogen. Und dies wird wiederholt. Denn es ist nicht eine beständige, ununterbrochene Gnadenerfahrung. Es wird nie wie das tägliche Brod. Es ist allemal Fest-Freude, ein kleiner Vorschmack der künftigen, und ein Reitz zu denken: „Wenn Er mich nur nähme! Wenn's nur immer so wäre!" Aber es bleibt nie; es wird wieder genommen. Wenn Ihn die Jünger nach seiner Auferstehung am besten hatten, so war das Ende: Er verschwand vor ihnen. Dafür ist uns der Glaube gegeben. Das Kennzeichen eines Kindes Gottes ist nicht, wie viel Erscheinungen und Offenbarungen es hat, sondern wie fest es sich an Ihn hält, wie gewiß es seiner Sache ist, daß man uns eher zerrisse, ehe wir Ihn gehen ließen.

Ein selbstgemachtes Gefühl seiner Nähe soll uns fremd seyn. Er muß es uns fühlen machen, wenn

Er da ist und uns anrühret. Daher sind das **glaubige Erblicken** und das wahre Gefühl, das von Ihm kommt, die zwei großen und unaussprechlichen Seligkeiten, darin unsere ganze Sache geht. Wir können ohne Glauben und Gefühl nicht bestehen. Der Glaube muß Tag und Nacht währen, das Gefühl aber muß eine Festtags Sache seyn, die vielleicht des Tages dreimal kommt, wenn's nöthig ist, und manchmal ein paar Tage ausbleibt, wenn's wieder nöthig ist.

„Was ist also der Christ? Eine Wohnung und Pallast der göttlichen Majestät. So ist wohl der Nicht=Christ des Teufels Hülle und Werkstätte. Dieser Gast wird dann freilich seinem Wirthe auch wieder Herberge bestellen (wo?) im Abgrunde der Hölle, wie Christus seinem Wirthe, d. i. allen Seelen, in welchen Er mit dem Vater hier wohnt, in seines Vaters Hause Wohnungen bestellt..

24. **Wer mich aber nicht liebt, der hält mein Wort nicht.** Das ist nun die Ursache, warum Christus sich der Welt nicht offenbaret; sie will nur Herr Herr sagen, und giebt nur vor, daß sie Christum liebe das weiß Er, (Er wußte von Anfang, welche nicht an Ihn glauben würden, Joh. 6, 65.) darum offenbart Er sich ihr nicht. **Das Wort aber, das ihr gehört habt** und das die Welt so verächtlich von sich stößt, und mit Füßen tritt, **ist nicht mein**, **sondern des Vaters, der mich gesandt hat**, aus dessen Herzen ich es genommen habe. Wer glaubt das? Wer das recht faßt daß es Gott selber ist, der mit ihm redet, der weiß nicht wo er vor Demuth und Freude bleiben soll. Vor Demuth, weil er sich tief beschämt fühlt, daß die höchste Majestät mit einem solchen Würmlein redet. Vor ermuthigender Freude, daß der Allerhöchste den armen Menschen von Erde, Staub und Asche nicht verachtet sondern so freundlich und tröstlich mit uns zu reden sich herabläßt.

25. Dieses sage ich euch, da ich noch bei euch bin; 26. der Tröster aber, der heilige Geist, welchen der Vater senden wird in meinem Namen, der wird euch alles lehren, und euch an alles erinnern, was ich euch gesagt habe.

So viel habe ich euch gesagt. Er hat also nicht alles gesagt, und wollte auch nicht alles sagen; darum hat Er den Jüngern dazu gesagt: Ihr sollt es deßwegen doch erfahren, es soll euch gesagt werden; der heilige Geist wird euch schon lehren.

Der Name des heiligen Geistes hat auch eine besondere Bedeutung; wenn Leute Waisen werden, so setzt man ihnen einen Vormund, einen Freund, einen Rath, der sich ihrer anstatt ihres Vaters annimmt, oder ihre Sachen besorgt, einen Beistand. Was nun das Wort eines Beistands oder Beiständers, wenn man so sagen darf, bei einer Wittwe, bei einem Waisen, bei Leuten, die als Missethäter oder Beklagte, oder als Gedrückte einer Hülfe und eines Raths bedürftig sind, das ist im Geistlichen der heilige Geist bei uns, der Beistand allezeit und überall; wo wir nicht fortkommen, da ist Er.

Der Vater und der heilige Geist haben bei der Sache Jesu, jeder etwas Besonderes zu thun. Der Vater zieht die Seele zu Jesu und schickt ihnen seinen Geist; siehe Joh. 17, 11. Der heilige Geist hat die Predigt an die ganze Welt übernommen, wenn es zum Erklären der Züge des Vaters kommt, was sie von Jesu glauben soll, so will der heilige Geist geschäftig seyn; Er will die Welt überzeugen, was Sünde ist, nemlich das Nicht-Glauben an Christus; Er will den Seelen das Leiden Jesu ins Herz hineinpredigen und so klar machen, als ob Er vor ihren Augen gekreutziget wäre; und wenn sie das angenommen haben, so will Er hernach die Seelen pflegen, ihrer warten, wie es recht ist; Er will sie bethauen mit der Salbung, mit den Gottes- und Geisteskräften, mit den Strömen des lebendigen Wassers.

Die Hauptsorge der Kinder Gottes ist zwar die für ihr Herz und Heil; sie sind eher in andern Dingen nachlässig als in geistlichen Sachen; aber sie sind dennoch schwach in ihrem Gedächtnisse, daß sie immer bedürfen erinnert zu werden. Mit unsern Erinnerungen ist es aber nicht genug, sondern der **heilige Geist**, der **erinnert**, der giebt beständig Acht im Herzen, ob das Gedächtniß des Einen Nothwendigen uns verlassen will, ob uns Christus der Gekreuzigte aus den Augen weicht; Er stellt Ihn wieder an seinen Platz hin; Er erinnert wieder, und so oft ers wiederholt, geschiehts mit neuer Kraft. Er schreibts mit lebendigen Fingern ins Herz. Ist das nun nicht ein schönes Amt des heiligen Geistes, daß Er so lehret, wie es ein jedes bedarf, und daß Er das, was Er gelehrt hat, nicht vergessen läßt, sondern so lange wiederholt, so oft auf mancherlei Weise wieder auftischt, daß es nie wieder verloren gehen kann, sondern bis ins ewige Leben bleibt? Wer aber untreu, leichtsinnig seyn kann bei dieser treuen Arbeit des heiligen Geistes, der verachtet nicht Menschen, sondern Gott.

Im Jesaias 66. heißt es: **Ich will euch trösten, wie einen seine Mutter tröstet.** So tröstet der heilige Geist. Denn trösten heißt eigentlich nicht nur im Leiden einem zusprechen, sondern einem zureden, wie die Mutter ihrem Kinde zuspricht. Das liegt in diesem Worte: Ich will dich auf meinen Schoos nehmen, und freundlich mit dir sprechen, und mich herzlich deiner annehmen, wie sich eine Mutter ihres Kindes herzlich annimmt. Die lange Gewohnheit, da die Mutter ihrem Kinde lange vorbetet: Mein Kind! so mußt du es machen rc. macht einen solchen Eindruck, daß ein kleines Kind von zwei, drei Jahren sich besser durchzubringen weiß, als andere von zwölf Jahren, blos weil es erinnert worden ist über Sachen, die ihm durchaus nöthig waren, wenn es nicht vom ersten Wagen über den Haufen gefahren, oder vom ersten Pferde überrannt werden sollte.

Gerade so muß man das Geschäft des heiligen Geistes ansehen. Wir sind von dem Momente der geistlichen Geburt beständig in seiner Schule, und es wird einem jeden Herzen von Ihm täglich, stündlich zugesprochen, wie einem Kinde auf dem Mutter-Schooße: Siehe mein Kind! das laß bleiben ꝛc.; dadurch wird man bewahrt vor der Sünde.

27. **Den Frieden hinterlasse ich euch; meinen Frieden gebe ich euch; und ich gebe euch nicht, wie die Welt giebt,** deren Friede oft kein halbes Jahr dauert, und im Grunde doch kein Friede ist. **Euer Herz betrübe sich nicht, und fürchte sich nicht.**

Diese Verheißung des Friedens geht auch uns an; der Friede ist auch auf uns gekommen.

Wenn der Friede, den uns der Heiland hinterlassen hat, und der den Charakter eines Christen ausmacht, über einer Versammlung in unsern Wohnungen und Gesellschaften waltet, so kann man sich freuen; so wie man nicht anders als traurig seyn kann, wenn dieser Friede nicht gespürt wird. Aeußerlicher Ernst, Eifer und Pünktlichkeit der Aufseher und Diener, wenn sie auch allerlei zu tadeln finden, hebt den Frieden nicht auf, es sey denn, daß Widersetzlichkeit dazu kommt, und da weicht der Friede nicht bei denen, die ihr Amt erfüllen, sondern bei denen, die ungehorsam sind. Denn wenn unser Friede bei jemand nicht haften kann, so muß er doppelt wieder zu uns kommen.

Die Einigkeit, Treue, Beständigkeit der seligen, gehorsamen, kindlichen Herzen erhöht ihnen selbst den Grad der Empfindung und des Geschmackes am Frieden des Heilandes.

Kurz, der **Friede** ist ein unzertrennlicher Charakter eines wahren Christen und einer Gemeine des Heilandes. Der Friede muß uns auch zufrieden stellen über seine sichtbare Abwesenheit, über den Mangel unserer Augen, die Den nicht sehen können, der sich vor achtzehn hundert Jahren noch manchmal hat sehen lassen, und dann verschwunden ist. Wir sind indeß mit dem Frieden vergnügt, der höher ist, als alle Vernunft, der unsere Herzen und Sinne bewahrt in Christo Jesu bis zu seiner Umarmung. Siehe Phil. 4, 7.

28. **Ihr habt gehört, daß ich euch** von meinem Hingang **gesagt habe,** daß er nahe sey, und das will euch nahe gehen; ihr solltet aber nicht nur an eins denken, und das andere vergessen. Ich habe euch gesagt: **Ich komme wieder zu euch.** Wann das geschehen wird, das werdet ihr schon erfahren, und nicht dabei zu kurz kommen; ehe ihrs erfahret, verstehet ihrs doch nicht. **Wenn ihr mich lieb hättet,** und die Sache recht verständet, **so würdet ihr euch freuen, daß ich gesagt habe, ich gehe zum Vater,** und ihr würdet euch gern darein geben, denn dadurch gewinne ich und ihr mehr, als ihr denket; weil sowohl meine als eure Herrlichkeit daran liegt.

— **Denn der Vater ist größer, als ich** der Menschheit nach bin.

Das beweist nichts gegen die Gottheit des Heilands, und es ist eine Thorheit, dergleichen Sprüche anzuführen, da Er von der Zeit seiner Erniedrigung redet. Wenn ein Mensch in der äußersten Betrübniß, Angst und Erniedrigung seines Gemüths sagt: Ich bin ein Wurm, eine unnütze Kreatur rc., wie es große Männer bei ihrem Ende machten, und man wollte daraus beweisen, sie wären es in der That, und hätten in der Welt nichts gethan, so wäre ja das doch ein unsinniger Schluß. Moses Angesicht glänzte, und er wußte es nicht. 2. Mos. 34. Es gereicht den Zeugen zur Verherrlichung, daß sie sich selbst so gering, und dem Herrn und den Menschen so wichtig sind. Ich weiß deine Armuth; aber du bist reich. Offenb. 2, 9. Wenn ich mich selber ehre, so ist meine Ehre nichts, sagt der Heiland. Es wird die Zeit schon kommen, wo ihr sehen werdet, wer ich bin, und was ihr an mir gehabt habt.

Chrysostomus sagt über diese und andere Stellen, wo sich Jesus ähnlicher Ausdrücke bedient, gegen die Eunomianer: „Der große Mann kann wohl etwas Geringes von sich sagen, ohne daß man ihn deswegen anklagt, das zeigt vielmehr seine Herablassung; wenn aber der Geringere etwas Großes von sich sagt, macht er sich der Prahlerei schuldig. Wenn also der Sohn Gottes viel geringer ist als der Vater, so dürfte er nicht solche Worte gebrauchen, durch welche er sich dem Vater gleich stellte (wie er an vielen Orten that;) denn das wäre prahlerische Anmaßung. Daß er aber, da er dem Vater gleich ist, hier eine niedrigere Redensart von sich gebraucht, kann zu keiner Anklage Anlaß geben, sondern ist vielmehr höchst preiswürdig."

Der Quergedanke der Menschen, ob der Vater oder der Sohn mehr sey? kommt vermuthlich daher, daß sie denken, das sey des lieben Gottes sein Alles, daß Er die Welt regiert. Das ist aber ein sehr kleinstädtischer Gedanke, ja ein Unsinn. Denn die ganze Schöpfung mit allem, was nur Kreatur genannt werden mag, ist etwas so Geringes in Hinsicht des lieben Gottes, daß es nicht der Rede werth ist. So hat Er sich selbst erklärt, und die Welt nur als ein Stäubchen angegeben, und alle Nationen wie einen Tropfen, der noch zuletzt am Eimer hängen bleibt. Jes. 40, 15.

Wir müssen beim ganzen Sinne der Schrift bleiben; der ist unstreitig, daß der Vater sich um des Sohnes willen der Schöpfung herzlich, väterlich annimmt, so daß Er sich um das geringste Vögelchen, ja um ein Härchen bekümmert, das vom Haupte seiner Kinder fällt.

Der ordinäre Gang des Heilandes zielt dahin, ein ganzer, treuer, exemplarischer Mensch zu seyn in allen Stücken. Er war in sein menschliches Kleid gewöhnt, und trägt es bis diese Stunde an sich, regiert noch immer in Menschen-Gestalt. Was der Vater für Ihn thut, und wie Ihm eins nach dem andern unterworfen wird, das nimmt Er mit Dank an. Der Schöpfer aller Kreaturen dankt seinem Vater für jede Sache. Selbst da Er sich zu des Vaters Rechten gesetzt hat, will Er, daß wir seinen Vater als unsern Kirchen-Gott adoriren und anbeten, Ihn aber als unser Gebein lieb haben, und uns gegen Ihn mehr tendre (zärtlich, verliebt,) als gebogen und schüchtern fühlen sollen. Je vertraulicher und kindlicher, desto lieber ist es Ihm.

Kurz, der Heiland hat als ein Mensch gehandelt, obgleich Er Gott war, und nur selten hat Er sich einem, oder höchstens zwei und drei Leuten entdeckt; so z. B. wenn Er nicht zu Philippus gesagt hätte: Wer mich sieht, der sieht den Vater u. a. dgl., so wären wir vielleicht nicht im Stande, die ganze Wahrheit aus seinem Munde zu lehren.

29. **Ich habe es euch jezt gesagt, ehe es geschieht, damit ihr glaubet, wenn es geschieht.** Nichts befestiget den Glauben einer historischen Wahrheit mehr, als wenn sie vorher verkündiget wurde, und dann wörtlich erfüllt wird, wie sie vorhergesagt worden. So kann uns auch nichts im Glauben und Hoffen der zukünftigen Güter bestärken als die Betrachtung, daß alles, was wir schon empfangen und genossen haben, vorher verkündigt war. Nichts geschieht Tag für Tag, das nicht vorher verkündiget ist, aber wir merken nicht darauf.

30. **Es kommt der Fürst dieser Welt** auf mich angelaufen; er ist nun im Kommen, so wie noch nie; **aber er hat gar nichts an mir,** als an mir; er kann nichts gegen mich aufbringen, mich keiner Sünde bezüchtigen; darum vermag er auch nichts gegen mich. An dieser Unschuld Christi hat der Teufel seine Hörner zerstoßen; sie hat ihm den Hals gebrochen.

31. **Damit aber die Welt** (welche sagt: Ja man schwätzt viel von der Liebe Gottes, es sind Wäscher,)

erkenne, daß ich den Vater liebe und thue, wie Er mir befohlen hat, so stehet auf, und lasset uns von hinnen gehen. Auf, auf! mit fort zum Leiden, ihr müßt nicht liegen bleiben! Das setzt voraus, daß die armen Leute nicht wußten, ob sie vor oder hinter sich gehen sollten; so zappelte ihre Natur. Darum rüttelt sie Christus auf und zieht sie mit in die Nachfolge seines Leidens.

## Das XV. Kapitel.

(Fortsetzung der Abschiedsrede Jesu.)

1. **Ich bin der wahre Weinstock, und mein Vater ist der Weingärtner.** Christus ging vermuthlich an einem Weinberge vorbei, und nahm davon Gelegenheit zu reden.

Schon Jeremias (23, 5. 6.) hat den Messias als eine solche Person beschrieben, an der alles aufwachsen soll. Seine Menschheit, die mit der Fülle der Gottheit gesalbt ist, ist der Weinstock für uns Menschen, der dem Vater als Weingärtner zugehört, der ihn auch mit eigener Hand gepflanzt hat.

2. **Jeden Reben an mir, der keine Frucht bringt, wird Er wegnehmen.** Man kann als ein äußerliches Glied der Kirche Christi sich äußerlich so an Christus oder an seine Kirche halten; allein wenn man dabei stehen bleibt, ohne je eine Frucht zu zeigen und in innige Verbindung mit Christus zu kommen, so wird man endlich abgeschnitten; **jeden aber, der Frucht bringt, wird Er reinigen, daß er noch mehr Frucht bringe.** Es muß sich etwas zeigen; die Treue muß sich beweisen; sonst, wenn gar nichts erfolgt, folgt ein schweres Gericht Gottes. Wo sich aber etwas zeigt, und wer auch nur Eine Frucht bringt, den pflegt der Vater und beschneidet ihn durch das liebe Kreuz, durch Prüfun-

gen und Anfechtungen; wie der Gärtner wegschneidet, was das Wachsthum hindert, das überflüssige Laub, und die übrigen Geschösse, damit sich der Saft nicht unnütz zertheile.

Es ist sehr lieblich, daß uns Christus seinen Vater nicht als einen Tyrannen und Stockmeister, sondern als einen Weingärtner vorstellt, der nichts verderben, sondern nur pflegen und beschneiden will. Die Verfolger der Christen sind nicht der Winzer, sondern nur die Hippen; Gott aber ist der Weingärtner, der die Hippe führt, und wirft sie ins Feuer, wenn Er sie ganz gebraucht hat, wie der Vater die Ruthe, wenn das Kind gestäupt ist.

3. **Ihr seyd rein durch das Wort, das ich zu euch geredet habe:** „Seyd rein! Ich vergebe euch eure Sünden!" das macht sie rein. Die Heiligen haben keine eigene Heiligkeit, sondern sie sind heilig, weil sie Christus geheiliget und ihnen die Sünden vergeben hat, weil sie Reben an Ihm sind. Die Reben haben ihre Heiligkeit vom Weinstocke. In sofern ist ihre Heiligkeit auch etwas sehr Zuverlässiges und Gewisses; aber sobald einer auf sich selbst fällt, und sucht den Grund seiner Heiligkeit in seiner Arbeit und Mühe, in seiner gelehrten Methode, wo man die Heiligkeit studiert, das ist kein wahrer Heiliger.

Dem Worte wird überall alles zugeschrieben, nicht nur hier in dieser Stelle die Reinigung, sondern 1. Petr. 1, 23. die Wiedergeburt, Jak. 1, 18. 21. die ganze Seligmachung.

4. **Bleibet in mir, so bleibe ich in euch. Wie ein Rebe keine Frucht von sich selbst bringen kann, wenn er nicht im Weinstocke bleibt, so auch ihr nicht, wenn ihr nicht in mir bleibet.**

An dieser geistlichen Innwohnung Christi in uns ist alles gelegen; denn die äußerliche Gegenwart Christi dauerte nur eine kurze Zeit, und wenige Menschen hätten

ten sie zu genießen; aber seine geistliche unsichtbare Gegenwart ist für alle Zeiten und für alle Menschen.

5. **Ich bin der Weinstock; ihr seyd die Reben. Wer in mir bleibt, und in dem ich bleibe, der bringt viele Frucht; denn ohne mich (außer mir) könnet ihr nichts thun.**

Wie Reben am Weinstocke hangen, so innig und genau muß unsere Verbindung und Vereinigung im Geiste mit Christus seyn; nicht nur in Gedanken und in der Vorstellung; sondern wesentlich und wahrhaftig; Er in uns und wir in Ihm. Man muß so an Ihm hangen, so in Ihm bleiben, und Ihn in sich haben, daß man täglich, stündlich in allen Stücken eben den Sinn zeigt, eben so denkt und redet, wie der Heiland, daß unsere Augen wie seine Augen sehen, und die Neigung unsers Herzens eben so ist, wie die seinige. Man thut, was andere Leute thun, nichts Besonderes; aber das Triebwerk ist verschieden; ein Jesus-Rebe thut sie mit einem Jesus-Herzen. Und so werden alle Handlungen von derselben Gnade belebt; man merkt ihnen an, daß sie des Heilandes Handlungen sind, und daß man Ihm nahe seyn muß.

Da bleibt dann freilich immer viel auszubessern, zu reinigen an der Form, Figur und Geschicklichkeit, die Dinge zu thun, wenn wir sie auch noch so gut machen; man sieht doch, daß wir Schüler sind, daß wirs erst gelernt haben, daß es nicht bei uns gewachsen ist; und wenn sie auch der liebe Heiland selbst in uns thut, so gehen sie doch durch einen Kanal, der sich manchmal nicht recht darein schicken kann, dem es nicht allemal so wohl ansteht, wie wenn es der liebe Heiland für sich allein machte, ohne daß Er erst hinter einer solchen lebendigen Maschine stände, und durch andere Füße, Hände, Kopf und Gedanken handelte; denn es ist allezeit ein Unterschied zwischen uns und dem Herrn.

Wer Ihn jemals recht gesehen und gekannt hat, wem Er jemals nahe geworden, wen Er in seine Arme genommen, geküßt, gesegnet und mit Blut besprengt, und ihm einen wesentlichen Eindruck in seinem Herzen zurückgelassen hat, ein lebendiges Pfand, einen Eindruck, der nicht nur da ist, sondern auch die Bewegungen unsers Herzens macht, wer das erfahren hat, der lebt wie ein Rebe im Weinstocke Christus, in seinem täglichen stündlichen Denken und Thun, der gewöhnt sich nach und nach auch so zu reden und zu handeln, wie Er; denn die Inwohnung des Heilandes in uns ist real, wahr und fühlbar.

6. **Wer nicht in mir bleibt, der wird wie ein Rebe weggeworfen und verdorret. Man sammelt sie und wirft sie ins Feuer, und werden verbrannt.**

Christus wiederholt sich hier so oft, um diese wichtige Sache uns tief in die Seele zu prägen, und die Unentbehrlichkeit seiner Person und Inwohnung in uns recht begreiflich zu machen. Dennoch will die Welt dieß so gar nicht begreifen, sondern hat gegen keine Wahrheit einen größern Eckel und Zorn, als gegen diese. Sie ärgert sich daran, daß sie es für die größte und gefährlichste Ketzerei und Schwärmerei verschreit, verfolgt und verdammt. Sie begreift es nicht, und es ist vor ihren Augen verborgen, weil sie es nicht erfährt. Es steht schon achtzehn hundert Jahre da, und bleibt ihnen immer eine unbekannte, fremde Sache; sie mögens lesen, in welcher Sprache sie wollen, so haben sie keinen Sinn dafür; sie glauben, daß es Christus gesagt hat, und daß alle seine Worte Wahrheit sind, also auch diese: „Bleibet in mir und ich in euch; wo nicht, so seyd ihr ihr verworfen und tauget nichts." „Das ist schon wahr, sagen sie; aber das ist doch eine Ketzerei und Schwärmerei, daß Christus in uns seyn solle, und daß man, ohne Ihn in sich zu haben, nichts thun kann. Das muß man anders auslegen, so daß Christus weggelegt wird, und aus uns hinauskommt, und nicht mehr in uns bleibt; wir können Ihn nicht so nahe haben. Der Wein ist so zu stark, man muß ihn verwässern, daß nichts mehr vom Weine bleibt, und wir pures kaltes Waster haben.“ So denkt und spricht die Welt.

So reißen sie sich selbst von Christus, dem Weinstocke, los; und den Augenblick, da einer sich von Ihm losreißt, fängt man an zu verdorren, und fürs Feuer reif zu werden. Dieser Riß kostet der Welt das Leben.

7. **Wenn ihr in mir bleibet, und meine Worte in euch bleiben** (dasselbe Bleiben in Ihm ist nun in sieben Versen siebenmal wiederholt), so **möget ihr bitten, was ihr immer wollet; es wird euch gewährt werden.**

Welch ein herrliches Privilegium, das mit seiner Inwohnung in uns, und unserm Bleiben in Ihm verknüpft ist! Man kann nie eine Fehlbitte thun.

8. **Dadurch wird mein Vater verherrlichet, wenn ihr viel Frucht bringet, und meine Jünger werdet.** Dadurch müßt ihr also auch Gott zu ehren suchen, nicht nur durch äußerliche Zeichen und Geberden, Herr, Herr, sagen, mündliche Gebete, und mechanische Uebungen, die bei den meisten Christen die Stelle des Gehorsams vertreten müssen. Blätter sollen bei ihnen ersetzen, was an Früchten abgeht.

9. **Wie mich mein Vater liebt, also liebe ich auch euch. Bleibet in meiner Liebe.** Der Vater liebt den Sohn mit einer unendlichen Liebe, und eben so hat uns Christus geliebt mit einer Liebe, die Ihn für uns in den Tod getrieben hat. So wie aber der Vater seinen Sohn doch viel leiden ließ, obwohl Er Ihn unendlich liebte; so läßt Christus, so sehr Er uns liebt, doch auch Leiden über uns kommen. Und Er fordert zur Erkenntlichkeit für seine Liebe nichts anders, als daß wir Ihn wieder lieben, und in seiner Liebe verharren.

**10. Wenn ihr meine Gebote haltet, so bleibet ihr in meiner Liebe, so wie auch ich die Gebote meines Vaters halte und in seiner Liebe bleibe.** Gleichwie ich dreißig Jahre in Demuth, Beugung und Gehorsam gegen meinen Vater gewandelt habe, so wandelt auch ihr im Gehorsam gegen mich.

Es war nicht möglich, daß der Heiland als Sohn anders denken konnte, als der Vater; daß Er einen Einfall haben konnte, der nicht mit dem Sinne des Vaters genau übereinstimmte; darum sagte der Vater: „Ich habe Wohlgefallen an meinem Sohne"; es gefällt mir alles an Ihm; was Er vornimmt, hat meinen vollen Beifall. Der Heiland hatte den Willen seines Vaters zur Vorschrift, und wir den seinigen. Damals wars noch nicht publicirt, was Christus sey. Er leerte sich aus; Er hatte den göttlichen Charakter wie niedergelegt; es wurde niemand gewahr, was Er war. Er richtete sich in allem pünktlich nach des Vaters Willen. Es war seine größte Freude, in der Zeit seiner Erniedrigung ganz nach seines Vaters Plan zu handeln. Er war in allem gehorsam.

Des Heilands Sinn und Willen wissen, und ihn nicht thun, wenn man ihn thun kann, das kann nicht bestehen mit einem Herzen, das Ihn lieb hat. Wer Ihn lieb hat, dem ists eine Seligkeit, eine Freude, wenn Er ihm nur viel sagt; weil das Meiste doch nicht aufs Thaten thun ankommt; denn das ist der Jünger Sache, die ausdrücklich zur Arbeit, zur Ausbreitung seines Reiches da sind; sondern das Allgemeine eines Kindes Gottes ist eine gewisse Anhänglichkeit an die Person des Heilands, daß man in allen Stücken eben den Sinn an sich spüren lasse, eben so rede, denke und handle, wie der Heiland.

**11. Das habe ich zu euch gesagt, damit meine Freude in euch bleibe, und eure Freude vollkommen werde;** daß ihr es für eine Seligkeit achtet, die ihr nicht erst gewinnen und verdienen, sondern die ihr wirklich genießen sollt, indem ihr mich liebet. Jesum lieb haben, oder seine Gebote lieb haben, ist kein Frohndienst, keine Last, womit man erst verdienen will; sondern eine Gnade und Seligkeit, ein Genuß, den Er uns verdienet und geschenket hat, daß wir darin wandeln sollen. Eph. 2, 10.

12. **Das ist mein Gebot, daß ihr einander liebet, wie ich euch liebe.** Die Reben müssen durch das Band der Liebe im Weinstocke zusammenhalten; wie in sie alle derselbe Saft der Liebe aus dem Weinstocke einfließt, so sollen sie alle Eins seyn in Liebe, wie sie Ein Geist beseelt. Wie hat Er uns geliebt?

13. **Eine größere Liebe hat niemand, als diese, daß er sein Leben läßt für seine Freunde.** Das ist der höchste Grad der Liebe auf Erden, und Christus hat sein Leben für uns gelassen, da wird noch Feinde waren. Da seht ihr, will Christus sagen, wie ich euch liebe, und was ich für euch gethan; an mir lernet, wie ihr einander lieben sollt.

Der Heiland weiß selbst seine Liebe, die Liebe Gottes, nicht besser zu beweisen als damit, daß Er sein Leben für uns gelassen hat. **Daran** soll man seine Liebe erkennen, damit soll man der Welt bezeugen, daß Er, der Gott im Fleische sie lieb habe. Wir können nichts Besseres thun als bei diesem pathetischen Vortrag bleiben; denn es kann doch nichts gefunden werden, das mehr zum Herzen dringt, es giebt keinen größeren Trost für die armen Geschöpfe, als daß ihr Schöpfer ihr Heiland ist. Das that Paulus der seinen Zuhörern immer vor die Augen mahlt den Gekreuzigten, als stünden sie auf Golgatha unter dem Kreuze. Johannes that dasselbe 1. Joh. 2, 2. und 3, 16. die Alten sangen: O Welt sieh hier dein Leben, am Stamm des Kreuzes schweben. Das ist der erhabenste Gedanke, der allen andern vorgeht. Es ist wohl eine große Idee, wenn Gott spricht: Es werde Licht. Aber es ist lange nicht das: **Und Jesus verschied** — Er gab seinen Geist auf ꝛc. Da bebte die Erde, Felsen spalteten, der Vorhang zerriß.

Der Eindruck seiner Liebe, wie sie sich am Kreuze zeigte, währt bei wahren Jüngern Jesu nicht nur sieben Wochen, sondern er ist unauslöschlich und unveränderlich, er geht mit ihnen, wo sie geben und stehen, und begleitet sie in alle Geschäfte. „Eine größer Liebe hat niemand, als Er — der das Leben für uns ließ!" so scholls unaufhörlich im Herzen.

Wenn wir sagen: Laßt uns Ihn lieben, den Er hat uns zuerst geliebt, und man fragt uns: worin besteht denn seine Liebe? so ist die Antwort: **Er hat sein Leben für uns gelassen.** Womit beweisen wir selbst die Liebe des Vaters? Antwort: daß der Vater den Sohn, und der Sohn sich selbst für uns hingegeben hat. So auch der heil. Geist, und die ganze heil. Dreieinigkeit beweißt und preiset die Liebe zu uns dadurch daß Jesus sein Leben gelassen, für uns gestorben ist, da wir noch Sünder waren.

14. **Ihr seyd meine Freunde, wenn ihr thut, was ich euch gebiete.** So gilt denn bei der Freundschaft Christi keine Heuchelei, kein Herr Herr sagen, sondern nur Glaube in Liebe thätig. Lauter liebhabende Seelen will der Heiland in seiner Freundschaft haben, die seinen Willen mit Freuden thun, blos weil sie Ihn lieben.

Der Heiland hat sie aber nicht zu Freunden erwählt, weil sie Ihn zuvor geliebet oder seine Gebote gehalten haben, als hätten sie oder müßten sie dadurch seine Freundschaft verdienen; sondern sie lieben und halten seine Gebote, weil Er sie erwählt und zu seinen Freunden gemacht hat.

Die Liebe oder die Haltung der Gebote macht uns nicht zu Freunden Gottes oder selig, sondern die Freundschaft Gottes macht uns lieben und seine Gebote halten. Wie Gott anfangs den Menschen gut und rein schuf, ohne daß er es vorher verdient hat durch Gehorsam, sondern weil er gut und rein geschaffen war, so mußte und konnte er gehorsam seyn. So werden wir durch Christum neugeschaffen und wiedergeboren zu Freunden Gottes, ohne daß wir es verdient haben. Aber weil wir neugeschaffen sind, so wandeln wir in seinen Geboten, um unsere Liebe und Dankbarkeit zu bezeugen. Wir können also die Freundschaft Gottes nicht verdienen, weil wir Liebe üben; wir können sie aber verlieren, wenn wir die Liebe nicht üben, durch Ungehorsam.

15. **Ich nenne euch nun nicht mehr Knechte, denn ein Knecht weiß nicht, was sein Herr thut; sondern Freunde nenne ich euch, weil ich alles, was ich von meinem Vater gehört habe, euch kund gethan habe.**

Der ist ja gewiß ein Freund, der einem andern alles sagt, was er weiß, alle Geheimnisse mittheilt. Sollte Christus nicht unser Freund seyn, der uns in sein und seines Vaters Herz hineinsehen läßt, und uns offenbaret, was Gott über uns für Gedanken des Friedens und der Liebe hat.

Das ist ein Trost für verzagte Gewissen, die sich mit Gedanken martern, wie Gott gegen sie gesinnt sey, und sich fürchten, wo nichts zu fürchten ist. Solche Gedanken will Jesus hiemit mit der Wurzel ausreißen. Kommt, sagt Er, kommt zu mir, eurem Freunde, der euch alles entdeckt, was Er in des Vaters Herz gelesen hat. Es steht lauter Gutes für euch darin geschrieben.

16. **Ihr habt mich nicht erwählt, sondern ich habe euch erwählt.** Damit ihrs wisset und nicht stolz darauf seyd; es ist nicht euer Verdienst, daß ihr meine Freunde seyd; ich habe euch gerufen, ehe ihr mich gebeten, oder mir etwas gethan oder es verdient habt. Ihr hättet mich nie gefunden und nie gesucht, wenn ich nicht euch gesucht hätte. Ihr solltet euch gar nichts zuschreiben, auch nicht die allererste Regung

und Neigung, mir anzugehören. Ihr habt alles von mir. **Ich habe euch gesetzt, und tüchtig gemacht, daß ihr hingehet und Frucht bringet, und daß eure Frucht bleibe;** wenn es also gelingt, und ihr viel Gutes schaffet, so denket daran, wer euch dazu erwählet, bestimmt, und tüchtig gemacht hat; schreibt es nicht euch selbst, sondern der euch verliehenen Gnade zu. Und wenn euch irgend etwas fehlt, oder wenn ihr stecken bleiben wollet, so ist schon gesorgt; ich habe schon die Einrichtung getroffen, **daß euch der Vater alles gebe, was ihr Ihn immer in meinem Namen bitten werdet.**

Nun mag sich alle Welt ihrer Verdienste rühmen. Hiemit hat Er ihr und allen falschen Heiligen allen Ruhm und alles Verdienst rein abgeschnitten, womit sie so viel verdienen, sich Gott versöhnen und Ihn zum Freunde machen wollen. Denn was thun sie anders, als daß sie die ersten seyn und mit ihren Verdiensten Gott vorspringen wollen; Gottes Gnade aber soll ihren Verdiensten nachlaufen. Er soll und darf es nicht seyn, der sie erwählt; sie wollen sich die Ehre geben, daß sie Ihn erwählen und sich rühmen können, sie hätten Ihm so viel vorhergegeben und gethan, das Er ihnen vergelten müßte.

Welches sind aber die bleibenden Früchte, die ein vom Herrn gesetzter Lehrer, Prediger ꝛc. bringen soll? „Diese, antwortet ein tüchtiger Meister der Schrift, daß er Gottes Reich mehret, den Himmel mit Heiligen füllet, die Hölle plündert, den Teufel beraubt, dem Tode wehret, der Sünde steuert, dann die Welt unterrichtet und tröstet, jeden in seinem Stande daß er Friede und Einigkeit erhält, ein fein jung Volk aufzieht, und allerlei Tugend im Volke pflanzet, und kurz, er schafft eine neue Welt und bauet nicht ein vergänglich, elendes Haus, sondern ein ewig schönes Paradies, wo Gott selbst gern wohnt. — — Darum ist kein Goldberg, noch Silberberg in einem Lande diesem Schatze zu vergleichen."

17. **Das gebiete ich euch, daß ihr einander liebet.** Das ist das Gebot, das Ihm am meisten am Herzen liegt, das Er am öftersten wiederholt. Das binde ich euch noch einmal ein, daß ihr euch das Liebhaben gesagt seyn lasset; daß ihr einander nicht verfolget, beißet und fresset über dem Glauben; sondern Glaube und Liebe müssen schwesterlich Hand in Hand mit einander gehen. Von der Welt aber sollt ihr keine Liebe erwarten. Befremdet euch daher nicht. 18. **Wenn euch die Welt haßt; So wisset, daß sie mich vor euch gehasset hat.** Durch Undank und Haß der Welt soll sich kein Christ überwinden und irre machen lassen, sondern es soll ihm vielmehr zum Beweise dienen, daß er Christo angehöre, eben weil ihn die Welt haßt. Wenn wir also den Haß der Welt fühlen, so laßt uns ihn verachten und sagen; Was ist das Neues? Hat sie es doch dem Herrn auch so gemacht.

19. **Wäret ihr von der Welt,** wäret ihr falsche Prediger, Schmeichler und Heuchler, die den Mantel nach dem Winde hängen, die die Ehre bei Menschen mehr lieben, als die bei Gott, **so würde euch die Welt als das Ihre lieben,** euch auf den Händen tragen, euch sammetne Polster unterlegen, euch Sterne und Orden umhängen, euch als Menschenfreunde rühmen; rc. **aber weil ihr nicht von der Welt seyd,** weil ihr die Wahrheit predigt, **und weil ich euch von der Welt auserwählt habe,** weil ihr mir angehöret und meinen Namen vor die Menschen traget, **darum hasset euch die Welt.**

Die Welt ist wie das Meer; wer ihr abgestorben ist, den wirft sie aus; aber wohin? In Gott. Was ist aber daran gelegen, wenn man in dieser Fremdlingschaft von den Fremden und Gottlosen gehaßt wird? Gott, Christus und all die Seinigen sind für uns, sind unsere Freunde. So mag die Welt immer Feind seyn.

20. **Gedenket an das Wort, das ich euch gesagt habe: Der Knecht ist nicht größer, und** muß es nicht gemächlicher haben wollen, **als sein Herr. Haben sie mich verfolgt, so werden sie auch euch verfolgen.**

Entweder muß man sich nicht für Christi Diener ausgeben wollen, oder man muß sich sein Kreuz gefallen lassen. Ein guter Knecht will nicht hinter dem Ofen sitzen, während dem sein Herr in Lebensgefahr ist; sondern er wagt sein Leben für seinen Herrn und spricht: Wo mein Herr bleibt, da will ich auch bleiben. Es schickt sich nicht, daß das Haupt eine Dornenkrone trägt, und die Glieder auf sanften Polstern ruhen.

Verfolgung kann und darf also bei einem wahren Diener nicht ausbleiben, weil es Christus bestimmt voraus gesagt hat, die Seinigen werden, wie Er, verfolgt werden. Man soll und darf sie zwar nicht suchen; sie kommt schon selbst, man darf nur Christum unzerstückelt predigen oder bekennen, in seine Fußstapfen treten, und Ihm ähnlich wandeln.

Wo keine Verfolgung ist, da liegt die Schuld an denen, die das Evangelium nicht erwecken, sondern im Staube liegen lassen und ihr eigenes Gesetz, und was ihnen und den Leuten gefällt, her deklamiren. Würde aber das Evangelium mit Ernst verkündigt, so würde auch der Satan und die ganze Welt sich dagegen empören. Was von Gott kommt, kann die Welt nicht dulden. Der sprechendste Beweis ist Christus, der das Größte, Beste und Liebste war und ist, was Gott der Welt gesendet hat, und doch hat Ihn die Welt nicht aufgenommen, sondern greulicher verfolgt als alle, die je von Gott gekommen sind. Darum ist offenbar, daß alle die, welche von der Welt nicht nur nicht verfolgt, sondern geliebt, gelobt und geduldet werden, nicht von

Gott, nicht von Christus gesendet sind; weil Christus dieses den Seinigen, die von Ihm kommen, zum Zeichen mitgegeben hat, daß sie, wie Er, verfolgt werden. Das müßte viele, die so ruhig in ihrem Neste sitzen, und von der Welt gelobt, geliebt und gepriesen werden, unruhig machen und zur Besinnung bringen, wenn sie es recht bedächten, und der Stimme und Zucht des heiligen Geistes Raum gäben. Aber wer glaubt unserer Predigt? Jesaias. 53, 1.

— **Wie sie mein Wort gehalten haben, so werden sie auch das eure halten.**

Mein Wort hat viel Widerspruch gefunden, und ist von den Wenigsten angenommen worden; so wird auch das eure nicht allenthalben Beifall finden. Man wundere sich also gar nicht, daß sich nicht alle Zuhörer sogleich bekehren auf unsere Predigten; haben sie doch auf Ihn nichts gegeben, und wenn sie heute ein wenig gerührt wurden, so sind sie morgen wieder von Ihm weggegangen.

21. **Aber dieß alles werden sie euch thun um meines Namens willen**, weil ihr den vor der Welt bekennet. Das muß die Knechte Gottes trösten in ihren Verfolgungen, **weil sie**, die Verfolger, **den nicht kennen**, den sie in seinen Knechten verfolgen, **der mich gesandt hat.** Sie sind mit Blindheit und Wahnsinn geschlagen; man darf sich darüber nicht erzürnen; sie sind genug gestraft. Sie sprechen wohl: Wir kennen Gott; aber sie kennen Ihn nicht als den, der Jesum gesandt hat. Den **Sender** kennen sie nicht; als den kennen sie Ihn nicht, wie Er sich durch Christum und das Evangelium predigen läßt, daß Er seinen Sohn gesandt und der Welt als den Heiland geschenkt habe, und mit Ihm alles. Das wollen sie und können sie nicht hören; das erregt Haß und Zorn in ihnen, und weil sie jetzt nicht mehr auf Gott und Christum schlagen können, so schlagen sie auf seine Knechte, die Ihn also predigen. Aber was können sie dafür, daß sie

Ihn nicht kennen? Ja freilich sind sie selber schuld; denn

22. **Wenn ich nicht gekommen wäre, und zu ihnen geredet,** ihnen den Rath und Willen Gottes von ihrer Erlösung durch mich nicht geoffenbaret hätte, **so hätten sie keine Sünde; nun aber haben sie keine Entschuldigung für ihre Sünde,** daß sie Christum und sein Wort verfolgen. So können sie nicht sagen: Wir haben es nicht gewußt. Es steht auch in ihrer Bibel. Sie wollen muthwillig blind und unwissend seyn und bleiben.

Haben also die Juden gar keine Sünde gehabt, daß Er sagt: Wenn ich nicht gekommen wäre, so hätten sie keine Sünde? ja freilich; Sünden hatten sie genug; aber die alle hätten ihnen nicht geschadet, die alle hätten sie nicht verdammt, die alle wären ihnen vergeben und gar nicht angerechnet worden, wenn sie Christum angenommen hätten. Das war ihre einzige Sünde, die sie verdammt, weil sie Jesum nicht hörten, nicht annahmen, als ihren Heiland. Das ist und bleibt die Sünde aller Welt, auch der heutigen Christen, daß sie die Sünden-Vergebung durch Christum nicht glauben wollen. Diese Sünde verdammt sich selbst, weil man sich nicht will selig machen lassen.

23. **Wer mich haßt, der haßt auch meinen Vater.** Man haßt die Sache, nicht nur meine Person. Wenn sie gleich sagen: Gott sey ihr Vater, so können sie Ihn doch unmöglich lieben, da sie mich nicht lieben.

24. **Hätte ich nicht die Werke gethan, die kein anderer gethan hat, so hätten sie keine Sünde. Nun aber haben sie dieselben gesehn, und hassen doch mich und meinen Vater.** 25. **So muß aber das Wort erfüllt werden, das in ihrem Gesetze geschrieben steht: Sie hassen mich ohne Ursache.** Die Wahrheit sehen, und doch nicht glauben, sondern sogar hassen, ist der höchste Grad von Bosheit und

Unseligkeit; so wie nicht sehen und doch glauben, und lieben die unsichtbare Liebe, der höchste Grad von Seligkeit auf Erden ist. Wie aber die sehenden und doch ungläubigen, doch hassenden Juden keine Entschuldigung hatten, so haben auch die hörenden und doch nicht glaubenden Christen keine.

Das heißt Gott und Jesum Christum hassen, wenn man Ihm nicht gehorcht, sich der Aufrichtung seines Reiches in sich und andern widersetzet, oder sein Wort, seine Anordnung nicht liebt. Gott hassen, ihn ohne Ursache hassen, welch ein entsetzliches Laster. Wer könnte auch Ursache haben, Gott zu hassen, der die Liebe selber ist, der uns so sehr liebt? Aber in der Sünde ist weder Vernunft noch Gerechtigkeit.

Man will den Namen zwar nicht haben: Gotteshasser, Gottesfeind; aber in den Werken übt man es doch. Und auf diese Weise hassen auch viele Christen Gott und Christum, indem sie sich überall mit Eifer und Wuth entgegensetzen, wo sich etwas von dem Reiche Christi und Gottes zeigt.

26. **Wenn aber der Tröster kommen wird, welchen ich euch vom Vater senden werde, der Geist der Wahrheit, welcher vom Vater ausgeht, so wird er von mir zeugen. 27. Und auch ihr werdet von mir zeugen, weil ihr von Anfang an bei mir gewesen seyd.**

Da steht, was das eigentliche Amt des heiligen Geistes bei den Gläubigen ist, bei denen, die durch seine Predigt schon gläubig geworden sind, bei denen Er nicht mehr nöthig hat, zu überzeugen, sondern ihnen zeugen hilft. Zuerst hat Er sie überzeugt; nun gehen sie hin und überzeugen andere Leute; und Er giebt Zeugniß mit ihnen, attestirt es ihnen, drückt das Siegel auf ihren Brief und ihr Zeugniß, und spricht: Ja, Amen; sie haben Recht; es ist wahr.

Es giebt zwei unzertrennliche Zeugen Jesu Christi in der Kirche; diese sind: sein Geist und sein Wort;

oder sein Geist, der innerlich wirket, und sein Geist, der durch den Mund der Apostel und Diener des Wortes redet. Was sie zeugen sollten und gezeuget haben, findet man in ihren Schriften ausführlich.

---

## Das XVI. Kapitel.

(Fortsetzung)

---

1. **Dieß habe ich zu euch geredet,** zu eueer Verwahrung und Stärkung, **damit ihr euch nicht ärgert;** denn wenn ihr sehen und wahrnehmen werdet, daß euch die Welt, und besonders die zur Welt gewordene Christenheit, die diesen Namen mißbrauchet, hassen und verfolgen wird, so könntet ihr angefochten werden, entweder zu zweifeln, ob euer Glaube der rechte sey, oder ungeduldig und verdrossen werden, und denken: Ich lasse es nun wohl gar bleiben; ich will nun auch glauben, und leben, wie die andern, so habe ich Friede. Hatte doch selbst der Prophet Jeremias mit dieser Anfechtung zu kämpfen.

2. **Sie werden euch in den Bann thun,** euch als ein unnützes, gefährliches und verdammtes Glied ausschließen (excommuniciren) aus ihrer Kirchen-Gemeinschaft. Das kann schwere Anfechtungen erzeugen, daß man denkt: Soll ich allein aufstehen wider dein Volk? denn sie haben ja deinen Namen, dein Gesetz und deine Verheißung! Solche und ähnliche Gedanken bestürmen das Herz. Aber dagegen kann mich aufrichten, womit sich Paulus tröstete: **Es sind nicht alle Israeliten, die so heißen,** es ist ein großer Unterschied zwischen dem Namen und dem Wesen. Sie haben wohl den Namen und den Ruhm als Gottes Volk; aber sie machen es so bunt, daß Gott sagen muß: **das ist nicht mehr mein Volk;** sondern das nicht

mein Volk heißt, zu dem soll man sagen: Ihr seyd Kinder des lebendigen Gottes. Röm. 9.

Ja, wie kann ich aber erkennen, welches das wahre Volk Gottes ist, und welches es nicht ist? diesen Unterschied wird dir Christus selbst zeigen. Vers 3. Die sind die Seinigen nicht, die weder Ihn noch den Vater kennen, welche nicht bei seinem Worte und in seiner Liebe bleiben.

— **Ja, es kommt die Stunde, wo jeder, der euch tödtet,** aus blindem Religions-Eifer und falschem Wahne der Orthodoxie, **meinen wird, Gott dadurch einen Dienst zu thun,** und Gott ein angenehmes Opfer darzubringen, wie es dem Saulus ging. So weit steigt das **Meynen**, daß die vorzüglichsten Christen und Apostel des Herrn der Welt als die größte Plage erscheinen, und wenn dieselben weggeräumt wären, so wäre der Welt geholfen, und Gott im Himmel erfreut.

Diese Stunde, wo man meint, es sey eine Art Gottesdienst, die Wahrheit und die Zeugen der Wahrheit zu verfolgen, diese Stunde ist gekommen, sie ist, und wird erst mit dem Ende der Welt aufhören. Darum darf die Geduld bis dahin auch nicht aufhören. Man hofft immer, die Bosheit und Feindschaft der Wahrheit müsse gestürzt und die Unschuld siegend werden. Aber man irrt; die Zeit mit ihrem ganzen Umfange und ihrer Dauer ist die Stunde der Welt; die Stunde der Christen ist die Ewigkeit.

Es ist schwer, sich von denen, die sich Diener der Religion nennen, als einen Gottlosen, als ein verpestendes Glied, das die Kirche ansteckt und verdirbt, ansehen und behandeln zu lassen. Das ist oft ein weit schrecklicherer Tod, als der Tod des Leibes.

Vergebens schmeicheln sich die Verfolger mit der Reinheit ihrer Absicht, und mit ihrem Religionseifer, wenn sie fromme Leute mit Feuer und Schwert verfolgen, und entweder von eigenen Vorurtheilen verblendet oder von Anderen eingenommen worden sind, weil sie nichts unpartheyisch untersuchen. Man meint oft Gott einen Gottlosen zu opfern, indem man dem Teufel einen Diener Gottes opfert *)

Die Quelle dieser Verkehrtheit ist, wie folgender Vers sagt, die Unwissenheit, und der Mangel, an wahrer Erkenntniß Gottes und Christi, welches auch schon eine Strafe anderer Sünden seyn mag. Wenn man einmal das Licht, das im Evangelio leuchtet, verworfen oder auf die Seite gelegt hat, so kann man alle Sünden begehen. Die Finsterniß, die dann im Herzen sich ausbreitet und herrscht, treibt das arme blinde Herz in die größten Verbrechen hinein und macht dem Verstand weiß, daß man Gott damit diene, und daß er einem noch Dank dafür wissen müsse. Man glaubt dem Lichte zu folgen, und hat doch seine eigene Finsterniß zum Wegweiser.

3. **Und dieß werden sie euch thun,** aus blindem Eifer, **weil sie weder den Vater noch mich kennen,** und keinen Begriff und Verstand von der Sache haben. Darum kann man zur Zeit der Verfolgung wenig oder gar nichts sagen. Wenns zum Leiden kommt, so sinds gewöhnlich nicht die Leute, die einem auf die Fersen gelauert und die Verfolgung auf einen gebracht haben, sondern es sind nur die, welche den Willen derselben ausführen müssen. Darum kann man nicht herzlich und freundlich genug mit den Leuten umgehen, damit man ein Zeugniß in ihren Herzen zurücklasse, das ihnen mehr predigt, als zehn Predigten. So hats der Heiland gemacht; Er hat mit dem Hohenpriester vorsichtig und ernstlich geredet, als mit einem Feinde, mit dem Pilatus erst höflich, denn nichts, als mit einem gleichgültigen Manne. Da es aber zum Leiden kam,

*) Die spanische Inquisition hat seit ihrem Entstehen vom Jahre 1481 bis 1808 nicht weniger als 34358 Christen verbrannt in Person, und 10049 im Bilde: 288214 aber auf die Galeeren geschickt und in Gefängnisse geworfen.

hat er öffentlich erklärt, daß die Leute unschuldig seyen und nicht wissen was sie thun. Dadurch hat Er einen guten und keinen bittern Eindruck hinterlassen, so daß der Hauptmann sagte: das ist ein rechtschaffener Mann, ja ein göttlicher Mann! Unter den Märtyrern haben sich einige nicht nach diesem Beispiele des Heilands betragen, sondern aus übertriebener Begierde nach der Märtyrer-Krone die Geduld derer, die die Befehle ihrer Verfolger exequirten, und es oft ungerne thaten, so lange geübt, bis sie aufgebracht, und aus mitleidigen Menschen bittere Verfolger wurden.

4. **Aber ich habe euch dieses gesagt, damit ihr wenn die Stunde kommt, euch daran erinnert, daß ich es euch gesagt habe.**

Die Wahrheit bringt zu ihrer Zeit Frucht, ob es gleich scheint, sie sey vergebens, wenn man sie gerade vorträgt. Das heißt seine Freunde zur Unzeit schonen, wenn man ihnen betrübte Wahrheiten verbergen will, die sie doch wissen müssen. Jesus sagt es gerade heraus, damit man bete, wache, und weder sich noch der Welt traue.

Die Welt muß viel versprechen, (ich will nicht sagen, ob sies hält) wenn sie es auch hält, und mehr thut, als was sie versprochen hat; so langts nicht hin, gegen den, der nicht nur hier nichts Reizendes verspricht, sondern Leiden, Druck, Schmach, Armuth, Verfolgung und Tod um seines Namens willen verspricht und voraus sagt.

Das ist das Salarium, der Lohn, wobei ein wahrer Knecht des Herrn so ruhig und vergnügt ist, und weniger Gedanken hat, seinen Herrn zu verändern und in andern Dienst zu gehen, als wenn man sonst bei einem Herrn wäre und genösse alle Herrlichkeit und Reichthümer der Erden. Das kann keiner glauben, als ders erfahren hat. Es ist dieß eine Sache, die wider alle Natur ist, die allen andern Methoden entgegen ist, daß man sich nicht drein finden kann, es sey denn daß man Gnade habe. Man kann niemand durch Gründe dazu bereden — oder wenn auch, so hilft doch alles nichts, sobald Proben kommen. Wenn aber der Heiland eine Seele faßt, sie einen Blick in sein Herz, in seine Versöhnung thun läßt und sie etwas am Herzen davon erfährt, dann ist man sein Eigenthum und spricht wie Paulus Röm. 8, 38.

5. **Anfangs hab ich euch das nicht gesagt** — weil es noch nicht Zeit und nicht nöthig war — **weil ich bei euch war. Nun aber gehe ich hin zu dem, der mich gesandt hat; und da fragt mich niemand,** (**keiner von euch**): **wo gehst du hin?** 6. **Sondern weil ich dieß zu euch sagte, hat Traurigkeit euer Herz erfüllt.**

Jesus hat es gern, daß man ihn frägt, besonders in Traurigkeit, um sie wegheben zu können. Wir haben Ihn nicht mehr sichtbar, aber in Worte und im Herzen, daß wir Ihn doch fragen und hören können. Er stellt sich uns selbst im Gebete dar, um uns zu antworten.

7. Ich sage euch die Wahrheit: **Es ist euch gut, daß ich hingehe**: Mein Scheiden ist vortheilhafter und besser für euch, als mein Bleiben. An meinem Hingange ist alles gelegen; **denn wenn ich nicht hingehe**, sondern bei euch bleibe, wie bisher, **so kommt der Tröster nicht zu euch; wenn ich aber hingehe, so will ich ihn zu euch senden.** Mein Reich kann nicht anfangen, und der heilige Geist, der es aufrichtet in den Herzen, kann nicht eher gegeben werden, ehe ich durch Leiden, Tod und Grab in meine Herrlichkeit eingegangen bin. Wenn ich nicht leiden und sterben würde, so bliebet ihr, wie ihr seyd, und alles bliebe im alten Wesen, die Heiden in ihrer Blindheit und die Juden unter dem Gesetze. Aber mein Gang durch Blut und Tod und Grab wird alles neu machen, wird eine andere Welt schaffen, indem ich dadurch den heiligen Geist, den die Menschheit durch ihren Fall verlo-

ren hat, ihr wieder zuwege bringe, erwerbe und schenke, der die Gestalt der Erde erneuern und ganz andere Leute aus euch machen wird.

Darum müßt ihr mich nun gerne gehen lassen, diesen Gang, den ich nach dem liebevollen Rathschlusse Gottes gehen muß. — Da sieht man, durch wessen Verdienst der heilige Geist gegeben wird. Sonst hätte man gedacht der heilige Geist wäre es schuldig.

8. **Und wenn derselbe kommt, so wird Er die Welt strafen**, überweisen, überzeugen,

a. **von der Sünde.**

b. **von der Gerechtigkeit.**

c. **von dem Gerichte.**

Die Predigt des heiligen Geistes besteht also in drei Theilen.

a. Die erste Materie, davon der heilige Geist predigt, ist die **Sünde**, und der **Glaube**, denn Er setzt die **Sünde** darin: Vers 9. **daß sie nicht glauben an Jesum.**

Wir sind sonst sehr besorgt, daß wir nicht in Irrthümer fallen, und es ist recht; denn diese Zeiten sinds, in welchen auch die Auserwählten verführt werden könnten. Darum müssen wir sehen, daß wir den rechten Prediger hören. Wer ist der sicherste Prediger? der heilige Geist. *)

Der heilige Geist sagt: Es ist eine **Hauptsünde** in der Welt. Man hat große Bücher geschrieben von unerkannten Sünden; dadurch sind ein paar tausend Sünden mehr geworden. Der heilige Geist aber sucht eine Sünde aus allen zu machen. Und diese ist, **daß sie nicht an Jesum glauben.**

„Ach, sprichst du, ich bin verloren, verdammt u. s. w." warum denn? „Ach, ich bin ein Ehebrecher,

*) Jemand sagt: Wenn der heilige Geist unter der Predigt dir zum Herzen redet, und dir in deinem Herzen zu predigen anfängt, so laß den Prediger reden, was er will, und höre du dem heiligen Geiste zu. — Doch das soll nicht mißbraucht werden.

Hurer, Säufer, Lügner, Dieb, Mörder, oder das und das." Das ist wohl schlimm genug; aber darum mußt du nicht verloren gehen. Der Heiland hat die groben Sünder nicht verdammt, wenn sie an Ihn geglaubt haben. Er hat mit Zöllnern und Sündern gegessen; Er war gern in ihrer Gesellschaft; Er hat Zachäus vom Baume gerufen, den Schächer gleich vom Galgen weg mit sich in den Himmel genommen.

Das ist also die Sünde nicht, die dich verdammt. Der heilige Geist sagt; **das** ist die Sünde, daß du nicht an Jesum glaubest; diese verdammt dich. Den Augenblick, da du anfängst, an Jesum zu glauben, werden dir alle deine Sünden vergeben, und zugleich das Recht und die Macht geschenkt, heilig und selig zu seyn, als ein Kind Gottes. Da wirst du mit Christi Blut besprengt, und das wäscht dich nicht nur von den vorigen Sünden ab und rein, sondern es macht auch, daß du nicht mehr sündigen magst.

Glaube also an den, der die Gottlosen gerecht macht, so wird dir dein Glaube zur Gerechtigkeit gerechnet, so wirst du von der Sünde frei und Gottes Knecht, und hast zur Frucht, daß du selig und heilig wirst.

Die Predigt des Vaters war: **„das ist mein lieber Sohn, den höret;"** der heilige Geist hilft des Vaters Gebot durchsetzen, daß alle an den Namen seines Sohnes glauben und alle Kniee sich vor Ihm beugen sollen. Der heilige Geist hat ein Paar tausend Jahre vorher gesagt, was der Schöpfer thun, und wie Er sein Geschöpf erlösen wolle. Da es nun wirklich geschehen und der Heiland heimgegangen ist, so predigt Er in aller Welt, daß es ein Todsünde sey, nicht an den Heiland zu glauben, und sich nicht vor dem Namen beugen, der allen Menschen gegeben ist, in dem sie selig werden können.

Was nun Lehrer und Zeugen in der Welt sind, die müssen des heiligen Geistes Kanzelsprache brauchen, so wie der Vater im Himmel: „**den sollt ihr hören.**" Darum sagte Paulus, er und die übrigen Apostel wären gesandt, eine Oekonomie des Glaubens an Jesum aufzurichten; das sey die Summe aller Theologie: **Glaube an den Herrn Jesum, so bist du selig.** Ist das alles? Ja! weiter nichts? Nein; und wers nicht glauben will, dem hilft aller ander Glaube nichts; der Zorn Gottes bleibt über ihm.

Die kürzeste Arbeit ist, den Leuten zu sagen: daß ein Heiland ist, der sie selig machen will, und das Beweisen und Demonstriren dem heiligen Geiste zu überlassen; denn wen der nicht davon überzeugt, den werden wir nicht davon überzeugen. Und wenn jemand glaubt und überzeugt wird durch unsere Predigt, so hat der heilige Geist seine Arbeit mit unserer Predigt zugleich gethan; Er hat den Glauben gewirkt im Herzen. Dem heiligen Geist, nicht unserer Predigt haben wir es zuzuschreiben, wenn unsere Predigt, unser Zeugniß jemanden willkommen ist. Der heilige Geist überzeugt den Menschen von der Sünde, und daß die Sünde darin besteht, nicht zu glauben an Jesum, und daß das Herz zu keiner Ruhe und zu keinem Frieden kommen kann, bis es an Jesu Wunden glaubt, die eine ewige Erlösung erfunden haben. Darum ist auch kein Mensch in der Welt selig, vergnügt und ganz, der nicht an Jesu Blut und Tod glaubt.

Der zweite Theil der Predigt des heiligen Geistes handelt

**10. Von der Gerechtigkeit, weil ich zum Vater gehe, und ihr mich nicht mehr sehen werdet.**

Was ist die Gerechtigkeit? Ein Mensch, der nichts Böses thut, der fromm und unbescholten lebt, ist der gerecht? Nein, die Gerechtigkeit, spricht der Heiland, ist, daß ich zum Vater gehe. Mein Erscheinen vor dem Angesichte Gottes für euch, ist eure Gerechtigkeit. Hebr, 9, 24.

Wenn der Satan kommt und sagt; Wo hast du deine Gerechtigkeit, deine Frömmigkeit, Unschuld? Du bist ein armer Mensch; unter seinen Heiligen ist keiner ohne Tadel, die Himmel sind nicht rein vor Ihm; wie willst du bestehen? so antwortet man ihm: Warte, ich will dir sagen, was meine Gerechtigkeit ist: Jesus Christus ist meine Gerechtigkeit, der sitzt zur Rechten Gottes und vertritt mich. Wer will mich scheiden von der Liebe Gottes? u. s. w. Gott ists, der mich **gerecht** macht, wer will verdammen? Christus ists, der für mich gestorben u. s. w. Röm. 8. das ist meine Gerechtigkeit, daß ich nicht habe meine Gerechtigkeit, die aus dem Gesetze, sondern die aus dem Verdienste Christi kommt, die Gott dem Glauben zurechnet. Phil. 3. Christus ist mir gemacht zur Gerechtigkeit. 1. Kor. 1, 30. Ich bin gerecht durch Jesu Wunden. 1. Petr. 2, 24. So siehts aus mit unserer Gerechtigkeit. Die Sünden lassen wir nicht darum, daß wir dadurch den Himmel verdienen oder Gott versöhnen, und uns Ihm wohlgefällig machen wollen. Ohne **Glauben** ists unmöglich, Gott zu **gefallen.** Warum sind wir denn also fromm und gerecht? Weil wir es seyn dürfen, weil wir die Gnade haben, weil es uns eine Seligkeit ist; wir erschrecken vor der Sünde; wir sind der Sünde feind, hassen sie wie eine Schlange.

Der dritte Theil der Predigt handelt;

### 11. von dem Gerichte.

Da antwortete der Heiland auf eine Einwendung. Man könnte sagen: muß nicht der Gerechtigkeit Gottes ein Genüge geschehen? Muß Gott nicht gerecht richten? Ja allerdings; es ist auch ein großes Gericht ergangen. Was ist das für ein Gericht? **Der Fürst dieser Welt ist gerichtet** durch Christi Tod und Hingang, daß man nun nicht mehr nöthig hat, ihm zu dienen und mit den Wölfen zu heulen, weil man in dieser Welt ist. Nein, der ist abgewiesen mit seinen angemaßten Rechten; er hat den Prozeß verloren; man kann ihn nun leicht unter die Füße bringen; er vermag nichts mehr gegen die Christen. Ja, warum kommen denn die Leute nicht alle in den Himmel? Sie haben sich selbst zu Knechten des Teufels gemacht; sie wollten Jesum nicht; sie sind Ihm feind.

Es sind nur zwei Plätze; der Himmel, wo das Reich Jesu offenbar ist, wohin alle diejenigen kommen, die Ihm angehört haben; und die Hölle, die gehört für den Satan.

Die Menschen-Hölle ist ausgelöscht am Stamme des Kreutzes, durch das Blut Jesu. Wer des Teufels seyn will, ist beim Teufel zu Hause, gehört in sein Reich. Ein solcher Mensch, ist nicht, wo er seyn soll, nicht an dem Orte, der für die Menschen gehört. Denn die Menschen gehören eigentlich, weil sie erkauft sind, ins Reich Jesu.

Wir haben also nur dahin zu sehen, daß wir zum Hause Gottes gehören, daß wir nicht mehr fremd im Hause sind, damit uns der Satan nichts mehr thun darf, daß er nicht aus Ursachen sagen darf: Ihr gehört nicht hierher; den und den kenne ich wohl; aber wer bist du? Wenn man dann nicht sagen kann: Ich bin von neuem geboren, das Blut Jesu hat mich rein gemacht von Sünden; dann wird man angefallen. Aber wenn man des Heilands wirklich eigen wird, und in seinem Reiche unter Ihm lebt und Ihm dient, im Hause aus und eingeht, ein Recht hat zu seinem Herzen, da ist alles stille; da ist man gleich frei; denn man hat das Siegel Gottes an seiner Stirne, das alle böse Geister fliehen. Dann hat der Satan gar nichts an uns.

Die Anfechtungen, die Versuchungen, die auf den Satan geschoben werden bei Kindern Gottes, sind oft Mißverstand; denn was dem Heiland begegnete, das war verdienstlich; und was dem Apostel Paulus begegnete, war etwas Außerordentliches, und ist ein seltner Fall. Unter dem Satan stehen, sein seyn, das geschieht allein denen, die außer Christo sind; wenn man aber ein wahres Kind Gottes ist, so muß er einem vom Leibe bleiben, und darf einen nicht antasten. 1. Joh. 5, 18.

12. **Ich hätte euch noch vieles zu sagen, aber ihr könnt es noch nicht tragen**

Gott will nichts zurückhalten, sondern Er würde uns gern alles gleich offenbaren und mittheilen, wenn wir tüchtig wären, es auf einmal zu tragen und zu fassen.

13. **Wenn aber jener Geist der Wahrheit kommen wird, so wird er euch (den Weg) in alle Wahrheit leiten,** den die Vernunft nicht treffen kann. Das ist das doppelte Amt des heiligen Geistes; erst straft und züchtiget Er; dann leitet und führt Er, wie eine Mutter ihr Kind. Er ist der Lehrer der Wahrheit. Kein Mensch kann etwas wahres erkennen, ohne den heiligen Geist.

— **Denn Er wird nicht von sich selbst reden,** wie ein Mensch, der etwas erfindet von sich selbst, von Dingen, die er nicht gesehen noch erfahren hat, und selbst nicht weiß, woran er faselt, **sondern was Er hören wird,** was Er von mir und dem Vater empfangen wird, **das wird Er sagen.**

Also setzt er selbst dem heiligen Geist ein Ziel, daß Er nichts Neues, nichts anders reden und eingeben darf, als was Gottes Wort ist. Wenn nun der heil. Geist nicht von sich und aus sich selbst reden darf — Prediger! was willst denn du deine Predigt aus dir selber, aus deinen Kopfe schöpfen. Du solltest dich doch nicht schämen, es da zu holen und zu suchen, wo es der heil. Geist selbst nimmt — aus Jesu, bei Jesu und dem Vater.

**Und was zukünftig ist, wird Er euch verkündigen,** und sich also als einen göttlichen Geist erweisen, der in die Zukunft hinein sieht, und euch hineinsehen läßt.

Der heilige Geist ist an der Stelle Jesu bei uns; denn nachdem der Heiland einmal sichtbar da war, so geht uns freilich etwas ab; (seine sichtbare Gegenwart nämlich) aber allen Schaden ersetzt uns, und alles Nothwendige giebt uns an Jesu Stelle der heilige Geist, auf den unser Geist horcht, mit dem er redet, umgeht und unter dessen Leitung er steht, und so wird der Geist der ganzen Gemeine von Ihm regiert; und wenn sich ohne Ihn in der Gemeine etwas Fremdes mit der Stimme erheben will, so ist es eben so, als wenn ein Panterthier eines Kindes Stimme nachäffen will; es verräth sich durch ein gewisses Meckern, und man kann leicht merken, daß es ein nachgemachter, affektirter Geist und nicht der Schüler des heiligen Geistes sey.

Alle Partheien und Sekten, alle Sprecher und Schwätzer wollen den heiligen Geist und deswegen Glauben an ihr Wort haben. Wenn man sich aber an diese Worte Jesu hält, „Er wird nicht von sich selbst reden" so kann man sie alle zurückschlagen, sie mögen lehren, was sie wollen. Kommt dir also Einer und spricht dir etwas vor als eine Lehre oder Offenbarung des heil. Geistes, so vergleiche es nur mit dem Worte Christi, und streiche es an diesem Prüfstein, der dir in diesem und folgenden Verse: „**Von dem Meinigen wird er es nehmen,**" von Christo selbst in die Hand gegeben wird. Stimmt es mit Christo überein, so ist es der rechte Geist Christi, wo nicht, so sprich zu ihm: du bist nicht der heilige Geist, sondern der leidige Teufel. Der rechte Geist redet und lehret nichts von ihm selber, nichts anderes, als was er von Christus hört und nimmt, nichts anderes, als was Christus gelehrt hat.

14. **Er wird mich verherrlichen,** verklären in den Herzen der Menschen, Er wird mich in meiner wahren Gestalt bekannt machen, wie ich eigentlich bin.

Es ist dem Heilande nicht einerlei, wie Er den Leuten bekannt ist; wenn Ihn die Leute nur so nebenbei ansehen, als einen Mittler zwischen Gott und den Menschen, und vergessen, daß Er der ist, der die Welt geschaffen hat, und daß alles in Ihm besteht; da haben sie die rechte Erkenntniß nicht von Ihm; denn Er ist unser Gott, Er hat uns gemacht, und nicht wir selbst. **Gott** ist offenbart im Fleische. 1. Tim. 3, 16.

Aber wenn man den Leuten den Heiland noch so groß vor mahlte, und sie im tiefsten Respekte von seiner Majestät und Schöpfers-Macht ständen, so ist es doch noch nicht die rechte Verklärung. Die wahre Verklärung oder Deutlichmachung Jesu Christi ist, wenn Er Ihn den Seelen als Versöhner in seiner Kreuzgestalt darstellt, wenn Ihn die Seelen sehen, als wäre Er vor ihren Augen gekreuziget. Gal. 3, 1. Denn sobald Ihn eine Seele so erblickt, so gewinnt sie Ihn lieb, so ist sie von Stund an zu Ihm bekehrt.

Wenn die Leute die ganze Bibel auswendig kenneten, wenn sie alle Geheimnisse wüßten, alle Erkenntnisse hätten, allen Glauben besäßen, und wären das Erstaunen aller Menschen; wenn sie aber über das Wort vom Kreuze weggehen, wenn das nicht in ihrem Herzen eingedrückt ist, und nicht aus allen ihren Reden und Handlungen klar ist, daß das ihr Hauptgrund ist, so ist gewiß, daß sie den heiligen Geist nicht haben.

Der Heiland hat selbst von seinem Leiden und Sterben so geredet: Ich werde ein Feuer anzünden auf Erden; aber ich muß mich zuvor noch taufen lassen, übergießen lassen mit allem Zorne Gottes, der aufs menschliche Geschlecht hätte kommen sollen. Und das ist Ihm wiederfahren am Kreuze, am Oelberge. Da hat Er alle Fluthen des Zornes Gottes über die Sünden an seinem Leibe erfahren. Das war seine Kreuzes-Leidens- und Todes-Taufe, und von da an rechnet Er die Predigt und Wirkung des heiligen Geistes, oder des Feuers, das Er auf die Erde werfen wollte. Darum sagt Er auch: **Von dem Meinigen wird Er es nehmen, und euch verkündigen**; aus dem, was ich euch erwerben werde durch Leiden und Sterben, wird Er schöpfen, und euch und die ganze Christenheit damit versorgen. Dabei muß also die Bewegung, das Gefühl in der Seele ihren Anfang nehmen, daß Jesus für uns gestorben ist; der Gekreuzigte muß ihnen verklärt werden. Daran merkt man, daß die Hut und Predigt des heiligen Geistes an ihnen angefangen habe. „Er wird mich verklären, und von dem Meinigen nehmen." Wenn der Geist dir nichts von Jesu und zwar dem Gekreuzigten, von dem Seinigen von seinem Verdienste, Tode und Blute sagt, so ist er nicht der heilige Geist, nicht der Geist Jesu.

Die Hauptarbeit des heiligen Geistes ist also; uns täglich die Wunden Jesu verklären, und uns Jesushaft machen durch den täglichen Umgang mit Ihm, durch den lichten und klaren Blick in Ihn; denn man blickt nach dem Heiland nicht vergebens; man sucht Ihn nicht umsonst; es ist nicht nur so ein vorbeirauschendes Ding, das wieder wie ein Schatten verschwindet, sondern der Blick auf das verwundete Lamm fährt ins Herz hinein, und scheidet Seele und Geist, Mark und Bein, erleuchtet den ganzen Menschen, macht Leib und Seele licht.

15. **Alles was der Vater hat, ist mein:** (die Fülle der ganzen Gottheit ist in Ihm;) **darum habe ich euch gesagt, von dem Meinigen wird Er es nehmen und euch verkündigen.** Es kostet mich mein Blut und Leben, daher kommts. Es ist nicht nur, wie man einem so etwas sagt; nein, es geht alles durch sein Mittler=Amt. Durch Ihn gehen die Wirkungen des heiligen Geistes, aus dem Schatze seines Verdienstes. Was wir Kreaturen haben, davon können wir nicht sagen: das ist unser eigen, sondern wir müssen sagen; das ist Gnade und Geschenk Jesu, unsers Gottes. Wäre Christus nicht Gott und Eins mit dem Vater, so könnte Er nicht sagen: was der Vater hat ist mein, mein eigenes Gut; ich habe, was Er hat.

Und da der heilige Geist davon nimmt, so muß Er auch Eines Wesens mit Gott seyn; sonst könnte Er der Gottheit nichts nehmen.

16. **Nur noch eine kleine Weile, so werdet ihr mich nicht sehen**; ihr werdet mich bald aus den Augen verlieren; denn ich werde sterben und begraben werden; **aber** (es wehrt nicht lange, wenn der Heiland sich verbirgt,) **nach einer kleinen Weile werdet ihr mich wieder sehen, denn ich gehe zum Vater.**

Jesus verbirgt sich zuweilen vor seinen Geliebtesten und Vertrautesten, aber es währt nicht lange, wenn sie sich recht nach Ihm sehnen. Auch selbst das gegenwärtige Leben ist ja nur eine kleine Weile. Die Leiden wie die Freuden dieses Lebens sind so kurz, daß sie für nichts geachtet werden müssen gegen die ewigen endlosen Freuden und Leiden jener Welt.

17. **Da sagten einige von den Jüngern zu einander,** die diese Sprache gar nicht fassen konnten: was hat Er denn, **was ist denn das, daß Er zu uns sagt: Noch eine kleine Weile, so werdet ihr mich nicht sehen; dann wieder eine kleine Weile so werdet ihr mich sehen? Und: denn ich gehe zum Vater.**
18. **Was ist doch das, sprachen sie, daß Er sagt eine kleine Weile, wir verstehen gar nicht, was Er sagt.** Da verrathen sie sich recht, wie unangenehm ihnen diese Sprache vom Leiden und von der Kürze des Lebens war, die der Mensch nie verstehen will. Das ist sehr gewöhnlich, daß man sich, wenn man etwas nicht gern hört, so ausdrückt wie die Jünger hier: ich weiß nicht, was du sagst — ich verstehe dich nicht. Was hast du doch? Und wenn man sich recht deutlich erklärt, so heißt es: Ja, ja, ich versteh es wohl, aber ich will es nicht hören.

Der Demüthige und Redliche, wenn er etwas nicht versteht im Worte Gottes, frägt und lernt; der Hochmüthige und Unredliche nimmt Anlaß davon, es zu verachten oder zu verwerfen, oder gar zu murren und zu lästern.

19. **Da nun Jesus merkte,** was ihnen auf dem Herzen lag, und **daß sie Ihn fragen wollten,** sagte **Er ihnen** die Worte noch einmal vor: **Ihr fraget einander darüber, warum ich gesagt habe, noch eine kleine Weile, so werdet ihr mich nicht sehen, dann wieder eine kleine Weile, so werdet ihr mich sehen.** Jesus geht denen entgegen, die aufrichtig nach Wahrheit verlangen, und hilft ihnen aus ihren Zweifeln, Er kommt ihren Fragen zuvor, weil ihr Verlangen nach Wahrheit ein Herzens-Bedürfniß und Gebet ist, welches Gott allemal gnädig erhört.

20. **Wahrlich, wahrlich!** ich sage euch: **Ihr werdet weinen und wehklagen; aber die Welt wird sich freuen,** daß sie meiner los geworden. **Ihr werdet trauern.** Die Jünger waren wirklich zu der Zeit, da Er ihnen durch den Tod genommen war, herzlich betrübt; sie waren voll Furcht und Traurigkeit; sie schämten sich; sie durften sich nicht sehen lassen; sie verschlossen und verkrochen sich, wie Waisenkinder, wie Schafe ohne Hirten. Es war ihnen, wie einem Weibe in Kinds-Nöthen.

Ach wie frohlocket die Welt, wenn sie nur von Ferne riecht, daß es den Frommen und Gläubigen Uebel geht, und wie sorgen sie, daß es ja nicht verborgen bleibt, sondern allgemein bekannt werde, und, wo möglich im Abgrund der Hölle erschalle. Lieber Gott! was haben wir ihnen doch gethan! Kein Gold und Silber gefällt ihnen so sehr, kein Saitenspiel klingt ihnen so angenehm, kein Trunk schmeckt ihnen so wohl, als wenn sie fromme Christen in Unglück und Betrübniß sehen. Ja der Haß und die Rachgier der Welt ist so groß, daß sie keine rechte fröhliche Stunde haben kann, bis sie sagen kann: „Nun Gottlob! die Schwärmer, die Ketzer sind einmal weg; nun haben wir das Evangelium (oder nach ihrem Sinn, die falsche

Lehre, die Ketzerei) ausgerottet." Indeß haben sie keine Ruhe und es schmeckt ihnen doch keine Freude. Was nun die Welt erfreut, versetzt die Gläubigen in Traurigkeit.

— **Aber eure Traurigkeit soll in Freude verwandelt werden.** Mitten in der Traurigkeit, wo die Seele meint, sie sey verloren, erscheint ihr der Heiland. Indem sie sich schon verdammt fühlt, ist ihr auf einmal Christus mit seinen Wunden so gegenwärtig, als stände Er vor ihren Augen, wie vor den Jüngern in dem Saale. Es wird ihr klar, daß sie durch seine Wunden heil geworden, daß sein Blut zur Vergebung ihrer Sünden vergossen worden, daß Er die Versöhnung für ihre Sünden sey, und sie ist nun über ihr ganzes Sünden-Elend getröstet. Da fällt ihr die ganze Last auf einmal vom Halse, die sie gedrückt hat.

Eine Seele, die Vergebung bekommt, hat einen Augenblick, den sie in ihren Leben nicht wieder erhält. Aber das Andenken daran ist dauerhaft; wenn man auch noch so zweifelhaft wird, so fällt einem der Blick ein. Man denkt: Ich habe Ihn gesehen; Er hat mich geküßt, gesegnet und angenommen; Er läßt mich ewig nicht. Das ist der Punkt der Freude, da man kaum weiß, wie einem geschieht, da man kaum glauben kann, daß die Geistes Augen sehen, und die Ohren hören. Davon spricht Jesus:

21. **Ein Weib, wenn sie gebären soll, hat Wehen, weil ihre Stunde gekommen ist; hat sie aber das Kind geboren, so gedenkt sie ihrer Wehen nicht mehr um der Freude willen, daß ein Mensch zur Welt geboren ist.** So ists, wenn das Kindlein des Glaubens, Jesus Immanuel, inwendig geboren wird. Wer an dem Orte gewesen ist, wo dieses Kind geboren wird, der kann es aus Erfahrung bezeugen.

Alles wird in Angst geboren. So kann die erhabenste und glücklichste Geburt des innern Menschen auch nicht ohne vorhergehende Wehen und Schmerzen vor sich gehen. Jede Trübsal ist eine Geburt, durch welche der neue Mensch geboren wird und der alte stirbt. Denn der Glaube und die Achtsamkeit auf das Wort nimmt in solchen Uebungen zu. Was dir immer bevorsteht, es sey Gefängniß, Schwert, Marter oder Tod, so sollst du sagen: Siehe, jetzt bin ich in der Geburt, da muß ich aushalten, auf Gott harren, und die Geburtsschmerzen dulden, bis ich gebäre. Das ist ein großes Glaubenswerk, wenn man aushält; und es ist kein anderer Weg durchzukommen.

22. **So seyd auch ihr jetzt traurig; aber ich werde euch wieder sehen, dann wird sich euer Herz freuen, und euer Freude soll niemand von euch nehmen**; mein zweites Weggehen und gen Himmelfahren wird euch nicht mehr betrüben, und eure Seligkeit in eurem ganzen Leben nicht mehr gestört werden.

Die Freude der Jünger, ihren Heiland auferstanden zu sehen, war in ihren Augen zu lesen. Sie wußten vor Freude nicht, wie ihnen geschah; und ihre Freude hörte nicht mehr auf. Sie hatten Ihn vierzig Tage gesehen; Er war den Schwestern erschienen, den Aposteln, den fünf hundert Brüdern auf einmal; Er fuhr aus ihrer Versammlung in den Himmel und ward ihnen da genommen; aber die Freude nicht. Denn Lukas sagt: Sie kehrten von dem Orte seiner Himmelfahrt nach Jerusalem zurück **mit großer Freude**. Luk. 24, 52.

Sein allerletztes Wort: „**Ich bleibe bei euch alle Tage bis ans Ende der Welt**,“ hat sie so getröstet, daß ihre Freude kein Ende nehmen konnte. Seitdem kommt Er seinen Jüngern nicht von dieser Seite; seitdem sehen sie Ihn immer im Geiste; Er ist bei ihnen zu Hause; sie sind sein Haus und seine Wohnung. Joh. 14, 23. Hebr. 3. Das ist der Gegenstand ihrer beständigen und vollkommenen Freude.

Es wäre freilich traurig für uns, wenn wir Ihn gar auf keine Weise sehen könnten. Die Jünger von

Emmaus wissen, daß man traurig ist, wenn man Ihn nicht sieht. Es kann einem wohl bange seyn nach Ihm. Aber so ist es eine unaussprechliche Freude, nicht nur, daß wir Ihn einst sehen werden, wie Er ist, wie Ihn die Apostel gesehen haben, daß wir die Stelle sehen werden, darein die andern gestochen haben, sondern daß wir Ihn auch jetzt schon sehen können im Geiste, als wäre Er vor unsern Augen gekreuziget. Sobald Ihn eine Seele also sieht, so hat sie die unaussprechliche Freude, die niemand von ihr nehmen kann. Der fröhliche Glaube, wovon Petrus sagt: Ihr habt Ihn nicht gesehen und doch schon lieb, und glaubet an Ihn, obwohl ihr Ihn noch nicht sehet; ihr freuet euch mit unaussprechlicher Freude; dieser Glaube wird durch die Erscheinung des Herrn im Herzen geboren, Wem Er nicht so in seinem Herzen erscheint, wie Er am Kreuze für ihn und seine Sünde blutete, der kann nicht fröhlich seyn. Der Blick aber, da der Heiland vor das Herz tritt und sagt: deine Sünden sind dir vergeben! der macht die Seele freudig, treu u. s. w. damit steht sie auf, damit geht sie wieder zu Bette.

Man sagt, die Leute, die Gespenster gesehen hätten, wären ihr Lebelang nicht mehr fröhlich. So kann man sagen: wem das Bild des für ihn geschlachteten Lammes vors Herz gekommen ist, wer Ihn gesehen hat, der kann nimmer traurig werden, dem ist wohl in allen Umständen. Die Freude kann niemand von ihm nehmen. Wer will sie ihm nehmen? Alle Welt, mit allen ihren Sachen wird ihm ekelhaft; man kann gar keine Freude daran haben; dagegen ist einem alles, was dem Herrn gefällt, lauter Freude; darin lebt man.

O, Heiland! betrübe uns göttlich, damit du uns erfreuen kannst, und daß unsere Freude nicht mehr von uns genommen werde! —

Es giebt aber doch auch bei Kindern Gottes noch traurige Stunden und Gegenstände genug für sie, dar-

darüber sie betrübt werden und keine Freude haben? Wohl; aber das währt nicht lange; es ist doch kein dauerhafter Gegenstand der Traurigkeit mehr da; die Traurigkeit hat keine Festung mehr, wo sie sich verschanzen und aufhalten könnte; sondern sie ist flüchtig und unstät. Sobald man an seinen Heiland denkt, so verzieht sich das Gewölke, der Schmerz, die Traurigkeit gleich wieder, und das Herz wird licht, hell und fröhlich.

23. **An demselben Tage werdet ihr mich nichts mehr fragen.** —

Wie manche fromme Seele wünscht nicht: wenn ich nur eine Viertelstunde mit dem Heiland reden könnte; denn man brauchte manchmal nur eine Viertelstunde, so wüßte man auf funfzig Jahre. Es war ein unaussprechlicher Vortheil, den man dazumal hatte, und den man wieder haben wird, wenn man Ihn wieder sehen wird; man wird sich tausend Fragen ersparen können, die man jetzt thun muß, und es kommt oft doch nichts heraus, dort wird man gar nichts fragen dürfen; Er wird selber machen, selber ordnen, selber Tempel, selber Sonne, selber Licht seyn, und das ist eine unaussprechliche Seligkeit für Leute, die gern wissen möchten in allen Dingen, was der Sinn des Heilands ist; die es gerne treffen möchten, wie Ers haben will; nicht blos, um viel zu wissen und in den Kopf zu fassen, auch nicht aus Ambition, daß sie niemand tadeln könnte, sondern blos um deßwillen, daß ihr Heiland nie betrübt und geübt werden möchte.

Nun weil Er aber jetzt nicht so bei uns da ist, so muß der heilige Geist desto mehr thun, und uns seinen Sinn klar machen; und das thut Er auch bei den Leuten, denen etwas daran gelegen ist, und die darum bekümmert sind, den Sinn des Heilands zu treffen; die erfahren, so viel sie nöthig haben.

— **Wahrlich, wahrlich! ich sage euch: Was**

**ihr immer den Vater in meinem Namen bitten werdet, das wird Er euch geben.**

In jemands Namen etwas thun, heißt so viel, als Kommission von jemand haben, es zu thun. Das „durch Jesum Christum, deinen lieben Sohn" drückts nicht ganz aus; es liegt aber doch viel darin, nämlich, daß alles durch den Heiland geschieht, wie Er sagte: Kap. 14, 20. „Ich wills thun."

Jesus will ungefähr so viel sagen: Wer zu mir gehört, der kann sich kindlich an meinen Vater wenden, und kann mit Ihm reden. Redet nur mit Ihm, und macht euch mit Ihm zu thun; ich will euch nur sagen, wie ihr mit Ihm umgehen sollet; wenn ihr euch nicht unterstehen wollet, mit einem so großen, unermeßlichen Wesen zu reden, so beruft euch auf mich; sagt nur: der Sohn hat es uns geheißen, wir sollen zu dir kommen, lieber Vater! wir sollen bitten in seinem Namen; Er hat gesagt: du wirst unser Gott seyn; du werdest uns unsere Bitte geben. Er hat uns angenommen, hat sich mit uns verbunden in Ewigkeit, in Gnade und Barmherzigkeit. Du darfst nur seine Wunden ansehen, da stehen unsere Namen. Er wird sich zu uns bekennen vor dir und sagen „das sind meine Leute." — Oder man sagt: Lieber Vater! der Sohn will das; bedenke seine Leiden, und laß Ihm den Lohn für seinen Schweiß werden.

Wenn aber ein Fremder mit unbeschnittenem Herzen kommt, und sich darauf beruft: der liebe Heiland hat befohlen, ich soll den Vater um das und das bitten; so maßt sich das ein solcher Mensch nur an, und hat kein Recht dazu; denn es ist ein Privilegium der Kinder Gottes, den Vater im Namen Jesu bitten.

Der Heiland hat uns aus tiefer Weisheit den Rath gegeben, daß wir **eins** werden sollen in dem, was wir bitten wollen. Wenn man nun zum Heiland mit Freudigkeit und Gewißheit sagen kann: „Sprich zu deinem Vater, du wollest es so haben!" so muß es geschehen, oder des Heilands Wort wäre nicht ganz.

Zum Gebrauch dieser großen Verheißung und dieses schönen Privilegiums gehört freilich eine Bekanntschaft und ein Umgang mit dem Heilande, der nicht etwa nur die Viertelstunde oder den Tag währt, wenn man gerade so etwas gerne von Ihm hätte, sondern der in einem fortgeht Tag und Nacht; eine genauere Bekanntschaft als mit allen andern Menschen. Eine solche genaue Bekanntschaft supponirt (setzt voraus) der Schöpfer von seiner Kreatur, der Erlöser von seinen Sündern, der Bräutigam von seiner Braut bei sehr vielen biblischen Verheißungen. Viele Verheißungen treffen bei den Leuten die so sind, genau ein; aber bei andern nicht.

So setzt diese Verheißung. „Alles was ihr in meinem Namen bittet ꝛc." — voraus, daß unser Herz und Sinn mit dem Heilande so vereinigt ist, und wir einander so verstehen, als wenn ein Kind die Hand nach dem Apfel ausstreckt, der ihm schon hingehalten wird. Und das heißt auch eigentlich im Namen Jesu bitten, wenn man hintreten darf mit Freudigkeit vor den Gnadenthron, vor den Vater unsers Herrn, der die Expedition von seines Sohnes Sache in der Hand hat, und sagen kann: Dein Sohn will das haben. Man muß aber dabei nicht als ein Lügner und falscher Bettler erfunden werden, der leichtsinniger Weise etwas vorgiebt das nicht ist, sondern als ein ehrlicher Mann, der Kommission hat in Jesu Namen zu bitten.

Wer sein Fädchen an den Heiland angeknüpft hat (mit ihm in genauer Bekanntschaft steht) der darf Ihn nur ansehen, wenn er etwas braucht, darf nur ziehen an seinem Herzen, so zeigt es der Heiland dem Vater an, daß die Sache in Gott gethan ist; dann gehts. Wenn aber die Menschen hunderterlei Zeugs in ihre Führung und in ihr Religionswesen mischen, davon sie selbst wohl wissen daß sie nicht am Herzen des Heilands fest gemacht sind, so können sie leicht begreiffen, warum sie nicht alles erhalten, und warum ihr Wille nicht immer geschieht.

24. **Bisher habt ihr nichts gebeten in meinem Namen,** weil ihr mich noch nicht recht kanntet, und nicht in wahrer Geistes=Verbindung mit mir lebtet; **bittet, und ihr werdet empfangen, damit eure Freude vollkommen sey.** —

Es ist im Propheten Jesaias 50, 10. zur Regel gemacht: Wenn einer im Finstern wandelt, der den Herrn fürchtet und lieb hat, so soll er wissen, daß wir einen Herrn haben, der der Stimme seiner Knechte gehorcht, der sich das Seufzen und Verlangen des geringsten Kreatürleins empfohlen seyn läßt. Das geht manchmal sogar auf solches Verlangen und für Fälle, die, wenn man die Sache recht untersucht, wenig Grund haben. Wenn einem etwas am Herzen liegt und man bittet darum, so wird man erhört.

So wars schon ehemals; was haben wir uns jetzt von ihm zu versprechen, da er uns hat, wo er uns haben will, da er uns auf die Achseln genommen, und an sich gewöhnt hat; da wir unsern Hausvater gefunden, und das Auge roth und naß vor ihm im Staube liegt, und die Seele ihn umfängt mit aller Kraft, Tag und Nacht; da wir alle Sachen nur in seinem Namen thun, gehen, stehen, sitzen, liegen, Odem holen, heimgehen, im Grabe liegen, alles in seinem Namen. Nicht daß wir seitdem seiner Gnade würdiger geworden wären, sondern jetzt handelt er mit uns wie ein treuer Freund, und wir haben die Erfahrung gemacht, daß er sowohl an uns gedacht, da wir noch keinen Verstand von ihm und von uns selber hatten, und den glimmenden Docht nicht ausgelöscht hat, da wir nur den geringsten Schein von Ihm hatten, als auch jetzt da wir gelernt haben, an wen wir uns adressiren müssen, nachdem wir Ihn verstanden haben, und mit Ihm verstanden sind. Nun können wir uns darauf verlassen, daß es gewiß geht. —

25. **Dies habe ich zu euch in Bildern gesprochen, aber es kommt die Stunde wo ich nicht mehr in Bildern mit euch spreche, sondern mit deutlichen Worten vom Vater verkündigen werde.**

Es ist eine Lehre der letzten Zeit, das ist, des N. T. daß ein Vater in der Gottheit ist, im A. T. hat man das nicht deutlich gewußt, daß ein Unterschied in der Gottheit sey. Wenn im A. T. von Gott geredet wird, so ist gewöhnlich eben derselbe zu verstehen, der Fleisch geworden ist. — Die Alten haben keinen Verstand vom Geheimnisse der heil. Dreieinigkeit gehabt. Der Herr Jesus bekennt sich selbst dazu, daß Er der erste Prediger des Geheimnisses vom Vater sey. Kap. 17, 6. Es ist also durch Jesum Christum zuerst bildlich, dann frei verkündigt worden, wer Sein und unser Vater ist.

26. **An demselben Tage werdet ihr bitten in meinem Namen.**

Das Gebeth ist eine ganz eigene Sache. Es ist eigentlich bei wahren Kindern Gottes kein Treiben zum Gebeth nöthig, so wenig man nöthig hat einem lebenden Menschen zu sagen, daß er Odem holen soll. Wer in Gott lebt, streckt sich von selbst nach Gott aus und da er nur durch Christum lebt, so vergißt er auch nicht nur durch Christum sich zu Gott zu wenden.

— **Ich sage nicht, daß ich den Vater für euch bitten werde.** 27. **Denn der Vater selbst hat euch lieb, weil ihr mich liebet und glaubet, daß ich von Gott ausgegangen bin.** —

Die Menschen denken so schlecht vom Vater wie möglich, sie haben ihn ins Geschrei gebracht, als wäre Er ein harter Mann, der nicht leicht zu ergreifen und zu bewegen sey, bei dem erst eine Legion Fürbitter das Wort für uns sprechen und uns Weg und Bahn zu Seinem Herzen machen müssen, und Ihn gleichsam nöthigen und zwingen, daß Er Sein Ohr unsern Bitten verleihe, da sagt nun aber der Sohn des Vaters etwas ganz anders von Ihm, als die Leute sich vorstellen: „Ihr habt nicht einmal meine Fürbitte nöthig, geschweige denn die der Andern, der Vater liebt euch ohnehin schon so herzlich und väterlich daß Er sehnlich wartet, bis ihr Ihm Gelegenheit gebet, daß Er euch Seine Gaben und sogar sich selbst, wenn ihr nur wollt, mittheilt; Er hat die größte Freude, wenn Er euch nur recht viel geben kann. Eben weil Er euch so liebt, darum hat Er mich zu euch gesandt und mich euch geschenkt, und da ihr mich angenommen und in Liebe an mich glaubet, hat Er euch um so mehr lieb. —

28. **Ich bin vom Vater ausgegangen und in die Welt gekommen, nun verlasse ich die Welt wieder und gehe zum Vater.** So müssen auch wir von uns selbst ausgehen und die Welt und der Weltsinn und die Selbstsucht verlassen, wenn wir zum Vater kommen wollen. — Mit diesen Worten hat Er Seinen Jüngern Seinen ganzen Plan kurz dargelegt, aus dem sie leicht sehen konnten, daß Er nicht immer bei ihnen bleiben würde. — Sein ewiger Ausgang oder die Geburt vom Vater, Sein Kommen und geboren werden im Fleisch als Mensch, Seine Wiedergeburt durch Sterben, Auferstehen und Himmelfahren zum ewigen Gottmenschlichen Leben in der Herrlichkeit sind drei bewunderungswürdige Geburten, wobei wir nur anbeten müssen.

29. **Da sprachen seine Jünger zu Ihm: Jetzt redest Du deutlich und sprichst nicht mehr im Bilde.** Der Heiland war in den Tagen seines Fleisches ein sehr moderater, vorsichtiger Hausvater. Wenn Er seinen Jüngern predigte, und das Volk mit zuhören ließ, so redete Er von vielen Sachen so daß niemand als seine Jünger und selbst diese öfter nicht verstanden, was Er damit meinte, ehe sie Ihn fragten. Es war noch nicht Zeit das Evangelium wie

Funken über die ganze Welt auszustreuen; denn man hatte die ganze Zeitung noch nicht, es war noch nicht alles geschehen. Da Moses und Elias mit Ihm auf dem Berge von seinen Leiden redeten, so unterhielt Er seine Jünger im Heruntergehen damit; aber Er verbot ihnen etwas davon zu sagen; sobald es aber geschehen, und das Blut und Wasser unsrer Seeligkeit aus Seiner Seite geflossen war, sobald das Lamm geschlachtet und das Opfer für unsre Sünden auf ewig vollendet war, so ging des heil. Geistes Predigt an, so war der Text Hebr. 10, 14. und 1. Petri 2, 24. und er wird es noch seyn in der Ewigkeit Off. 5, 9.

Unterdessen ist das, was der Heiland seinen Jüngern vor seinem Leiden in diesem 3. Kap. gesagt, und der andre Theil der hernach in den 40 Tagen dazu gekommen, doch so viel, daß man mit Wahrheit sagen kann: der Heiland hat nichts vergessen; Er hat ihnen alles gesagt. Er hat sie nicht eher verlassen, bis Er ihnen den ganzen Rath Gottes von ihrer und anderer Seeligkeit klar gemacht hatte, so daß sie über ihren Plan wohl verständigt waren, ehe Er von ihnen gegangen ist. Dann ist noch die doppelte Mittheilung des heil. Geistes mit dazu gekommen; — erstens die Joh. 20, 22. da Er seine Apostel ordinirt hat, und dann die Ausgießung der Amts-Gaben, die mit den Aposteln zugleich 120 widerfahren ist. Ap. G. 2.

30. **Jetzt wissen wir, daß du alles weißt, und nicht nöthig hast, daß dich jemand frage,** du weißt ihm auf seine Gedanken zu antworten, ehe er frägt; du kannst Gedanken verrathen und den Fragen zuvorkommen. „**Darum glauben wir, daß du von Gott ausgegangen bist.**" — Eine geängstete Seele, welche die Zweifel und Versuchungen, die ihr Glaube leidet, sich nicht zu offenbaren getraut, erfährt oft, daß Gott ein Herzenskündiger ist, denn sie erhält durch Gottes Fügung entweder unmittelbar durch inneres Licht oder mittelbar durch äußern Trost ungesucht und ohne zu

fragen, Antwort, Licht und Belehrung über ihren verborgenen Zustand. —

31. **Jesus antwortete ihnen: Jetzt glaubet ihr**, oder: Glaubet ihr jetzt, meinet ihr schon fest zu stehen im Glauben? Ihr werdet aber noch besser in die Schule müssen; es wird noch Proben geben. Dadurch wird aber der Glaube nicht zerstört, sondern nur geläutert.

32. **Sieh, es kommt die Stunde, ja sie ist schon gekommen**, es ist schon an dem, daß ihr Anstand haben werdet, **daß ihr euch ein Jeder in das Seinige zerstreuen und mich allein lassen werdet**, da wird der Glaube nahe zusammen gehen. Es war wohl ihre Meinung nicht, Ihn zu verlassen; aber ihre Kräfte reichten nicht hin, bei ihm Stand zu halten, da es an ein Fangen ging. Das wollen sie vorher nicht glauben, darum müssen sie es erfahren. „**Aber ich bin nicht allein**," und werde deswegen nicht verlassen seyn, wenn mich alle Menschen verlassen; **denn der Vater ist mit mir.** Der Vater hat den Sohn doch nicht als Vater verlassen, obwohl sich die Gotteskraft und freundliche Nähe entzogen, damit die Erlösung vollbracht werden könnte.

33. **Dieses habe ich zu euch geredet**, daß ihr euren Glauben nicht ganz wegwerfet, „**damit ihr in mir Friede habet.**" Ich weiß doch, daß nur eure Füße von mir weglaufen werden, euer Herz bleibt doch bei mir. „**In der Welt habt ihr Angst.**" — Es sind dreierlei Menschen, die zur Welt gehören, und mit den Kindern Gottes zu thun haben, 1) Gute Freunde, die sie erstaunlich ehren und lieben, die plagen sie mit Projekten, Vorschlägen, welche nicht anwendbar sind, und wenn man sie nicht annimmt, und besonders in Verfolgungen nicht nach ihrem Sinne handelt, so verdrießt sie's, und sie halten solche für eigensinnige Leute. Bisweilen wollen sie sich nicht zu nahe anschließen, bisweilen eben das seyn, und haben doch das

Herz nicht, oder haben's nur an der unrechten Ecke; — und man ist immer mit ihnen geplagt. Die andere Gattung sind die, die keine Feinde sind, die auch gern etwas hören mögen, es gefällt ihnen manches und so lange es gut geht, so lange sich kein Mächtigerer als sie sind erhebt, und so lange sie nicht, um ihre Absichten nicht zu verlieren, den Kindern Gottes Schaden thun müssen, so legen sie ihnen nichts in den Weg; daher verläßt man sich manchmal auf ihren Schutz, und weil sie keine Feinde sind, so ist es um so gefährlicher; denn sie gehen einem gewiß durch die Hand sobald man sich auf sie lehnt.

Die dritte Gattung sind Feinde, die vom Teufel beherrscht sind, die mit eben der Wuth gegen das Werk Gottes toben wie ihr Herr und Meister, der Satan, die keine Verantwortung annehmen, keinen Beweis brauchen, nach der Unschuld so wenig als nach der Schuld fragen, sondern drücken, wo sie nur können, verfolgen ohne Ursache, und aus kleinen Sachen etwas Großes machen.

Nun das ist die Angst die man in der Welt hat. Dabei ist es aber sehr wichtig, wenn einem die Angst wirklich um des Heilands willen begegnet, die einem halbe Freunde, träge kaltsinnige Leute oder Feinde machen, so ist man selig, empfiehlt dem treuen Schöpfer seine Seele und macht immerfort. Aber wenn die geringste Unlauterkeit, Tücke und Ungerechtigkeit von unsrer Seite mit unterläuft, daß der Heiland nicht mit uns zufrieden ist, und uns zu verstehen giebt: „Ich habe euch die Verfolgung geschickt,“ da geht's schwer, da stockt's, da läßt man die Hände sinken, und weiß keinen Rath, bis es wieder gut gemacht, bis die Hand wieder geküßt ist; dann geht die Arbeit wieder im Segen fort. —

Laßt uns also um seine Nähe uns bekümmern, daß diese uns nie fehle, dann läßt sich die Angst der Welt leicht tragen. — „Seyd getrost, ich habe die

Welt überwunden." — Das Wort Welt kann hier eine gewisse Art Menschen bedeuten, die kleine Teufel sind. Denn der Gott dieser Welt hat gewisse Favoriten, die ihm wirklich mit so viel Eifer dienen und die wenn der Heiland einen Proceß oder Streit hat, sich so um ihren Feldherrn herum machen und sich seiner so heftig annehmen, daß der Streitwagen des Vaters, wenn er so unter den Teufeln herum rasselt, sie mit kriegt und in's Rad hineinzieht. In so ferne wird das Wort überwunden, hier im buchstäblichen Sinne genommen. — Die Welt überhaupt aber bedeutet das menschliche Geschlecht und das hat der Heiland mit Liebe und Wohlthaten gewonnen, d. i. das Böse mit Gutem überwunden; darum will er sagen: ich habe mir die Leute zu guten Freunden gemacht; sie haben mich lieb gewonnen, sie haben mich gern gesehen, sie sind mir nachgelaufen bis meine Stunde kam, da ich aus der Welt zum Vater gehen sollte; ich habe sie mit so viel Wohlthaten überhäuft, ich habe endlich (welches das Größte ist) die Welt mit meinem Blute, das ich für sie zur Vergebung der Sünden vergossen, überwunden, daß, wer das glauben kann, daß ich mein Blut für ihn vergossen habe, mir nicht feind seyn kann, mich lieb haben muß, mir nachläuft; ich habe durch meinen Tod die Feindschaft weggenommen, und den Zaun der zwischen Gott und den Menschen war, abgebrochen, wir sind einander nahe geworden; die Welt kann nun ihren Gott lieb haben, wenn sie an seines Sohnes bittern Tod gedenkt. — Das ist nun noch so, der Glaube ist der Sieg womit wir überwinden. Wenn wir den Leuten den Glauben in's Herz reden, ihnen denselben so lange vorhalten können, bis der gekreuzigte Heiland in ihren Herzen steht; da haben wir die Seele gleich überwunden, gleich gewonnen, so daß der Bär zum Lamme, der Löwe zum Kinde wird, und wär das Herz wie Stein, läßt's nur die seelige Botschaft ein, so fühlt's die Kraft von Jesu Blut, und achtet's für sein höchstes Gut. —

## Das XVII. Kapitel.

(Feierliches Gebet Jesu für die Seinigen.)

Dieses Kapitel ist von höchster Wichtigkeit und Kraft, das Gemüth recht an sich zu ziehen durch seinen köstlichen Wohlgeruch. Es ist das rechte Rauchwerk zur Passion, die rechte Salbung. —

1. Dieses, was in den 3 vorigen Kapiteln enthalten ist, **redete Jesus** mit seinen Jüngern, Er nahm damit Abschied von ihnen, und nachdem Er mit den Menschen ausgeredet, und Abschied von ihnen genommen hatte, wendete Er sich zu seinem Vater, **Er hob seine Augen gen Himmel,** weil sein Herz immer dahin gerichtet war, **und sprach: Vater, die Stunde ist gekommen,** da es mit mir auf's äußerste kommen, da ich am tiefsten erniedrigt werden soll. **Verherrliche deinen Sohn,** hilf mir bis zum Eingang in die Herrlichkeit, **daß dich dein Sohn auch verherrliche,** und deine Ehre rette, denn nun kommt's auf den Ausgang an, nun soll der Sache die Krone aufgesetzt werden; nun gehts durch den Todesgang; da mußt du deinen Sohn krönen mit Ehre und Herrlichkeit, damit du in ihm wieder gepriesen und gelobt werdest. — Des Vaters Ehre schien durch den Fall der Menschen verdunkelt zu seyn, so daß der Teufel sagen konnte: Gott hat viel Ehre davon, daß er den Menschen schuf ꝛc. — Durch den Tod des Sohns und die Erlösung ist die Sache aber wieder aus der Schande gerissen worden.

2. **Gleich wie du ihm über alles Fleisch,** das verdorben ist und den Geist und das ewige Leben verloren hat, **Macht gegeben hast, damit Er allen**

**die du ihm gegeben hast, das ewige Leben gebe.** Dazu hat der Sohn Auftrag und Vollmacht vom Vater, das im Paradiese verlorne Leben und den Geist wieder in die Menschheit zu bringen, wieder zu erwerben durch Gehorsam, wie es durch Ungehorsam verloren wurde. — Er giebt dieses Leben allen, die ihm der Vater giebt, d. i. die sich durch des Vaters Zug, durch die zuvorkommende Gnade der Welt entreißen, zu Ihm ziehen lassen und sich zu Ihm im Glauben wenden.

3. **Das ist aber das ewige Leben daß sie dich, den allein wahren Gott erkennen, und Jesum Christum den du gesandt hast.** — Es ist also eine göttliche Wahrheit daß die Kinder Gottes hier schon das ewige Leben haben, und eher selig sind, als ihre Seele von der Hütte scheidet und den Leib wieder bekommt, denn sie sind's von der Stunde an, da sie Vergebung der Sünden und die überschwengliche Erkenntniß des Vaters und Sohnes erhalten. Darum heißt es Matth. 5. Selig, selig, selig ꝛc. So häuft auch David das Seligsprechen Ps. 1, 32. — es wird dann droben völliger und ganzer, aber hier ist es auch nicht zu verachten denn das Reich Gottes besteht nicht in Essen und Trinken ꝛc. Röm. 14, 17. Leib und Seele freuen sich im lebendigen Gott. Wir haben es aus dem Munde Jesu, daß dies schon der Himmel auf Erden ist, den Vater und Ihn erkennen.

Ohne Ihn ist kein Leben, keine Gnade, keine Vergebung. Gott ist in seinem Wesen den Menschen so unerforschlich, so hoch und tief, daß sie Ihn nicht fassen können, und sie sind so weit von Ihm gefallen, daß kein Weg mehr hin ist. Es muß alles durch Christum gehen, dem Mittler zwischen Gott und den Menschen. Der Name des allwaltenden Gottes bringt nichts als Furcht und Respekt, wenn er nach dem Gesetze betrachtet wird, das nur Zorn und Bitterkeit verbreitet. Wenn wir ihn aber im Evangelio Christi nennen hören, da haben wir Ihn als einen lieben Vater, Bruder und Tröster, vergessen das unzugängliche Wesen, das uns wie Stäublein zittern macht, und nichts faßliches und reitzendes für uns hat. Darum haben wir den Menschen Jesum Christum kennen zu lernen; denn der Name Gottes ist in Ihm, in Ihm wohnt alle Fülle. Wer nichts von Ihm weiß und Ihn, den alle Zeugen als den Herrn anbeten sollen, nicht erkennt, der ist ein Mensch ohne Gott in der Welt, der hat keinen Gott, und muß bei aller seiner Weisheit und Gottesdienstlichkeit verloren gehen. Wer aber den Sohn sieht der sieht auch den Vater. Darum sollen wir vor allem Jesum Christum kennen lernen; denn der ist eben so Gott wie der Vater und der heil. Geist, und ist dann noch besonders unser Herr, seit dem Er aus Liebe zu uns Mensch geworden ist und eine Natur angenommen hat, die Ihn an uns bindet.

Der Heiland setzt also darin eine große Sache für seine Jünger, daß sie seinen Vater für ihren wahrhaftigen Gott erkennen, und Jesum als ihr Fleisch und Blut. Das ist alles, das ist ewiges Leben, wenn hier eine Seele sagen kann: Jehovah ist mein Fleisch und Bein, und sein Vater ist mein Gott ich habe mit Ihm einen gemeinschaftlichen Gott. —

4. **Ich habe dich verherrlicht auf Erden, ich habe das Werk vollendet, das du mir gegeben hast, daß ich es thun soll.** Der Heiland ruft schon: Consumatum est! — Ich habe das Werk vollbracht, und er wollte doch erst daran gehen. Wie das? Für's erste war's bei Ihm schon so viel als geschehn, weil Er sich schon von Ewigkeit dazu hergegeben hatte; für's zweite singt man nicht eben nur Consumatum est, weil man alles ausgeführt hat, was nur gewünscht und gedacht werden kann, sondern weil man das, wozu man gerade gesandt war, vollendet hat. — Moses kam nicht ins gelobte Land, seine Tage wurden wohl verkürzt aus Zucht, aber seinem Tagwerk

war deswegen nichts mehr übrig, denn er hatte das Volk aus Egypten führen, und in der Wüste regieren sollen, und das hatte er 40 Jahre gethan. So scheint's, auch Paulus habe vor seinem Ende wenig Freude und eine zerrüttete Gemeine nach der andern gesehen. Er aber sagt: ich habe meinen Lauf vollendet 2c. sey es jetzt wie es wolle. Das ist denn das Tagewerk, das einem gegeben ist, wozu man von Mutterleibe aus bestimmt ist. Das wird nicht verkürzt, wenn auch dem Vergnügen, die seligen Folgen davon zu sehen, etwas abginge, so geht doch dem Hauptwerke nichts ab, wozu der Heiland einen gerufen hat. So lange man da noch Defecte merket, und in dem, was man mit Gewißheit für seine Bestimmung hält, nicht mit Freudigkeit sagen kann: Nun habe ich's erreicht; so lange ists eine vergebliche Hoffnung, wenn man aus Müdigkeit, Mißverstand, Wetterlaunigkeit, vielleicht vor großen Widerwärtigkeiten aus Schwachheit wie Elias denkt: Es ist genug, es kommt doch nichts heraus, denn der Heiland ist so weise und seines Zweckes gewiß, daß Er seine Leute schon durchbringt; man kann sich sicher auf Ihn verlassen, und hat nicht nöthig zu denken, daß Er unser Consumatum est durch Umstände, die von Menschen herrühren, zu kurz schießen lassen werde. — Es ist gut, daß man fleißig ist und Treue beweist, Hindernisse und Anstöße aus dem Wege räumt, so viel man kann, aber unsre Zeit steht in seinen Händen.

5. **Und nun verherrliche mich, o Vater! auch bei dir selbst mit jener Herrlichkeit, die ich bei dir hatte, ehe die Welt war.** Der Heiland, der Gott über alles ist, hat Knechts-Gestalt an- und seine Herrlichkeit ausgezogen, um uns zu erlösen, — nachdem Er aber dieses Werk in seiner Erniedrigung vollendet hatte, da war seine Knechtsgestalt vorbei; von der Minute an da Er seinen Geist aufgegeben, und alles vollbracht hatte, da war Er nicht mehr Knecht, sondern Er war

wieder alles was Er ehedem gewesen war. — Nun sagte Er zum Vater. Da ich nun meinen Dienst vollendet habe, so bitte ich mir die Herrlichkeit wieder aus, die ich von Ewigkeit bei dir hatte, und ablegte, da ich in die Welt kam. —

6. **Geoffenbart habe ich deinen** (Vaters) **Namen den Menschen, die du mir von der Welt gegeben hast**, als etwas Auserlesenes und Gesammeltes. „**Dein waren sie und mir hast du sie gegeben** durch deine vorlaufende Gnade, durch den göttlich geheimen Zug des Vaters, der an jedes Menschen Herz kommt, durch das freundliche Heranlocken und Herbeiwinken, da die Seelen nicht wissen wie ihnen geschieht, da sie immer jemand brauchen, der es ihnen erklärt. „**Und sie haben dein Wort gehalten**, deinem Winken, deinem Zuge gefolgt.

Das Wesen, der Name Gottes, des Vaters, Sohnes und heil. Geistes ist ein Geheimniß, das ohne besondere Offenbarung Gottes niemand erkennt. Es kann niemand wissen, daß Jesus, der Mensch Gott, Gottes Sohn ist, ehe es ihn der heil. Geist gelehret hat. 1. Kor. 12, 3. So kennt auch die Welt den Vater nicht. Vers 25. Denn was die Leute Gott Vater nennen, das nennt die kluge Welt, den **einigen Gott**. Den heil. Geist kennt die Welt gar nicht. Joh. 14, 17. Es ist ein Lippengeplerr, wenn man die Dreieinigkeit anruft, die man nicht kennt, wenn man sich an den Vater wendet, ehe ihn der Sohn, oder wenn man sich auf Jesum beruft, ehe ihn der Vater offenbart oder der heil. Geist im Herzen verkläret hat. Das kann man nicht aus Büchern, von Menschen lernen, das muß uns Gott, Vater, Sohn und Geist selber offenbaren und zu erkennen geben.

7. **Nun wissen sie, daß alles was du mir gegeben hast, von dir ist.** — Den Glauben sieht Gott als die Quelle alles Guten an, auch sogar dessen was in Christo ist. — Das Bekenntniß Jesu Christi wel-

ches Er so oft wiederholt, daß Er alles empfangen habe, daß Ihm alles gegeben sey, ist für jeden Christen eine höchst wichtige Lehre, und das nachahmungswürdigste Beispiel. Von Menschen kommt nichts, alles von Gott. Auch sogar Christus als Mensch schrieb nichts sich, sondern alles Gott zu. Der Stolz und die Eigenliebe der Menschen aber sucht immer etwas Gutes in sich selbst, als wenn Gott dabei nichts, oder doch nicht alles gethan hätte, um nur einen Anspruch auf Verdienst der Gaben Gottes machen zu können. Ganz anders dachte und redete unser Heiland. Er freut sich und rühmt es laut daß seine Jünger einmal einsehen, daß alles an Ihm von Gott sey, vom Vater Ihm gegeben sey. —

8. **Denn die Worte, die du mir gegeben hast,** (Sieh, sogar jedes Wort sieht Er als von Gott gegeben an —) „**habe ich ihnen gegeben. Sie haben sie angenommen und wahrhaftig erkannt, daß ich von dir ausgegangen bin und haben geglaubt, daß du mich gesandt hast.**

Es liegt Ihm alles daran, daß wir erkennen und glauben, daß Er von Gott gesandt, von Gott ausgegangen sey, ja alle Worte von Gott empfangen habe. Von Gott durch Christum kommt und geht alles Gute. Und Menschen bilden sich etwas darauf ein, wenn sie selbst Worte machen, eigne Gedanken hervorbringen. Jesus sagt: Mir ists gegeben worden.

9. **Für sie bitte ich; für die Welt bitte ich nicht; sondern für die, welche du mir gegeben hast; denn sie sind dein.**

Alle Christo angehörige Menschen, die sich vom Vater haben zu Ihm ziehen lassen, haben den Vortheil, daß Er unaufhörlich für sie und in ihnen bittet. Für die böse Welt, die Gott nicht anhängt, bittet Er nicht; der Teufel ist ihr Fürst und Gott, dessen Reich, die Welt der Sünden, zu zerstören, Christus gekommen ist.

Der

Der Heiland versteht wohl hier unter der Welt, die dem Satan schon hingegebenen, satanischen Menschen, die schon sein Eigenthum geworden, unbekehrbar und unverbesserlich sind, von denen Er vorher sieht, es ist alle Gnade an ihnen verschwendet und verloren. Siehe 1. Joh. 5, 16.

Das war damals ein Testament, da hatte Er nur mit Erben einsetzen und Vermächtnissen zu thun.

Bald darauf am Kreuze aber dachte Er nicht nur der Seinigen, die in der Welt waren, die Er geliebt hatte bis ans Ende, sondern auch an seine Kreuziger, an seine Feinde, an die größten Sünder, und Missethäter, bat für sie, und wer mit wollte, den nahm Er gleich mit ins Paradieß.

Er ist ein Heiland aller Menschen. 1. Tim. 4, 16. Aber nur gläubige erfahren es, genießen und gebrauchen es. Die Apostel preisen es in allen ihren Reden und Schriften an, daß jeder dazu Recht und Hoffnung hätte, der es nur haben wollte. Denn Er ist die Versöhnung nicht nur für unsere, sondern für der ganzen Welt Sünde. 1. Joh. 2, 2.

10. **Alles, was mein ist, ist dein, und was dein ist, ist mein.** Vater und Sohn haben alles gemeinschaftlich. Und das ist gut für uns, daß alles aus Einer Hand kommt. **Ich bin in ihnen verherrlichet;** sie ehren mich doch, und so schwach sie noch sind, so sind sie doch von der Welt verschieden.

„Viele machen aus Christus einen Moses, als wenn Er uns blos darum mit seinem Blut erkauft hätte, daß Er unser Schulmeister seyn und uns nur lehren könnte, wie wir fromm leben sollten, und nicht, um selbst in uns zu leben und zu regieren, als unser Herr, der in uns alle Werke selber thut, welches allein durch den Glauben an Ihn geschehen kann. Fast alle Prediger, auch die bessern aus ihnen, machen blos einen Lehrer und Diener aus Christo, der außerhalb uns bleibt, der uns nur lehrt, was gut ist; sie sagen nicht, daß Er inwendig herrschen und selbst gute Werke in uns wirken soll."

11. **Ich bin nun nicht länger (sichtbar) in der Welt; sie aber sind noch in der Welt; und ich komme zu dir. Heiliger Vater! erhalte sie, die du mir gegeben hast, in deinem Namen, damit sie eins seyen, wie wir.**

Dieses Geschäft hat der Vater übernommen; Er hat eine solche Sorge und Aufsicht über die Leute des Heilands, daß ihnen nicht ein Härchen vom Haupte fällt, ohne sein Wissen.

Christus hat sichs also recht angelegentlich vom Vater ausgebeten, daß Er uns für Ihn bewahre; darauf können wir es nachbeten: Bewahre mich, denn ich bin arm, aber doch dir gewidmet. Zugleich hat Er seinen Vater als seinen Testaments Exekutor und als unsern Erhalter und Bewahrer uns kennen gelehret.

12. **So lange ich bei ihnen in der Welt war, habe ich sie erhalten in deinem Namen. Die du mir gegeben hast, habe ich bewahrt, und es ist keiner von ihnen verloren gegangen, als der Sohn des Verderbens, damit die Schrift erfüllt würde.** Also mußte er verloren gehen? Nein, Gott sah es nur vorher, und darum sagte er's vorher in der Schrift, und da mußte es in so fern geschehen, weil Gott nicht falsch vorher gesehen und vorhergesagt haben kann. Kann Er die Seinen jetzt nicht mehr bewahren, da Er nicht mehr in der Welt ist? Freilich, Er ist ja doch noch bei uns alle Tage bis ans Ende, und hat ja für uns alle gebeten, bittet noch für uns beim Vater; bittet, segnet und erhält ewig alle, die an Ihm hangen.

In deinem Namen habe ich sie erhalten — sagt Er. Es ist ein Unglück, wenn ein Hirt die Heerde nur in seinem eigenen Namen bewahrt, als ihm angehörig, zu seiner eigenen Ehre, durch seine Kraft, nicht als von Gott anvertrautes Gut, und zu Gottes Ehre, durch Gottes Gnade und Kraft.

13. **Nun aber komme ich zu dir, und rede dieses in der Welt, damit sie meine Freude vollkommen in sich haben.**

Das ist eine von den Sachen, die der Heiland seinen Jüngern in seinem Testamente vermacht hat. Das Testament ist mit seinem Tode bestätigt, und sein Vater ist Exekutor darüber, der seinen letzten Willen zur Ausführung bringt. Er hat uns vollkommene Freude vermacht, und zwar die Seinige. Dadurch soll das Werk der Heiligung in uns vollbracht werden, wie David spricht: **Der freudige Geist erhalte mich**; erhalte mir die Gnade. Wenn seine Freude in uns vollkommen ist, so haben wir nichts mehr zu begehren, so ist unser Vergnügen ganz, daß wir sagen können: Ich muß nicht mehr sündigen; ich bin erlöset von meinen Feinden; ich bin in der Freiheit vom Bösen; ich kann vor das Angesicht seiner Herrlichkeit unsträflich mit Freuden gestellt werden: das habe ich erlangt durch meinen Herrn, und diese Freude wird mir niemand nehmen.

Wenn wir seine Freude in uns vollkommen haben, so werden wir dadurch vor der Welt, vor dem Bösewicht, vor allen Versuchungen und vor allen Sünde bewahrt bleiben.

14. **Ich habe ihnen dein Wort gegeben**; daß sie es wieder andern mittheilen sollen, **und die Welt hasset sie, weil sie nicht von der Welt sind**; das stellt Christus dem Vater vor als gutes Kennzeichen, **wie auch ich nicht von der Welt bin.** Christus ist immer das Original, und die Gläubigen sind nach Ihm gebildet. Wer sich nicht nach Christo, sondern nach der Welt und nach dem Geiste der Zeit bildet, der ist kein Christ.

Die Treue, das Wort Gottes rein und lauter predigen, oder demselben gemäß leben und gehorchen, das kann nicht mit der Freundschaft der Welt bestehen. Wer, aus Furcht der Welt zu mißfallen, unterläßt den Weg der Wahrheit zu wandeln oder zu lehren, der will von der Welt nicht gehaßt seyn, weil er selbst von der Welt ist. Selig, wer da weiß, daß es besser ist von der Welt gehaßt und von Christo geliebt, als von der Welt geliebt und von Christo verworfen zu werden.

**15. Ich bitte nicht, daß du sie von der Welt wegnehmest, sondern daß du sie vor dem Bösen (oder Uebel) bewahrest.**

Das heißt nicht: Ich bitte dich, lieber Vater, du wollest ihnen ihr Lebensziel verkürzen, oder: Laß ihn noch dieses Jahr! oder: Vor einem gähen unvorgesehenen Tode behüte sie! sondern der Heiland sagt: Mein Vater! ich hätte sie lieber bei mir, daß sie meine Herrlichkeit sähen, und sie bei mir und ich bei ihnen immer Haus hielten; aber ich will gern Geduld haben; ich will schon warten; du sollst ihnen nur indessen Gutes thun; du sollst sie nur vor dem Argen bewahren. Ich will eben nicht sagen, daß du sie wegnehmest; da ich weggehe, sollen sie an meiner Stelle da seyn, so mögen sie es auch versuchen und es auch so haben in der Welt, wie ichs gehabt habe; so mögen sie sichs auch ein wenig sauer werden lassen, wie ich. Aber du mußts ihnen erleichtern, so lange sie in der Hütte sind. Der Teufel hat keine Gewalt über mich gehabt, laß ihn auch keine über sie haben, und sie im Geringsten nicht stören in ihrem Plane. So lange sie nicht daheim sind bei mir, mußt du sie von unserer Seligkeit auch etwas erfahren lassen; da sie noch nicht wirklich bei uns seyn können, so mußt du doch ihrem Geiste einen Vorschmack der Ruhe, der Seligkeit schenken, die ich habe. Damit sollen sie sich indessen begnügen, und du sollst ihnen den Schlüssel zum Grabe nicht geben, wenn sie ihn haben wollen; sie sollen sich noch gedulden.

**16. Sie sind nicht von der Welt, gleich wie auch ich nicht von der Welt bin.**

Die Christen, sagt Makarius (Hom. 16.), sind Kinder einer andern Welt, des himmlischen Adams, ein neues Geschlecht, Kinder des heiligen Geistes, des Lichtes, Brüder Christi; sie sind nicht von dieser Welt.

Diese Wiederholung des Heilandes, indem Er in diesem Verse wieder dasselbe sagt, was Er im 14ten sagte, soll dich nicht verdrießen, lieber Leser! Sie ist dir und mir sehr nöthig, sie soll uns zu Gemüthe führen, wie sehr unser Sinn und Wandel dem Sinne und Wandel der Welt-Kinder entgegen gesetzt seyn soll, und wie sehr wir verabscheuen sollen, was die Welt liebt und hochschätzt; wie sehr wir Jesu Christo ähnlich d. i. gleich weit von der Weltlust und Weltliebe entfernt seyn sollen, wie Er. Das „Gleichwie ich" kann nichts anders bedeuten, als daß wir auch der Welt gekreuzigt und sie uns gekreuzigt seyn soll, so wie Jesus, wie Paulus, wie alle wahre Nachfolger Christi.

17. **Heilige sie in deiner Wahrheit; dein Wort ist Wahrheit.** Hiermit wird das Wort Gottes consekrirt als ein heiligendes Mittel. Davon muß man sich nicht abbringen lassen, wenn auch alle Teufel und bibelscheue Menschen dagegen aufstehen, und das Wort der Wahrheit verwehren wollen. Das Wort muß uns heiligen; es scheidet alles ab, wie ein zweischneidendes Schwert, und das sucht Satan in seinen Knechten immer zur Nebensache zu machen, oder gar aus dem Wege zu räumen.

Wir sehen auch hier, daß Jesus das Werk der Heiligung dem Vater zuschreibt, wie auch anderswo Kap. 10, 36. Wie sprechet ihr denn zu dem, den der Vater geheiliget hat, du lästerst Gott? Wenn also der Vater heiliget, so muß Er auch der Heiligmacher seyn, und wer Jesum heiliget, wird auch uns heiligen und reinigen als der Weingärtner. Danksaget dem Vater, der uns tüchtig gemacht hat zum Erbtheil der Heiligen im Licht ꝛc. Kol. 1, 12. Er salbet uns, wie Er seinen Sohn gesalbet hat, Ihn ohne Maaß, uns mäßiglich, faßlich, so daß wir dabei wohl wissen, wer wir sind, und daß sich keiner findet, der etwas vorzubringen wüßte, warum ihn Jesus lieben müßte!

18. **Wie du mich gesandt hast in die Welt, so sende ich auch sie in die Welt.** Joh. 20, 21.

Der heilige Geist kann allerdings aufs Gemüth wirken, und Leute selig machen ohne Wort, aber man weiß sehr wenig Beispiele. Dagegen findet man in der ganzen Welt: Wo kein Wort Gottes, keine Bibel, keine Zeugen Jesu gewesen sind, da weiß man nichts von Ihm. Es ist also gewiß, daß in der großen Heilsanstalt durch Mittelspersonen gehandelt wird.

Darum sagt Jesus anderswo; Wer euch verachtet, der verachtet mich und meinen Vater. Man muß das **Wie** in diesem Verse genau betrachten, es liegt viel darin. Wie Christus vom Vater gesendet kam, so die Seinen von Ihm — mit derselben Kraft, Gnade und Authorität, zu binden und zu lösen, Sünder zu berufen, Verlorne zu suchen, Kranke zu heilen, Blinde zu erleuchten, Todte zu erwecken, und das Evangelium zu predigen, aber nicht ein weltliches Reich aufzurichten, zu herrschen, Ehre, Geld und Lüste zu suchen, sich bedienen und anbeten zu lassen. Denn dazu war Christus nicht gesandt und auch nicht dazu gekommen. Was aber an Gnade und Leben, Heil und Segen Gott in seinen Sohn gelegt und Ihm mitgegeben hat in diese Welt, den Menschen es mitzutheilen, das hat Christus in die Seinigen gelegt und ihnen mitgegeben, daß sie es ihren Brüdern mittheilen sollen.

Warum giebt es denn aber so wenig wahre gesegnete Arbeiter im Weinberge des Herrn? Weil man die meisten in die Welt sendet, ehe sie aufgehört haben von der Welt zu seyn, und ehe sie an ihre eigene Heiligung Fleiß angelegt haben, ehe sie von Christo erfüllt, gesegnet und gesendet sind. Darum ist es leicht, daß die, welche schon verderbt sind, vollends in der Welt verderbt werden, da selbst redliche und fromme Diener des Herrn sich kaum genug vor dem Verderben bewahren können.

Vergeblich berufen sich Menschen auf diese Worte Christi und auf göttliche Autorität ihres Amtes, daß man sie wie Christus achten und hören soll, wenn sie nicht von Christo gesalbet, nicht mit seinem Geiste und mit der Fülle Gottes erfüllt, nicht von Ihm gesegnet, berufen und gesendet sind, so wie Er vom Vater gesendet war, durch eine innerliche Sendung und Salbung, nicht blos durch äußere Berufung und Installirung.

19. **Ich heilige mich selbst für sie, damit auch sie in der Wahrheit geheiliget seyen.**

Daß man das Sündersenn mit einer gewissen Leichtsinnigkeit ansieht und denkt, man darf sich nicht so viel Mühe geben, heilig zu werden, denn man bleibt doch ein Sünder, und macht lauter unvollkommene Sachen, das ist nicht Jesushaft gedacht; denn es ist uns durchs Opfer Jesu erworben, heilig zu seyn an Leib und Seele; und es ist ein sehr ernster Gedanke, daß, wo Er eine gewisse leichtsinnige Stellung des Gemüthes wahrnimmt, Er einen zum Sündethun zurückverdammt.

Wir sind erlöset, versöhnet, haben Gnade, sind selig, und alle Sünde ist uns geschenkt in Jesu, nun können wir auch heilig seyn durch und durch. Alles, was zur Heiligung gehört, ist eine Gnade für uns. Der Gang außerdem hat etwas Widriges; es kann einem nicht wohl dabei seyn.

20. **Aber nicht für diese allein bitte ich, sondern auch für die, welche durch ihr Wort an mich glauben werden.**

So erstreckt sich also die Fürbitte Christi auch auf die Zuhörer der Apostel und Leser ihrer Schriften, und geht ins Künftige hinein. Das ist gewiß sehr tröstlich, daß Er es ausdrücklich meldete, daß Er uns auch da schon auf dem Herzen gehabt hat. Seine spätern Gläubigen sind Ihm so lieb, und liegen Ihm so nahe am Herzen, als die früheſten und ersten.

Wer freut sich nicht, daß Christus schon vor seinem Leiden in seinem hohenpriesterlichen Gebete für ihn gebetet hat?! Und Er wird allezeit erhört.

21. **Damit alle Eins seyen, wie du, Vater! in mir und ich in dir, damit auch sie in uns Eins seyen, damit die Welt glaube, daß du mich gesandt hast.**

Dieß ist der Hauptzweck und die Herrlichkeit des Christenthums, worin es alle Religionen in der Welt weit übertrifft. Auf die Vereinigung mit Gott in Christo ist alles angelegt; die sucht Christus wiederzubringen, und das zerrissene Band wieder zu knüpfen. Das höchste Muster ist im Himmel, zwischen Vater und Sohn, die Nachbildung auf Erden. Außer Christo kommt aber der Mensch nie zu dieser Verbindung; da ist eine unendliche Kluft zwischen Gott und dem Menschen. Aber Christus hat uns Gott — und Gott uns nahe gebracht.

Wenn nun das, was Gott durch Christus in seinen Gläubigen und Heiligen ist, auch herausbricht und der Welt in die Augen strahlt, so kann sie dieß am kräftigsten überzeugen, daß Christus Gottes Sohn und Gesandter, so kann sie glauben, daß Er der Heiland und Seligmacher ist.

22. **Die Herrlichkeit, die du mir gegeben hast, habe ich auch ihnen gegeben, damit sie Eins seyen, wie wir Eins sind.**

Die Herrlichkeit, die Ihm der Menschheit nach gegeben ward, (denn als Gott hatte Er sie von Anbeginn beim Vater,) will Christus mit uns theilen. Seine Menschheit ist nach dem Ausdrucke der Alten der Wagen der Gottheit, darauf uns Christus gen Himmel führt.

Wenn man die Herrlichkeit oder selige Erscheinungen, (denn sie sind nicht immer,) da des Heilands Herrlichkeit aus seinen armen Leuten strahlt, nicht vergeblich zu Markte trägt, so giebt der Heiland mehr dergleichen Blicke, und läßt der Gelegenheiten mehr werden, deren Er sich bedient, seinen Kindern etwas von seiner Herrlichkeit mitzutheilen; denn es ist keine Herrlichkeit dieser Welt; oder der Häuptlinge dieser Welt, welche vergeht. Sie hat auch nicht eigentlich die Wirkung, daß sie die Welt abhält, und daß sie ihre bösen Dinge, die sie vorhat, niederlegt. Wir wissen, daß Märtyrer den wilden Thieren vorgeworfen, oder ins Feuer und Wasser geworfen worden sind, und die Thiere wollten nicht anbeißen, das Feuer wollte sie nicht verbrennen, und das Wasser sie nicht ersäufen. Da hat sich die Herrlichkeit Christi gezeigt, aber ohne Wirkung auf die Welt. Denn man hat dieselben Märtyrer für Zauberer gehalten, und wenn sie durch drei Wunder errettet worden sind, ihnen doch in einer halben Stunde darauf den Kopf herunterzuschlagen versucht, und das ist gelungen.

23. **Ich in ihnen, und du in mir, damit sie vollkommen Eins seyen, und die Welt erkenne, daß du mich gesandt hast, und liebest sie, gleichwie du mich liebest.**

In Christo wohnt bekanntlich die ganze Fülle der Gottheit leibhaftig. Wenn wir nun dazu kommen, daß eine solche Inwohnung, eine solche wahrhaftige und reale Handlung zwischen Ihm und uns vorgeht, daß unser Geist in einer solchen Vereinigung mit Ihm und dem Vater steht, wie unser Leib mit der Seele, und die Seele mit dem Leibe, und wir also bei all dem Elend, das wir an uns tragen, bei aller Mühseligkeit und Schwächlichkeit unserer Hütte, wirklich eine Wohnung Jesu Christi und Gottes des Vaters sind, der nicht nur in den Gemeinen, sondern in den einzelnen Gliedern lebt und wohnt, so kann man einander nicht ohne Ehrerbietung ansehen.

Nun ist das Geheimniß nur so rund hingesagt und in seinen Umständen nicht erklärt, und sobald man es erklären und in Formen gießen will, wird man ein Phantast; aber es ist wahr, wenn es gleich unter die Dinge gehört, die man gar nicht aussprechen, sondern nur erfahren kann; **ich in ihnen und du in mir.** Es ist eine solche genaue Verbindung zwischen uns und Ihm, daß man sagen kann, wie der Leib durch die Seele und um der Seele willen lebt, so lebt ein Kind Gottes nicht, sondern Christus lebt in ihm; wenn Er weg wäre, so wäre es ein Leichnam ohne Geist.

Die Sache ist so: Es muß sich jeder Christ so tief in Christum hineinglauben, als wäre er Christus. Das macht alles aus. Das macht den Glauben aus, das macht alle Thaten aus, das macht den Wandel, die Tugenden aus. Das macht den Zeugen, alle Alter des geistlichen Lebens aus, das steht in den Worten: **Ich in ihnen und du in mir.** Dazu gehört, daß man den Heiland genau kennt, daß Er sich einem geoffenbaret hat, daß man weiß, was man an Ihm hat, daß man bei allen seinen Handlungen, beim Aufstehen und zu Bette gehen, beim Essen und Trinken, beim Reden und Stillesehn, beim Schreiben und Arbeiten, mit Wahrheit und Kindlichkeit sagen kann: Er in mir, und ich in Ihm; ich lebe nicht, sondern Er lebt in mir.

24. **Vater! ich will, daß wo ich bin, auch die bei mir sind, die du mir gegeben hast, daß sie meine Herrlichkeit sehen, die du mir gegeben hast; denn du hast mich geliebt, schon ehe der Welt Grund gelegt war.**

So durfte der Sohn mit dem Vater reden, der ganz Eins war mit dem Vater: Vater! ich will! Davon hängt alles ab, all unser Glück und Seligkeit, daß

Er zum Vater: Ja, oder: Ich will, sagt. Er lebt immerdar und redet uns das Wort beim Vater. Wenn wir einmal wissen, daß Er einstimmig mit uns ist, daß Er sagt: Ich will, so geths, so können wir es wagen, es mag dann Leben oder Tod betreffen. Es ist alles unser, wir aber sind sein. 1. Kor. 3, 21. Wenn aber Er nicht will, und wenn wir einen Glauben hätten, der ein Haus auf die Schultern nehmen könnte; wenn Er nicht zum Vater sagt: Ich will, so sind wir eine ohnmächtige Made, und könnten es nicht rühren.

Uebrigens will und bittet sich Christus für die Seinigen dasselbe aus, was Er sich selbst wünscht und erfleht, die nämliche Herrlichkeit.

25. **Gerechter Vater! die Welt kennt dich nicht. Ich aber kenne dich, und diese erkennen, daß du mich gesandt hast.**

Was geht den Vater die Welt an? Sie sucht und kennt Ihn nicht. Ihr sprechet: Er sey Euer Gott, und kennet Ihn doch nicht. Joh. 8, 54. Ihr waret, so lange ihr außer Christo waret, ohne Gott. Eph. 2, 12. Wer den Heiland nicht hat, der hat keinen Gott. Joh. 9. Also geht den Vater unsers Herrn Jesu Christi die Welt nichts an, sondern ein Kind Gottes, durch Jesum geheiliget muß man seyn, dann geht einen Gott an, dann schämt Er sich nicht, zu heißen unser Gott und Vater.

Gott, seinen Vater, und Jesum seinen Bruder nicht kennen, ist ein Unglück; aber Ihn nennen und nicht kennen, ist eine verzweifelte Sache, die nicht ungestraft bleibt. **Du sollst den Namen Gottes nicht unnütz führen,** denn der Herr wird den strafen, der sich auf Ihn beruft, und hat kein Recht dazu. Ein Prophet, der sich für einen Diener Gottes ausgab, und es nicht war, hatte den Tod verwirkt. Ein Mensch, der sich ausgiebt, mit Gott zu thun zu haben, (es sey denn in der Noth, da sich freilich **Gott** seiner Kreatur nicht versagt,) der sich auf Ihn beruft, und Ihn doch nicht kennt, wird sachfällig bei Gott und hat das Gericht zu fürchten.

Wo wird mehr vom Geheimnisse der Dreieinigkeit geschwätzt, als in Schulen, von Menschen, die ihren Heiland nicht lieben? Wo wird mehr vom Vater Jesu Christi geredet, als bei todten Menschen, die kein Gefühl von der Versöhnung Jesu im Herzen haben? Das ist klar am Tage. Wer hat ihnen befohlen, von der Dreieinigkeit, vom Vater, vom heiligen Geiste zu reden, da sie den Heiland und die Kraft seines Todes und Blutes, das Pfand ihres Erbes und ihrer Erlösung noch nicht erfahren haben? Darüber seufzt Jesus: Gerechter Vater! die Welt kennt dich nicht.

26. **Ich habe ihnen deinen Namen kund gethan, und werde ihn kund thun, damit die Liebe, womit du mich geliebet, in ihnen sey, und ich in ihnen.**

Jesus hat Wort gehalten. Er hat erstens seinen Aposteln vierzig Tage nach seiner Auferstehung, da Er mit ihnen umgegangen, noch vieles von seinem Vater erzählt und kund gethan. Er hat es den Nachfolgern der Apostel kund gethan, von denen es heißt, daß sie durch ihr Wort an Ihn glauben werden. Endlich hat Er auch uns, die wir durch dasselbe Wort der Apostel an Ihn glauben, seines Vaters Namen kund gethan. Wie die Predigt des heiligen Geistes von der Versöhnung noch immer fortgeht, so geht auch ohne Zweifel die Predigt des Heilandes von seinem Vater noch immer fort. „Ich will deinen Namen meinen Brüdern verkündigen, ich will dich in der Gemeine preisen." Ps. 22. Ich will machen, daß, wenn meine Leute sich von mir erzählen und ihre Augen naß werden, und sich Leib und Seele freut, sie auch auf den Vater kommen sollen, der sich hat entschließen können, einen solchen Sohn in ein solches Elend und in solche Noth herzugeben, drei und dreißig Jahre lang, damit Er Ihm seine Gemeine mit Blut erwerben möchte. Das ist ein Vater! ja, das ist ein Vater! Da wird dann ein Abba nach dem andern ausgerufen, und man findet nicht Worte genug, Ihn zu loben.

## Das XVIII. Kapitel.

(Leidensgeschichte Jesu.)

1. **Nachdem Jesus dieses geredet hatte, ging Er mit seinen Jüngern hinaus über den Bach Kidron. Da war ein Garten, in den ging Jesus und seine Jünger.**

Da geht nun das Lamm hin mit seinen Jüngern, um sich für sie zu opfern, und ihnen alles das zu verdienen, was Er ihnen und allen, die an Ihn durch ihr Wort glauben, verheißen hat. Ueber den Bach Kidron floh auch David, da er von seinem undankbaren Sohn Absalon vertrieben wurde.

Im Garten Eden fiel der Mensch durch Lust und Stolz; im Garten Gethsemane sollte er wieder aufgerichtet werden durch Trauer, Angst und Erniedrigung.

2. **Es wußte aber auch Judas, sein Verräther, den Ort; denn Jesus hatte sich oft mit seinen Jüngern daselbst versammelt.** Es war nicht das erstemal, daß Jesus seine Jünger dahinführte. Er hatte da sein Kirchlein, sein Kämmerlein unter freiem Himmel, wo Er gern betete, wo Ihn Judas oft ganze Nächte im Gebete zubringen sah, und statt dadurch gleiche Gebetlust in sich erwecken zu lassen, benutzte er es, Ihn zu verrathen.

3. **Da nun Judas eine Schaar Soldaten und Knechte der Hohenpriester und Pharisäer zu sich genommen hatte, kam er mit Laternen und Fakkeln und Waffen dahin.** Wie konnte Judas glau-

ben, daß diese Knechte, diese Waffen etwas wieder Jesum vermögen würden, da er so oft Zeuge war, wie Jesus alle Gewalt und List seiner Feinde vernichtete, selbst den Teufeln gebot, daß Ihm auch die Stürme und Wellen des Meeres gehorchen mußten? Die Begierde, die Leidenschaft blendete ihn, daß er wie ein Unsinniger handelte. Sie trieb ihn so weit, daß er Jesum verlassen, und dem Teufel sich ergeben, die Gesellschaft seiner Jünger fliehen, und sich an die Spitze seiner Feinde stellen, das Amt eines Apostels Christi mit dem Dienste eines Abgesandten der Hölle vertauschen konnte, und lieber ein Knecht und Diener gottloser Priester und blinder Eiferer, als ein Diener der Liebe und Priester der Wahrheit seyn wollte.

4. **Jesus aber, der alles wußte, was über Ihn kommen würde,** und seine Feinde schon im Anzuge sah, **ging hinaus,** ihnen entgegen, und lief ihnen also in die Hände. **Er sprach zu ihnen: Wen suchet ihr?**
5. **Sie antworteten Ihm: Jesum von Nazareth. Jesus sprach zu ihnen: Ich bins. Judas aber, der Ihn verrieth, stand auch bei ihnen.** Und erröthete nicht. 6. **Da Jesus sagte, Ich bins, wichen sie zurück, und fielen zu Boden.** 7. **Er fragte sie abermal: Wen suchet ihr? Sie aber sprachen: Jesum von Nazareth.**
8. **Jesus antwortete: Ich habe euch schon gesagt, daß ichs bin; suchet ihr also mich, so lasset diese gehen.**

Da sehen wir, daß es unser Prinzipal, als Er seine Herrlichkeit blitzen und auf die Kriegsknechte fallen ließ, und sie gleich zu Boden stürzten, nicht weiter trieb, sondern sich doch wegführen ließ. So ist es auch unsere Sache nicht, selber zu agiren, sondern was das Platzmachen und Schützen betrifft, dem Heilande und seinem Vater zu überlassen, die einen eigenen Plan haben, wie sie den Satanas abhalten und lähmen, daß er dem Hause Gottes nicht schade.

Wenn auch bei Kindern Gottes ihre Herrlichkeit manchmal durchblitzt, und sie so herzeinnehmende Blicke haben, so müssen sie es nicht mißbrauchen und groß damit thun.

Wenn der Heiland sagt: **Laßt meine Leute gehen**; so müssen die ärgsten Feinde dieß Wort stehen und seine Leute gehen lassen. Man stelle sich vor, wenn der Hauptanführer von einem Komplott sagte: Da habt ihr mich, aber laßt alle meine Leute gehen; ob dieß Wort nicht eben Ursache wäre, sie alle desto gewisser beim Kopf zu nehmen. Aber weil **Er** es sagte, so mußte es also geschehen. Wer sich von den Seinigen nicht selbst in Gefahr begab, hatte nicht nöthig, darin umzukommen; sie waren und blieben frei bis nach seines Auferstehung, um dieses Wortes willen.

9. **So mußte sich das Wort erfüllen, das Er gesprochen, Ich habe keinen verloren von denen, die du mir gegeben hast.** Wer sich Jesu ergiebt, und Ihm ergeben bleibt, sich nicht muthwillig wie Judas von Ihn losreißt, der kann nicht verloren gehen. — Herr ich hoffe, daß ich unter denen bin, die Dir gegeben sind, und die Du nie verlieren wirst. Deine Augen, dein Herz, dein Geist wachen über mich.

Christus ließ da seine Jünger auch nicht in eine äußere Gefahr hineinkommen, worin sie vielleicht an der Seele verloren gegangen wären. So dürfen wir sicher auf seine treue Vorsorge rechnen, Er läßt uns in nichts hineingerathen, wo Gefahr für uns ist. Er wendet alles ab, Er leitet alles, auch im Aeußern, daß wir keinen Schaden nehmen an der Seele.

10. **Simon Petrus aber zog das Schwert,** ihm wuchs der Muth natürlicher Weise; er glaubte Gebrauch machen zu müssen von dem gedachten Privilegio; **er schlug damit auf den Knecht des Hohenpriesters, und hieb ihm sein rechtes Ohr ab. Der Knecht hieß Malchus.** Ein Bild der natürlichen Hitze, bei der allemal Hochmuth ist. Alle Hitze aber und aller natürliche Muth, der nicht von Gottes Geist kommt, währt nicht lange. Das rechte Ohr scheint auch jetzt

manchen Christen abgehauen zu seyn, so daß sie alle links hören, und daß kein rechtes Ohr für das Wort vom Kreuze mehr bei ihnen zu finden ist, wenn es nicht Jesus hie und da einem wieder anheilt.

11. **Da sprach Jesus zu Petrus: Stecke dein Schwert in die Scheide. Soll ich den Kelch nicht trinken, den mir der Vater darreicht?** Willst du mir den Kelch aus der Hand schlagen? Mich an meinen Leiden hindern?

So sieht Christus mitten im Gedränge auf den Vater, und nimmt das Leiden, das Ihm die Menschen anthun, nicht von ihnen, sondern aus der Hand des Vaters, ohne dessen Rath und Genehmigung uns kein Haar gekrümmt werden kann. Petrus dachte nicht weiter, als er sah; Christus aber hält ihn von seinem unbedachtsamen Wesen ab. So muß uns Gott gar oft wieder zurückrufen, auch nachdem wir berufen sind, sonst würde kein Mensch selig. Petrus war schon einmal in dieser Sache angelaufen. Matth. 16, 25. So muß Gott große Geduld mit uns haben, und uns mehr als einmal korrigiren, (zurecht weisen).

12. **Die Schaarwache, der Oberhauptmann und die Knechte der Juden ergriffen Jesum und banden Ihn.**

Die Bande des Heilandes haben dem Satan ein Gesetz aufgelegt, alle Seelen auf ewig frei zu lassen, die sich zum Heilande wenden wollen. Sollte nicht aufgelöst werden diese Tochter Abrahams, die der Satan gebunden hat? Luk. 13, 16. Das wird dem Satan hundert und tausendmal wiederholt, so oft eine Seele sich nach der Freiheit sehnt, die ihr die Bande und Stricke des Heilandes erworben haben. „Laß mein Volk, daß es mir diene!“ wurde zu Pharao gesagt. 2. Mos. 8, 1. Er mußte es lassen, und da Er nachsetzte, kam er um sammt allem Volke, das mit ihm war. Der Satan ist jetzt klüger, und weiß, wie weit er einer solchen Seele vom Leibe bleiben muß, wenn er sich nicht

nicht selbst Tort thun will. Sie bewahrt sich, und er darf sie nicht antasten.

13. **Und führten Ihn zuerst zu Annas, dem Schwiegervater des Kaiphas, der dieses Jahr Hoherpriester war,** (die römischen Landpfleger konnten die Hohenpriester ein- und absetzen, wie sie wollten.) 14. **Es war derselbe Kaiphas, der den Juden rieth, es sey besser, Ein Mensch sterbe für das Volk.**

Die Gottlosen freuen sich, wenn ihre Rathschläge befolgt werden, es ist aber ein erschreckliches Gericht des Zornes Gottes über sie, und ihr augenblicklicher Triumph über Unterdrückung der Unschuld und Gerechtigkeit wird in ewige Strafe und Pein für sie verwandelt.

15. **Simon Petrus aber und ein anderer Jünger folgten Jesu nach. Dieser Jünger war dem Hohenpriester bekannt, und ging mit Jesu hinein in den Vorhof des Hohenpriesters.**

Vergeblich folgt man Christo nach, wenn einen nichts als Neugierde oder Vermessenheit treibt. Naturkräfte können das nicht. Der Heiland hat dem Petrus schon gesagt, (Joh. 13, 36.) du kannst mir jetzt nicht folgen; aber er glaubte Ihm nicht, sondern wollte sich hervorthun, und gerade dadurch stürzte er sich. Wer ohne Gottes Befehl und Trieb sich in die große Welt wagt, findet da nur mehr Gelegenheit zum Falle.

16. **Petrus aber stand draußen vor dem Thore, da ging der andere Jünger, der dem Hohenpriester bekannt war, hinaus, redete mit der Thürhüterin und führte den Petrus hinein.** Petrus hielt es wohl für ein Glück, und es war sein Unglück. Du bist glücklicher, wenn du einen Freund hast, der dich abhält zu den Welt-Menschen zu gehen, als einen, der dir bei ihnen Zutritt verschaft und dich einführt.

17. **Da sprach die Magd, die Thürhüterin, zu Petrus: bist du nicht auch einer der Jünger dieses**

**Menschen? Er sprach: ich bin es nicht.** Der kurz vorher im Garten das Schwert ergriff um Jesum gegen eine ganze Rotte Soldaten und Knechte zu vertheidigen, verläugnet Ihn jetzt auf ein Wort von einer Magd. Was würde er vor Kaiphas Richterstuhl gesagt haben, da er gleich vor der Thüre und vor der Thürhüterin, vor einer Magd so stolpert.

18. **Es standen aber die Knechte und Diener um ein Kohlfeuer und wärmten sich, weil es kalt war. Petrus stellte sich auch zu ihnen hin und wärmte sich.** Der erste Schritt beim ersten Falle hätte ihn warnen, ihm die Augen öffnen sollen. Aber wer einmal gestolpert hat, und im Fallen ist, fällt fort und fort. Dieses Feuer in des Hohenpriesters Hofe konnte seinen Eifer und seine Treue gegen Jesus nicht wieder erwärmen. Hätte er im Gebete bei Gott sich gewärmet, so würde er nicht gefallen seyn.

19. **Die Hohenpriester aber fragten Jesum über seine Jünger und über seine Lehre.** Warum Er Jünger gewählt? Warum Er öfter mit seinen Jüngern in Geheim geredet? Ob das nichts Aufrührerisches sey? u. dergl. Er sollte die Liste seiner Jünger hergeben. Weil die Jünger oder Schüler leicht etwas versehen, so hofte man dadurch noch etwas auf Ihn zu bringen. Aber der Heiland hatte seine Jünger schon in Sicherheit gebracht: Lasset diese gehen! Sprach Er am Oelberge. Und was Er sagt, das geschieht und muß geschehen. Es war jetzt noch nicht Zeit für sie: darum mußten seine Feinde sie gehen lassen. Er aber mußte dafür leiden. Wegen seiner Lehre aber konnten sie Ihm am besten beikommen, weil sie aus derselben nach ihren verkehrten Grundsätzen und falschen Auslegungen viele Ketzereien und Verbrechen herausbringen konnten. Das Dekret war längst gemacht! „der muß sterben! der muß weg.“ Sie wollten nun nur noch eine Farbe suchen, um der ungerechten Sache ein gerechten Anstrich zu geben. Das sah der Heiland alles

durch. Er kannte ihre Herzen; und dieser helle Blick in solche schreckliche verkehrte Herzen, wie muß er sein reines, heiliges, liebhabendes Herz durchschnitten und gekränkt haben. Wer etwas Aehnliches erfährt, denke an seinen Heiland, und hole sich bei Ihm Kraft, Ihm nachzuleiden.

20. **Jesus antwortete: Ich habe öffentlich geredet vor aller Welt. Ich habe allezeit gelehret in den Synagogen oder im Tempel, wo alle Juden zusammen kommen. Heimlich habe ich nichts geredet.** Nach dieser Vertheidigung Jesu ist es klar, daß sie Ihn einer geheimen Gesellschaft, und geheime Pläne beschuldiget haben, als wenn Er Conventikel gehalten hätte, wie denn seine Sache, wo sie ernstlich betrieben wird, bis heute noch mit diesen Vorwürfen und Verläumdungen gelästert wird. Die Feinde der Wahrheit lauern. Christus handelt öffentlich. Er hat wohl verschieden geredet, bald öffentlich im Tempel, bald in Häusern, aber überall und allezeit so, daß es jedermann hätte hören und wissen dürfen und sollen; wenn nur alle Sinn dafür hätten! Mit seinen Freunden hat Er freilich auch vertraulich gesprochen, aber nichts, was andern geschadet, sondern was sie allen Menschen sagen, aller Welt verkündigen sollten.

21. **Was frägst du mich? Frage die, welche gehört haben, was ich zu ihnen geredet habe. Sieh, diese wissen, was ich gesagt habe.** Er will nicht selbst zeugen in seiner Sache. Dieses Wort Jesu wurde aber als Unbescheidenheit aufgenommen, denn:

22. **Als Er dieses sagte, gab Ihm einer von den Knechten der neben Ihm stand, einen Backenstreich und sprach: So antwortest Du dem Hohenpriester?** O Mensch! hättest du gewußt, wen du schlugst! wie würde dir geworden seyn? Und wie muß dem Herrn und Schöpfer gewesen seyn, da Er von einer seiner Kreaturen geschlagen und so frech bestraft

ward! Es ist entsetzlich und geht durch die Seele, wenn man diesem Auftritte nachdenkt, wenn man sich's lebhaft vorstellt; wer da zuschlägt, und wer geschlagen wird? Bleib stehen, lieber Leser! dabei verweile und denke nach. Fall nieder und bete den Geschlagnen an. Frage Ihn, frage dich selbst: Hast du Ihn noch nie ins Angesicht geschlagen durch Beleidigungen, die wohl niederschlagender, kränkender sind, als dieser Backenstreich? Ach, was mußte Er, was muß das schönste Angesicht in der Welt leiden? — und doch läßt Er sein Antlitz noch leuchten über uns, und wir genesen.

Sonst dürfen sich Gerichtsdiener nicht darin mischen, hier aber gegen Jesum war ihnen alles erlaubt, sie wußten wohl, was sie thun durften. Sie färbten es mit dem Eifer für den Hohenpriester, als ob Jesus den gebührenden Respekt gegen seine geheiligte Person hintangesetzt hätte. Seine Antwort wurde als eine Sünde und Verletzung der Priesterlichen Würde angesehen; und Christus mußte sich behandeln lassen als einer, der die Sittenlehre nicht recht verstehe, mußte die Schuld der Unbescheidenheit tragen, so wie auch die ersten Christen immer als grobe Bauern behandelt wurden, wenn sie die Wahrheit freimüthig bekannten. Die Welt ist sonst keine Freundin der Vollkommenheit; bei Christen aber fordert sie dieselbe: da soll nichts fehlen. Es hat auch hier bei Jesus nichts gefehlt, denn

23. **Jesus erwiederte ihm: Habe ich unrecht gesprochen, so beweise es, daß es unrecht sey; habe ich aber recht geredet, warum schlägst du mich?** Ist mir nicht erlaubt, mich zu verantworten? wird es nicht von mir gefordert? Warum mißhandelst du mich also, daß ich es thue? Und wer erlaubt dir das? Damit ist Er stille und leidet noch mehr. Er schlägt nicht wieder, wenn Er geschlagen wird. Er lästert nicht, wenn Er gelästert wird. Er zeigt nur, daß Er nicht gefehlt, nicht unrecht geantwortet habe; daß Er

nicht aus Respecktlosigkeit, nicht aus Verachtung, sondern um der Wahrheit willen so gesprochen habe.

24. **Annas aber hatte Ihn gebunden zu Kaiphas, dem Hohenpriester, gesendet.** Der Heiland trägt die Bande, und braucht seine Macht nicht, sie zu zerreißen, wie Er es leicht gekonnt hätte. Warum nicht? weil Ihn nicht eigentlich die Bande gebunden haben, sondern die Liebe, und der Trieb uns von Banden frei zu machen, indem Er eben durch diese seine Bande unsre Ketten zerreißen wollte, von denen wir sonst ewig nie frei geworden wären.

Die Hohenpriester schickten Ihn alle von sich weg, einer zum andern, keiner behielt Ihn — willst Ihn du nicht, lieber Leser! Sieh Annas schickt Ihn weg zum Kaiphas, dieser will Ihn auch nicht. So nimm du Ihn auf — Er bleibt bei dir.

25. **Simon Petrus aber stand da und wärmte sich,** (wie wir hörten.) **Da sprachen sie zu ihm: Bist du nicht auch einer von seinen Jüngern? Er läugnete aber und sprach: Ich bins nicht.** Unglücklicher Petrus! warum gingst du dahin? weil du dich stärker glaubst, als du warst, weil du deine Schwachheit nicht kanntest und deßwegen jetzt erst erfahren mußtest.

26. **Einer von den Knechten des Hohenpriesters, der Vetter dessen, dem Petrus das Ohr abgehauen, spricht zu ihm: Habe ich dich nicht im Garten bei Ihm gesehen?** Petrus stellte sich unter diese Leute, als wenn er auch zu ihnen gehörte; aber Gott trieb ihn heraus aus dieser falschen Sicherheit und bösen Gesellschaft. Er dachte: Sie kennen mich nicht. Wie muß er aber erschrocken seyn, daß gerade der Vetter des Malchus, den er verwundet hatte, da seyn und ihn erkennen muß! So führt uns Gott mit denen wieder zusammen, die wir gern nicht mehr sehen möchten. Auf einmal unvermuthet läuft man ihnen in die Hände. Darum haue du keinem ein Ohr ab,

wenn du nie an seinem Anblick erschrecken willst. Laß allen Leuten ihre Ohren stehen, wo sie stehen, so werden dir deine Ohren nie wehe thun über so einer Anrede: Bist du nicht der und der? — —

27. **Da läugnete Petrus abermal und sogleich krähte der Hahn.** Es war Zeit, daß der Hahn seine Buß-Predigt anstimmte, wenn Petrus durch lauter Lügen und Läugnen nicht verstockt werden sollte.

Solche Hausmittel braucht der Herr öfters, um uns wieder zu uns selbst zu bringen. Sonst sieht der Mensch solche Dinge an, als ob sie von ungefähr kämen. Aber Jesus zeigt uns, daß auch der Hahn nicht von ungefähr kräht, sondern daß der liebe Gott sein Geschrei in seiner Haushaltung auch als ein gutes Hausmittel brauchen könne, wie dießmal, wo er dem ersten Apostel Buße predigen, und ihn aus dem Hofe des Hohenpriesters zur Beweinung seiner schändlichen Sünde treiben mußte.

28. **Von Kaiphas** (der Ihn auch nicht länger bei sich duldete und bald wieder Seiner los zu werden trachtete) **führten sie Jesum in das Richthaus,** vor den weltlichen Richter Pilatus; **sie selbst aber gingen nicht in das Richthaus hinein,** (weil er ein Heide und daher sein Haus in ihren Augen unrein war,) **damit sie nicht verunreiniget würden, sondern das Osterlamm essen durften.** Aber ihre Hände und Herzen mit dem Blute des unschuldigen und unbefleckten Osterlammes, Christus, zu beflecken, hielten sie für keine Sünde, für keine Verunreinigung. Das weltliche und heidnische Richthaus wollten sie nicht mit ihrem Priesterfuß betreten, auf dem Lamme Gottes aber herumzutreten, fürchteten sie sich nicht. Und doch waren sie schon, ehe sie hinkamen, mit ihren blutdürstigen Begierden darin gewesen und hatten sich längst durch Neid und Haß an dem heiligsten Sohne Gottes verunreinigt. Wie blind ist die Heuchelei, wenn sie einmal einen solchen Grad erreicht hat; daß sie solche

Mücken durchseigt und solche Kameele verschlingen gelernt hat, daß sie so pedantisch über Kleinigkeiten mit strenger Gewissenhaftigkeit hält, und aus Mordsucht und Blutdurst, aus Unterdrückung und Ausrottung der heiligsten Unschuld sich nichts macht. Da Priester, Hohepriester sich so weit verirren konnten, wer sollte sich nicht fürchten vor sich selbst, daß er in keine solche oder ähnliche Heuchelei gerathe?

29. **Da trat Pilatus zu ihnen heraus,** (und richtete sich nach ihrer Observanz) und fragte: **Was für eine Klage bringt ihr gegen diesen Menschen?** So steht nun Christus da in die Hände der Sünder, der Heiden, überliefert, wie Er immer voraus sagte, steht da von seinem Volke übergeben und verrathen. Wie muß Ihm gewesen seyn, da Er sich nun weggeworfen sieht von denen, zu welchen Er ganz besonders von Gott gesandt war? Er der längst erwartete Messias wird von seinem Volke, und zwar von den Häuptern und Priestern seines Volkes den Heiden ausgeliefert und als Missethäter vor den Richterstuhl eines Heiden geschleppt. Welche Schmach! welcher Schmerz!

30. **Sie sprachen: wenn Er kein Uebelthäter wäre, hätten wir Ihn dir nicht überliefert.** Welche Antwort: Sie wissen nichts zu klagen, darum wollen sie scheinen, als verdrüße es sie, daß Pilatus erst frägt, und ihrer Redlichkeit und Gewissenhaftigkeit nicht so viel zutraue. Das verstehe sich ja von selbst, das sollte er voraus denken, daß sie keinen Unschuldigen vors Gericht schleppen würden. Da braucht es keine Untersuchung mehr, wenn wir es sagen, die wir so gewissenhaft sind, daß wir nicht über deine unreine Schwelle zu gehen wagen. So kann das Laster heucheln und fromm thun: so kann sich der Satan in Lichtengelsgestalt kleiden. Pilatus soll es für bekannt annehmen, daß sie unfehlbar und Christus ein Uebelthäter sey. Er soll auf ihren Credit, der doch sehr

schlecht war, wie wir aus der jüdischen Geschichte wissen, einen Menschen zum Tode verdammen, von dem sie nichts vorbringen können, was den Tod verdient. Sie wollen Christum blos durch ihr Ansehen und ihr Amt, welches sie doch nur von Ihm hatten, zum Uebelthäter machen. Und Er mußte und wollte das so leiden. Wir wollen ihre Rede umkehren und sagen, lieber Pilatus, wenn wir keine Uebelthäter wären, hätten wir dir den Unschuldigen und Gerechten nicht überliefert — aber so steht Er an unsrer Statt, um unsre Uebelthaten zu büßen, damit wir nicht der Hölle und dem ewigen Pfuhl überliefert werden. Zürnen wir also nicht über die Schlechtigkeit dieser Priester, denn sie haben ja nur gethan, was unsre Sünden, was wir verschuldet und verursacht haben. Suchen und sehen wir unser Bild in ihnen. Denn wären wir keine Sünder, hätte das mit Christo nie geschehen können und müssen.

31. **Pilatus spricht zu ihnen: So nehmet ihr Ihn hin, und richtet Ihn nach eurem Gesetze.** Wenn die Sache so erhoben ist, daß es gar keiner Anklage und keines Beweises bedarf, und ihr es so gewiß wisset, so habe ich nichts damit zu thun. Bei den Heiden ist es einmal nicht gewöhnlich, daß man einen unverhört verurtheile. Man sieht, Pilatus hat es auch übelgenommen und ist ungeduldig geworden über ihre Unverschämtheit; denn er kannte sie ja und wußte wohl, daß sie Ihn nur aus Neid überantwortet hatten.

— **Da sagten die Juden zu ihm: Uns ist es nicht erlaubt jemand zu tödten.** Weil die Römer Herren im Lande waren, so hatten die Juden keine Gewalt und Recht mehr am Leben zu strafen. Sie haben aber doch den Stephanus getödtet. Sie meinten also, daß sie nur in dieser Osterzeit niemand tödten dürften, oder sie sagen nur so, weil sie sichs vor dem Volke nicht allein auszuführen getrauten, und Ihn dem Pilatus in die Hände spielen wollten.

Sie sagen es selbst: Es ist uns nicht erlaubt zu tödten, und dringen doch auf seinen Tod — auf den Tod des Messias. Was heißt das anders, als: Wir dürfen Ihn nicht tödten, schlag du Ihn todt. Was wir selbst zwar nicht thun, aber alles dazu beitragen, daß es andere thun, das haben wir doch selbst gethan. Aber so sucht der Mensch eine Hinterthüre, hinaus zu kommen, und geht dadurch tiefer hinein. O der menschlichen Blindheit!

32. **So wurde das Wort Jesu erfüllt, welches Er gesagt hat, um anzudeuten welches Todes Er sterben würde** — daß Er nemlich gekreuzigt würde. Es war also offenbar die Hand der Vorsehung im Spiele, daß Er am Kreuze sterben mußte. Die Kreuzigung war aber bei den Juden nicht üblich, sondern nur bei den Römern. Darum wollten und mußten sie Ihn den Heiden ausliefern, weil sie Ihn gern am Kreuze gesehen hätten, welches in ihren Augen die schimpflichste, verfluchteste Todesart war. Und es mußte so geschehen, weil es so vorher gesagt war. So mußten die Leidenschaften der Menschen die Schrift erfüllen. O Herr bewahre uns vor dieser Schrifterfüllung!

33. **Pilatus ging wieder in das Richthaus hinein und rief Jesum, um Ihn besonders zu verhören; und fragte Ihn: Bist du der König der Juden?** 34. **Jesus antwortete: Sagst du dieses von dir selbst, oder haben es dir andere von mir gesagt?** Jesus will den Pilatus zu einer neuen Frage veranlassen, um das Wort: **Juden-König**, recht erklären zu können, daß er nichts Weltliches daraus machen dürfe.

Christus frägt gern, damit die Menschen nicht darüber wegspringen. So möchte Er manchen, der Ihn seinen Herrn und König, Heiland und Versöhner heißt, fragen; sagst du dieses von dir selbst, aus eigner Erfahrung und lebendiger Ueberzeugung? oder betest du es nur andern nach? Hast du es nur auswendig gelernt vom Hören sagen? Ist dirs Ernst? Glaubst du? liebst du mich als deinen Heiland? u. s. w.

35. **Pilatus antwortete: Bin ich denn ein Jude?** Was gehts mich an? Er will politisch seyn und die Sache mit Unwillen von sich abschütteln. **Dein Volk und die Hohenpriester haben dich mir überliefert.** Die sind nicht mit dir zufrieden. Ich bekümmere mich um die Religionssachen der Juden nicht. Schrecklich! Jesus muß es aus dem Munde eines Heiden hören: **Dein Volk und die Hohenpriester haben dich mir überliefert!** Das steht da zum Zeugniß wider sie — und wider dich und mich — denn wir gehören alle zu seinem — oder zu dem Volke, das ihn in die Hände der Sünder überlieferte, weil nur unsre Sünden es sind, die Ihn gefangen nahmen, banden und zum Tode überlieferten.

Christus mußte von seinem eignen Volke leiden, so muß jeder Christ von seinem Volke, in dem er lebt, verfolgt werden. Da Er sie zuerst und vorzüglich angriff und ihre Sünden und Mißgriffe wegräumen wollte, so griffen sie zu, und räumten Ihn weg. Er drang auf wahre Heiligung und auf eine Gerechtigkeit, die größer ist als die der Pharisäer und Sadduzäer, und sie wollten keine andere, sondern bei ihrer eigenen bleiben. Das ist allemal die Veranlassung zu einem Charfreitag.

— **Was hast du gethan?** fuhr Pilatus fort, wie hast du dein Volk und die Hohenpriester so erbittert? O was hätte da Christus antworten können? die Welt, sagt Johannes, könnte die Bücher nicht fassen, wenn man alles schreiben wollte, **was Er** seinem Volke und aller Welt **gethan** hat. Ich habe ihre Blinden sehend, ihre Aussätzigen rein, ihre Todten lebendig gemacht, ich habe keinen weggestoßen, der zu mir um Hülfe kam; ich habe den ganzen Tag meine Hände nach ihnen ausgestreckt, und sie eingeladen, um sie zu erquicken um sie wie eine Henne ihre Küchlein unter meine Flügel zu versammeln, ich habe alles gethan, um sie zu retten und selig zu machen, und will noch alles thun und leiden, ich will meinen letzten Blutstropfen für sie hergeben. Das und wie viel noch hätte Er sagen können? Aber —

36. **Jesus antwortete: Mein Reich ist nicht von dieser Welt. Wäre mein Reich von dieser Welt, so würden wohl meine Diener darum kämpfen, daß ich den Juden nicht überliefert würde. Nun aber ist mein Reich nicht von hieniеden.** Das war wahr, das hat Er mit der That bewiesen. Er ging aus dem Wege, wenn man Ihn zum Könige machen wollte. Joh. 6, 15. Er mochte nicht einmal Schiedsrichter seyn, wenn Ihn streitende Partheien darum ersuchten, ihre Erbschaft theilen zu helfen. Er hatte eine Abneigung mit den Dingen dieser Welt zu thun zu haben. Er hatte sich allezeit dagegen gewehrt, und doch muß es sein Verbrechen seyn, daß Er König werden wolle nach dem Sinne der Welt.

Wem der Sinn und die Weise des Heilandes im Herzen klar ist, der hat keine Neigung sich in weltliche Sachen zu mengen und zu regieren. Es ist nicht Faulheit und Nachlässigkeit, sondern eine gewisse Furcht vor einer Lebensweise, die der des Heilandes so sehr entgegen ist. Er wollte nichts seyn in dieser Welt, als ein Knecht der Menschen, ein Diener; Er wollte durchaus nicht bedient seyn, sondern dienen war seine Sache. So hat Er sich nicht nur vor Pilatus, so hat Er sich allezeit auch vor seinen Jüngern erklärt und ihnen denselben Sinn eingeflößt durch Wort und That, z. B. bei der Fußwäsche, und Mark. 10, 42 — 45.

Uebrigens hatte Christus zwei Reiche, eins im Himmel und eins auf Erden, in der Welt, aber nicht von der Welt, weil die Welt, das ist die weltlich-irdisch gesinnte Menschen zu seinen Feinden und nicht zu seinem Reiche gehören. Er regiert nur im Geiste, im Herzen derer, die sich dieser Welt nicht gleich stellen, die der Welt und ihrer Lust entsagen und sich in dieser Welt für Fremdlinge und Pilger halten, aber ihre Heimath und ihr Bürgerrecht im Himmel haben.

Dieses Königreich Christi erkennt aber niemand, als der es in sich erfährt, denn es ist **inwendig in uns**, Luk. 17, 21. und besteht nicht in äußerlicher Macht, Gewalt, Glanz und Herrlichkeit, sondern in innerlichem Frieden und Freude und Gerechtigkeit im heil. Geiste; von außen ist es vielmehr ein **Kreuz-Reich**, mit Schmach, Trübsal, Armuth und Verfolgung zugedeckt vor den Augen der Welt. Wer in dieses Reich Christi eingehen will, darf nichts suchen und lieben, was diese Welt anbeut, er muß vielmehr alles von Herzen fliehen, alle Ehre, Güter und Lust dieser Welt, und nur nach dem trachten, was droben ist, wo Christus sitzt, zur Rechten Gottes. Kol. 3, 1. 2.

37. **Pilatus sprach zu Ihm: So bist du denn doch ein König?** Das gestehst du also zu: nur daß du es anders auslegst. **Jesus antwortete** (ohne Umschweif): **Ja, ich bin König, ich bin dazu geboren und dazu in die Welt gekommen, daß ich der Wahrheit Zeugniß gebe. Wer aus der Wahrheit ist, der hört meine Stimme.** Der versteht mich, der sagt nicht, das sind mystische Sachen, wer kann die verstehen. Ja Er ist der König aller Könige, im Himmel und auf Erden sind ihm alle Namen und alle Dinge unterthan, denn Er ist vor allen, und es besteht alles in Ihm, Er trägt alle Dinge mit dem Worte seiner Kraft. Das bekannte Er, und läugnete nicht, so gering Er da vor Pilatus angesehen war, daß man Ihn für nichts geachtet hat, gebunden, verworfen von allen Menschen, angeklagt, schwer verurtheilt zum Tode. Dennoch war es wahr, was Er sagte: Ich bin König; bin aber nicht von dieser Welt, sondern von einer andern Welt hergekommen, um der Welt, die in der Lüge und Sünde begraben ist, heraus zu helfen, um die Welt, die in der Sclaverei des Satans

und des Todes gefangen liegt, daraus zu erlösen und frei zu machen, durch die Wahrheit, nicht durch Gewalt der Waffen, nicht durch Geld und Kunst oder Menschen-Weisheit, sondern durch das Zeugniß der Wahrheit, daß Gott die Welt also geliebet hat, daß Er ihr seinen Eingebornen Sohn dahin gab, damit alle die an Ihn glauben nicht verloren gehen, sondern selig werden; durch die Wahrheit, daß wer den Sohn sieht und glaubt an Ihn, das ewige Leben habe. O wie schön, daß unser Herr und König sich auch in seiner größten Schmach und tiefsten Erniedrigung seiner Königswürde, die vor den Augen der Welt gar nichts galt, doch nicht schämte, sondern so herrlich und freimüthig bekannte, wo Er vorher sah, daß es Ihm damals niemand glauben würde. Aber Er starb darauf. Nun glauben wir, und glauben uns selig daran. Wer aus der Wahrheit ist, hört dieses Königs Stimme nur. Wer der Lüge glaubt, kann Ihn nicht hören noch verstehen.

38. **Pilatus sprach zu Ihm: Was ist Wahrheit?** Wer weiß, was Wahrheit ist? Wer kann sie ergründen? Wer achtet sie? Was nützt sie? Wie magst du dich damit abgeben? So mag Pilatus gedacht haben; darum, **da er dieß gesagt hatte, ging er wieder hinaus zu den Juden und sprach zu ihnen: Ich finde keine Schuld an Ihm.** Er hielt Ihn wohl blos für einen unschädlichen und ehrlichen Schwärmer, der sich mit der unnützen und unergiebigen Erforschung der Wahrheit abgebe; um die ihm (dem Pilatus) nicht zu thun war. Er fand daher als bloßer politischer Mensch, dem mehr an Ehre und Geld gelegen war als an Wahrheit, keinen Geschmack an den Reden Christi. Denn er kehrte sich um, und wartete die Antwort nicht ab, weil er keine wollte, oder sie nicht sehr achtete. Mit der Wahrheit, dachte er, wie so viele Menschen, kommt man in der Welt nicht durch und nicht fort. Da zuckt die Welt die Achseln und spricht: „Was Wahrheit?! So genau kann man es nicht nehmen.„

Dessen ungeachtet ist es zum Erstaunen, wie unzählige Menschen dem nachjagen und dafür eifern, was sie Wahrheit nennen, so daß sie die Wahrheit selbst darüber verfolgen und todtschlagen, wenn es in ihrer Macht steht.

Pilatus war jedoch von Seiner Unschuld überzeugt, aber nicht gerührt, nicht durchdrungen; er bemühte sich einigermaßen, den Juden ihren bösen Vorschlag auszureden. Er wollte eine alte Gewohnheit zu Hülfe nehmen, die sollte ihm durchhelfen, denn er sprach zu den Juden:

39. **Ihr habt die Gewohnheit, daß ich euch am Osterfeste einen** (Gefangenen) **losgebe, wollt ihr nun, daß ich euch den Juden-König losgebe?** Der schwache Richter läßt es die Kläger entscheiden. Er hält sich an die Gewohnheit, nicht an das Gesetz, keinen Unschuldigen zu strafen; oder ihn nicht in die Klasse der Schuldigen zu setzen und ihn blos durch eine Vergünstigung zu befreien. Er hätte mit richterlicher Gewalt durchsetzen und nicht davon abgehen sollen; Er ist unschuldig, also frei. So sind die Menschen, Volksgebrauch, hergebrachte Gewohnheiten sind ihnen heiliger, unverbrüchlicher als Gottes Gebote.

40. **Da schrieen aber alle zusammen,** wie aus Einem Halse: **Nicht diesen, sondern den Barabbas** gieb uns los! **Barabbas aber war ein Mörder.** Was die Christen an den Juden verabscheuen, thun sie selbst alle Tage, indem sie ihre Lüste dem Evangelio, den Sinn der Welt, dem Geiste Gottes, den alten Adam, (den eigentlichen Barabbas) dem Herrn Christo vorziehen, diesen kreuzigen und jenen frei leben und herrschen lassen. Der Undank der Christen, die Christum besser kennen, ist viel größer als der der Juden, die, wie Christus selbst sagte, nicht wußten, was sie thaten. Wie oft schreit das Fleisch in dir: nicht Christum! nicht seine Demuth! nicht seine Armuth!

nicht seine Schmach! nicht sein Kreuz! sondern Ehre! Geld! Vergnügen!

Daß in Religionssachen der wahre Christ dem schlechtesten und ausgelassensten Menschen nachgesetzt, und jeder Verbrecher und öffentliche Sünder ehrlicher erscheint in den Augen der Welt als ein ächt frommer und erleuchteter Christ, der in Christi Fußstapfen wandelt, und so mancher Barabbas einem Jünger Jesu vorgezogen und laut gerufen wird, weg mit den Schwärmern, der Barabbas ist uns lieber! das ist bekannt und widerholt sich oft genug, daß es nicht in Vergessenheit kommen kann.

---

# Das XIX. Kapitel.

(Leiden, Tod und Begräbniß Jesu.)

---

1. **Da nahm Pilatus Jesum und ließ Ihn geißeln.** Jesus mußte die Strafe rebellischer Sclaven leiden, weil Er die Stelle aufrührerischer Sünder vertrat vor Gott. Alle seine Geißelhiebe, die Er, der Unschuldige, auf seinem heiligen Leibe empfing und duldete, sollen von uns so gefühlt werden, und uns so durch die Seele gehen, daß uns ewig alle Lust des Fleisches, aller Stolz, und jeder Aufruhr der Leidenschaften vergehen müßte.

Es ist eine gottlose Nachgiebigkeit, wenn man wie Pilatus, um die Leute zu gewinnen, die Hälfte von dem, was sie mit Unrecht verlangen, bewilligt, seiner Pflicht aber damit Genüge zu leisten glaubt, daß man ihnen die andere Hälfte versagt. Die Pflicht und Treue gegen Gott und sein Gewissen kann nicht getheilt werden, oder die Untreue ist schon vollendet. Warum geißelst du den Unschuldigen? blos um den Leuten zu gefallen. Warum läßt du Ihn nicht ohne Geißelung los, wie er es verdient? Blos um nicht in Verlegenheit zu kommen.

2. Die Soldaten flochten eine Krone von Dornen, setzten sie Ihm auf sein Haupt und legten Ihm einen Purpurmantel um. So wurde des Anbetungswürdigsten gespottet, so der höchste König verächtlich und lächerlich gemacht. So ließ Er sich behandeln, Er, vor dem sich einst alle Kniee beugen müssen im Himmel, auf Erden und unter der Erde. Wer seinen Kopf hochträgt, und seinen Nacken nicht beugen will unter das niedrige Joch Christi, sehe doch öfters auf das mit Dornen gekrönte und verspottete Haupt seines Königes. Als man Ihn Joh. 6, 16. zum Könige machen wollte, floh Er; jetzt da man das Gespötte mit Ihm trieb, und seine Königswürde lächerlich machte auf die grausamste Art, hält Er wie ein Lamm stille. Die Dornenkrone nimmt er an, läßt sie sich ins Haupt hineinschlagen, die Königskrone floh Er, weil Er hier durchs Kreuz herrschen will, und damit die Seinen hier nicht auf Rosen wandeln sondern gern auf Dornen gehen sollen.

Lieber! was würdest du wählen, wenn man dir eine Dornen-Krone, und eine goldne Krone anböte? Was wählst du jedesmal, wenn dir etwas Ehrenvolles, Angenehmes, Vortheilhaftes, und zugleich etwas Schmähliches, Beschwerliches und Nachtheiliges angeboten wird? Vergleiche dich mit deinem König, denn Er ists, der dir durch diese seine Schmach denselben Sinn verdient hat, und Ihn dir schenket, wenn du Ihn darum bittest, daß du in seinem Sinn und in seinen Fußstapfen wandeln kannst. O versäume nicht, Ihn in seiner Dornenkrone und in seinem abgenutzten Purpurmantel noch einmal, und morgen wieder und übermorgen wieder zu betrachten, ob Er dir endlich nicht so gefällt, daß du lieber mit Ihm verschmäht als mit der Welt geehrt und angebetet seyn willst?

3. Sie

3. **Sie traten vor Ihn hin und sprachen: Sei gegrüßt, du Juden-König! und gaben Ihm Backenstreiche.** Diesem König wurde wahrlich nicht geschmeichelt von denen, die Ihm umgaben, wie es sonst zu geschehen pflegt. Lauter Spötter waren sein Hofgesinde. Aber wir spotten seiner und schlagen Ihn schändlicher noch mit unserer Untreue. Das Leben der gewöhnlichen Christen, was ist es meistens anders als die frechste Spötterei auf Christum und das Christenthum. Man bekennt Ihn mit dem Munde und lästert Ihn mit der That. Man betet zu Ihm in ehrenvollen Ausdrücken und Lobsprüchen, und mit derselben Zunge spottet und lästert man, wenn auch nicht gerade seinen Namen, doch seinen Sinn, und die, welche nach seinem Sinne wandeln.

4. **Pilatus ging nun abermal hinaus und sprach zu ihnen: Sehet, ich führe Ihn zu euch heraus, damit ihr erkennet, daß ich keine Schuld an Ihm finde.** O du schwacher Mann! du elender Richter! So oft bezeugst du öffentlich seine Unschuld, und läßest Ihn immer ärger mißhandeln, und legst das unschuldige Lamm immer wieder in die Hände der Wölfe; anstatt es aus ihren Klauen zu reißen. Du predigst tauben Ohren, wenn du den Wölfen von der Unschuld des Lammes predigst.

Welche Erscheinung Jesu vor seinem Volke in dieser Gestalt! Welch ein Mittel seine Unschuld zu erweisen, Ihn zu strafen und voll Wunden, mit einer Dornenkrone und einem lächerlichen Mantel als einen Unschuldigen vorstellen! — Wer gottlosen, gewissenlosen Menschen einmal nachgiebt und zu Gefallen handelt, muß und wird es das andremal auch thun, muß alles thun, bis ihr Durst gestillet ist. Weiche der Welt, wenn sie Christum von dir ausgeliefert verlangt, keinen Schritt, oder du verlierst Ihn ganz. Gehe ihr aus dem Wege mit Ihm, laß dich auf gar nichts ein, bei allen ihren Forderungen; denn sie ruht nicht, bis Er ganz weg ist.

5. **Es trat Jesus heraus und trug eine Dornenkrone und einen Purpurmantel. Und Pilatus sprach: Seht, welch ein Mensch!** wie Schuldlos! und wie elend!

So stand Er da, der Einzige und Unvergleichbare, vor seinem Volke! wie werden die Engel dareingesehen haben, da Sie Ihn, vor dem sie alle sich nicht tief genug beugen können, so unter den Menschen stehen sahen — die Menschen sahen, die nur nach seinem Blute und Tode dürsteten. Und Er, wo wird Er hingeschaut, wie aufgeblickt haben, zu seinem Vater! wie wird seine Seele gebetet, gefleht haben, daß all die Seinen einst Kronen der Herrlichkeit und weiße Seide, Mäntel der Gerechtigkeit tragen möchten, daß aus diesem seinem Spotte ewige Ehre und Herrlichkeit hervorwachsen möchte für alle, die an Ihn glauben und durch diese seine Leiden Gott versöhnt würden!

Als sein Haupt so von Dornen zerrissen war, seine Haare von Blut trofen, und Bäche Bluts über sein Angesicht flossen, da war der Tag seiner Hochzeit. Für Ihn wars wohl damals ein Schmerzens-Angst- und Leidens Tag, worüber uns die Sinne vergehen, aber es war doch der seligste Tag für seinen Leib, für seine Braut, ja für das ganze menschliche Geschlecht, denn da hat Er ihr den Brautschmuck erworben, die Kleider des Heils, die Krone der Gerechtigkeit. Und in der Hinsicht war es auch der Tag der Freude seines Herzens. Wenn das Kind zur Welt geboren ist, so vergißt man aller vorigen Angst. Es war ein Tag, dergleichen nie einer gewesen ist, und wir werden Ihn in Millionen Aeonen dafür anbeten, daß Er diesen Tag ausgestanden und durchgemacht hat; daß Er so dagestanden und ausgehalten hat.

Was Pilatus meinte und dachte, als er Jesum so vorstellte und sprach: **Seht den Menschen!** das wissen wir nicht, aber was wir dabei denken dürfen, das wissen wir. Seht, das ist der Mensch, der die Menschen wieder zurecht bringt und wieder aus ihnen macht, was der Mensch im Anfang war, als er aus Gottes-Hand kam. Seht, das ist der Mensch, der Mensch gewordene Gott, der die Menschen göttlicher Natur theilhaftig macht; das ist der vollkommne Mensch, denn die andern alle sind keine Menschen mehr, können und sollen es aber wieder durch Ihn werden. Seht, das ist der Mensch, der die Menschen wieder Gott versöhnt, der Verlorne wieder sucht und selig macht! Seht das ist der Mensch, der die Hölle überwindet, den Teufel bindet, den Tod tödtet, das Reich der Sünde zerstört, den Himmel aufschließt, das verlorne Paradies wieder findet, die Verbannten, Verfluchten wieder in ihre Heimat, in ihr Vaterland zurückführt und zu Ehren bringt. Seht das ist der Mensch, der Gott und Menschen, Himmel und Erde, Zeit und Ewigkeit, wieder vereiniget, der alles gestiftete Unheil wieder gut macht, allen Schaden, alle Krankheit wieder heilt, alle Feinde besiegt, und ewigen Frieden wieder herstellt. Seht das ist der Mensch, der alle Menschen vertritt, der alle Menschen zu sich einladet, alle erquicken, alle entsündigen, alle heiligen, alle beseligen, allen alles seyn will und kann und wird. — Und welche Menschen- oder Engel Zunge kann aussprechen, was das für ein Mensch ist, der Gott von Ewigkeit, Kraft, Rath, und Wunderbar heißt — der einen Namen über alle Namen hat, vor dem sich die Kniee Aller beugen müssen?! Seele! sagen kann man es dir nicht, fühle und empfinde so viel du fassen kannst von dem, was dieser Mensch ist, der Jesus heißt, weil Er von Sünden erlöset und selig macht, was verloren ist!

6. **Als Ihn die Hohenpriester und die Knechte sahen, schrieen und sprachen sie** (wie wilde, grimmige Thiere): **Kreuzige Ihn! Kreuzige Ihn!** Ists möglich? Wer hätte das je geglaubt, daß es so kom-

men konnte, daß Priester und Volk so gegen Ihren Messias schreien würden? Wer hätte es geglaubt, wenn man ihm gesagt hätte: Gott wird seinen Sohn in die Welt senden, und die Menschen werden, wenn sie Ihn schon gegeißelt, gekrönt und voll Blut und Wunden sehen werden — nicht nur nicht zum Mitleiden bewegt, sondern in Wuth versetzt werden durch seinen Anblick, werden ein solch Geschrei gegen Ihn erheben: **Kreuzige Ihn! Kreuzige Ihn!** Ein Heide wird sich Mühe geben, für Ihn zu bitten, Ihn los zu machen — aber sein Volk und ihre Priester an der Spitze werden ohne Barmherzigkeit mit rasendem Ungestüm Ihn zum Tode, zum schmählichsten Tode am Kreuze fordern. Und war es nicht vorausgesagt, von den Propheten und von Ihm selbst? — Aber niemand glaubte es, und dann erfüllten und thaten sie es doch. Man sollte denken, der Sohn Gottes hätte viele Kunst brauchen müssen, um sich Leiden und Schmach zu zu ziehen und sterben zu können. Aber das hielt nicht schwer; da war vielmehr keine Menschen Möglichkeit, dem Leiden und Tode zu entgehen — Er durfte nur seyn, denken und handeln, wie Er gesinnt war, das war genug, alle Welt gegen Ihn zu empören.

Die Menschen selbst die Priester waren nie ungeduldiger, rasender und blutdürstiger, als da sie Christum auf Golgatha in seinen Wunden und Blute, in seiner Dornenkrone und im Purpurmantel sahen. Da wurden Unmenschen aus ihnen, da sie diesen Einzigen Menschen sahen, der da war, wie ein Mensch seyn soll.

Die Priester und ihre Knechte stimmten das Kreuzige! an, schrieen voran und alles Volk fiel ein, schrie ihnen nach, gab Echo: Kreuzige Ihn! Ist je etwas betrübendes, so ist es ja gewiß dieses. Wer Mensch ist, sollte sich dieses Geschreies schämen, in sich gehen, Buße thun und bei den Füßen Jesu liegen bleiben, bis all seine Schuld getilgt und Christus in ihm wieder zu Ehren gekommen und verherrlichet ist. Denn die Priester ihre Knechte und das jüdische Volk schrieen ja nicht nur in ihrem, sondern auch in unserm, in eines jeden Menschen Namen. Christus litt ja für alle. So schrieen auch diese für alle. Wer, der sich selbst kennt, erblickt nicht sich in ihnen? Wer sollte daher nicht Gnade bei Jesu suchen, als wenn Er selbst in eigner Person dort dabei gewesen und mit geschrieen hätte? Jede unsrer Sünden war ja ein solches Geschrei: ans Kreuz mit Ihm!

— **Pilatus erwiederte ihnen: Nehmet ihr Ihn hin und kreuziget Ihn; denn ich finde keine Schuld an Ihm.** Ein feiger, schändlicher Richter! Er will zwar das Unrecht nicht selbst begehen, aber andern gestatten, die Unschuld, das Lamm, nicht selbst tödten, aber gewissenlos seinen Feinden und Wölfen zum Tode preis geben. So will man sich aus der Schlinge ziehen, und fällt tiefer hinein. Du hättest Ihn ihren Händen entreißen und **wegnehmen**, und nicht sagen sollen: **Nehmet Ihn hin!** — Du hättest sagen sollen: Er soll leben und frei seyn! nicht: Kreuziget Ihn. Das mußte Christus hören und sehen, wie schwach die waren, die Ihm helfen, und wie stark die, welche Ihn tödten wollten. Da finde dich, o Mensch! wie stark und muthig du im Bösen, wie schwach und furchtsam, wie nachgiebig im Guten du für Christus bist.

7. **Die Juden antworteten ihm: Wir haben ein Gesetz und nach diesem Gesetze muß Er sterben, weil Er sich selbst zu Gottes Sohn gemacht hat.** Sie waren gleich fertig und entschlossen, Ihn zu tödten. Sie wollen es gerne auf sich nehmen; sie finden gleich ein Gesetz den Unschuldigen zu tödten, und der schwache Richter wußte keins den Gerechten vom Tode zu retten.

Es ist merkwürdig, daß Gottes Sohn deßwegen sterben muß, weil Er Gottes Sohn war, und sich als

Gottes Sohn bekannte und behauptete. Sie konnten das nicht läugnen, vielmehr sie machen Ihm dieses zu seiner größten Sünde. Wir wissen es also aus dem Munde seiner geschworensten Feinde: Er hat behauptet, Er sey Gottes Sohn. Das ist gerichtlich erhoben vom hohen Rathe, ausgesprochen vor der ganzen Nation. Und Er wiederrief und läugnete nicht, verbesserte ihre Aussage nicht, sondern starb darauf und ließ sich dafür kreuzigen. Ein Beweiß, Er hat sich nicht selbst blos dazu gemacht, Er war Gottes Sohn von ewiger Geburt.

8. **Als Pilatus dieses hörte, fürchtete er sich noch mehr.** Also war auch alles vorige, was er that, voll Furcht. Es scheint, als hätte er Gewissen gehabt, aber es reichte nicht weit. Es hat Mancher so gute Bewegungen, aber wenn es ins Feuer kommt, so schmilzt es, wie Butter an der Sonne.

Jedoch ist nicht ausgedrückt, warum, was er fürchtete, ob, Gottes Sohn zu überliefern, oder dem Gesetze der Juden und ihren dringenden Forderung entgegen zu handeln. Das Erstere ist wahrscheinlicher. Es ist aber Schwachheit und Menschenfurcht in jedem Falle seine Gebieterin gewesen, uns zur Warnung: Was nicht aus dem Glauben kommt, das ist Sünde.

9. **Er ging wieder in das Richthaus und sprach zu Ihm: Woher bist du? Jesus gab Ihm keine Antwort.** Und das war die kräftigste Antwort, wenn er sie verstanden hätte. Jesus wollte ihm mit seinem Nichtantworten sagen: Es liegen dir Zeugnisse genug vor Augen, die dich von meinem Ursprung überzeugen könnten. Da Pilatus mit seiner vorigen Antwort nicht treu verfahren ist, so zeigt Er ihm durch sein Stillschweigen ein gerechtes Gericht. Andern die gebeugt und aus Heilsbegierde nach Ihm fragten, hat Er es ohne Rückhalt gesagt. Wundere man sich also nicht, daß er der Sünderin beim Jakobsbrunn, dem Blindgebornen und andern elenden Leuten sagte, wer,

und woher Er war; und dem Richter hier sagt Ers nicht. — Er hat es ihm ja schon vorhergesagt, aber Pilatus wandte sich. Wer sich von der Wahrheit abwendet, wenn sie spricht, bekommt keine Antwort, wenn er frägt. Kaufet, weil der Markt ist; ärndtet, wenn es reif ist; suchet den Herrn, weil Er zu finden ist: wirket, weil es Tag ist. Horchet, wenn die Wahrheit spricht, und fraget nicht, wenn sie schweigt.

10. **Pilates spricht zu Ihm: Mir willst du nicht antworten? Weißt du nicht, daß ich Macht habe, dich zu kreuzigen und Macht habe, dich los zu lassen.** Er will nun groß thun mit seiner Gewalt. Gegen die Juden aber, wo er seine Macht hätte gebrauchen und damit durchsetzen sollen, war er feig. O Pilatus! wenn du gewußt hättest, wer der ist, der dir nicht antwortete, so hättest du Ihn gebeten: Frage mich nur nicht, denn ich kann dir auf tausend nicht Eins antworten — du wärest froh gewesen, wenn er mit dir nicht ins Gericht gegangen, daß Er dich nicht gefragt hätte: Wer, woher bist du? So aber fühlte er sich beleidigt von dem so schwer beleidigten und verachteten König der Wahrheit.

Ein frommer Richter wird sich nie seiner Gewalt rühmen, denn sie ist nicht sein, sondern der Gerechtigkeit und dem Gesetze eigen. Er darf und kann nichts thun, als was recht ist. Er hat keine andere Gewalt, als die Gesetze zu handhaben, denen er zuerst Gehorsam schuldig ist. Das Gesetz hat Gewalt über ihn, wie über andere. Der Richter ist nicht Herr, sondern Diener der Gesetze und der Gewalt. Ein gewissenhafter Richter fürchtet sich selbst mehr, die Gewalt zu mißbrauchen, als daß er andern damit Schrecken einzujagen sucht. Pilatus hatte keine Macht, den Unschuldigen zu kreuzigen, sondern nur die Schuldigen zu strafen, und die Unschuldigen los zu machen. Und diese Macht brauchte er nicht, weil er sie nicht hatte, d. i. nicht zu gebrauchen wagte, weil die Furcht vor den

Priestern und dem Volke sie ihm aus den Händen geschlagen hat. Er sprach so groß von seiner Macht und war so ohnmächtig, so schwankend, daß ihn jeder Wind, jeder Schreckschuß zu Boden warf und seine Macht zerstäubte. Wie doch die Menschen groß sprechen können, wenn sie auch noch so klein sind und schlecht handeln.

11. **Jesus antwortete: du hättest keine Gewalt über mich, wenn sie dir nicht von oben herab gegeben wäre.** Jesus erkennt das Amt und die Macht des Pilatus gern, und will durchaus nicht gegen obrigkeitliche Gewalt angehen; giebt ihm aber doch zu verstehen, mit welcher besondern Person er zu thun habe.

Kein Mensch, auch der Mächtigste auf Erden nicht, hat mehr Macht und Gewalt über einen Christen, als ihm vom Vater Jesu Christi zugelassen ist. Sie können nicht mehr thun, nicht weiter gehen, als ihnen das Ziel gesteckt ist, das sie selbst nicht wissen und nicht glauben. So muß der Christ in der Verfolgung in Hinsicht seiner Feinde denken.

Wie betrügt sich Pilatus, daß er glaubt, er habe Macht über den, dem alle Gewalt im Himmel und auf Erden gegeben ist. Er hatte ja keine andere über ihn, als die Er ihm selbst gegeben hat. Wenn die Verfolger oft wüßten, daß sie die Macht, Kinder Gottes zu verfolgen, nur von Gott, ihrem Vater selbst haben; wie würden sie anders handeln!

Der Fromme sieht, wie Christus, nie auf den, der Gewalt über ihn ausübt, sondern stets auf den, der die Gewalt dem giebt und läßt, der sie ausübt. „Kein Haar kann euch gekrümmt werden ohne meinen Vater.“ Diese Hand des Vaters, die ihm Christus zeigt, hat der Christ im Auge. Diese ist es, die alles lenkt und leitet, nicht die Hände der Menschen, die nur geleitet werden, und gewöhnlich selbst nicht wissen, warum, oder von wem? Wer diese Wahrheit festhalten kann, steht fest bei allen Vorfolgungen, sieht unbeweglich immer nur über sich, über alle Menschen und Plagen weg, nur auf Gott und seinen Willen. Kein Unglück, kein Mensch, keine Gewalt der Erde und der Hölle, kein Satan und kein Tod, nichts darf sich ihm nahen, ehe es angefragt und Erlaubniß oder Befehl bekommen hat von dem, der alle Gewalt und die genaueste Aufsicht über die Seinigen bis aufs letzte Härchen hat. Mußte doch der Satan anfragen, ehe er den Hiob plagte. Was also kommt, das kommt von Gott; was Gewalt über uns übt, das hat sie von oben, mit Vorbedacht, und Bewilligung vom Vater. Es darf auch kein Leiden, keine Verfolgung, keine Gewalt der Menschen und der Hölle einen Schritt weiter gehen, als ihnen die Gränzen abgesteckt sind, bis sie zu dem Pfale kommen; wo geschrieben steht: „**Bis hieher, und nicht weiter.**" Da müssen sie scheitern und zurückprallen, und sollte nur ein Strohhalm dort liegen, sie können nicht über ihn wegkommen; wenn sie alle ihre Rosse anspannen. Das können wir uns nicht oft genug sagen, und immer widerholen. Denn nichts ist schwerer zu behalten und zu glauben, nichts leichter vergessen und übersehen, als, daß die Menschen, die Geschöpfe es nicht sind, die Gewalt von sich selber haben oder nehmen, sondern daß es dein und mein lieber Vater ist, der es ihnen giebt, erlaubt, ja ihnen befiehlt: Fluche David! wirf ihn mit Stein und Koth und heiß ihn einen Bluthund.

— **Doch hat der, welcher mich dir überlieferte, eine größere Sünde.** Ist nun dieses gleich schwer zu begreifen, wie der Verfolger, Feind, Verräther und Henker **Befehl, Macht und Gewalt** von oben und doch zugleich **Sünde** haben kann, so ists doch so, denn es ist uns nicht befohlen, das zu begreifen, sondern nur zu glauben, uns zu beugen und geduldig zu leiden, wie Christus und durch Christum. Denn Christus sagt deutlich zu Pilatus: **du hast Macht** von oben, und hast Sünde — nur Judas hat größere Sünde als du, weil er mich dir überlieferte und du sonst nichts von mir gewußt hättest. Christus giebt also Grade in der Sünde zu. Alle sind in der Schuld, aber nicht in gleicher Schuld.

12. **Von da an trachtete Pilatus, Ihn los zu lassen; die Juden aber schrieen und sprachen: wenn du diesen los läßest, bist du kein Freund des Kaisers. Denn wer sich zum Könige aufwirft, empört sich gegen den Kaiser.** Sie kannten seine Schwäche schon, darum warfen sie ihm etwas in die Ohren, worüber sein **Trachten** die Beine brach. Er **trachtete** immer, wollte immer, und es kam nie zum Vollbringen. Die Feinde trachten auch, und trachten ernstlicher und eifriger als du mit deinem halben Willen. Darum sagte Jesus, Viele werden **trachten** bei der engen Thüre einzugehen, und werden es nicht vermögen; weil ihr Trachten nicht besser ist als das des Pilatus.

Nach dem falschen Schlusse der Hohenpriester, stand nun Jesus als Empörer, Aufrührer da, der den Kaiser vom Thron stürzen wollte, was Ihm doch nie in den Sinn gekommen ist, Er war es vielmehr der alle Könige und Kaiser einsetzt, hält und trägt auf ihren Thronen. Durch Ihn regiren sie. Was mußte doch Christus nicht alles seyn in dem Munde seiner Lästerer?! Was müssen die Christen nicht alles seyn, in dem Munde der Feinde Christi? *) Wie herrscht immer derselbe Sinn, dieselbe Lästerung in der Welt, nur unter andern Gestalten! doch Ihm sey Dank! wir finden bei Ihm und in seinen Leiden für alle Leiden Trost und Kraft. Darum ließ Er alles über sich ergehen. O Liebe ohne Gleichen! du warst der Sanft-

*) Wurde doch selbst dieses Buch 1824. beschuldigt und gelästert, als wollte es alle Ordnung der Dinge in der Welt umstoßen, wurde deßwegen confiscirt und öffentlich verbrannt, und der Verfasser mußte es für eine besondere Gnade halten, daß er mit dem Leben davon kam und aus dem Lande gewiesen wurde.

müthigste, das ärmste Menschenkind auf Erden. Ein Vögelchen trachtet nach mehr, doch nach einem Neste, du wolltest nicht so viel von der Welt, wo du dein Haupt auflegen konntest, und doch beschuldigt man dich, daß du nach Kronen und Thronen trachtest; du brachtest allen Frieden und Segen, und wirst gelästert, daß du dich empörest gegen die Obrigkeit. Möchte dein Geduld und Liebe bei all deinen Leiden in uns bleiben und wir dir in allem ähnlich werden. Dafür littest du ja! Amen!

13. **Als Pilatus solche Reden hörte, führte er Jesum heraus und setzte sich auf den Richterstuhl, an dem Platze (Griechisch Lythostroton oder Hebräisch Gabbatha) — Steinpflaster oder Hochpflaster genannt. 14. (Und dieß geschah am Vorbereitungstag vor Ostern, etwa um die sechste Stunde.) Und er sprach zu den Juden: Seht da euren König!** Wie oft wird den Juden ihr Messias von dem Heiden vorgestellt, und durch den Heiden von Gott ihnen dargeboten! wie oft werden sie auf Ihn aufmerksam gemacht, sich zu bedenken, was sie thun, Ihn recht zu betrachten. Wie oft wird auch dir dein Heiland auf verschiedene Weise vor Augen gestellt, und dir zu bedenken gegeben, daß du Ihn nicht verwerfen, sondern ansehen, und an Ihn glauben, Ihn aufnehmen sollst in dein Herz, denn wer Ihn ansieht und glaubt an Ihn, hat das ewige Leben. Wer Ihn aufnimmt, dem giebt Er Macht ein Kind Gottes zu werden. Der Vater ist so barmherzig, geduldig und langmüthig, Er läßt die Priester und das Volk nicht so schnell ihren Muthwillen an Ihm ausüben — Er ließ sie öfters von Obrigkeitswegen auffordern Ihn doch noch einmal anzusehen, ehe sie Ihn wegwerfen wollten. Der Stadthalter mußte Jesum öfter vorführen, Priester und Volk öfters auf dem Richterstuhl, auf dem erhabensten Platze der Stadt, erinnern: Seht den Menschen! Seht euren König! Und ihr wollt Ihn kreuzigen? Be-

denket doch, was ihr thut! So treu und gnädig war Gott gegen dieses erbitterte Volk, so treu ist Er gegen jeden Sünder. O möchten Ihn doch alle Christen ansehen, und es noch einmal bedenken, ehe sie Ihn verwerfen oder durch Sünde kreuzigen an ihnen selbst!

15. Sie aber schrieen: Hinweg! hinweg mit Ihm! Kreuzige Ihn! Ohne Bedenken, wie Rasende schrieen sie aus vollem Halse. Welch ein Geschrei von Menschen gegen Gottes Sohn! wie muß es die Himmel alle durchdrungen, und in den Ohren aller Engel und Gerechten das schrecklichste Geschrei gewesen seyn, das sie je gehört haben! Wenn Kains Bruder-Mord gen Himmel schrie, wie laut muß dieses Priester und Juden Geschrei gegen den Sohn des Vaters geschallt, wie schrecklich geklungen haben?! Sollte man doch meinen, alle Himmel hätten sich empört dagegen und alle Bewohner des Himmels wären herabgefahren und hätten die Erde und alles was darinn ist vertilgt, auf dieses Geschrei hin. Und sieh, der Himmel schweigt — Gott duldet, denn Er will nicht, daß ein Mensch verloren gehe, sondern daß sich jeder bekehre und lebe. Wenn je sich die Langmuth Gottes erwiesen und groß gezeigt hat, so wars hier, da sie dieses empörende Geschrei hören und schweigen konnte.

Wie viele Christen machen es nun eben so?! Sie schütteln das sanfte Joch Christi ab, und wollen lieber unter der Tyranney der Sünde und dem Satan dienen, als Jesum für ihren Herzens-König annehmen. Wie viele, wenn ihnen Jesus und sein Kreuz, seine heilige Lehre, seine Gnade geprediget und vor Augen gemahlt wird, schreien eben so wild dagegen: Hinweg damit! In's Tollhaus mit dieser Schwärmerei! Wie muß dieses in den Ohren Jesu klingen? O laßt uns beten, daß die Herzen der Christen vom Wort des Kreuzes durchbohrt, daß sie erweicht und gewonnen werden, die heilsame Lehre zu hören und vielmehr zu rufen: Komm

Herr Jesu! Erbarme dich mein! und vergieb mir meine Sünden!

— **Pilatus erwiederte: Euren König soll ich kreuzigen? Die Hohenpriester antworteten: Wir haben keinen König als den Kaiser.** Noch einmal wird es ihnen von Gott durch den Pilatus ins Gewissen geschoben, noch einmal zu bedenken gegeben; Euren König soll ich kreuzigen? Welche Langmuth! welche Güte! wie warnend! — Und welche Härte und Verstockung auf der andern Seite! Wie oft kommt Gott und seine Gnade ans Herz des Sünders! wie oft wird Er abgewiesen und zurückgestoßen!

Sie wollen hier recht kaiserlich scheinen, und waren die bittersten Feinde des Kaisers. Sie haßten nichts mehr als das Joch der Römer, doch, da ihnen Gott seinen Sohn anbeut, wollen sie lieber das verhaßte Joch der Heiden, als das sanfte Joch Jesu Christi. Ihr Messias war ihnen viel unleidlicher als der heidnische Kaiser. Zugleich haben sie gegen sich selbst Zeugniß gegeben, daß die Prophezeihung Jakobs erfüllt und Jesus der Messias und König Israels sey; denn Jakob sagte zur Zeit, wo der Szepter von Juda genommen und sie keinen König mehr aus Judas Stamm haben würden, werde der Messias kommen. Das wußten sie und dennoch verwarfen sie Ihn.

Du aber o fromme Seele, wenn die Welt, wenn die Sünde dich versucht und reizt, etwas wieder Gott und Jesum zu thun, frage du: Meinen König soll ich kreuzigen?

16. **Darauf übergab er ihnen Jesum, daß Er gekreuziget wurde. Sie aber nahmen Ihn und führten Ihn hinaus.**

Nun war es geschehen — Nun haben sie erlangt, was sie wünschten, und werden gefrohlockt haben über ihren boshaften Sieg. Man muß bekennen, Pilatus hat sich viel Mühe gegeben, Ihn los zu machen, und sie haben sich viel bemüht, Ihn ans Kreuz zu bringen.

Würden sie sich nur halb so viele Mühe gegeben haben, Ihn in ihr Herz aufzunehmen, wie leicht würde Er sich dazu verstanden haben, wie glücklich wären sie gewesen. Ihre Freude, mit der sie Ihn weggenommen und ausgeführt haben, wie theuer ist die ihnen zu stehen gekommen?! Wer hat Wasser genug, um diese Blindheit zu beweinen; die aber noch immer wiederholt wird, so oft man Jesu sein Herz versperrt und sein Blut durch muthwillige Sünde mit Füßen tritt.

Schrecklichstes aller Urtheile, die je von einem Richter gefällt worden sind; Pilatus verurtheilt und übergiebt Jesum, daß Er gekreuzigt würde! Welch ein Moment! der wichtigste, Folgenreichste von allen in allen Zeiten und Ewigkeiten! Ein Mensch übergiebt den Sohn Gottes, daß Er gekreuzigt würde! O Wort ohne deines gleichen, voll Schrecken und Segen. Nehmet Ihn hin und kreuziget Ihn! Preis gegeben war nun der Heiligste den gottlosesten Unmenschen! Preis gegeben die Wahrheit der unverschämtesten Lüge und Mordlust. Preis gegeben war aber auch zugleich, das Lamm zur Schlachtbank, vor dessen Opfer das Heil der Welt, die Errettung des ganzen Sündergeschlechtes abhing. Aber Menschen führen Ihn zur Schlachtbank: ewige Schande für alles was Mensch heißt. Wenn Ihn die Teufel weggenommen und hingeführt hätten mit solcher Schadenfreude, so konnte man es noch begreifen. Aber Menschen, für die Er gekommen war, für die Er sich aus Liebe opferte, führen das Opfmeresser und schlachten das Lamm selbst mit teuflischer Freude. Das Lamm sieht, fühlt und schweigt. O Anbetung! Anbetung! wem gebührst du, wenn nicht diesem Lamme?!

Armer Pilatus, lange hast du Ihn gehalten, aber endlich giebst du Ihn Preis. Was hilft es, eine Zeitlang nur mit Jesu halten, und Ihn am Ende doch zur Kreuzigung übergeben, damit man nicht in Ungelegenheiten komme, aus Furcht der Menschen. Was hilft es, den Weg der Gerechtigkeit, Jesum als seinen Versöhner kennen, und von Ihm überzeugt seyn, aber am Ende doch durch zudringliches Bitten der Verwandten, durch die Dreistigkeit und Verschmitztheit der Welt oder der Priester, durch das Geschrei des großen Haufens, und das Ansehen der Menschen sich doch bewegen lassen, Jesum preis zu geben?

17. **Und Er trug sein Kreuz und ging hinaus an den Ort, Schädelstädte, Hebräisch Golgatha genannt,** an den Galgenberg, wo die Missethäter hingerichtet wurden.

Der rechte Isaak, das Schlachtopfer des Vaters, der seines Einigen Sohns nicht verschonte, sondern ihn für uns hingab, der geht dahin und trägt das Holz zu seinem Opfer, wie ein Held die Waffen, mit welchen Er die Welt, die Hölle, den Satan und die Sünde überwindet, trägt sein Kreuz, wie ein König das Szepter, mit welchem Er sein Volk regiren will. Dieses edle Kreuz, daß auf seinen Schultern lag, ist das Bild unsrer Sünden, die auf Ihm lagen, die Er wegtrug, ist Versöhnung und Arzenei für unsere Sünden.

Welch eine Prozession! welch ein Kreuzgang! welch ein Zug! Gottes Eingeborner unter der Last des Kreuzes, des Holzes, auf dem der Fluch lag, zieht hin in den bittersten Tod. So schicken Ihn die Menschen seinem Vater wieder zurück, von dem Er ausgegangen war — beladen mit Kreuz, Fluch, und Schmach; als einen Missethäter. Welch ein Gang, von den Segensreichsten Folgen! dieß ist der Gang, von dem Er sagte, der heil. Geist wird die Welt strafen, züchtigen, um die Gerechtigkeit, daß ich zum Vater gehe und ihr mich nun nicht mehr sehen werdet. Joh, 16, 9.

Und Er trug sein Kreuz! Es ist ja unser Kreuz und Er eignete es sich zu, als wäre es das Seine; Er umfing es mit solcher Liebe und Geduld, als wäre es sein Leben und es brachte Ihm den Tod — aber uns das Leben. O Christen! seht auf Ihn, ruft Paulus Hebr. 12, 2—4. Seht auf Ihn, der statt der Freude, die Ihm zu Gebote stand das Kreuz erduldet und die Schmach nicht achtet, ja sehet auf Ihn — wie Er unser Kreuz als sein Kreuz nach Golgatha trägt, um für uns daran zu sterben. O gehet oft diesen Gang mit Ihm! Lasset Ihn nimmer mehr aus eurem Auge kommen, immer vor eurer Seele wandeln den Kreuztragenden Heiland, denn Er trägt eure Sünden und bringt eure Gerechtigkeit wieder. Zugleich, unter seinem Kreuze nach uns mit Liebe und Freundlichkeit blickend, ladet Er uns ein: Folget mir nach, nehmet mein Kreuz auf euch und folget mir nach, wenn ihr meine Jünger seyn wollt. Er ging allein, uns aber läßt Er nicht allein. Er hebt und trägt, daß wir unter der Last nicht erliegen. Noch einmal, O sehet auf Ihn, Er trägt euer Kreuz wie sein Kreuz und tilgt eure Sünden!!

18. **Allda kreuzigten sie Ihn und mit Ihm zwei andere zu beiden Seiten, Jesum aber in der Mitte** zweier Missethäter, als wäre Er der größte unter ihnen. Die Wahrheit wird allezeit zwischen Sünder gekreuziget.

Ein gläubiges Gemüth kann dabei nicht so schnell vorüber gehen, es muß verweilen. Schnell ist das Wort gelesen, **allda kreuzigten sie Ihn** — Wen? Wie? frägt die Seele, die Ihn liebt, die da weiß, was sie von diesem Tode hat und haben wird in Ewigkeit; ach sie sinkt dahin, zum Fuße seines Kreuzes, umfängt es und kann sich nicht satt schauen und fühlen vor Schmerz und Freude, vor Dank und Liebe. Sie stellt sich alles vor, wie wenn es lebendig vor ihren Augen geschähe, alles, was mit Ihm da geschehen ist. Sie mahlt sich Ihn in ihre Seele, mit lebendigen, ewig unauslöschlichen Farben. Alles ist ihr wichtig, der kleinste Umstand, alles schneidet ihr durch die Seele, durch Mark und Bein; sie fühlt alles mit Ihm; — aber Freude, Dank, Jubel mischt sich in ihren Schmerz,

Friede,

Friede, Seligkeit ergißt sich in ihre Seele, sie trinket Ströme des lebendigen Wassers aus seinen Wunden, sie faßt sein Blut auf, sie baut sich ein Haus in seinen Wunden, in sein durchbohrtes Herz, sie bleibt an seinem Kreuze hängen, nimmt Ihn, den Gekreuzigten, mit sich, in alles hinein, überall hin, sie kann sich nicht mehr von Ihm trennen, nichts mehr kann sie von Ihm scheiden. Ihr Herz ist Golgatha geworden.

19. **Pilatus schrieb eine Aufschrift und setzte sie auf das Kreuz; da stand: Jesus von Nazareth, König der Juden.** 20. **Diese Aufschrift lasen viele Juden, denn die Städte, wo Jesus gekreuzigt ward, war nahe bei der Stadt, und die Aufschrift war hebräisch, griechisch und lateinisch geschrieben,** (in den drei Hauptsprachen.)

Kraft dieser Ueberschrift wurde Er öffentlich von einem Beamten im Namen des römischen Kaisers und Beherrschers der Welt, als König des Kreuzreiches erklärt. Es schien wie von ungefähr, aber es war besondere Leitung der herrlichen Vorsehung, diese ließ es an sein Kreuz heften, daß Er König sey und als König für sein Volk sterbe. Auch sollte seine Königswürde und sein Tod für alle Welt allen Völkern kund gethan werden, aus welchen seine Kirche, sein Reich gesammelt werden mußte; darum mußte diese Verkündigung und Erklärung in dieser Aufschrift über seinem Kreuze in den drei Hauptsprachen der Welt abgefaßt seyn, ein Evangelium für alle Völker und Sprachen. Er will der allgemeine Heiland der Welt seyn, will durch seine Erhöhung am Kreuze alle, alle, Juden, Griechen und Römer an sich ziehen.

21. **Da sprachen die Hohenpriester der Juden zu Pilatus: Schreibe nicht: König der Juden; sondern: Er hat gesagt, Ich bin der König der Juden.** Er habe sich der Königstitel nur angemaßt. Die Hohenpriester fühlten die Wahrheit dieses Titels wohl, und fürchteten die Wirkung dieses öffentlichen

Zeugnisses, darum ging ihnen dieser Titel nicht ein, sie wollten ihn ausgelöscht wissen, weil er ihnen nicht zur Ehre gereichte, darum lasen sie es mit Aerger, daß Er als König der Juden am Kreuze hing.

22. **Aber Pilatus antwortete: Was ich geschrieben habe, das habe ich geschrieben.** Hier mußte er stark und fest seyn. So wollte es der Vater. Es hat nicht von ihm abgehangen; ein Mächtigerer hat ihm die Feder geführt, und das konnte und durfte er nicht mehr ausstreichen; denn alle Welt sollte wissen, daß Er ein rechtmäßiger König sey, daß die Juden ihren wahren König gekreuzigt, daß die Bauleute den Eckstein verworfen haben; das sollte gleich an seinem Kreuze in allen Sprachen kund und gelesen werden. Ja, Pilatus! was du geschrieben hast, das bleibt geschrieben — in unsern Herzen, ewig unauslöschlich, Jesus Christus, der König Israels am Kreuze für uns sterbend, unser Sünden tilgend und Gnade und ewiges Leben erwerbend, das sey und bleibe unser Evangelium, unser Denkzettel vor unsern Augen ewiglich.

23. **Die Soldaten aber, nachdem sie Jesum an das Kreuz geschlagen hatten, nahmen seine Kleider und machten vier Theile daraus, für jeden Soldaten einen Theil, und auch den Rock.**

Diese Soldaten stellen alle Menschen vor, die alle zu seinen Tode beigetragen haben, alle seine Henkersknechte waren, in dem sie Ihn durch ihre Sünden kreuzigten. Die Soldaten mußten nur Stellvertreter seyn und der Sünde aller Menschen dienen. Wie aber die vier Soldaten, die bei seinem Kreuze Dienst machten, seine Kleider unter sich theilten, so können und sollen auch alle Menschen an seinem Verdienste und an allen Früchten seiner Erlösung Theil nehmen. Sie machten vier Theile aus seinen Gewande, um anzudeuten, daß alle vier Theile der Welt des Heils aus seinem Leiden und Sterben theilhaftig werden sollten.

Wie diese Soldaten so eifrig auf seine Kleider fielen, um sie an sich zu reißen, so sollen wir alle uns beeifern, daß sein Verdienst und die Kleider des Heils, die Er uns erwarb, auch uns geschenkt werden.

— **Der Rock war ohne Naht, von oben an durchaus ganz gewebt**, von Einem Stücke, das bemerkt Johannes nicht umsonst. Er will damit auf etwas deuten und den Leser aufmerksam machen. Er war gekleidet als der wahre Hohepriester, der eine ewige Erlösung erfunden, und uns eine Gerechtigkeit erworben hat, die ein ewiges Ganzes, kein Stückwerk und Flickwerk, ist, wie unsre eigene und die der Pharisäer ist. Der Rock der Gerechtigkeit Christi läßt sich auch nicht zerstückeln und zerschneiden, sondern jede Seele muß Ihn ganz haben, den ganzen ungetheilten Rock der Gerechtigkeit Christi, wenn sie vor Gott und auf dem Hochzeitmahle des Lammes erscheinen und dort bestehen will.

Seine Blöße am Kreuze ist ein Beweiß, daß Er keine Art der Erniedrigung für uns gescheut hat. Wer würde den Sohn Gottes, der Himmel und Erde kleidet, nackt am Kreuze suchen. Der erste Adam hat die Schande verdient, der andere trägt sie, und büsset alle Sünde gegen die Schamhaftigkeit. Wer aber nun noch durch schamlose Blöße und unzüchtiges Wohlgefallen daran sich oder andere ärgert, kreuziget den Sohn Gottes an seinem eigenen Leibe auf ein neues.

24. **Sie sprachen zu einander: den (Rock) wollen wir nicht zertheilen, sondern um ihn loosen, wem er gehören soll. So mußte die Schrift erfüllt werden, die da spricht: Sie haben meine Kleider unter sich getheilt, und über mein Gewand das Loos geworfen. Dieß thaten die Soldaten;** die doch die Schrift nicht gelesen hatten, und also erfüllten, was sie nicht wußten, was Psalm 22, 19. geschrieben steht.

Alles muß dazu beitragen, Ihn zum wahrhaftigen Messias zu machen, d. i. als den in den Propheten und Psalmen Bezeichneten und Verheißenen, darzustellen, und zu bestättigen, so gar dieser unbedeutend-scheinende Umstand der Vertheilung und Verloosung seiner Kleider. Alles mußte erfüllt werden. Nichts, kein Jota, kein Strichlein durfte fehlen.

Die heidnischen, römischen Soldaten trennten den Rock Christi nicht, aber die Christen — machten viele Risse und Trennungen über dem Rocke Christi, um ihre eigne Meinungen und eigne Gerechtigkeit festzusetzen. Jeder hat ein Stück an sich gerissen, und giebt es für den ganzen Rock aus, und dabei ist immer einer gegen den andern. Ach, wer nur einen rechten Faden vom Rocke der Gerechtigkeit Christi hat, kann die andern nicht hassen, nicht verdammen, nicht zerreißen. Wer aber diesen Rock ganz hat, dem ist ein liebliches Loos gefallen, und der streitet und zanket, hasset und neidet eben deßwegen nicht, sondern dankt, freuet sich, und liebet.

25. **Es standen aber bei dem Kreuze Jesu seine Mutter und seiner Mutter Schwester, Maria, Kleophas Weib und Maria Magdalena.** Drei Marien. Eine Jungfrau, ein Weib und eine Sünderin — von allen Gattungen. Die erste wird empfunden haben, was ihr Simeon weissagte Luk. 2, 35. Männlich standen die Weiber beim Kreuze Jesu, da die Männer weibisch flohen.

Was war das für Stehen für diese Weiber? — O Christ verweile gern und oft mit diesen Marien beim Kreuze deines Erlösers, und lerne Ihm ab, glauben, lieben, leiden, hoffen, ausharren bis ans Ende.

26. **Da nun Jesus seine Mutter und den Jünger, den Er lieb hatte, beim Kreuze stehen sah, sprach Er zu seiner Mutter: Weib! sieh da deinen Sohn!** 27. **Hierauf sprach Er zu dem Jünger:**

**Sieh da, deine Mutter! Und von der Stunde an nahm sie der Jünger zu sich.**

Der Heiland hatte eine solche achtbare Liebe gegen seine Mutter, und eine solche Freundschaft für Johannes, bis zum letzten Augenblicke seines Lebens, da Er sie Testamentsweise an seinen liebsten Jünger angewiesen hat. Wie Er die Seinigen immer liebte, so liebte Er sie bis ans Ende.

So menschenfreundlich der Heiland die Seinigen liebte, da Er auf Erden war, so liebt Er sie noch. Wer eine solche Freundschaf mit Ihm aufgerichtet hat, daß es bei ihm heißt: der ist mein Bruder, meine Schwester, meine Mutter; der hat noch mit demselben Bruder zu thun, der auf der Welt war, der bei uns bleibt alle Tage, der wohl auch seinen Leib auf etliche Tage verlassen hat, aber auf so kurze Zeit, daß es keine Veränderung machen konnte. Daher Er auch nach seiner Auferstehung in allen Stücken bewieß, daß Er noch eben die Person sey, die Er vorher war. Wenn man nun das festsetzt, so sind die Konversationen mit Maria, Martha, am Kreuz mit seiner Mutter und dem Jünger, den Er specialissime liebte, mit den Jüngern nach Emmaus, mit Maria Magdalena ꝛc die Modelle, nach denen wir uns richten können. In eine solche Freundschaft und Gemeinschaft kann und soll man mit Ihm kommen.

Das war unter dem Kreuze noch die Familie des Heilands; so klein war sie zusammengeschmolzen; das war sein Kirchlein, wozu Er sich rechnet, wobei Er sich aufhält, bei dem sein Geist ruht auf Erden, wo Er einkehrt und allemal darauf rechnet, wenn seine Religion aufhörte auf Erden und der Glaube verlöschen wollte bei allen Menschenkindern, daß Solche doch in ihrem Sinn Ihm einen Tempel bauten, wo seine Ruhe, sein Sabbat ewiglich seyn, wo Er wohnen könnte. Dazu braucht man nur das Prädikat **arm** und **klein** mitzubringen, so hat man großes Recht. Er wohnt unter den Armen und Kleinen ewiglich. Das Himmelreich ist in ihnen. Ist seine Gnadenhaushaltung irgendwo zu suchen, so ist sie unter seinen Armen, Elenden und Kranken, die Er einmal dazu angenommen hat. Je näher wir also der ersten Idee seiner Freundschaft und Familie kommen können, desto besser ist es. Ja das ist allemal das Köstlichste und Seligste für unser Herz.

Der Heiland schämt sich nicht, uns Brüder und Freunde zu nennen, und Er schämt sich auch nicht spezielle Freundschaft zu haben. Er liebt, wie man auf Erden liebt; darum ist es immer nicht einerlei, in welchem Kredit man bei Ihm steht, sondern man ist gern liebgehabt.

28. **Endlich, da Jesus wußte, daß alles vollbracht sey, und damit die Schrift ganz erfüllt würde, sprach Er: Mich dürstet.**

Beim Jakobsbrunnen Joh. 4, dürstete Ihn auch; dort sagte Er aber, daß es Ihn hungere und dürste, den Willen des Vaters zu vollenden, Seelen zu gewinnen, sich ihnen zu offenbaren, und ihnen Heil und Seligkeit mitzutheilen. So war auch gewiß dieser Durst am Kreuze mehr eine Begierde nach der Erfüllung und Vollendung des Heils der Menschen, obwohl auch sein leiblicher Durst unbeschreiblich groß und peinigend gewesen seyn muß, bei dem großen Blutverlust, den Er schon am Oelberge, in der Geißelung, Krönung und am Kreuz erlitten hat. Aber ungleich größer muß doch sein Verlangen gewesen seyn, zu seinem Vater wieder zu kommen, und allen seinen Willen vollbracht zu haben. Und nachdem es nun vollbracht war, was zur Erlösung der Menschen geschehen mußte, so wünschte Er nichts so sehnlich, als daß es auch von den Menschen erkannt, angenommen, geglaubt und ergriffen werden möchte. Du kannst also Jesu Durst am Kreuze stillen, denn Er durstet noch nach dir. Gieb dich Ihm hin, laß dir von Ihm wohl thun, vergeben, deine

Sünden wegnehmen, seine Liebe ins Herz legen, so labst du sein Herz in seinem brennenden Durste nach deinem Heile.

29. **Es stand aber ein Gefäß voll Essig da, mit diesem Essig füllten sie einen Schwamm, steckten ihn auf einen Ysoppstengel und hielten es Ihm an den Mund.** So laben Menschen den, der das Leben für sie läßt, der vorher schon ihnen alle Labung und Erquickung in Speiß und Trank umsonst gegeben hat. So kränken auch Christen Ihn bis heute noch mit Galle und Essig durch ihre Sünden.

30. **Da nun Jesus den Essig genommen hatte, sprach Er: Es ist vollbracht! neigte sein Haupt und verschied.** Ewig Anbetung Ihm, daß Er sein Haupt neigte, und zu uns herab neigte, sonst würden wir ewig unsere Häupter nicht emporheben, nicht hinauf, nicht hinaus blicken dürfen in die selige Ewigkeit. Dieses gesenkte Haupt hebt uns allen das Haupt hoch empor. Er selbst neigte sein Haupt mit dem Bewußtseyn, daß Er es schon wieder emporheben würde, wie Er es schon vorher sagte.

Nun war der Augenblick da, wo Er ausruhen sollte von der schwersten aller Arbeiten, nun konnte Er sagen: Nun ists vorbei, nun habe ich alles gethan und gelitten, was der Vater wollte und die Menschen nöthig hatten. Das war das Signal von der neuen Schöpfung, von der neuen Ordnung der Dinge, die nun so lange währt, bis Er wieder kommt, von der Haushaltung des Glaubens, die von seinem Tode angerechnet wird, bis Er wieder lebendig erscheint mit seinen heiligen Wunden unter seinem Häuflein. Dann wird diese Glaubens-Oekonomie mit Umarmen und Schauen beschlossen werden. Indessen haben wir davon von Zeit zu Zeit einen Vorschmack oder gewisse Momente, wo sich der Heiland uns so nahe zu fühlen giebt, wie man es in keinem Propheten liest, noch von irgend einem Seher weiß. Und diese Augenblicke müssen allemal so gesegnet seyn, und sich uns so auszeichnen, daß man es uns lange ansieht, daß wir etwas im Geist geschaut und genossen haben, daß Er sich uns auf eine besondere Weise zu erkennen und zu schmecken gegeben hat. Das alles haben wir derselben Vollendungsstunde zu danken, die wir bis zu seinem Wiedererscheinen bekennen, die eigentlich unser Hauptfest ist und bleibt, die nicht nur des Jahres einmal, sondern alle Tage, durch die ganze Zeit bis in die Ewigkeiten der Ewigkeiten gefeiert wird. Du bist geschlachtet und hast uns zu Königen und Priestern gemacht vor Gott und allen Himmeln. So wirds ewig tönen in dem Munde aller Erlößten des Herrn. In seinem Tode leben wir. Wer Ihn noch nicht so hat und genießt, zu dem, für den hat Er sein Haupt noch nicht geneigt, der hat noch das Allerunentbehrlichste nicht, was Er doch so leicht haben könnte — die Früchte des Todes Jesu, der für alle Welt seinen Geist aufgab, um in alle Welt Geist und Leben, Freude und Seligkeit zu bringen.

Herr, ich stehe unter deinem Kreuze da, sehe dich dein Haupt neigen und scheiden: — „Ich hab Zorn verdient;" heißt es meinerseits. „Ich hab dich versühnet!" ruft das Lamm vom Kreuz.

**31. Weil gerade Rüstag, Vorbereitungstag auf den großen Sabbat war, baten die Juden den Pilatus, er möchte ihnen die Beine brechen und sie abnehmen lassen, damit die Leichname nicht über den Sabbat am Kreuze blieben.**

Die Juden sind nun, nachdem sie ihren Messias umgebracht haben, nur besorgt für die Beobachtung ihrer Zeremonien. Den Unschuldigen aufs Fest hin tödten war ihnen keine Sünde, aber den Getödteten am Kreuze über den Sabbat hängen lassen, das, glaubten sie, würde den Sabbat schänden. Welche Gewissenhaftigkeit! welche Mückensäugerei! Aber, liebe Christen! sind wir rein von diesem Sinne? Sind wir nicht auch in Kleinigkeiten, die das Herz nicht angreifen, sehr genau und gewissenhaft, sehr gottesfürchtig und gottesdienstlich, und in wichtigen Dingen, die sehr wider die Seele streiten, die den Lieblings-Neigungen fröhnen, gewissenlos, frei und ungebunden? Die Juden kreuzigten den Sohn Gottes bei der strengsten Beobachtung ihrer Sabbate, und nun wollten sie, daß den Gekreuzigten der Rest, der letzte Todesstoß gegeben, ihr Tod befördert und sie vollends abgethan würden — wollten also den Todschlag des Messias ja noch vollenden, und ihre Sünde voll machen, ehe der heilige Sabbat einbrach, damit sie ihn recht heiligen könnten. So irrt der Blinde, in solche Gruben fällt er, so vorsichtig er zu wandeln glaubt.

32. **Da kamen also die Soldaten und brachen dem Ersten die Beine, und dann dem Andern, der mit Ihm gekreuzigt ward**; dieses Beinbrechen geschah mit einem gewaltsamen Zerschlagen aller Glieder des Leibes, wenn sie nämlich noch lebten, damit sie gewiß getödtet und nicht lebendig vom Kreuze abgenommen würden. Es war wohl dem Rädern ähnlich.

33. **Als sie aber zu Jesu kamen, sahen sie, daß Er schon gestorben sey, darum brachen sie Ihm die Beine nicht**; 34. **sondern Einer von den Soldaten öffnete mit einer Lanze die Seite und alsbald floß Blut und Wasser heraus.** Das mußte so geschehen: denn Er wollte sein Leben freiwillig hingeben, ohne daß es Ihm von jemand genommen werden dürfte. Niemand nimmt mein Leben von mir, ich lasse es selbst. Er wollte sich nicht todschlagen lassen, sondern selbst sterben. Dann durfte dem Osterlamm kein Bein zerbrochen werden. 2. Mos. 12, 16. Er ward aber durchstochen; — es sollte noch etwas aus Ihm heraus kommen — **Blut**, zu unsrer Versöhnung, **Wasser** zu unsrer Reinigung. Und das kam auf den Lanzenstich. Da war die Thüre in das Herz des unendlichen Er-

barmers geöffnet, eine Oeffnung, durch welche die Menschen tief in sein Herz schauen und die Größe und Gluth seiner Liebe wahrnehmen können. Denn bei diesem Stiche öffnete sich die einzig wahre Heilquelle für alle Sünde.

Jesus wollte nicht einen einzigen Tropfen Blut in sich behalten, der nicht für unser Heil vergossen würde. Er ist ganz für uns. Er hält nichts zurück. All das Seine ist unser. Er zerfloß für uns ganz, daß kein Lebensfunke, kein Tröpflein Bluts und Wasser mehr in Ihm blieb. So hat Er sich geopfert für uns; so sich ausgeleeret und hingegeben für Sünder.

Der Tod Jesu hat seiner Wirksamkeit auf die Menschen, wie sonst der Tod bei Menschen thut, keine Grenzen gesetzt, er war vielmehr erst der rechte Anfang und die ewige Quelle des Heils für alle Geschlechter der Erde; denn da hat Er seine Gemeine gestiftet, da hat Er den Brunnen des Wassers und Bluts gegraben und geöffnet, der ewig fort fließt, und alle reinigt und heiligt, die gereinigt und geheiligt werden wollen. Da floß Wasser, mit dem wir getauft und gewaschen, da quoll Blut, in dem unsre Kleider weiß gemacht werden.

35. **Der dieß bezeuget, hat es selbst gesehen,** (Er stand ja dabei,) und auch das Geheimniß, welches darunter liegt, welches nur Johannes=Augen sehen können, sah er.) **Und sein Zeugniß ist wahr. Er weiß, daß er die Wahrheit redet, damit auch ihr glaubet.** Johannes macht sonst selten Anmerkungen. Aber hier konnte er es nicht lassen, uns besonders auf diesen Lanzenstich, und was daraus sich ergoß, aufmerksam zu machen, und uns zum Glauben einzuladen.

Der Tod Jesu, der das Heil und Leben der Welt ist, mußte durch allerlei Beweise und Zeugnisse gewiß und unzweifelhaft gemacht werden, nemlich 1. durch die Zeugnisse der Soldaten, welche Ihm die Beine brechen wollten, wie den Uebrigen, aber Ihn schon todt, und es also unnöthig fanden, 2. durch den

Hauptmann, der Ihn mit lautem Geschrei verscheiden und sein Haupt neigen sah, wie er noch nie Einen sterben sah. 3. Durch den Soldaten, der Ihm mit dem Spieß durchs Herz stach, daß Blut und Wasser heraus strömte, 4. durch die Wache, die bei Ihm war, und durch seinen Tod so betroffen und gerührt wurde, daß sie an Ihn glaubte; 5. durch das Volk, das umkehrte und an die Brust schlug; 6. durch den Jünger, der auf alles genau acht gab, und Blut und Wasser von seiner Seitenwunde herabfließen sah.

36. **Denn dieß ist geschehen, damit die Schrift erfüllt würde: Ihr sollt Ihm kein Bein zerbrechen — dem Osterlamme.** Das haben die Soldaten wieder nicht gelesen und nicht gewußt, daß es 2. Mos. 12, 46. so geschrieben steht und geschehen mußte; und doch thaten sie es: sie zerbrachen den andern Gekreuzigten die Beine; da sie zu Ihm kamen, hörten sie auf, weil sie Einer kommandirte, den sie nicht sahen und nicht hörten, und doch thun mußten was Er Jahrhunderte voraus befohlen hat, ohne ihr Wissen.

37. **An einem andern Orte steht geschrieben: Sie werden sehen, wen sie durchstochen haben.** Zach. 12, 10.

Der Stich geschah nur von Einem Soldaten, und hier heißt es: Sie haben Ihn durchgestochen. Wie das? der Soldat war nur das Werkzeug; sie, die Sünder, alle vom Ersten bis zum Letzten, haben dem Soldaten die Hand geführt, und es wird ihnen beigemessen; sie werden es auch, wenn der Menschensohn kommen wird in seiner Herrlichkeit mit seinen Wunden, wohl sehen, in wen sie gestochen, und daß sie es gethan haben, wenn sie nicht jetzt schon an ihre Brust schlagen und sich durch die Wunden, die sie Ihm geschlagen haben, heilen lassen. Jeder, der da freiwillig sündigt, Christi Wort und Gebot wegwirft, sticht in Ihn, durchbohrt sein liebendes Herz, das immer alle an sich ziehen, alle selig machen möchte, und von so vielen nur verachtet und zurück gestoßen wird.

38. **Hierauf bat Joseph von Arimathia (der ein Jünger Jesu war, aber ein heimlicher aus Furcht vor den Juden) den Pilatus, daß er den Leichnam Jesu abnehmen durfte. Und Pilatus erlaubte es ihm.**

Die Liebe bricht nun durch alle Menschenfurcht durch, und wo am meisten zu fürchten war, verschwindet die Furcht, so daß er sich des am Kreuze getödteten und von aller Welt verworfenen ohne Scheu annimmt, wo dem Scheine nach nichts mehr von Ihm zu hoffen war, den er beim Leben öffentlich zu bekennen sich schämte oder fürchtete. — Das war schon eine schöne Frucht des Todes Jesu, daß seine heimlichen Jünger öffentliche, die Schwachen stark wurden. Wer sagt, er habe Jesum am Kreuze erblickt, und sich Sein noch schämt oder Ihn zu bekennen sich fürchtet, der lügt, er hat Ihn nie gesehen noch erkannt. Die Liebe des geschlachteten Lammes treibt alle Furcht aus. S. Matth. 27, 57.

39. **Es kam auch Nikodemus, der gleich Anfangs des Nachts zu Jesu gekommen war, und brachte eine Mischung von Myrrhen und Aloe, gegen hundert Pfund.** So kam Einer nach dem Andern hervor an den hellen Tag, der vorher des Nachts sich fürchtete. Wie Jesu Gefangennehmung die Vermessnen verzagt machte, so machte sein Tod die Verzagten muthig. Das beweißt die Geschichte seiner Jünger während seiner Leiden.

40. **Da nahmen sie den Leichnam Jesu und wickelten Ihn in Lein-Tücher mit Spezereien, nach der Begräbniß Sitte der Juden.** So nimm du den lebendigen Leichnam Jesu im Abendmahle, und täglich im Geiste, und wickele Ihn in die schönen Tücher des lebendigen Glaubens und der brünstigen Liebe, mit den Spezereien der ungeheuchelten Demuth und

Selbstverleugnung und lege Ihn in das Grab deines Herzens. —

Das ist keine Leiche, von der man aufsteht, wie Abraham von seiner Leiche: das ist Keiner, deß man vergißt wie eines Todten.

41. **Es war aber an der Stätte, wo Er gekreuzigt ward, ein Garten, und in dem Garten ein neues Grab, worin noch niemand gelegt worden war.** 42. **Dorthin legten sie Jesum, weil eben Vorbereitungstag der Juden war, und dieß Grab in der Nähe war.** Christus liebte und verdiente ein neues Grab, weil Er ein Todter ohne seines Gleichen war; denn alle Kinder Adams sterben aus Schuld, Er unschuldig. Es ist bei allen der befleckte Rock des Fleisches, der im Tode ausgezogen und zu Grabe getragen wird, daß er verwese, und einst ein neuer auferstehe. Aber sein Leichnam war unbefleckt und heilig; sollte die Verwesung nicht sehen, sondern wieder lebendig werden. Darum gehörte Er nicht zu den übrigen Todten. Wie ein neues Grab, so liebt Er aber auch ein neues Herz, wo kein anderer gelegen ist. Junge Seelen! Lasset keinen in euer Herz als Jesum, und Jesum allein!

## Das XX. Kapitel.

(Auferstehung und Erscheinungen des auferstandenen Heilands.)

1. **Am ersten Wochentage kam Maria** (welcher der Herr im Herzen lag) **sehr frühe, wo es noch dunkel war, zum Grabe und sah, daß der Stein vom Grabe weggehoben war.** Sie konnte den Tag nicht erwarten. Aber der Stein, der sie vorher bekümmert hat, als er vor dem Grabe lag, bekümmert

sie nun wieder, da Er weggehoben war. War also damit gleich auf einer Seite etwas gehoben, was ihr den Eingang zum Grabe verwehrt hätte, so war doch dieses auf der andern Seite ein Anlaß zum neuen Kummer und Schrecken: Wer hat Ihn weggenommen? Daß Er auferstanden und selbst weggegangen seyn sollte und könnte, fiel ihr nicht ein, und sie konnte das nicht glauben, es wäre ihr zu viel gewesen. Mark. 16, 1.

2. **Da lief sie eilends** (fast athemlos) **zu Simon Petrus und zu dem andern Jünger, den Jesus lieb hatte, und sagte zu ihnen: Sie haben den Herrn aus dem Grabe weggenommen, und wir wissen nicht, wo sie Ihn hingelegt haben.**

Das ist freilich die größte Noth für Maria-Seelen, wenn sie Ihn verloren haben, wenn Er ihnen weggenommen ist, und sie nicht wissen, wo sie Ihn finden können. Eine gläubige Seele, die Jesum recht lieb hat, und nun verloren zu haben meint, fühlt nichts so tief und so sehr als diesen Verlust; sie weint, seufzt und unterläßt nichts, Ihn wieder zu finden. Sie läuft zu den Jüngern, die Ihn kennen und lieben, von denen sie weiß, daß sie in seiner Nähe wandeln und mit Ihm Umgang haben, und klagt da ihre Noth, in der Hoffnung, ob Er da nicht zu finden sey, oder daß sie ihr suchen helfen und sagen, wo, wie sie Ihn wieder finden kann.

Bisweilen geht auch Jesus gleichsam aus dem Herzen und beraubt dasselbe seiner fühlbaren Gegenwart, um es zu prüfen. Eine erschrockene Seele glaubt dann, daß Ihn ihre Fehler und Untreue vertrieben und weggenommen haben, welches wohl gewöhnlich der Fall seyn mag. Wenn man aber wegen des Verlustes einer Sache sehr bekümmert ist und kläglich thut, so beweiset man dadurch eben, daß man das verlorne sehr lieb habe und weil man es liebt, sucht man es mit allem Eifer, allerwege wieder zu erlangen.

3. **Da gingen Petrus und der andere Jünger hinaus und kamen zum Grabe.** Wenn man einer Seele helfen soll, Jesum suchen, so muß man jeden Augenblick bereit seyn, aufzustehen und alles liegen zu lassen. Denn wer Ihn für andere und mit andern sucht, findet Ihn auch für sich selbst. Doch muß beim Suchen des Heilandes Johannes mit Petrus gehen, d. h. der Eifer des Petrus mit der Liebe des Johannes gepaaret seyn.

4. **Beide liefen zugleich; aber der andere Jünger lief noch schneller als Petrus und kam zuerst zum Grabe,** weil ihm die Liebe Flügel gab.

Man muß lieben wie Petrus und geliebt seyn wie Johannes, wenn man also Jesu nachlaufen soll. Man muß zuvor geliebt seyn, ehe man lieben, laufen kann, der Heiland läuft zuerst uns nach und kommt uns zuvor mit seiner Liebe, dann entzieht Er sich uns wieder, damit wir Ihm wieder nach laufen, und Ihn aufsuchen und die Liebe läuft immer wie hier bei Johannes, durch ihre Inbrunst voran.

Zu einer Seele, die ein ohne Jesu leeres Grab geworden ist, soll sich die zärtlichste Liebe vor dem strengen Eifer nahen.

5. **Er bückte sich hinein und sah die Leintücher da liegen, ging aber doch nicht hinein in das Grab.** 6. **Simon Petrus kam ihm nach, ging in das Grab hinein und sah die Leintücher liegen.**

Die Liebe des Johannes war dabei der Untersuchung des Einzelnen nicht so thätig (so sehr er es bei der Erzählung ist), sie versenkt sich mehr ins Ganze. Die Leintücher sind ein Bild des Worts, oder der Schrift, in welcher die Wahrheit, Christus, eingewickelt liegt, bis Er aufersteht und sich lebendig im Herzen zeigt.

Uebrigens kann man dabei noch lernen, daß mancher im Anfange der Erweckung dem andern zuvor läuft, und der andere kommt endlich doch früher und näher zur Sache, da jener nur ins Grab hinein guckt.

7. **Auch das Schweißtuch, das Ihm um das Haupt gebunden war, sah er, das aber nicht bei den Leintüchern lag, sondern an einem andern Orte besonders zusammen gewickelt war.** Welche Einfalt in der Erzählung! welche Kindlichkeit in der Nachricht! welche Treuherzigkeit und einleuchtende Klarheit! Alle, auch die kleinste Umstände sind dem liebhabenden Jünger wichtig zu erzählen und sie der Nachwelt zu bewahren.

8. Endlich **ging doch auch der andere Jünger hinein, sah es und glaubte,** wie Maria, daß Ihn jemand weggenommen habe. 9. **Denn sie hatten bis dahin die Schrift** (auch leider!) **noch nicht verstanden, daß Er von den Todten auferstehen müsse.** damit berichtet Johannes demüthig, was sie für Helden waren. Wie deutlich hat Er es ihnen selbst oft gesagt?

10. **Die Jünger gingen wieder nach Hause und verkrochen sich** wieder in die Winkel.

11. **Maria aber stand draußen vor dem Grabe und weinte.** Sie hielt Wache und that wohl daran; **denn indem sie sich weinend bückte, und in das Grab hineinsah, 12. erblickte sie zwei Engel in weißen Kleidern sitzen — einen zum Haupte, den andern zu den Füßen da, wo der Leichnam Jesu gelegen hatte.** Der Herr sendet den Seinen, die Ihn suchen, zuerst Tröster, ehe Er selbst erscheint. Engel haben dem Herrn nach seiner Versuchung gedient, sie dienten Ihm auch in seinem Tode und bei seiner Auferstehung, so wie bei seiner Geburt und bei seiner Himmelfahrt. Ueberall waren sie dabei.

Maria war im Suchen beharrlich und hörte nicht auf zu weinen und zu harren, bis sie fand. Wohl dem, der über den Verlust Jesu, Thränen vergießt; er wird gewiß durch die Freude des Findens getröstet werden.

werden. Der Heiland läßt die weinen, welche Er liebt, während dem die lachen und spotten, die Ihn hassen. Aber in diesem Leben ist nichts köstlicheres, als ein Herz, das um Jesu willen betrübt ist. Nichts bereitet uns besser vor zur Heimsuchung oder Offenbarung des Herrn, als Thränen der Liebe und des Verlangens nach Ihm.

13. **Die sagten zu ihr: Weib! was weinest du?** Sie giebt ihnen eine kurze Antwort: **Sie haben meinen Herrn weggenommen, und ich weiß nicht, wo sie Ihn hingelegt haben.** So drückte sie ihren Schmerz und ihre Ihn suchende Liebe aus, und ohne sich bei den Engeln aufzuhalten; (denn ihr genügte kein Engel; sie will **Ihn**, Ihn selbst und keinen andern, sey er, wer er wolle,) und ohne also bei den Engeln stehen zu bleiben, 14. **kehrte sie sich um,** als eine verirrte Liebhaberin, die sich aller Orten umsieht, ob sie den finden kann, den ihre Seele liebt; und sieh! da sie sich von allen Geschöpfen, selbst von den Engeln wegwendet, findet und **sieht sie Jesum stehen.** Da sie sich über seinen Verlust beklagte, stand Er vor ihr: **aber sie kennt Ihn nicht, daß Er es ist.** O hätten alle Seelen eine so treue Liebe, die durch alles durchdringt, von allem wegsieht, sich bei keinem Dinge, sey es noch so vornehm, aufhält, sondern nur Jesum sucht und nicht ruht, bis sie Ihn findet; so würden Ihn alle bald finden und das Glück der Magdalena genießen.

15. **Jesus sprach zu ihr: Weib! was weinst du?** Vielleicht kann ich dir helfen oder rathen.

**In der Meinung, es wäre der Gärtner** (und das ist Er auch; denn Er pflanzt lauter Gewächse mit Früchten der Gerechtigkeit, und rottet aus alle Pflanzen, die sein Vater nicht gepflanzt hat,) **sprach sie zu Ihm; Herr! hast du ihn weggenommen,** weil du Ihn etwa nicht gerne da hättest haben wollen, **so sage**

**mir doch, wo hast du Ihn hingelegt, so will ich Ihn holen?**

Wo schmerzliche Sehnsucht nach Christus ist, da ist Gnade; da ist Christus nicht ferne; da steht Er schon da; nur sieht und kennt man Ihn und seine Nähe noch nicht. Wenn aber die Gnade der Offenbarung Jesu lange ausbleibt, so ist es ein Zeichen, daß man um Gnade nicht recht verlegen ist.

Der Schmerz über seine Sünden und den Verlust der Gnade, oder die Verlegenheit um sein Heil, ist etwas sehr Großes, eine Wirkung des heiligen Geistes, ein Zustand, dem der Heiland nicht ferne ist, und da ein jedes die Erhöhung und Erquickung schon bestellt finden. Ihm ists bloß um verlegene Seelen zu thun; wo die sind, da ist Gnade; da ist Er selbst schon, nur noch incognito. Er sieht niemand weinen, oder Er sagt: Weine nicht! und wischt die Thränen ab, und verwandelt sie in Freuden-Oel. Sobald uns etwas Unrichtiges anfällt, oder etwas drückt, schwer und Schmerzen macht, und wir laufen gleich um Hülfe zu Ihm: so ist gleich wieder Friede im Herzen, und Freude im Gewissen.

16. **Da sprach Jesus zu ihr: Maria! Sie wandte sich um, und sprach zu Ihm: Rabbuni! das ist Meister!** Bist du es selber? Die stumme Sprache zwischen dem Heilande und der Maria ward endlich laut, aber in sehr wenig Worten, die voll Gefühl und Salbung waren, und die Thränen in Freude verwandeln. Es ist nicht genug, daß Er freundlich ist, daß Er einem eine selige Viertelstunde giebt, sich zu freuen und die Thränen abzuwischen; sondern das Zeugniß, daß Er hat, ist, daß seine Güte immer und ewiglich währt.

Es giebt Leute, die mit Leib und Seele am lieben Heilande hangen, und deren eigentliche Sache Liebhaben ist. Unter diese Klasse gehört Maria Magdalena. Alle ihre Handlungen zeigen, daß sie nicht weit gesehen habe. Sie hatte von des Heilands Auferstehung nicht den geringsten Begriff. Dessen ungeachtet, sobald sie ihren Meister hörte und erkannte, fiel sie Ihm augenblicklich zu Füßen, ohne daran zu denken, daß sie Ihn als eine Leiche hat begraben sehen. Sie hielt sich bei gar nichts auf, sondern anstatt die Erscheinung für ein Gespenst zu halten, wie die Apostel, so ists bei ihr gleich eine ausgemachte Sache: Rabbuni! Ey, da ist der liebe Meister! Das ist ein schöner Charakter und dem Heilande der liebste. Die Vollkommenheit, daß seine Liebe völlig in uns sey, ist ohne viel Schwierigkeiten zu erlangen. Laßt uns nur von seiner zärtlichen Liebe und deren erstaunlichem Beweise, da Er als ein Opferlamm für uns sich hingab am Kreuze, einander immer vorreden, damit es uns zur Gegenliebe entzünde. Wenn das seine Richtigkeit hat, so hat alles andere keine Noth.

17. **Jesus sprach zu ihr: Rühre mich nicht an; denn ich bin noch nicht aufgefahren zu meinem Vater.** Sie wird wahrscheinlich zu seine Füßen niedergestürzt seyn und sie umfangen haben, in lauter Liebe, um Ihn zu halten. Darum sagt Er: Halt mich jetzt nicht auf! es ist noch nicht Zeit; ich fahre noch nicht auf; es sind noch andere Sachen zu thun. Wir werden einander schon noch öfters sehen. **Geh jetzt hin zu meinen Brüdern, und sage ihnen: Ich fahre auf zu meinem Vater und zu eurem Vater, zu meinem Gott und zu eurem Gott.**

Brüder hatte Er sie nie genannt; aber nun thut Ers, damit man nicht denke: Nun ist uns Christus zu majestätisch, zu hoch; nun haben wir keinen Theil mehr an Ihm. So hieß Joseph seine Brüder am meisten Brüder in seiner Erhöhung und Verherrlichung, da sie sich vor Ihm fürchteten.

Wir möchten über die Größe unsers Herrn, und über unsere erstaunliche Kleinheit und Distanz von Ihm, da Er uns doch so nahe werden will, und so brüderlich mit uns thut, bisweilen verlegen werden. Dagegen war kein besseres Mittel, als daß Er sich selbst so positiv erklärte: Ich bin euer Bruder, ich bin einer aus euch, und gehe als solcher zu unserm Vater; denn ich habe Einen Gott und Vater mit euch; mein Vater ist euer Vater; mein Gott ist euer Gott; ihr könnt euch darauf verlassen, daß ich euch nie anders, als wie meine Brüder ansehen, und ich nur der erste meiner Brüder seyn will: ich will wohl den Vorzug haben, aber doch einer aus euch seyn.

Unser Bruder ist das höchste Gut;
Das höchste Gut ist unser Bruder!

18. **Maria Magdalena kam also und verkündigte den Jüngern, ich habe den Herrn gesehn, und dieß hat Er mir gesagt.** Sie war also die erste, die den Auferstandenen sah, weil sie Ihn am ersten und eifrigsten suchte und am brünstigsten liebte. Voll Freude eilt sie von Ihm weg auf seinen Befehl, und verkündigt Ihn seinen Brüdern. So muß man die Seligkeit, die man im stillen Gebete, bei der Betrachtung seines Lebens und im Genusse seiner Nähe fühlt, auch manchmal verlassen, und Ihn andern verkündigen, doch nur wenn Er uns Trieb und Auftrag dazu giebt. Keiner muß sich selbst senden, und von seiner Einbildung treiben lassen.

19. **Am Abende des ersten Wochentages,** (am Sonntag oder Auferstehungstage, nachdem Er sich den Jüngern zu Emmaus gezeigt hatte,) **da die Jünger versammelt und die Thüren aus Furcht vor den Juden verschlossen waren, kam Jesus, trat in ihre Mitte und sprach zu ihnen: Friede sey mit euch!**

So kommt Jesus auch in die Seele, und durchbricht die Riegel und Thüren des Unglaubens, der Zweifel und der Furcht, stellt sich mitten im Herzen dar, und spricht sein allmächtiges Wort voll Leben und Friede in die Seele, und was Er spricht, das geschieht. Friede gießt sich aus in die Seele, denn sein Wort ist kein leerer Gruß, kein bloßes Kompliment oder menschlicher

Wunsch, sondern Leben und Wesen; es schafft die tiefste Gemüthsruhe und eine Wonne, die allen Verstand übersteigt und höher ist, als alle Vernunft.

Die Furcht vor den Juden hat die armen Jünger enge zusammen eingesperrt. Wenn Jesus noch nicht offenbar ist in einem Herzen, fürchtet man sich gewaltig vor der Welt und seinen Feinden; aber wenn Er erscheint, und seinen Frieden mittheilt, wird man kühn und keck.

20. **Und als Er dieß zu ihnen gesagt hatte, zeigte Er ihnen seine Hände und seine Seite; da freuten sich die Jünger, daß sie den Herrn sahen.**

Ob ihnen gleich das Herz hätte bluten mögen vor Schaam, daß sie Ihn alle verlassen und verläugnet hatten, so hat doch die Freude die Oberhand, daß sie ihren Herrn wieder sahen, es mochte jetzt seyn wie es wollte.

Das ist das eigentliche Kennzeichen eines Kindes Gottes; nicht seine Heiligkeit, Großmuth und Verdienste, sondern daß es ein Herz für den Heiland hat, eine Freude an Ihm bei allen seinen Mängeln, Gebrechen und Ungezogenheiten, die man Ihm und sich angethan; daß es dennoch voll unüberwindlichen Zutrauens zu Ihm ist.

Was hast du gethan? Wie hast du dich vergangen? Du bist nicht werth der Gnade und Treue.

„Ach, ich bin eher der Verdammung werth!"

Wo willst du nun hin?

„Wo sollt ich hin? ich weiß mich doch nirgend anders wohin, als zu Ihm."

Du hast Ihn ja aufs gröbste beleidiget?

„Ja, ich habe mich grob gegen Ihn vergangen.

Ey so gehe ihm doch aus dem Wege.

„Behüte Gott! hätte ich Flügel; ich wollte zu Ihm fliegen."

Ja, Er wird dich schön empfangen.

„Mag Er mich empfangen wie Er will; wenn ich nur bei Ihm bin. — Was wäre ich, wenn kein Heiland wäre?!"

So ists recht, sich sonst nirgends hinwissen, gerade dahin gehen, wo man Schläge, gerechte Vorwürfe und Ahndung zu erwarten hat, und vielleicht eine Ahndung, die der Heiland seiner Gerechtigkeit gemäß dem Verkläger nicht abschlagen kann; sondern uns züchtigen, schlagen und demüthigen muß. Dessen ungeachtet geradezu, geradezu zum Heilande. Nimm mich, wie ich da bin.

So siehts aus im Herzen eines Jüngers; er dienet Ihm, glaubt, hängt an Ihm, und möchte sich tod nach Ihm sehnen, nach seiner Person „erhangen vor Verlangen."

Und wenn denn die selige Stunde kommt, wo Er erscheint, wo Er vors Herz tritt, und seine Wunden zeigt; wo es wahr ist, daß Er da ist; wo es keine Phantasie ist, so wird Er mit unaussprechlicher Freude empfangen, und mit einem Gefühle der Beugung und Freude, die ein anderer nicht erreichen kann. Was da gefühlt wird, wenn die Seele Jesu, und die Seelen der Erlösten einander begegnen, das kann kein Mensch ausdrücken. Da versiegelt der Geist Jesu das Herz mit sich; da kann man ohne Ihn nicht mehr leben. Nichts vergnügt einen außer Ihm. Alle sind zu wenig. Der Friede, den man von Ihm bekommen hat, der Segen, den man von seiner eigenen Hand erhalten hat, der Geistes-Kuß, den wir auf seine Seite, Hände und Füße gegeben haben, ist unaustilgbar; den kann keine Zeit, keine Noth, Gefahr oder Streit, ja kein Satan tilgen, noch auslöschen.

21. **Er aber sagte noch einmal zu ihnen: Friede sey mit euch! Wie mich mein Vater gesendet hat, also sende ich euch.**

Die Sendung Jesu, um den Frieden vom Himmel auf die Erde zu bringen, und ein Feuer auf Erden anzuzünden, daß es brenne, ist das Muster und zugleich die Quelle der Sendung seiner Knechte. Wie Er vom Vater mit einer göttlichen Fülle des Friedens und Geistes ohne Maaß erfüllt in die Welt kam, so gab auch Er seinen Boten und Gesandten diesen Frieden, diese Friedens- und Geistes-Fülle mit auf den Weg. Er hat seinen Geist reichlich über uns ausgegossen, sagt Paulus 24, 3, 6. Wer also von Christo gesendet, Christi Bote ist, der muß auch den Frieden Christi, der höher ist als alle Vernunft, muß Christi Geist empfangen haben, und dieses Siegel des Geistes und des Friedens muß sich an ihm erweisen, dadurch, daß der Friede und die Salbung von ihm wieder auf andere übergeht, andere wieder erfüllt und salbt. In dem Wörtchen **Wie**, liegt es. **Wie** mich der Vater sandte, so sende ich euch. Wer da weiß, wie Christus vom Vater kam, der weiß auch, wie die Seinen von Ihm gesendet werden. Ein andermal sagte Er: Ich sende euch wie Schafe mitten unter die Wölfe. Matth. 10, 16. und Luk. 10, kann man ferner lesen, wie Er die Seinen gesendet hat. Wer hat Lust, sich also senden zu lassen? Der Heiland würde wohl nicht Anstand nehmen, mehrere zu senden, wenn sich nur mehrere willig dazu fänden und hergäben. Er weiß ja und erinnert uns selbst daß seine Aerndte sein Feld groß ist und daß der Arbeiter wenige sind. Er klagt ja, daß Er so wenig Leute habe, seine große Felder zu bestellen — er fordert uns auf zu beten, daß mehrere gesendet werden vom Vater, daß sich mehrere dazu hergeben möchten. Darum sollen wir ja recht eifrig und unablässig beten, nicht daß mehrere laufen und sich selbst senden, oder nur von Menschen senden lassen, sondern daß der Vater, daß Christus mehrere sende, und sie so — mit der Friedens- und Geistes-Fülle, mit der Er vom Vater kam, gesendet werden, daß sie wie Schafe unter die Wölfe kommen, nicht wie Wölfe unter die Schafe fallen und rauben und stehlen. Die

Wölfe laufen selbst, ihre eigne böse Lust zu rauben und zu stehlen, sich zu mästen und zu weiden treibt sie. Die Schafe wollen nicht gehen, bis sie gesendet werden, und mit einer Fülle des Friedens ausgerüstet sind, daß sie nicht nur nichts stehlen, sondern geben und mittheilen können. O Herr! sende solche Friedensboten immer mehrere! o wie schön sind die Füße der Boten, die den Frieden bringen! rief schon Jes. 52, 7.

22. **Und nach dem Er dieses gesagt hatte, hauchte Er sie an und sprach zu ihnen: Nehmet hin den heiligen Geist! 23. Welchen ihr die Sünden nachlasset, denen sind sie nachgelassen; welchen ihr sie behaltet, denen sind sie behalten.**

Der Heiland, ehe Er zum Vater ging, sah seine Jünger so an, und damit es ihnen noch eindrücklicher würde, hauchte Er sie an und sagte; Nehmet hin den heiligen Geist ꝛc.

Da haben sie Ihn empfangen und am Pfingsttage hat Er sich hernach geoffenbart; da ist Er dann gleichsam ausgebrochen, und hat sich der ganzen Gesellschaft, der ganzen Gemeine mit ihnen zugleich mitgetheilt.

Wir dürfen nur in die Apostelgeschichte hineinsehen, so finden wir, sie sind öfters voll des heiligen Geistes geworden; der heilige Geist hat sich öfters über sie ausgegossen; ist öfters auf die Leute gefallen; und ein jeder, der getauft wurde, hat Ihn empfangen.

Und wozu hat Gott seinen Zeugen den heiligen Geist und die Gewalt, Sünden zu vergeben, geschenkt?

Wenn sie eine Seele vor sich haben, die gleichsam in den letzten Zügen liegt, die sich in solcher Verlegenheit befindet, daß sie sich dem Herrn als eine elende Kreatur hingiebt, elend, aber sein, so sehen sie, obs wahr ist? ob sie nicht sonst noch wo Trost zu finden weiß? ob da keine arge List verborgen ist? ob sie sich noch auf etwas besinne, auf ein Buch, einen gelehrten, gottesfürchtigen Mann; was ihr durchhelfen soll, oder je ein eigenes gutes Werk? oder ob alle Gründe, Ursachen und

Schlüsse, Behelfe, alle falschen Hoffnungen von allen Seiten weggefallen und alle Stützen gebrochen sind? Wenn sie nun so da liegt in ihrem Elende und kämpft mit der Furcht des Todes und Gerichts; da sagt man zu ihr: „Höre! du mußt nicht sterben; es kann dir geholfen werden in einer Kürze; du sollst wieder heil werden und leben.“

„Ach wie ist das möglich? Ich armer Mensch bin böse und gottlos gewesen; ich habe die und die Sünde auf mir; ich habe das und das gethan.“

„Es ist gut, daß du deine Sünden noch erkennst. Wenn du das abbüßen wolltest, da würden hundert Jahre lang nicht hinreichen; dafür hat aber Jesus am Oelberge Blutschweiß geschwitzt, damit alle, die da glauben, nicht verloren werden, damit allen, die sich keinen Rath mehr wissen, gesagt werden kann: Du sollst leben.“

Dazu hat Jesus seinen Jüngern die Vollmacht gegeben, allen solchen armen Sündern Ablaß und Vergebung der Sünden zu verkündigen; dazu hat Er den heiligen Geist in sie hineingehaucht, und sie ordinirt.

Wenn nun aber Geistliche auftreten, die weiter nichts haben, als daß sie vom akademischen Weltgeiste aufgeblasen sind, was werden die ausrichten? Sie werden andere auch wieder mit demselben Weltgeiste aufblasen.

**24. Thomas aber Einer von den Zwölfen, Didymus genannt, war nicht bei ihnen, als Jesus kam. 25. Da sprachen die andern Jünger zu ihm: Wir haben den Herrn gesehen.**

Hätte sich Thomas nicht abgesondert von den übrigen Aposteln, sondern sich fleißig zu ihnen gehalten, so wäre er auch früher mit ihnen des Glückes theilhaftig geworden, den Herrn zu sehen. Gott legt immer einen besondern Segen auf gemeinschaftliche Erbauung, dessen man sich durch eigenwillige Absonderung beraubt.

**— Thomas aber sprach zu ihnen: Wenn ich nicht in seinen Händen die Nägelmale sehe, und meine Finger in die Nägelmale lege, und meine Hand in seine Seite lege, so glaube ich es nicht.**

Die andern Jünger wollten ihm ein frohes Evangelium verkündigen; (sie glaubten eben auch nur, weil sie gesehen hatten, und waren im Grunde nicht besser als Thomas;) er aber machte es sich schwer durch Zweifeln und Eigensinn, daß er nicht glauben wollte ohne sichtbare Zeichen.

Leute, die sich viel Skrupel machen aus Vernunft und Ueberlegung, läßt der Heiland länger warten. Es ist Unentschlossenheit bei ihnen; sie denken: Es hat noch Zeit; es kommt doch noch allezeit früh genug, wenns etwas Gutes ist; sie lassen es darauf ankommen, ob sie es versäumen oder nicht. So etwas fand sich vielleicht bei Thomas. Und wie ging denn der Heiland mit ihm um? Sein Herz war nicht dagegen; aber er zweifelte; er war zu bedenklich, zu skrupelhaft; darum ließ ihn der Heiland länger warten als die andern. Er sah den Heiland acht Tage später. Petrus, der Ihn verläugnet hatte, sah Ihn zuerst, und Thomas zuletzt. Das machte, das Herz des Petrus war voll Furcht und Freude; und er überwand es; Thomas aber war voll Bedenklichkeit.

Es läßt sich aber auch von einer andern Seite betrachten. Thomas sagt nicht sowohl: Ich will den Heiland selbst sehen; als: Ich werde niemand für den auferstandenen Heiland erkennen, es sey denn, daß ich die Nägelmaale sehe. — Er hat voraus gesetzt, daß der Heiland nach seiner Auferstehung nicht verwandelt werde, sondern seine Leidens-Gestalt — nicht Thabor-, sondern Golgatha-Gestalt haben müsse. Es sey denn, daß ich dieß selbst sehe und fühle, kann ichs nicht glauben. Und der Heiland hat ihm seine Hoffnung nicht fehlen lassen. Er sah und fühlte die Narben und Wunden in Händen und Seite. Es war nun die

Stunde da, wo man Ihn nicht mehr nur als Freund und Meister sehen, sondern als seinem Herrn und Gott erkennen mußte; wie Hiob sprach: **Ich werde Gott in meinem Fleische sehen, meine Augen werden Ihn schauen.** Hiob 19, 26. Nun soll der Wunsch: Wenn man doch mit Gott reden könnte wie mit seinem Freunde! erfüllt werden. Denn wenn man Gott aus dem Wolken reden hörte, wie Hiob, oder aus dem feurigen Busche, wie Moses, und die Schuhe ausziehen mußte ehe man näher treten durfte, wenn man so positiv hörte: „Kein Mensch kann leben, der Gott sieht." Da war der Umgang mit Gott noch sehr schwer. Henoch kam in nahen Umgang mit Gott vor der Sündfluth, aber weil ers darin weiter trieb, als es Menschenmöglich war, so nahm ihn Gott lieber hin, daß ers recht genießen könnte. Das alles war nun anders, alle pur geistliche Dinge wurden in den 40 Tagen nach Ostern palpabl (fühlbar.) Der Schatten wich dem Körper. „Fühlet mich und sehet ꝛc." Das hörte Thomas von den andern und dachte: „Nein, die Nachricht ist zu groß! ist die Stunde kommen, daß man Ihn so nahe sehen und fühlen, mit Ihm so umgehen kann? soll ichs glauben? das ist zu groß, ich muß es sehen." Thomas hatte den Heiland sehr lieb, er wollte ja Joh. 11, 16. mit Ihm sterben. Er war also ein zartes Gemüth, die Freude war nur zu groß, wie bei den andern (Luk. 24, 41.) sie konnten vor Freude nicht glauben.

26. **Und über acht Tagen waren die Jünger wieder beisammen, und Thomas auch bei ihnen. Da kam Jesus bei verschlossenen Thüren, trat in die Mitte und sprach: Friede sey mit euch!**

Für die Welt sind die Thüren verriegelt, wenn der Herr die Seinen besucht, und ihnen den Frieden bringt, den sie nicht kennt und nicht empfangen kann.

Der Heiland will keinen von den Seinen verloren gehen lassen. Er wartet auf die Langsamen, die acht Tage später kommen mit ihrem Glauben.

27. **Darauf sprach der Herr zu seinem verständigen Jünger Thomas: Reiche deinen Finger her und sieh meine Hände, reiche deine Hand her, und lege sie in meine Seite und sey nicht ungläubig, sondern gläubig.**

Wie viel thut der Heiland oft für eine Seele? Mehr als für hundert andere. Jesus läßt den Unglauben eines Apostels zu, um den Glauben der übrigen zu befestigen.

Welche Sanftmuth, welche Liebe, welcher Eifer des guten Hirten, um die, welche noch im Glauben wanken, zu bessern, zu überzeugen. Wenn nicht gleich die dastehende Person, das Antlitz des Heilandes den Thomas überzeugte, noch ehe er seine Wunden wirklich berührte, so ist es eine unermeßliche Geduld des Heilandes mit der Schwachheit und Hartnäckigkeit dieses Jüngers, daß Er ihm die Freiheit gab, seine ungläubige Finger in die heiligen Wunden zu legen. Wie langmüthig ist die Liebe und Geduld des Herren, die da wartet, bis das menschliche Gemüth durch Erfahrung, durch Gefühl überzeugt und gläubig wird. Doch der Verweiß, den er dem Thomas mitgab, zeigt, daß Er die Schwachheit und Hartgläubigkeit, mit welcher er so etwas forderte, nicht billige, und ist zugleich ein Wink, daß sein Hartglaube leicht in einen gänzlichen Unglauben hätte ausarten können.

Ach welch eine Gnade hatte dieser Hartglaubende?! Er durfte seine Hand, seine Finger in Jesu Wunden und Seite legen! Ja die Wunden, durch welche alle Sünder geheilt werden! Ja die Seite, aus welcher das Heil der Welt geflossen, nach welcher sich alle fromme Seelen aller Zeiten sehnten! Was die gläubigen Jünger nicht thun durften, wurde dem Ungläubigen erlaubt!

28. Nun besinnt sich Thomas nicht länger, und thut sein Bekenntniß von ganzem Herzen. **Er antwortete und sprach. Mein Herr und mein Gott!**

Die Nägelmale und die Wunden waren es, die die alte Liebe wieder rege machten. Er ist der erste Theologus, der aus den Wunden des Heilands den Schluß macht, daß Er Gott ist. Man soll an den Tod Christi glauben und sich durch seine Wunden zum Anbethen bringen lassen, daß man Ihn für Gott den Herrn bekennt.

Es hat uns niemand erlösen und versöhnen können; es hat uns niemand dem Starken rauben können; es hat uns niemand die Seligkeit verdienen können, als Gott.

29. Anstatt aber, daß der Heiland den Thomas gelobt hätte für sein schönes Bekenntniß, wie den Petrus, da er ein ähnliches Bekenntniß ablegte; so sagt Er ihm das bedeutende Wort: **Weil du mich gesehen hast, Thomas! glaubst du; selig sind, die nicht sehen und doch glauben.**

Der Heiland sagt nicht du wärst seliger gewesen, wenn du geglaubt hättest ohne das Sehen; sondern: „Es ist schon gut, daß du nun glaubst, weil du mich gesehen hast, wie du es erwartet hast. Aber selig sind von nun an alle, die das glauben, ob sie gleich nicht sehen." Sonst müßten wir alle Thomasse werden. Es währte nur noch etliche Tage (40), daß man sehen konnte, es hatten es noch 500 Brüder zu gewarten, ehe das **Glauben** ohne Sehn anfing, das sich aber doch wieder mit Sehn endigen wird. Apg. 1, 11. Die Zwischenzeit ist keine Zeit des **nicht Fühlens, nicht Genießens, nicht Habens**, sondern nur des **nicht Sehens**. Das ist der einzige Sinn, der uns genommen ist. Wir sollen Ihn suchen, ob wir Ihn **fühlen** und **finden** möchten, ist biblisch. Apg. 17, 27.

Seine Schafe **hören** seine Stimme. Joh. 10, 27. da ist **Gehör** und **Gefühl**. Daß man mit Ihm reden kann, davon haben wir Beweise genug. 2. Kor. 12, 8. 9. Das schmecket und sehet, wie freundlich der Herr ist, das ist im Neuen Testamente vollkommen geworden, da wir seinen Leib und Blut genießen dürfen. Es ist auch bekannt, daß der Heiland in Person bei seinen Leuten seyn kann und will. In dieser Nacht stand der Herr bei mir: sagt Paulus Apg. 27, 23. rc. die beste Erklärung des Worts Matth. 28, 20.

Was fangen wir an, lieber Bruder! wie bekommen wir unsern Heiland recht zu sehen? Wann wird Er unsern Seelen recht nahe? Wie wird uns seine Auferstehung recht ausgemacht gewiß, daß wir nicht mehr andern Leuten glauben, sondern aus eigener Erfahrung wissen: **Es ist der Herr!**

Wir müssen uns nothwendig prüfen, wie es mit uns steht; wir müssen untersuchen, ob wir gegen den Heiland eingenommen sind im Grunde, wie die Juden zu Jerusalem; oder ob wir für den Heiland sind mit Leib und Seele, und nur keinen Glauben haben, wie die zehn Jünger, oder nur denken, wie Thomas: Es wird wohl seyn; Er wird sich wohl offenbaren, aber ich kann noch warten.

Von einer der drei Gattungen sind wir. Diejenigen, die Jesum im Herzen nicht lieb haben, die gehen auf die Seite, von Ihm weg; denen wird Er nicht erscheinen; doch wird Er sie abwarten; sie müssen nur seine Sache nicht stören, nicht verfolgen, oder sie müssen seinen Zorn erfahren. Die andere Gattung denkt: Ach, wenn das wäre, wie selig wäre ich, wenn sich der Heiland an viel tausend Seelen offenbarte! Diese könnens alle Minuten haben; Er wird ihnen seine Herrlichkeit offenbaren, und die Jünger werden froh werden, wenn sie den Herrn sehen. Die aber zu bedenklich sind, zu langweilig, die sich nicht darum reißen, und dem Himmelreiche keine Gewalt anthun, sich aber doch vor Spötterei und Leichtsinn bewahren, und sogar einen Respekt des Gemüths gegen die Sache behalten, denen wird der Herr auch erscheinen, wenn sie den Regungen der Gnade Gehör geben, und in derselben Erwartung stehen, daß sie gewiß zugreifen würden, wenn sich Jesus ihnen recht nahe zeigen würde; aber sie werden die Stunden und Tage beklagen, die sie indeß hätten genießen können. Lassen sie sich aber vom Spottgeiste hinreißen, so werden sie von Tag zu Tag der Sache fremder; sie werden einmal etwas Gutes, das anderemal etwas Böses von der Sache reden, und wenn es einmal zum Eingehen, zum Scheiden, zum Gerichte über die Feinde Gottes kommt, so kanns ihnen gehen, wie demselben Ritter, der da sagte; Und wenn der Herr Fenster am Himmel machte, wie könnte solches geschehen? zu dem der Prophet sagte; Mit deinen Augen wirst du es sehen, aber nicht davon essen. 2. Kön. 7, 19. 20.

Und ihr Kinder des lebendigen Gottes! denen Er erschienen ist, die ihr in seinen Nägelmalen eure Gnadenwahl gesehen habt, freuet euch mit seinem Volke auf dem ganzen Erdboden; sagts einander: Der Herr ist auferstanden.

In Kiew gehen die Priester und Bischöfe am Ostertage in die Katakomben oder große Begräbnißplätze, die wohl eine Meile weit unter der Erde sind, wo heilige Leiber der Märtyrer liegen, und sagen: **Ihr heiligen Brüder! der Herr ist wahrhaftig auferstanden!** Wie vielmehr sollen wir, die wir leben, und die wir auch einmal auf Hoffnung hingesäet werden, uns sagen: Der Herr ist wahrhaftig auferstanden? Wie sollen wir auf seine Auferstehungskraft nicht alles wagen, was uns befohlen ist?

Großer Siegesheld! Meister über Hölle und Tod! Thue die Thüren auf bei vielen Herzen im Lande! Laß deinen Odem wehen über die Todtengebeine! Laß dein heiliges Bild, deine Wundenmaale vor unsern Augen stehen, laß uns froh werden, du lebendige Liebe, daß wir den Herrn sahen!

Nicht sehen und doch glauben ist eine Seligkeit; aber unstreitig nicht die zukünftige und ewige. Die Leute, die nicht glauben, haben nicht sowohl eine Verachtung gegen das Gefühl, als einen Verdruß auf die Seligkeit des Fühlens; sie sind neidisch, weil sie denken, es könnte doch etwas dahinter seyn. Da thun sie denn, als verachteten sie das Gefühl; in der That aber beneiden sie es.

Wir sollen nicht sehen; es ist eine Seligkeit für uns, daß unsere Treue geübt wird, daß wir mit zugethanen Augen uns an den halten, den wir nicht sehen, als sähen wir Ihn, an Ihm kleben, Ihn aufs zärtlichste lieben, und unsern Mitmenschen von seiner Liebe mit brünstigen Herzen vorpredigen.

Indeß kann man doch das Sehen nicht verachten; denn es ist ein großes Glück, und eine unaussprechliche Gnade. Einem Thomas-Glücke ging man tausend Meilen weit zu Gefallen. Das Sehnen nach Ihm, sein Angesicht zu schauen, ist schon ein seliger Wunsch; und der Gedanke macht selig.

30. **Jesus hat noch viele andere Zeichen vor den Augen seiner Jünger gethan, welche nicht in diesem Buche geschrieben sind.** Wer kann zweifeln daran? Indessen ist uns schon dieses, was hier aufgezeichnet ist, so viel und so köstlich, daß wir, wenn wir es nach Gebühr achteten und glaubten, sterben würden vor Liebe, Dank und Begierde, Ihm zu gefallen, und die Seinigen zu seyn.

31. **Diese aber sind geschrieben,** nicht wie andere Historienbücher, nur zur Nachricht, daß man es wisse, daß man davon diskurire, und etwa einige Lehren herausziehe; sondern **daß ihr glaubet, Jesus sey der Christus, der Sohn Gottes,** und zwar so glaubet, **daß ihr durch den Glauben das Leben habet in seinem Namen.** Der Glaube an Jesum muß das Leben der Gnade in das Herz bringen und erhalten. Den Glauben zu erwecken, ist kein dienlicheres Mittel als die Worte Jesu, die uns die Apostel im neuen Testamente geschrieben hinterlassen haben.

# Das XXI. Kapitel.

(Jesus erscheint den Jüngern am Meere, segnet den Fischzug, frägt den Petrus und weissagt Petri und Johannis Schicksal.)

---

1. **Darnach offenbarte sich Jesus abermal seinen Jüngern an dem Meere Tiberias. Er zeigte sich aber auf folgende Weise. 2. Es waren bei einander Simon Petrus und Thomas** — der war nun einer von den ersten — **und Nathanael von Kana in Galiläa, die Söhne des Zebedäus, und noch zwei andere von seinen Jüngern,** also gerade sieben. Da offenbarte sich ihnen der Heiland, wo sie nicht daran dachten, und schon alle Hoffnung aufgegeben zu haben schienen, daß sie Ihn je wiedersehen würden. Er bleibt nie ganz aus, wenn Er gleich lange warten läßt: wenn wir Ihn nur gerne haben wollen.

3. **Da sagte Simon Petrus** zu seinen Mitjüngern: **Ich will fischen gehen,** meine Profession wieder treiben. Er läßt sich so lange nicht mehr sehen; wer weiß, wie es geht? — Das mag er wohl aus langer Weile gesagt haben, weil er nicht wußte, was sie jetzt anfangen sollten. Den andern war damit gedient, es war ihnen eben so, denn sie sprachen zu ihm: **Wir wollen mit dir gehen. Sie gingen auch sogleich hinaus und bestiegen das Schiff, fingen aber nichts in derselben Nacht.** Sie fingen aber doch noch etwas Besseres als Fische; denn 4. **als es Morgen ward, stand Jesus am Ufer; aber die Jünger erkannten Ihn nicht, daß es Jesus war.** Wenn man Nächte umsonst zu durchwachen, und lange vergeblich zu suchen scheint, wenn endlich doch nur Er erscheint, so ist keine Mühe vergeblich. Oft ist uns Jesus so nahe, und wir kennen Ihn so wenig als die Jünger.

5. **Da sprach Jesus zu ihnen: Kindlein! habt ihr nichts zu essen? Sie antworteten Ihm: Nein!**

Er fragte sie, was Er besser wußte, als sie. Kindlein nennt Er sie, die Er Kap. 20, 17. Brüder genannt hat. Wie lieb hat doch der Herr die Seinigen! Wer kommt Ihm an Zärtlichkeit, Herzlichkeit, Mütterlichkeit gleich? Warum lassen sich doch nicht alle Menschen von Ihm lieben? Man könnte gewiß seinem Herzen keine größere Freude machen, als wenn man sich recht herzlich von Ihm lieben ließe, wenn Er alle Menschen seine lieben Kindlein nennen dürfte.

6. **Er sprach zu ihnen: Werfet das Netz zur Rechten des Schiffes aus** — vorher haben sie es freilich zur Linken ausgeworfen — **so werdet ihr etwas finden. Da warfen sie das Netz aus,** wie Er es gesagt, **und konnten es nicht mehr ziehen wegen Menge der Fische.**

Er heißt Rath Isa. 9, 6. und wer diesem Rathgeber in Einfalt folgt, fängt allemal Fische. Das Reich der Natur ist sein, die Erde ist des Herrn und das Meer und alles was darinen ist, so wie das Reich der Gnade. Er hat die Fische im Meere gezählet, und sie müssen schwimmen wie und wohin Er will.

Er hätte den Jüngern ohne Arbeit und Fischfang Speise schaffen können, aber Er läßt sie arbeiten, und segnet ihre Arbeit. So läßt Er uns auch in unsern Berufe oft arbeiten, und segnet die Mühe, obwohl Er ohne unsere Mühe uns alles geben könnte. Deßwegen soll man die Armen auch nicht zur Faulheit unterstützen.

Die rechte Seite ist die der Auserwählten. Wenn das Netz auf diese Seite ausgeworfen wird, gehen die Fische von selbst in das Netz. Der Segen, den Gott zu seinem Wort in den Mund des Predigers legt, ist eigentlich die Quelle aller Früchte, die er schafft.

Da sie nun dies auffallende Wunder sahen, erkannten sie Ihn.

7. **Es ist der Herr!** sprach der **Jünger, den Jesus liebte,** der erkannte seinen Meister am ersten.

Ein Freund kennt seinen Freund am Gang, am Tritt; so Johannes den Herrn am glücklichen Fischzug. Ach, dachte er, diesen Liebesstreich hat uns der Herr gespielt; den kenne ich schon, das ist so seine Art.

Wie können denn wir den Herrn erkennen? Wie muß Er uns erscheinen? Wie wollen wir Ihn haben? Etwa in einem Glanze, worin Er die Engel übertrifft, wie die Sonne eine Fackel? Oder in einer Majestät, die uns auf den ersten Blick zerschmilzt oder gar vernichtet? Hat man nicht Beispiele, wenn jemand einen Engel sah, daß er vor Furcht halb des Todes gewesen ist? Haben nicht die Engel eine captationem benevolentiae über die ander machen müssen, daß man nicht so sehr erschrecken soll? Wie wollten denn wir Ihn sehen, in einer Gestalt, wie Johannes am Sontag Ihn sahe, worüber er hinfiel wie ein Todter? Was würde das werden, wenn eine jede Seele, die mit dem Herrn bekannt werden wollte, alle Tage hinfiel, wie ein Todter? Das gäbe convulsionaires, statt einer Gemeine, ein Schwärmer-Nest. Paulus mahlte Ihn in einer ganz andern Gestalt. Gal. 3, 1. Und was ist dieß für eine? die, wie jener betete: „Erscheine mir in dem Bilde, wie du für meine Noth, Herr Christe! dich so milde gebluteſt haſt zu Todt." Das ist die Gestalt, wie Er sich den Jüngern nach der Auferstehung zeigte; Er zeigte ihnen seine durchbohrte Hände und Seiten-Wunde, da wurden die Jünger froh, daß sie den Herrn sahen. Joh. 20, 20.

Wer Ihm die Thüre des Herzens aufmacht, dem erscheint Er so, in der Gestalt eines Verwundeten, als der am Kreuz für uns dahin gegeben, in seiner Amtsgestalt, in der Er uns und alle Welt versöhnt und geheiligt hat. Das ist unstreitig die gloriöseste und geziemendste Gestalt, in der Er sich jetzt den armen Sünderherzen darstellen kann und will. Wie sich Keiner schämen wird einen zerhackten Sieges-Rock anzuziehen, einen in der Schlacht durchschossenen Hut auch nachher noch aufzusetzen, wenn er nun im Triumph erscheint, wie sich kein Held seiner Wunden und Narben, ja seiner Krücke schämt und zu schämen hat, die er für den Staat trägt, so schämt sich auch unser Fleisch und Blut, der Erstgeborne unter allen Brüdern, unser Aeltester, unser Repräsentant vor Gottes Thron derselben Gestalt gewiß nicht, in welcher Er Hölle, Tod und Teufel überwunden und seine verlorne Seelen wieder erworben hat. Alle Schaaren in der Ewigkeit singen: Du bists werth, daß alle Kniee sich beugen vor dir, denn du bist geschlachtet ꝛc. Offenb. 5, 9. 12.

Das ist die Gestalt, in der Er jeder Seele sowohl in der Predigt als sonst vorgemahlt werden muß, damit sie, sobald sie einmal Verlangen bekommt, mit Ihm bekannt zu werden, gleich wisse, an wen sie sich halten, und wie sie sich Ihn vorstellen soll; damit sie, wenn Er vor ihre Thüre kommt und sie Ihm das Herz aufthut, nicht wie von seinem Blitze erschreckt, sondern von seinen Wunden getröstet und erfreut, denke und ausrufe: **Es ist ja der Herr.** „Das ist ja die Gestalt, nach der ich mich bisher gesehnt habe. Ein solcher ist mein Freund. Nun glaube ich nicht mehr nach anderer Beschreibung; ich habe Ihn selbst gesehen."

— **Petrus aber, da er hörte, daß es der Herr wäre,** konnte nicht warten, bis das Schiff ans Land kam, sondern er **umgürtete sein Oberkleid; denn er war nackt, und sprang ins Meer,** um ans Land zu schwimmen, und desto balder zum Herrn zu kommen. Er vergaß und verließ das Netz mit der Menge Fische, so viel Mühe er damit gehabt hat, sobald er seinen Herrn wieder sah und erkannte.

Wer so am Herrn hängt, und sich so von Ihm angezogen fühlt, daß er alles stehen lassen kann, um des Herrn willen, der hat Ihn lieb.

8. **Die andern Jünger aber kamen auf dem Schiffe, (denn sie waren nicht fern vom Lande, etwa nur zweihundert Ellen) und zogen das Netz**

mit den Fischen. Sie sprangen dem feurigen Petrus nicht nach in das Wasser, und wollten die gefangenen Fische nicht zurücklassen. Petrus aber vergaß über den Herrn Netz und Fische, sprang von der Gabe zum Geber. Die andern kamen mit der Gabe doch auch zum Herrn nur mühsamer und langsamer.

9. **Als sie nun ans Land traten, sahen sie Kohlfeuer angelegt, einen Fisch darauf, und Brod dabei.** Da ist der Tisch schon gedeckt. Das sollte ihnen seine liebe Vorsehung lebhaft vor Augen mahlen, und sie im Glauben stärken, auf ihren künftigen Beruf hin, daß sie gar nie sorgen sollten, es möchte ihnen am Nöthigen fehlen.

10. **Jesus sprach zu ihnen: Bringet von den Fischen her, die ihr eben gefangen habt.** 11. **Simon Petrus stieg hinein und zog das Netz ans Land, das mit einhundert sechs und funfzig großen Fischen angefüllt war; Und obwohl ihrer so viele waren, so zerriß doch das Netz nicht.**

Das war ein Bild ihrer künftigen Menschen-Fischerei.

Das Netz der Kirche zerreißt nicht, wenn noch so viele große Fische darinnen sind, wenn es auf Befehl Jesu und von apostolischen Händen gezogen wird. Wenn aber Menschen eigenmächtig am Netze ziehen, und der Eine rechts, der andere links zieht, so reißt es. — Und es ist leider nun sehr zerrissen, was man gewöhnlich das Netz des Herrn nennt. Doch der Herr hat sein Netz, das nicht zerrissen ist. Der Herr kennt die Seinen.

12. **Jesus sprach zu ihnen: Kommet her und frühstücket. Keiner aber von den Jüngern wagte es, Ihn zu fragen: Wer bist du? denn sie wußten, daß es der Herr war.** Das heißt, sie hätten gern gezweifelt, wenn sie nicht so sehr überzeugt geworden wären durch diese herrliche Offenbarung. Da

sieht man, wie weit einen die Neigung, zu stutzen und zu zweifeln, verfolgt und belästigt.

**13. Jesus trat hin, nahm das Brod und gab es ihnen; desgleichen auch die Fische.**

Jesus thut sich hier als der Wirth hervor, als der Hausvater seines Kirchleins. Was ist anziehender, liebenswürdiger, als diese Güte, die sich mit ihren Jüngern so gemein macht? Er läßt sie essen; Er traktirt sie; Er muntert sie auf zu essen; Er theilt ihnen von seinen Süßigkeiten mit, um sie zur zukünftigen Arbeit zu stärken.

**14. Dieß war nun schon das drittemal, (nach Johannes Erzählung) daß sich Jesus seinen Jüngern offenbarte, nachdem Er von den Todten auferstanden war.**

Der Heiland hat sich seinen Jüngern allezeit nur auf eine kurze Zeit und nicht so gar oft sehen lassen; Er ist ihnen bald wieder aus den Augen gekommen; aber Er hat uns eine Freude im Herzen versprochen, die uns nicht soll wieder genommen werden. Das ist die paulinische Freude des nichts anderes Wissens als den Gekreuzigten, die Erscheinung seiner Kreuzgestalt im Herzen. Wenn man Ihn einmal in diesem Bilde als den Versöhner gesehen hat, so heißt es: Ich sah Ihn; ich sehe Ihn und ich werde Ihn sehen; dann kann uns die Freude niemand streitig machen. Hat doch David seiner Zeit sich Ihn vor Augen gestellt zu einem unveränderlichen, unüberwindlichen Festmachen seines Herzens, daß es nicht bewegt werden konnte, daß es alle Flatterhaftigkeit verlor, und zu einem dauerhaften Wesen kam. Ps. 16, 8. Was wollen wir sagen, da der Kleinste bekannter ist mit dem Heiland, als David, da der ärmste Tropf mehr aus Erfahrung weiß, als sonst ein Seher; was können wir für Seligkeiten genießen? So viel, als wir wollen.

**15. Da sie nun gegessen hatten, sprach Jesus zu Simon Petrus: Simon, Jonas Sohn! liebst du mich mehr als diese?**

Diese Frage läßt sich leicht mit Ja beantworten; wenn man sich aber noch einmal besinnt, so kann einem gar viel dabei einfallen. Wenn Er und wir nur allein mit einander zu thun hätten, so wäre es genug, daß unser Herz Ihn zärtlich umfinge. Weil uns aber auch seine Feinde zu sehen bekommen, so haben wir uns auch nach der Frage zu prüfen: Kannst du mir das und das auch zu lieb thun? Und es wird zur Nothwendigkeit, daß wir den Heiland nicht nur lieb haben im Herzen, sondern es auch sehen lassen, und mit der That beweisen, daß wir Ihm gern alles in der Welt zulieb thun, was Er gern hätte.

Wie soll ich denn seyn? **Liebhaben** von ganzem Herzen, von ganzer Seele 2c.; was Er am liebsten gethan hätte, dir am meisten am Herzen liegen lassen; Ihm zur Ehre leben, und auf keine Weise eine Schmach bei der Welt verursachen; das hätte Er gern.

**— Petrus sprach zu Ihm: Ja Herr! Du weißt, daß ich dich lieb habe.** Ich berufe mich auf dich. Du hast mich ja angesehen; du hast nicht nur den treuen Nathanael unterm Feigenbaume gesehen; du hast mich untreues Herz auch gesehen; du weißt ja, was dein Blick gewirkt hat; es wurden meine Augen zu Thränenquellen; es ging mir durch Leib und Seele. Ja, spricht der Heiland zu ihm: es ist wahr, du hast schon die rechte Lehre, du weißt, was du der Gemeine vorhalten sollst, **weide meine Lämmer**; weise sie nur dahin, daß sie mich lieb haben auf die Art, wie du es erfahren hast; stärke deine Brüder mit dem Exempel deiner Bekehrung durch Einen Blick.

**16. Er sprach zum zweitenmale zu Ihm: Simon, Jonas Sohn! hast du mich lieb? —**

Was hat denn nun der liebe Heiland eigentlich gewollt? Nach was hat Er denn gefragt? Es ist bekannt von Ihm, daß Er sagt: Ein Mensch sieht, was vor Augen ist; ich aber sehe das Herz an. 1. Sam. 16, 7. Er fragt also nach dem Herzen, nach der Liebe. Er fragt da einen Apostel, der Ihn dreimal verläugnet hat, und denselben Tag verläugnet hat, da es ihm der Heiland gesagt hatte, daß er es thun würde, und Er darüber disputirt hatte. Ob das nach alten Regeln der Kirchenzucht in der Todesstunde hätte vergeben werden können, das ist noch eine Frage. Fünfzehn Jahre hätte er wenigstens vor der Kirchenthüre knieen müssen; das wäre das Geringste gewesen, was ihm gehört hätte. Da dürfen wir nur die alten Canones von der Kirchenzucht ansehen; da finden wirs, was für Dispute entstanden sind über die Leute, die abgefallen sind, die verläugnet oder geräuchert, oder auf des Kaisers Gesundheit, wie's damals hieß, getrunken haben.

Was macht denn aber der liebe Heiland mit ihm? Er examinirt ihn zwar auf das schärfste, dreimal: Hast du mich lieb? Ists wahr, daß du mich lieb hast? Ists gewiß wahr? und zugleich ordinirt Er ihn dreimal.

Nun was ist denn das für eine Kirchenzucht? Wo findet man diese Art zu procediren? Wer macht dieß nach? Den andern Aposteln hätte, wie man denken sollte, bei der Gelegenheit etwas zum Lobe gesagt werden sollen: Nun, ihr seyd doch bessere Leute, als der vorschnelle Mensch da. Aber das hat der Heiland nicht gethan. Sagts meinen Jüngern, vergeßt mir aber den Petrus nicht, daß ich auferstanden bin. Und wie Er ihm nun selbst erschien, sprach Er: Du hast mich doch noch lieb? Ich weiß es wohl, du hast es sehr schlecht gemacht; aber du hast mich doch noch lieb? Wir sind doch noch gute Freunde? Du hältst es doch noch mit mir? Dein Herz ist doch für mich? Ich habe es ja gesehen, wie du bitterlich weintest.

Wer die Freimüthigkeit haben kann, mit Petrus zu sagen; **Du weißt es Herr! daß ich dich lieb habe**; ich wollte, daß ich dir mein Herz offen hinlegen könnte, oder weil du doch in das Herz sehen kannst, daß ich meine Brüder sehen lassen könnte, wie es gegen dich aussieht, und wie, wenn etwas ins Herz geschrieben werden könnte, gewiß dein Name darin zu finden wäre. Wer das mit der Freudigkeit und Einfältigkeit eines Kindes, das nichts von Verstellung und Komplimenten weiß, sagen kann, der ist wahrhaftig eine selige Seele. Und so viel uns an der einfältigen Liebe fehlt, so viel fehlt an der täglichen Seligkeit.

— **Jesus spricht zu ihm: Weide, hüte meine Schafe.** Vorher hatte Er ihm die jungen zarten Kinder in Christo, und die Lämmer, zur Weide übergeben. Hier braucht er einen andern Namen, Schafe, um anzudeuten, daß man beim Hirtenamt allerlei zu besorgen hat. Man muß mit Säuglingen und auch mit Erwachsenen umzugehen wissen.

17. **Er sprach zum drittenmale zu ihm: Simon, Jonas Sohn! hast du mich lieb?**

Willst du ein rechter Pastor und Hirte seyn, so muß es die Liebe zu mir thun, sonst ist es unmöglich. Denn es wird ein großes Maaß von Liebe erfordert, den Menschen an Leib und Seele dienen und dabei oft alle Gefahr und den größten Undank leiden.

Daß der Heiland den Petrus dreimal gefragt hat, ist ohne Zweifel mit Rücksicht auf sein dreimaliges Verläugnen geschehen.

Da sichs ein Apostel und zwar der Erste hat gefallen lassen müssen, daß er dreimal examinirt worden ist, ob er den Heiland lieb habe, so kann es keinem Jünger schaden, wenn er dieses Examen dreimal aussteht.

Es kann auch nicht schaden, wenn auch wir uns diese Frage öfters wiederholen; es kann uns Gelegenheit geben, wenn wir bei einer Prüfung bestanden sind, zu sehen, wie es bei der andern aussieht. Denn wir können etwa bei einer und der andern Prüfung wohl durchkommen, aber zuletzt bleiben wir doch bei einer kleinen Sache hängen, daß man mit sich selbst nicht zufrieden seyn kann, und wenn man allenfalls jedermann antworten könnte, so kann man doch sich selbst nicht antworten.

-- **Da ward Petrus traurig, weil Er ihn zum drittenmale fragte: Hast du mich lieb?** Es fiel ihm vielleicht erst jetzt wieder recht ein, daß Er ihn wegen seiner dreimaligen Verläugnung fragte; darum schämte er sich und dachte: Ach, traut Er dir denn noch nicht? Sieht Er noch etwas in dir, das du selbst nicht weißt? Da er es aber endlich glaubte, daß er Ihn liebe; so sprach er: **Herr! Du weißt alles; du weißt, daß ich dich liebe!**

Wenn der Heiland der Fragen und Einwendungen so viele macht, daß die einfältigen Schäfchen nicht weiter können, so berufen sie sich auf sein Herz: Du weißt alle Dinge, weißt du denn nicht, daß ich dich lieb habe? Hast du etwas an meiner Liebe auszusetzen? o so sage es mir! — Da ist die nächste Antwort ein freundliches Gesicht; denn Er weiß, daß sie Ihn lieb haben.

Damit absolvirt Er sie, und die Untersuchung wird abgebrochen.

— **Jesus spricht zu ihm: Weide meine Schafe.** Dieses ist dreimal wiederholt worden, wie die Frage: Liebst du mich? Damit alle Seelenhirten sehen, wie sehr es dem Heiland am Herzen liegt, daß seine Schafe und Lämmerchen geweidet und zwar mit der innigsten Liebe zu Ihm (nicht aus Liebe zum Gelde und zur Wolle) geweidet werden. Wer den Hirten, den Herrn der Schafe, der sie mit Blut erworben hat, nicht liebt, wie kann er die Schafe lieben und weiden? — Es ist daher die größte Verwegenheit das Amt und den Dienst eines Hirten in der Kirche Christi auf sich zu nehmen oder es zu suchen, ohne Liebe zu Jesus und ohne Sorge für seine Heerde zu haben. Wer ein Seelen-Hirt Pastor animarum, zu seyn glaubt, der erhebe sich ja nicht in seinem Amte, sondern zittere vielmehr, wenn er sich nicht wohl bewußt ist, daß er Jesum lieb habe und im Weiden seiner Schafe nichts versäume. Denn darnach frägt der Heiland ernstlich und wiederholt. Ehe mandiese Frage des Heilands beantworten kann, soll man das Hirten-Amt nicht über sich nehmen.

18. **Wahrlich, wahrlich! ich sage dir: Da du jung warest** und noch ein Anfänger in Gottes Wegen, **gürtetest du dich selbst, und wandeltest, wohin du wolltest,** deine eigenen Wege. **Wenn du aber alt geworden,** und weiter gekommen, geübte Sinne und Erfahrung haben wirst, **da wirst du deine Hände darstrecken** zum Annageln an das Kreuz, um meinem Tode gleichförmig zu werden; **und ein anderer wird dich gürten und dich führen, wohin du nicht willst,** nach deinem eigenen, natürlichen Willen.

Wenn man noch jung ist, traut einem Gott nicht viel zu; wenn man aber länger mit Ihm bekannt ist, macht Er einen seiner Leiden mehr theilhaftig.

19. **Dies sagte Er, um anzudeuten, durch welchen Tod** — durch welchen Martertod — **er Gott verherrlichen würde. Nachdem er dies gesagt hatte, sprach er zu ihm: Folge mir nach!** Wer im Leben Christo nachfolgt, wird Ihn auch im Tode verherrlichen.

Welch eine Lehre! welch eine Religion! der Herr weissagt seinen Schülern Marter und Tod, und ladet sie zur Nachfolge ein, und sie folgen Ihm! Sie wollen lieber ihr Leben als Ihn verlassen.

20. **Da wandte sich Petrus und sah den Jünger folgen, den Jesus besonders lieb hatte, der auch am Abendmahle an seiner Brust lag und Ihn fragte: Herr, wer ists, der dich verräth?**

Willst du von Jesu besonders geliebt werden, so sey ein Johannes, lege dich Jesu an die Brust, suche seine innige Nähe recht oft. Er wird sie keinem versagen, der sie aus wahrer Liebe sucht. Auch hier — an seiner Brust — ist gut seyn.

Johannes bemerkt das selbst hier im Evangelio; es war ihm unvergeßlich, daß er Jesu an der Brust lag und besonders von Ihm geliebt, sein Busenfreund war. Ach wie zärtlich liebt der Heiland liebhabende Seelen!

21. **Als nun Petrus diesen sah,** um den er unbekümmert hätte seyn dürfen, **sprach er zu Jesus: Herr! was soll es aber mit diesem werden?** Warum wird nur allein mir so etwas gesagt? Der kommt gnädiger davon. Ehe man sich umsieht, ist man mit solchen Fragen fertig: Was soll dieser und jener? Aber solche unzeitige und unnöthige Fragen, Sorgen und Bekümmernisse für andere führen vom Einen Nothwendigen ab, daß wir uns selbst versäumen und das, was uns gesagt ist, vergessen. Darum wird auch Petrus zurecht und auf sich selbst gewiesen.

22. **Jesus sprach zu ihm: Wenn ich will, daß er so bleibe, bis ich komme, was geht es dich an? Folge du mir nach.** Sieh du auf dich selber, und bekümmere dich nicht um andere. Wenn ich will, daß Johannes ohne Marter, des natürlichen Todes sterbe, oder gar am Leben bleibe, bis zu meiner zweiten herrlichen Ankunft, darnach hast du nicht zu fragen. *)

---

*) Johannes Müller, Lebensgeschichte 1806. 6 Thl., schreibt: S. 34. „Die nun wieder aufkommende Meinung, daß der Jünger, den Jesus lieb hatte, nicht gestorben, findet sich, wenn ich nicht irre, auch bei Sulpitius Severus Hist. S. Lib. 2. In griechischen Legenden, Monologien und Chroniken habe ich sie häufig mit dem Beisatze angetroffen, daß der Staub auf seinem Grabe durch den Athem seines Mundes bewegt werde."

S. 74 „Daß der Jünger, den Jesus lieb hatte, in seinem Grabe zu Ephesus noch lebe, ja Athem zu verspüren sey, dieses habe ich bei einigen Byzanthinern gelesen; daß er nicht gestorben, sondern am Ende der Tage wieder auftreten soll, war unter den Vä-

Es hat jede Sache ihre Reife. Es giebt Leute in der Welt, die gerne sterben, wenn sie reif sind, weil sie sich überleben würden, wenn es länger währte. Aber das ist nicht die Reife der Kinder Gottes; bei denen kommt es darauf an, ob sie dem Willen Gottes in der Zeit ausgedient haben. Wer einmal dem Heiland Folge versprochen hat, der kann nichts anders thun, als seine Ordre erwarten, und sich in eine gewisse Gelassenheit setzen, in dem Willen seines Herrn zu ruhen und zu handeln, und sich mehr als einmal müde zu arbeiten. Der Heiland muß einem das Gemüth so stellen, und der Seele klar machen: Wenn ich will, daß du wartest und aushältst, ob du gleich reif seyn könntest, da es am Herzen nicht fehlt, aber dieser und jener Umstände halber warten mußt, so habe Geduld; was gehts dich an? du bist nicht dein. Dagegen ist nichts einzuwenden.

23. **Daher ging die Rede unter den Jüngern: Dieser Jünger stirbt nicht!** Dagegen protestirt aber dieser Jünger ausdrücklich und fährt fort: **Jesus hat nicht gesagt: Er stirbt nicht; sondern: Wenn ich will, daß er so bleibe, bis ich komme, was geht es dich an?**

Er blieb wenigstens bis Jesus kam, das heißt, ihm kam, ihm als der Kommende auf Pathmos er=

---

tern eine ziemlich gemeine Vorstellung; auch an Erscheinungen lassen es meine Byzanthiner nicht fehlen."

S. 106. „In einem Werke des Patriarchen Ephraim von Antiochia (p. 545. Photius num. 229. p. 418. der Augsb. Ausg. 1601.) wird durchaus behauptet, Johannes lebe noch; er sey verschwunden, und in seinem Grab nur lieblicher Geruch und eine köstliche Quelle von Heilsalbe gefunden worden. Georg von Alexandrien meldet, (Photius num. 96. p. 139.) es sey dem Mönch Hesychius, einem Syrer, nebst St. Peter der heil. Johannes erschienen, und habe dieser dem jungen Mönch, der nachmals Chrysostomus genannt wurde, ein Buch (θωμον) übergeben. Daß die Sage auch in unsere Gegend gekommen, davon findest du den Beweiß in Hübners Salzburg Th. I. p. 317."

Dieß will man nur als eine sonderbare Meinung anführen, um zu zeigen, wie man zu verschiedenen Zeiten sich durch die obigen Worte Jesu auf verschiedene Meinungen hat bringen lassen.

schien, oder da Er ihn heimholte. Ein ähnliches Wort sprach Jesus Matth. 16, 28.

24. **Dies ist derselbe Jünger, der dies bezeuget, und dies geschrieben hat, und wir wissen, daß sein Zeugniß wahr ist.** K. 19, 35.

Dies scheinen nicht Worte des Johannes zu seyn, sondern ein Anhang der damaligen Gläubigen, der apostolischen Kirche, die mit diesen Worten auch ihr Zeugniß und Siegel beisetzte und uns versichert, daß Johannes dies Evangelium verfaßt und daß sie ihn für einen wahrhaftigen, glaubwürdigen Zeugen gehalten haben.

Wie gerne nehmen wir sein Zeugniß an und glauben alles mit Dank, was er uns Herrliches von Jesu Christo geschrieben hat. Möchten wir es alles nur so erfahren und thun, daß wir würdig werden, es in der Urquelle einst zu schauen, aus der Johannes geschöpft hat.

25. **Es sind aber noch viele andere Dinge, die Jesus gethan hat. Wollte man sie alle einzeln beschreiben, so glaube ich, würde die Welt die Bücher nicht fassen, die zu schreiben wären.** Und doch hat der Heiland in diesen wenigen Worten alles, was fürs Herz und zum Genuß ist, so ganz ausgesprochen, daß wenn alle Bücher verloren gingen, und wir hätten nur noch die eigenen Worte des Heilands, so hätten wir einen unschätzbaren und nicht aufzuzehrenden Schatz. Freilich ist manches nur mit zwei, drei Worten gesagt; und es ist einem eine große Hülfe, eine zuverlässige Erklärung zu haben von Leuten, die bei Ihm selber in der Schule gewesen sind. Paulus sagt: **Ich habe den Herrn Jesum selbst gesehen**; und er hat zu seinen Schriften ohne Zweifel Original-Anweisung gehabt. Darum sollen uns nun die Geschichten und Schriften der Apostel zur Auslegung der Worte unsers Heilandes dienen. Sie haben Ihn gesehen, gehört, und sind mit Ihm aus- und eingegangen; sie haben Ihn verstan-

standen, wenigstens, nachdem sie den heiligen Geist empfangen hatten.

Dir aber, du ewig preiswürdige Liebe! sey Dank für alle Worte, die du auf Erden geredet hast, für alle Thaten, die du im Fleische gethan hast, und die in diesem Buche geschrieben sind. Was wären wir, was wüßten wir, was könnten wir, wenn wir sie nicht hätten oder nicht wüßten? Aber gieb nun auch die Gnade, das Licht und die Kraft, daß wir in deinem Worte wandeln! Es sey unser Licht auf unserm Wege, unsere Lampe im Dunkeln; es sey uns wie dem David süßer als Honig und Honigseim! Laß es uns Tag und Nacht betrachten und nimmermehr aus dem Sinne und Herzen kommen: damit wir mit Petrus sagen können: Du hast Worte des ewigen Lebens, wo sollen wir hingehen? Wer kann uns lehren wie du? wer kann uns geben, was du uns giebst!? Du giebst, was du lehrest, und wirkest selbst in uns, was du befiehlst; deine Worte sind Werke, sie schaffen und verwandeln die Herzen, die sie auffassen; sie beleben und befestigen; sie vereinigen mit dir dem ewigen Worte des Lebens! O laß uns die Kraft deines heiligen Wortes erfahren, darin leben und sterben. Amen!

# Anhang.

## Apokryphische Sprüche Christi.

Unser Herr Jesus hat noch viel mehr gethan und geredet auf Erden, als was die Evangelisten aufgezeichnet haben, wie es Johannes am Ende seines Evangeliums selbst bekennt. Einige solcher Sprüche Christi, die nicht in den Evangelien vorkommen, haben uns glaubwürdige Männer aufbehalten, wie sie dieselben von den Aposteln oder von den Schülern der Apostel empfangen hatten. Davon will ich nur Folgende hier anführen:

1.

**Bittet um große Dinge, so werden euch die Kleinigkeiten auch gegeben werden; bittet um himmlische Güter, so werdet ihr die irdischen Bedürfnisse auch erlangen.** Clem. alex. und Origines. (Siehe Matth. 6, 33.)

2.

**Wenn ihr schon in meinem Schooße säßet, aber meine Gebote nicht hieltet, so würde ich euch doch verwerfen und zu euch sagen: Weichet von mir, ihr Uebelthäter! ich kenne euch nicht** 2c. Clem. rom. (Siehe Matth. 7, 23. Luk. 13, 27.)

3.

**Meine Geheimnisse sind für mich und für die Kinder meines Hauses.** Clem. alex. (Vergl. Matth. 15, 26.)

4.

**Die mich sehen und in mein Reich kommen wollen, die müssen mich durch viele Trübsale und**

Leiden erlangen. Barnabas ep. nr. 7. (Vergl. Matth. 7, 14.)

5.

Eine der größten Sünden ist, wer seines Bruders Geist betrübt. Hier. (Vergl. Matth. 18, 6. Röm. 14, 13.)

6.

Ihr sollet niemals fröhlich seyn, als wenn ihr eure Brüder in der Liebe sehet. Hier. (Vergl. Röm. 14. 15.)

7.

An demselben Tage sah Jesus einen am Sabbat arbeiten und sprach zu ihm: Mensch! wenn du weißt, was du thust, so bist du selig. Wenn du es aber nicht weißt, so bist du verflucht und ein Uebertreter des Gesetzes. Diese Worte werden in einigen Exemplarien nach Luk. 6, 5. gelesen. (Vergl. mit Röm. 14, 14. 22. 23.)

8.

Salome soll Ihn gefragt haben: wie lange die Menschen noch sterben würden! und der Herr hätte ihr zur Antwort gegeben: So lange ihr Frauen gebären werdet. Als sie nun sagte: So habe ich denn wohlgethan, daß ich nicht geboren habe? gab der Herr zur Antwort: Iß von allerlei Kraut; was aber bitter ist, daß iß nicht. (Siehe Röm. 13, 14. Ephes. 4, 31.)

9.

Bewahret euer Fleisch keusch und das Siegel (des heil. Geistes) unbefleckt, damit ihr das ewige Leben erlanget. Clem. rom.

10.

Zum reichen Jüngling Matth. 19, 16. soll der Heiland, als er über sein Wort: Verkaufe alles ꝛc.

im Kopf krazte, gesagt haben: Wie magst du sagen: Du habest das Gesetz und die Propheten gehalten, da doch im Gesetze geschrieben steht: Du sollst deinen Nächsten lieben, wie dich selbst? und sieh! viele deiner Brüder, Kinder Abrahams, sind mit verfaulten Lumpen bekleidet, und sterben vor Hunger; dein Haus aber ist mit vielen Gütern angefüllt, und du läßt ihnen nichts davon zukommen. Origines aus dem Evangelium an die Hebräer.

11.

Nach seiner Auferstehung erschien Jesus dem Jakobus, (denn Jakobus hatte geschworen, er wolle kein Brod mehr essen, seitdem er den Kelch des Herrn getrunken, bis er Ihn von den Todten auferstanden gesehen habe.) — Darauf sprach der Herr: Bringet einen Tisch und Brod her! Und Er nahm das Brod, dankte, brach es, und gab es dem Jakobus und sprach zu ihm: Mein Bruder! iß dein Brod; denn der Menschen-Sohn ist von den Todten auferstanden.

FSC
www.fsc.org
MIX
Papier | Fördert
gute Waldnutzung
FSC® C083411

Kolibri 360 GmbH
Ferdinand-Jühlke-Straße 7
99095 Erfurt, Deutschland
produktsicherheit@kolibri360.de